166 コンクリートライブラリー

高強度繊維補強セメント系複合材料の
設計・施工指針（案）

土 木 学 会

Concrete Library 166

Recommendations for Design and Construction of Very High Strength Fiber Reinforced Cementitious Composite Structures (Draft)

September 2024

Japan Society of Civil Engineers

はじめに

　土木学会コンクリート委員会では，第2種委員会の活動成果として，2004年9月に圧縮強度150N/mm²以上のUFC（Ultra high strength Fiber reinforced Concrete）を対象とした「超高強度繊維補強コンクリートの設計・施工指針（案）」（コンクリートライブラリー第113号）を刊行し，続いて，2007年3月に高いじん性を有するHPFRCC（High Performance Fiber Reinforced Cement Composite）を対象とした「複数微細ひび割れ型繊維補強セメント複合材料設計・施工指針（案）」（コンクリートライブラリー第127号）を刊行している．以降，従来のコンクリートに比べて格段に性能が優れたFRCC（Fiber Reinforced Cementitious Composites，繊維補強セメント系複合材料）の本格的な実用が始まり，歩道橋，道路橋，鉄道橋へと順次適用されてきた．2010年の羽田空港D滑走路桟橋部のPC床版としての大量使用は特に象徴的な適用例である．また，近年では高速道路の床版取替工事にも広く使用されている．

　土木学会コンクリート委員会では，上記2つの指針（案）が刊行されて以降も，第3種委員会として「繊維補強コンクリートの構造利用研究小委員会」を2期にわたって設置して，既往のFRCCの設計施工指針の適用範囲の拡大とさらなる高度化を目指した調査研究を進めてきた．その流れを受けて，2021年11月に「高強度繊維補強セメント系複合材料の構造利用研究小委員会」（内田裕市委員長）を第2種委員会として設置し，上記2つの指針（案）では必ずしも十分に対応できていなかった中間域もしくは境界領域のFRCCを対象として，圧縮強度60N/mm²以上で高いじん性を有する高強度繊維補強セメント系複合材料（VFC: Very high strength Fiber reinforced Cementitious composites）についての調査研究に着手した．

　この度，2年余りにわたる委員会活動の成果として，「高強度繊維補強セメント系複合材料の設計・施工指針（案）」（コンクリートライブラリー第166号）がまとめられ，コンクリート常任委員会における審議を経て出版されることとなった．本書が，FRCCの一層の活用に資することを祈念する次第である．

　本書の作成にご尽力いただいた「高強度繊維補強セメント系複合材料の構造利用研究小委員会」の内田裕市委員長はじめ，副委員長，幹事長，幹事，委員各位に心より感謝申し上げる．

2024年 9月

土木学会コンクリート委員会

委員長　　岸　利治

序

　今からちょうど 20 年前，すなわち 2004 年に，土木学会より「超高強度繊維補強コンクリートの設計・施工指針（案）」（以下，UFC 指針と略す）が刊行され，従来のコンクリートに比べ格段に性能が優れた FRCC（Fiber Reinforced Cementitious Composites，繊維補強セメント系複合材料）の利用が始まった．当初は歩道橋から始まり，次いで道路橋，鉄道橋にも適用され，2010 年には羽田空港 D 滑走路桟橋部の PC 床版として大量に使用された．その後も利用拡大を目指して開発が進められ，近年では高速道路の床版取替工事にも利用されるようになってきた．しかしながら，UFC 指針で対象とされる材料は極めて高性能であるが，その性能を確保するために使用材料が限定され，性能も超高性能な領域に限定されていた．

　一方，FRCC は本来，各種の混和材ならびに高性能な化学混和剤を用い，さらに目的に応じて繊維の種類，寸法，ならびに混入量を選択・調整することで非常に広範囲の性能を付与できる材料である．しかし，性能の範囲が広いが故に，そのような FRCC に対応した設計施工指針がこれまでに存在せず，実構造物への適用が難しい状況にあり，そのために材料開発も活発には進まなかった．

　そこで，FRCC の材料開発の促進と構造利用の拡大のために，既往の FRCC の設計施工指針の適用範囲の拡大とさらなる高度化を目指して，2012 年に土木学会コンクリート委員会に 3 種委員会として「繊維補強コンクリートの構造利用研究小委員会」を発足し，2 期にわたって調査研究を進めた．そして，この成果を展開すべく，2021 年にゼネコン，PC メーカー，ならびにセメント，繊維メーカーより委託を受け，本指針を作成することとなった．

　本指針の特徴の一つは，材料の適用範囲の拡大である．具体的には圧縮強度が 60N/mm² 以下の既往の FRCC と，圧縮強度が 150N/mm² 以上の UFC との中間をカバーしたことである．そのため，本指針で対象とする材料を「高強度繊維補強セメント系複合材料（VFC: Very high strength Fiber reinforced Cementitious composites）」と呼び，指針のタイトルとした．

　もう一つの特徴は，高流動の FRCC において考慮が必要となる繊維の配向について，「配向係数」を新たに導入したことである．しかし，現状では繊維の配向特性ならびに配向が力学特性に与える影響について，十分には解明されておらず，解析を含む机上の検討のみで配向係数を定めることは難しいため，基本的には実験により定めることとした．したがって，本指針を適用して VFC の特性を最大限に活かした設計を行うためには実験が必要であり，設計者にはかなり高いハードルとなるかもしれない．また，新しい材料を使用する場合には当然リスクを伴う．しかし，これらのハードルを越えるための道筋は示されているので，ぜひ挑戦していただきたい．

　最後に，本指針の刊行に際し，大変な労を取っていただいた三木幹事長をはじめ，委託側を含む幹事，委員の皆様に対して，厚く御礼申し上げる次第である．

2024 年 9 月

土木学会コンクリート委員会
高強度繊維補強セメント系複合材料の構造利用研究小委員会
委員長　内田裕市

土木学会 コンクリート委員会　委員構成

（令和3・4年度）

顧　問　上田　多門　　河野　広隆　　武若　耕司　　前川　宏一　　宮川　豊章　　横田　弘

委員長　下村　匠（長岡技術科学大学）

幹事長　山本　貴士（京都大学）

委　員

秋山　充良	○綾野　克紀	○石田　哲也	○井上　晋	○岩城　一郎	○岩波　光保
○上田　隆雄	上野　敦	宇治　公隆	○氏家　勲	○内田　裕市	○大内　雅博
△大島　義信	春日　昭夫	加藤　絵万	△加藤　佳孝	○鎌田　敏郎	○河合　研至
○岸　利治	木村　嘉富	國枝　稔	○河野　克哉	○古賀　裕久	○小林　孝一
○齊藤　成彦	○斎藤　豪	○佐伯　竜彦	○坂井　吾郎	佐川　康貴	○佐藤　靖彦
島　弘	○菅俣　匠	○杉山　隆文	髙橋　良輔	△田所　敏弥	谷村　幸裕
○玉井　真一	○津吉　毅	○鶴田　浩章	土橋　浩	長井　宏平	○中村　光
○永元　直樹	半井健一郎	○二羽淳一郎	橋本　親典	○濵田　秀則	濱田　譲
○原田　修輔	○久田　真	日比野　誠	○平田　隆祥	藤山知加子	△細田　暁
○本間　淳史	△前田　敏也	△牧　剛史	○松田　浩	○松村　卓郎	○丸屋　剛
三木　朋広	三島　徹也	皆川　浩	○宮里　心一	○森川　英典	○山口　明伸
○山路　徹	渡辺　忠朋				

（五十音順，敬称略）

○：常任委員会委員

△：常任委員会委員兼幹事

土木学会 コンクリート委員会　委員構成

（令和 5・6 年度）

顧　問　上田　多門　　　河野　広隆　　　武若　耕司　　　二羽淳一郎　　　前川　宏一
　　　　宮川　豊章　　　横田　弘

委員長　岸　利治

幹事長　細田　暁

委　員

〇青木　圭一*　　　秋山　充良　　〇綾野　克紀　　〇石関　嘉一**　　石田　哲也　　〇井上　晋
〇岩城　一郎　　〇岩波　光保　　〇上田　隆雄　　　上野　敦　　　　宇治　公隆　　〇氏家　勲
〇内田　裕市　　〇大内　雅博　　△大島　義信　　〇大城　壮司**　　春日　昭夫　　　加藤　絵万
〇加藤　佳孝　　〇鎌田　敏郎　　〇河合　研至　　　木村　嘉富　　〇草野　昌夫**　　國枝　稔
〇河野　克哉　　△古賀　裕久　　〇小林　孝一　　〇齊藤　成彦　　△斎藤　豪　　　〇佐伯　竜彦
△坂井　吾郎　　〇佐川　康貴　　〇佐藤　靖彦　　　島　弘　　　　〇下村　匠　　　〇菅俣　匠
〇杉山　隆文　　〇高橋　智彦　　　髙橋　良輔　　〇田所　敏弥　　　谷村　幸裕　　〇玉井　真一
〇津吉　毅　　　〇鶴田　浩章　　　土橋　浩　　　　長井　宏平　　〇中村　光　　　〇永元　直樹
△半井健一郎　　　橋本　親典　　　濱田　讓　　　〇原田　修輔*　　〇久田　真　　　　日比野　誠
〇平田　隆祥*　　△藤山知加子　　〇前田　敏也　　〇牧　剛史　　　〇松尾　豊史　　〇松田　浩
〇丸屋　剛　　　　三木　朋広　　　三島　徹也　　　皆川　浩　　　〇宮里　心一　　〇森川　英典
〇山口　明伸　　〇山路　徹　　　〇山本　貴士

（五十音順，敬称略）

〇：常任委員会委員
△：常任委員会委員兼幹事
*：令和 5 年度
**：令和 6 年度

土木学会　コンクリート委員会
高強度繊維補強セメント系複合材料の構造利用研究小委員会
委員構成

委 員 長　内田　裕市　　（岐阜大学）
副委員長　國枝　　稔　　（岐阜大学）
幹 事 長　三木　朋広　　（神戸大学）
副幹事長　牧田　　通　　（中日本高速道路㈱）

アドバイザー　二羽　淳一郎　　（東京工業大学）

委員兼幹事

伊藤　　始　（富山県立大学）　　　　　稲熊　唯史　（中日本高速技術マーケティング㈱）
上田　尚史　（関西大学）　　　　　　　塩永　亮介　（㈱ＩＨＩ）
塩畑　英俊　（東日本高速道路㈱）　　　橋本　勝文　（北海道大学）
松本　浩嗣　（北海道大学）　　　　　　渡辺　　健　（（公財）鉄道総合技術研究所）

委　員

岩城　一郎　（日本大学）　　　　　　　　岩波　光保　（東京工業大学）
大城　荘司　（西日本高速道路㈱）　　　　金久保利之　（筑波大学）
古賀　裕久　（（国研）土木研究所）　　　小坂　　崇　（阪神高速道路㈱）
小松　正貴　（㈱日本構造橋梁研究所）　　佐藤　靖彦　（早稲田大学）
髙橋　宏和　（日本工営㈱）　　　　　　　高原　良太　（㈱高速道路総合技術研究所）
益子　直人　（首都高速道路㈱）　　　　　宮里　心一　（金沢工業大学）
山路　　徹　（（国研）海上・港湾・航空技術研究所）　　渡部太一郎　（東日本旅客鉄道㈱）
担当幹事　細田　　暁　（横浜国立大学）

旧委員　　加藤　絵万　（（国研）海上・港湾・航空技術研究所）

委託側

委託側幹事長　　武者　浩透　　（大成建設(株)）
委託側副幹事長　佐々木一成　　((株)大林組)
委託側副幹事長　渡邊　有寿　　（鹿島建設(株)）

委託側委員兼幹事

浅井　　洋　（三井住友建設(株)）　　　　一宮　利通　　（鹿島建設(株)）
遠藤　俊之　（ピーエス・コンストラクション(株)）　武田　篤史　　((株)大林組)
竹山　忠臣　（大成建設(株)）　　　　　　栃木　謙一　　（清水建設(株)）
野澤　忠明　((株)エスイー)　　　　　　　村田　裕志　　（大成建設(株)）

委託側委員

石田　征男　（太平洋セメント(株)）　　　今井　遥平　　（清水建設(株)）
江口　弘則　（東洋紡エムシー(株)）　　　岡村　脩平　　（帝人(株)）
小川　敦久　((株)クラレ)　　　　　　　　川西　貴士　　((株)大林組)
玉滝　浩司　（ＵＢＥ三菱セメント(株)）　董　　賀祥　　（ベカルトジャパン(株)）
樋口　隆行　（デンカ(株)）　　　　　　　松原　喜之　　（住友電気工業(株)）
圓子　　強　（東京製綱(株)）　　　　　　室賀陽一郎　　（バルチップ(株)）

旧委託側委員　伊藤　慎也　（デンカ(株)）

（五十音順，敬称略）

設計 WG

主査　村田　裕志　（大成建設(株)）
副査　上田　尚史　（関西大学）
副査　武田　篤史　（(株)大林組）

一宮　利通　（鹿島建設(株)）　　　　　伊藤　　始　（富山県立大学）
小林　裕貴　（(株)エスイー）　　　　　小松　正貴　（(株)日本構造橋梁研究所）
新庄　皓平　（大成建設(株)）　　　　　竹山　忠臣　（大成建設(株)）
栃木　謙一　（清水建設(株)）　　　　　藤代　　勝　（鹿島建設(株)）

材料・施工 WG

主査　渡邊　有寿　（鹿島建設(株)）
副査　橋本　勝文　（北海道大学）
副査　野澤　忠明　（(株)エスイー）

浅井　　洋　（三井住友建設(株)）　　　石田　征男　（太平洋セメント(株)）
伊藤　慎也　（デンカ(株)）　　　　　　今井　遥平　（清水建設(株)）
江口　弘則　（東洋紡エムシー(株)）　　遠藤　俊之　（ピーエス・コンストラクション(株)）
大島　克仁　（住友電気工業(株)）　　　岡村　脩平　（帝人(株)）
小川　敦久　（(株)クラレ）　　　　　　川口　　武　（帝人(株)）
川西　貴士　（(株)大林組）　　　　　　小坂　　崇　（阪神高速道路）
田中　秀一　（住友電気工業(株)）　　　董　　賀祥　（ベカルトジャパン(株)）
樋口　隆行　（デンカ(株)）　　　　　　藤野　由隆　（ＵＢＥ三菱セメント(株)）
松原　喜之　（住友電気工業(株)）　　　松元　淳一　（大成建設(株)）
圓子　　強　（東京製綱(株)）　　　　　村瀬　智也　（帝人(株)）
室賀陽一郎　（バルチップ(株)）　　　　梁　　賢晟　（帝人(株)）
渡辺　　健　（鉄道総合技術研究所）

試験法 WG

主査　佐々木一成　　((株)大林組)
副査　稲熊　唯史　　(中日本高速技術マーケティング(株))
副査　玉滝　浩司　　(ＵＢＥ三菱セメント(株))

伊藤　慎也　（デンカ(株)）
小川　敦久　（(株)クラレ）
竹山　忠臣　（大成建設(株)）
永井　勇輔　（鹿島建設(株)）
野澤　忠明　（(株)エスイー）
牧田　　通　（中日本高速道路(株)）

遠藤　俊之　（ピーエス・コンストラクション(株)）
塩永　亮介　（(株)ＩＨＩ）
董　　賀祥　（ベカルトジャパン(株)）
中村慶一郎　（ＵＢＥ三菱セメント(株)）
樋口　隆行　（デンカ(株)）
松本　浩嗣　（北海道大学）

（五十音順，敬称略）

CL166

高強度繊維補強セメント系複合材料の設計・施工指針（案）

コンクリートライブラリー166
高強度繊維補強セメント系複合材料の設計・施工指針（案）

目　　次

1章　総　　　則 ……………………………………………………………………… 1
  1.1　適用の範囲 ………………………………………………………………… 1
  1.2　設計・施工・維持管理の手順 ………………………………………… 5
  1.3　用語の定義 ………………………………………………………………… 6
  1.4　記　　　号 ………………………………………………………………… 9
2章　要 求 性 能 ……………………………………………………………………10
3章　VFC構造物の構造計画 …………………………………………………11
  3.1　一　　　般 …………………………………………………………………11
  3.2　VFCの特性の設定 ……………………………………………………13
  3.3　VFCの施工方法の設定 ………………………………………………16
4章　性能照査の原則 ……………………………………………………………17
  4.1　一　　　般 …………………………………………………………………17
  4.2　照査の前提 …………………………………………………………………17
  4.3　照査の方法 …………………………………………………………………18
  4.4　応答値と限界値の算定 …………………………………………………19
  4.5　安 全 係 数 …………………………………………………………………19
  4.6　配 向 係 数 …………………………………………………………………20
  4.7　修 正 係 数 …………………………………………………………………23
  4.8　設計計算書 …………………………………………………………………23
  4.9　設　計　図 …………………………………………………………………23
5章　材　　　料 ……………………………………………………………………24
  5.1　材料の基本 …………………………………………………………………24
  5.2　材料の設計用値 …………………………………………………………24
  5.3　V　F　C ……………………………………………………………………25
    5.3.1　圧 縮 強 度 …………………………………………………………25
    5.3.2　引 張 特 性 …………………………………………………………25
    5.3.3　疲 労 強 度 …………………………………………………………27
    5.3.4　応力－ひずみ曲線 ………………………………………………28
    5.3.5　ヤング係数 …………………………………………………………31
    5.3.6　ポアソン比 …………………………………………………………31
    5.3.7　熱 物 性 ……………………………………………………………31
    5.3.8　収縮および膨張 …………………………………………………32
    5.3.9　ク リ ー プ …………………………………………………………33

(1)

5.3.10	高温度の影響	34
5.3.11	低温度の影響	35
5.3.12	水分浸透速度係数	35
5.3.13	中性化速度係数	36
5.3.14	塩化物イオン拡散係数	36
5.3.15	凍結融解試験における相対動弾性係数	37
5.4	鋼　　　材	37

6章　作　　　用 38

7章　耐久性に関する照査 39

7.1　一　　　般 39

7.2　VFC の劣化に対する照査 41

   7.2.1　一　　　般 41

   7.2.2　凍害に対する照査 41

   7.2.3　化学的侵食に対する照査 42

   7.2.4　アルカリシリカ反応に対する照査 43

   7.2.5　繊維の変質・劣化に対する検討 43

7.3　鋼材腐食に対する照査 45

   7.3.1　一　　　般 45

   7.3.2　中性化と水の浸透に伴う鋼材腐食に対する照査 46

   7.3.3　塩害環境下における鋼材腐食に対する照査 47

   7.3.4　ひび割れ幅に対する照査 49

8章　安全性に関する照査 51

8.1　一　　　般 51

8.2　断面破壊に対する照査 51

   8.2.1　一　　　般 51

   8.2.2　設計作用および設計作用の組合せ 52

   8.2.3　設計断面力の算定 52

   8.2.4　曲げモーメントおよび軸方向力に対する照査 52

   8.2.5　せん断力に対する照査 53

   8.2.6　ねじりに対する安全性の照査 57

8.3　疲労破壊に対する照査 58

8.4　耐衝撃性に関する照査 60

9章　使用性に関する照査 61

9.1　一　　　般 61

9.2　ひび割れによる外観に対する照査 61

   9.2.1　一　　　般 61

   9.2.2　設計作用および設計作用の組合せ 62

   9.2.3　設計応答値の算定 62

9.2.4 設計限界値の設定 ··· 64

9.3 応力度の制限 ··· 65

9.4 変位・変形に対する照査 ··· 65

9.4.1 一　　般 ·· 65

9.4.2 設計作用および設計作用の組合せ ··· 66

9.4.3 設計応答値の算定 ··· 66

9.4.4 設計限界値の設定 ··· 67

9.5 振動に対する照査 ··· 67

9.6 水密性に対する照査 ··· 68

9.6.1 一　　般 ·· 68

9.6.2 設計作用および設計作用の組合せ ··· 68

9.6.3 設計応答値の算定 ··· 69

9.6.4 設計限界値の設定 ··· 69

9.7 耐火性に対する照査 ··· 69

10章　耐震設計および耐震性に関する照査 ·· 71

10.1 一　　般 ·· 71

10.2 耐震設計の基本 ·· 71

10.2.1 一　　般 ··· 71

10.2.2 VFC 構造物の耐震構造計画 ·· 72

10.3 耐震性に関する照査の原則 ·· 73

10.3.1 一　　般 ··· 73

10.3.2 耐震性の水準 ·· 73

10.4 照査に用いる地震動 ·· 74

10.5 解析モデルおよび応答値の算定 ·· 74

10.5.1 解析モデル ··· 74

10.5.2 応答値の算定 ·· 76

10.6 耐震性の照査 ·· 76

10.7 耐震性に関する構造細目 ·· 77

11章　VFC を用いた鉄筋コンクリート構造の前提および VFC 構造物の構造細目 ······ 78

11.1 一　　般 ·· 78

11.2 VFC を用いた鉄筋コンクリート構造の前提 ······································ 78

11.2.1 鉄筋のかぶりの最小値 ·· 78

11.2.2 鉄筋のあき ··· 79

11.2.3 鉄筋の配置 ··· 79

11.2.4 鉄筋の曲げ形状 ·· 81

11.2.5 鉄筋の定着 ··· 81

11.2.6 鉄筋の継手 ··· 81

11.3 部材接合部の構造細目 ·· 82

11.4　その他の構造細目 ……………………………………………………………………82

　　11.4.1　面　取　り ………………………………………………………………………82

　　11.4.2　開口部周辺の補強 …………………………………………………………………83

　　11.4.3　打　継　目 ………………………………………………………………………83

　　11.4.4　目　　　地 ………………………………………………………………………84

　　11.4.5　無筋 VFC 構造 ……………………………………………………………………85

12章　プレストレストコンクリート …………………………………………………………86

12.1　一　　　般 …………………………………………………………………………………86

12.2　プレストレストコンクリートの分類 ……………………………………………………86

12.3　プレストレス力 ……………………………………………………………………………86

12.4　応答値の算定 ………………………………………………………………………………87

　　12.4.1　一　　　般 …………………………………………………………………………87

　　12.4.2　曲げモーメントおよび軸方向力による材料の設計応力度 ……………………87

　　12.4.3　せん断力およびねじりモーメントによる材料の設計応力度 …………………88

　　12.4.4　設計曲げひび割れ幅 ………………………………………………………………88

12.5　耐久性に関する照査 ………………………………………………………………………88

12.6　安全性に関する照査 ………………………………………………………………………89

12.7　使用性に関する照査 ………………………………………………………………………90

12.8　耐震性に関する照査 ………………………………………………………………………90

12.9　施工時に関する照査 ………………………………………………………………………90

12.10　VFC を用いたプレストレストコンクリートの前提および構造細目 ………………91

　　12.10.1　一　　　般 ………………………………………………………………………91

　　12.10.2　PC グラウト ………………………………………………………………………91

　　12.10.3　緊張材のかぶり ……………………………………………………………………91

　　12.10.4　緊張材のあき ………………………………………………………………………92

　　12.10.5　緊張材の配置 ………………………………………………………………………92

　　12.10.6　緊張材の定着，接続および定着部付近の VFC の補強 ………………………93

　　12.10.7　最小鋼材量 …………………………………………………………………………93

13章　プレキャストコンクリート ……………………………………………………………94

13.1　一　　　般 …………………………………………………………………………………94

13.2　材料の設計用値 ……………………………………………………………………………94

　　13.2.1　収縮およびクリープ ………………………………………………………………94

　　13.2.2　緊張材のリラクセーション率 ……………………………………………………95

　　13.2.3　単 位 重 量 …………………………………………………………………………95

13.3　作　　　用 …………………………………………………………………………………95

13.4　応答値の算定 ………………………………………………………………………………95

　　13.4.1　接合部のモデル化 …………………………………………………………………96

　　13.4.2　曲げひび割れ幅の設計応答値の算定 ……………………………………………96

(4)

13.5	耐久性に関する照査	96
13.6	安全性に関する照査	97
13.7	使用性に関する照査	97
13.7.1	ひび割れによる外観に対する照査	97
13.7.2	変位・変形に対する照査	97
13.7.3	水密性に対する照査	98
13.7.4	耐火性に対する照査	98
13.8	耐震性に関する照査	98
13.9	プレキャストコンクリートの前提	98
13.9.1	鉄筋および鋼材のかぶりの最小値	99
13.9.2	鋼材のあき	99
13.9.3	接　合　部	99
13.9.4	場所打ちとの接合面	103
14章	**高度な数値解析による照査**	**104**
14.1	一　　　般	104
14.2	材料のモデル化	106
14.2.1	一　　　般	106
14.2.2	VFC のモデル化	107
14.2.3	鋼材のモデル化	109
14.3	応答値の算定	109
14.4	照　　　査	109
14.5	妥当性の評価	109
15章	**VFC による補修・補強**	**110**
15.1	一　　　般	110
15.2	補修・補強の設計	111
15.2.1	一　　　般	111
15.2.2	既設部との一体性	113
15.3	補修・補強に用いる材料	113
15.4	補修・補強の施工	114
15.5	補修・補強後の維持管理	114
16章	**施　　　工**	**115**
16.1	一　　　般	115
16.2	VFC の品質確保	115
16.3	VFC の構成材料	116
16.3.1	一　　　般	116
16.3.2	セメント	117
16.3.3	結合材に含まれる混和材	117
16.3.4	結合材に含まれない混和材	118

16.3.5 骨　　　材 ………………………………………………………… 118

16.3.6 プレミックス材料 ……………………………………………… 118

16.3.7 練 混 ぜ 水 …………………………………………………… 119

16.3.8 化学混和剤 ………………………………………………………… 119

16.3.9 繊　　　維 ………………………………………………………… 120

16.4 配 合 設 計 ……………………………………………………………… 121

16.4.1 一　　　般 ………………………………………………………… 121

16.4.2 コンシステンシー ………………………………………………… 123

16.4.3 力 学 特 性 …………………………………………………… 124

16.4.4 VFC の劣化および物質の透過に対する抵抗性 ………………… 125

16.4.5 その他の特性 ……………………………………………………… 125

16.4.6 配合の表し方 ……………………………………………………… 126

16.5 製　　　造 ………………………………………………………………… 127

16.5.1 貯　　　蔵 ………………………………………………………… 128

16.5.2 計　　　量 ………………………………………………………… 128

16.5.3 練 混 ぜ ………………………………………………………… 129

16.6 運搬・打込み・締固めおよび仕上げ ……………………………………… 131

16.6.1 運　　　搬 ………………………………………………………… 131

16.6.2 打 込 み …………………………………………………………… 132

16.6.3 締 固 め …………………………………………………………… 133

16.6.4 表面仕上げ ………………………………………………………… 133

16.7 養　　　生 ………………………………………………………………… 134

16.8 継　　　目 ………………………………………………………………… 135

16.8.1 一　　　般 ………………………………………………………… 135

16.8.2 打 継 目 …………………………………………………………… 135

16.8.3 目　　　地 ………………………………………………………… 136

16.9 鉄 筋 工 …………………………………………………………………… 136

16.10 型枠および支保工 ………………………………………………………… 137

16.11 寒中の施工 ………………………………………………………………… 138

16.11.1 一　　　般 ………………………………………………………… 138

16.11.2 材料および配合 …………………………………………………… 138

16.11.3 練 混 ぜ …………………………………………………………… 139

16.11.4 運搬および打込み ………………………………………………… 139

16.11.5 養　　　生 ………………………………………………………… 139

16.11.6 型枠および支保工 ………………………………………………… 140

16.12 暑中の施工 ………………………………………………………………… 140

16.12.1 一　　　般 ………………………………………………………… 140

16.12.2 材料および配合 …………………………………………………… 141

16.12.3　練　混　ぜ………………………………………………………………… 141

16.12.4　運搬および打込み……………………………………………………… 142

16.12.5　養　　　生……………………………………………………………… 142

16.13　マスコンクリート………………………………………………………… 142

16.14　品　質　管　理…………………………………………………………… 144

16.14.1　一　　　般……………………………………………………………… 144

16.14.2　製造時の品質管理………………………………………………… 144

16.14.3　施工時の品質管理………………………………………………… 146

17章　検　　　査…………………………………………………………………… 149

17.1　一　　　般…………………………………………………………………… 149

17.2　検　査　計　画……………………………………………………………… 150

17.3　VFC の構成材料の検査…………………………………………………… 151

17.3.1　マトリクスを構成する材料の検査……………………………… 151

17.3.2　繊維の検査……………………………………………………… 152

17.4　VFC 製造設備の検査……………………………………………………… 153

17.5　VFC の品質の検査………………………………………………………… 153

17.6　施工の検査…………………………………………………………………… 155

17.7　VFC 構造物の検査………………………………………………………… 155

17.8　検　査　記　録……………………………………………………………… 155

18章　維　持　管　理……………………………………………………………… 156

18.1　一　　　般…………………………………………………………………… 156

18.2　維持管理計画………………………………………………………………… 156

18.2.1　一　　　般……………………………………………………… 156

18.2.2　変状と対策の想定……………………………………………… 157

18.3　点　　　検…………………………………………………………………… 158

18.4　劣化機構の推定……………………………………………………………… 159

18.5　予　　　測…………………………………………………………………… 159

18.6　性能の評価および判定……………………………………………………… 159

18.7　対　　　策…………………………………………………………………… 159

18.8　対策後の維持管理計画……………………………………………………… 160

18.9　記　　　録…………………………………………………………………… 161

1章 総 則

1.1 適用の範囲

（1）本指針（案）は，高強度繊維補強セメント系複合材料（以下，VFC と称す）を用いた構造物の設計，施工および維持管理に関する標準を示すものである．

（2）本指針（案）で対象とする VFC は，圧縮強度の特性値が 60N/mm² 以上であり，設計の前提としてひび割れ発生後の繊維の架橋効果を考慮する材料である．

（3）本指針（案）で対象とする構造は VFC 構造とし，VFC を用いた鉄筋コンクリート構造（以下，R-VFC 構造と称す），プレストレストコンクリート構造（P-VFC 構造），PRC 構造（PR-VFC 構造），無筋コンクリート構造（無筋 VFC 構造）とする．

（4）本指針（案）に特に記載しない事項は，コンクリート標準示方書［基本原則編］，［設計編］，［施工編］および［維持管理編］によることとする．

【解 説】 （1）について 高強度繊維補強セメント系複合材料について，本指針（案）では略称として VFC：**V**ery high strength **F**iber reinforced **C**ementitious composites を用いることとした．VFC には粗骨材を用いるものも含む．

（2）について VFC の適用範囲の概念を解説 図 1.1.1 に示す．VFC を構造利用する前提として，VFC の高いひび割れ発生強度，繊維の架橋による引張抵抗，圧縮じん性，耐衝撃性の向上や部材への繰返し荷重に対する抵抗性（耐震性，耐疲労性等）の向上等を構造設計において積極的に考慮する必要がある．そのためには，VFC は繊維とマトリクスの付着が十分に確保される必要があり，圧縮強度の特性値は 60N/mm² 以上を対象とした．また，ひび割れ発生後の繊維の架橋効果を考慮する点が本指針（案）の特徴である．解説 図 1.1.2 に VFC の引張特性のイメージを示す．繊維の量が多い場合，ひび割れ発生後にひずみ硬化の特性を示すことがある．このような材料の特性については，解説 図 1.1.3 に示すように，以下の二つの考え方がある．(a)ひび割れ発生以降，横軸をひび割れ幅とした引張軟化曲線とする考え方．(b)繊維架橋強度到達までを引張応力－引張ひずみ関係として，これ以降を引張軟化曲線とする考え方．ただし，(a)の場合，引張応力が上昇するひずみ硬化域も含めた特性を引張軟化曲線と称することになる．なお，VFC の中でも強度の高い領域の材料は，海外において UHPFRC（Ultra High Performance Fiber Reinforced Concrete）や UHPC（Ultra-High Performance Concrete）と呼称されることがある．

VFC を適用する構造部材の例としては以下のようなものが考えられる．

・はり，柱，スラブ，壁（断面の縮小，鉄筋量の低減，部材の変形性能の向上，耐疲労性の向上，防水性・塩害に対する抵抗性向上）

・柱はり接合部，カルバート隅角部（複雑となる応力の流れに対する繊維の補強効果を期待）

・耐衝撃性が必要な部材（かぶりの飛散防止，衝突荷重に対する安全性向上）

・道路橋床版の増厚等の補修・補強（防水性・塩害に対する抵抗性向上，耐疲労性向上）

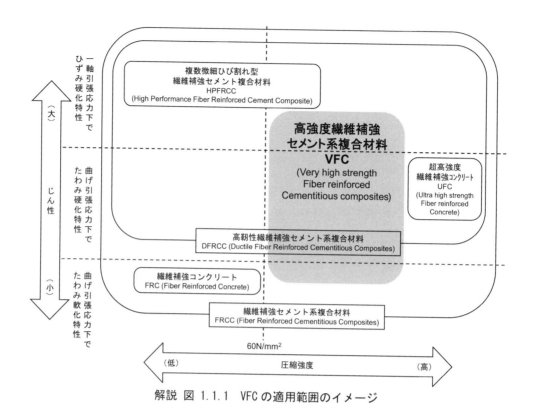

解説 図 1.1.1　VFC の適用範囲のイメージ

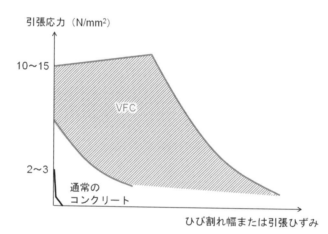

解説 図 1.1.2　VFC の引張特性のイメージ

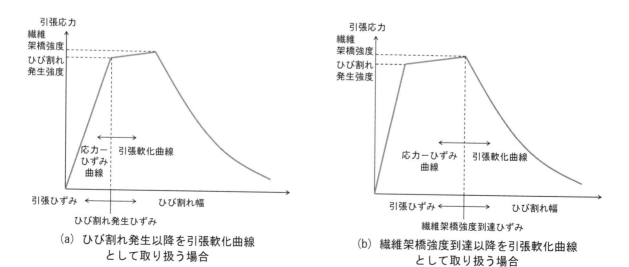

(a) ひび割れ発生以降を引張軟化曲線として取り扱う場合

(b) 繊維架橋強度到達以降を引張軟化曲線として取り扱う場合

解説 図 1.1.3　ひずみ硬化特性を有する VFC の引張特性の考え方

これまで，土木学会では繊維補強セメント系複合材料（FRCC）に関する指針として，鋼繊維補強コンクリート設計施工指針（案）（以下，SFRC 指針と称す），鋼繊維補強鉄筋コンクリート柱部材の設計指針（案）（以下，RSF 柱指針と称す），超高強度繊維補強コンクリートの設計・施工指針（案）（以下，UFC 指針と称す），複数微細ひび割れ型繊維補強セメント複合材料設計・施工指針（案）（以下，HPFRCC 指針と称す）の 4 編が刊行されている．これらは**解説 表 1.1.1** に示される適用範囲に限定した「材料限定型指針」とすることで，実用に供することに適した指針となっている．

一方，近年では各種の混和材料と繊維を用いることでこれらの指針の範囲に収まらない多種多様な繊維補強セメント系複合材料が製造できるようになっている．しかし，このような材料を用いる場合に設計法がなく，土木学会の技術評価や他機関の技術審査証明などによってその性能や設計法について個別に確認し，認証されているのが実状である．

このような状況に対して，以下の 2 点を目的として本指針（案）を策定した．(a)様々な VFC の構造利用に当り，特定の材料に限定せずに考慮すべき事項や設計の流れを包含して示す「包括型指針」とする．(b)個々の新材料については，この包括型指針のコンセプトに基づいて個別に基準等を策定することで VFC の構造利用を促進する．なお，可能な範囲で特定の材料を対象とした設計・施工などについても参考資料に示している．本指針（案）で対象とする繊維の例を**解説 表 1.1.2** に示す．詳細については，「**3.2 VFC の特性の設定**」などを参考にするのがよい．

超高強度繊維補強コンクリート（UFC）と複数微細ひび割れ型繊維補強セメント複合材料（HPFRCC）についての VFC との関係性は，以下のようになる．

(i) 超高強度繊維補強コンクリート（UFC）について

UFC 指針に準拠する設計法・材料・施工法をすべて適用する場合は UFC 指針に従うものとし，本指針（案）では対象としない．ただし，UFC 指針に適合する材料は本指針（案）が対象としている材料としても適用できることから，UFC 指針に適合する材料を用いて本指針（案）にしたがって VFC 構造として設計，施工することができる．

(ii) 複数微細ひび割れ型繊維補強セメント複合材料（HPFRCC）について

圧縮強度としては本指針（案）の範囲に入る材料であっても，HPFRCC のようなひずみ硬化現象を示し，大ひずみまで引張応力を保持する材料については対象としない．HPFRCC は引張応力下において，ひずみの増加とともに多数の微細ひび割れが発生する材料であり，引張特性は繊維架橋強度（HPFRCC では引張強度）まで引張応力-ひずみ関係で表され，引張軟化は設計上考慮されない．

UFC 指針や HPFRCC 指針で示されている各種耐力式や設計手法については参考になる部分も多いため，各章の解説や参考資料で紹介することとした．また，本指針（案）では，コンクリート標準示方書に示された各種算定式も記載しているが，コンクリート標準示方書の適用範囲は圧縮強度の特性値が $80N/mm^2$ までであるため，適用にあたっては留意する必要がある．

解説 表 1.1.1 土木学会から発行されている繊維補強セメント系複合材料に関する指針の適用範囲

規準・指針名	鋼繊維補強コンクリート設計施工指針(案)	鋼繊維補強鉄筋コンクリート柱部材の設計指針(案)	超高強度繊維補強コンクリートの設計・施工指針(案)	複数微細ひび割れ型繊維補強セメント複合材料設計・施工指針(案)
通称	SFRC 指針	RSF 柱指針	UFC 指針	HPFRCC 指針
シリーズ (or 該当部)	コンクリートライブラリー50	コンクリートライブラリー97	コンクリートライブラリー113	コンクリートライブラリー127
発行時期	1983.3	1999.7	2004.9	2007.3
材料の定義	鋼繊維補強コンクリート(鋼繊維を混入したモルタルまたはコンクリート)	鋼繊維補強鉄筋コンクリート(鋼繊維補強コンクリートを用いた鉄筋コンクリート: Reinforced concrete with Steel Fiber)	下記の材料特性を有する超高強度繊維補強コンクリート (Ultra high strength Fiber reinforced Concrete)	一軸引張応力下において疑似ひずみ硬化特性を示し, 微細で高密度の複数ひび割れを形成する高靱性材料 (複数微細ひび割れ型繊維補強セメント複合材料 High Performance Fiber Reinforced Cement Composite)
強度あるいはじん性等の特性	(規定なし)	(規定なし)	・圧縮強度:150N/mm² 以上 ・ひび割れ発生強度: 4N/mm² 以上 ・引張強度:5N/mm² 以上	・引張終局ひずみの平均値は 0.5%以上 ・平均ひび割れ幅は 0.2mm 以下
マトリクスの特徴	(規定なし)	(規定なし)	・標準配合粉体(粒径 2.5mm 以下の骨材, セメント, ポゾラン材から構成される) ・W/C が 0.24 以下	JIS R 5210 に適合するポルトランドセメントもしくは JIS A 5213 に適合するフライアッシュセメント
繊維の種類	・鋼繊維 ・コンクリート用鋼繊維品質規格(JSCE-E101)に適合したもの ・長さ:25〜40mm ・直径:0.3〜0.6mm ・体積混入率:0.5〜2.0vol.%	・鋼繊維 ・コンクリート用鋼繊維品質規格(JSCE-E101)に適合したもの ・素材は JIS G 3532 SWM-B に適合したもの ・体積混入率 1.0〜1.5vol.%	・鋼繊維 ・引張強度:2000N/mm² 以上 ・長さ:10〜20mm ・直径:0.1〜0.25mm ・体積混入率:2.0vol.%以上	・PVA 繊維 ・高強度ポリエチレン繊維 ほか
養生	(規定なし)	(規定なし)	標準として高温給熱養生(90℃)を行う	湿潤状態を保ちながら給熱して養生する方法(給熱養生)で, 養生温度は 40℃以下が望ましい

解説 表 1.1.2 繊維の例

分類		繊維の具体例
無機繊維	金属繊維	鋼繊維 ステンレス繊維
	その他の無機繊維	炭素繊維 ガラス繊維 バサルト繊維
合成繊維	高強度・高弾性繊維	アラミド繊維 ポリエチレン繊維 PBO 繊維
	一般汎用繊維	PVA 繊維 ポリプロピレン繊維 ナイロン繊維

（3）について　VFC は繊維の架橋効果による引張抵抗を期待できるため，無筋コンクリート構造も対象とした．鉄筋コンクリート構造は R-VFC 構造，プレストレストコンクリート構造は P-VFC 構造，PRC 構造は PR-VFC 構造，無筋コンクリート構造は無筋 VFC 構造と称し，これらを総称して VFC 構造と称することとした．部材や構造物についても同様に R-VFC 部材（または構造物），P-VFC 部材（または構造物），PR-VFC 部材（または構造物），無筋 VFC 部材（または構造物）と称し，総称として VFC 部材（または構造物）と称することとした．なお，本指針（案）においては VFC で補強された構造物も VFC 構造物と称する．

本指針（案）の各種照査の章では特に記載のない限り，鉄筋や緊張材等を有する R-VFC，P-VFC，PR-VFC 構造物を対象とした内容である．無筋 VFC については，例えばひび割れ発生を許容しないようにするなど，設計者が適切に限界値を設定する必要がある．

（4）について　本指針（案）で参照するコンクリート標準示方書は，特に記載のないものは［基本原則編］は 2012 年制定版，［設計編］と［施工編］は 2017 年制定版，［維持管理編］は 2018 年制定版である．

1.2　設計・施工・維持管理の手順

VFC 構造物は，繊維の形状や種類を適切に設定し，VFC の特性に関して十分に検討した上で，通常のコンクリート構造物と同様の流れで設計・施工・維持管理することとする．

【解　説】　VFC 構造物の設計・施工・維持管理は，解説 図 1.2.1 に示すように，通常のコンクリート構造物と同様の流れで実施することができる．ただし，VFC 特有の項目として，材料特性の設定時に繊維の種類・混入量などを設定することに加えて VFC 中の繊維の配向・分散の影響を適切に考慮することが必要となる．ここで，配向の影響とは，繊維によって負担される VFC の引張応力が繊維の向きによって大きく影響を受けることを示す．材料が決定されても断面形状，配筋，施工方法によって繊維の配向や分散が異なるため，その影響を適切に考慮する必要がある．

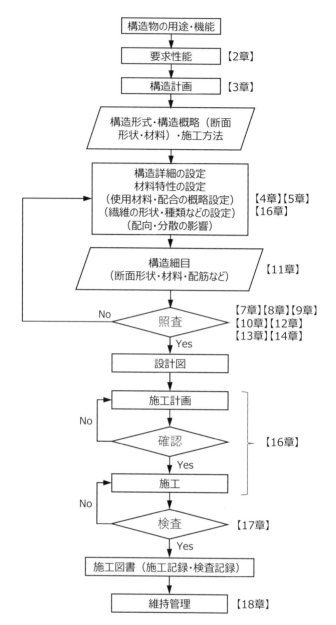

解説 図 1.2.1　VFC 構造物の設計・施工・維持管理の流れ

1.3　用語の定義

本指針（案）においては以下のとおり用語を定義する．

VFC　　　　　：Very high strength Fiber reinforced Cementitious composites の略称で，高強度繊維補強セメント系複合材料．

VFC 部材，VFC 構造，VFC 構造物：VFC を用いた部材，構造，構造物．

R-VFC 部材，R-VFC 構造，R-VFC 構造物：VFC を用いた鉄筋コンクリート部材，構造，構造物．

P-VFC 部材，P-VFC 構造，P-VFC 構造物：VFC を用いたプレストレストコンクリート部材，構造，構造物．

PR-VFC 部材，PR-VFC 構造，PR-VFC 構造物：VFC を用いた PRC 部材，構造，構造物．

無筋 VFC 部材，無筋 VFC 構造，無筋 VFC 構造物：VFC を用いていて，構造計算に考慮する鉄筋や PC 鋼材が用いられていない部材，構造，構造物．

UFC	:	Ultra high strength Fiber reinforced Concrete の略称で，超高強度繊維補強コンクリート.
UFC 構造	:	高温給熱養生を実施するなど，施工方法も含めて UFC 指針に従って設計・施工された構造.
HPFRCC	:	High Performance Fiber Reinforced Cement Composite の略称で，複数微細ひび割れ型繊維補強セメント複合材料.
SFRC	:	Steel Fiber Reinforced Concrete の略称で，鋼繊維補強コンクリート.
マトリクス	:	VFC に混入している繊維以外のモルタルやコンクリートの部分.
無機繊維	:	無機物で構成された繊維.
金属繊維	:	金属によって構成された繊維.
合成繊維	:	有機低分子を重合することで生成された高分子を原料とする化学繊維.
ひずみ硬化特性	:	一軸引張荷重作用下において，ひび割れ発生後に変形の増加にともなって引張応力が上昇する特性.
ひずみ軟化特性	:	一軸引張荷重作用下において，ひび割れ発生後に変形の増加にともなって引張応力が低下する特性.
たわみ硬化特性	:	曲げモーメント作用下において，ひび割れ発生後に曲げ変形の増加にともなって抵抗曲げモーメントが増加する特性.
ひび割れ発生強度	:	引張応力を受ける VFC にひび割れが発生するときの応力度.
繊維架橋強度	:	ひび割れ発生後に繊維の架橋効果が生じた後の最大引張応力度.
引張軟化特性	:	ひび割れ発生後の引張特性.
引張軟化曲線	:	引張軟化特性を引張応力とひび割れ幅の関係で表した曲線.
架橋効果	:	ひび割れ面において，繊維が引張力を伝達する効果.
配向	:	構造物の断面，配筋や打込み方法の影響で変化する VFC 中の繊維の向き.
分散	:	VFC 中の繊維量の分布状況.
配向係数	:	VFC 部材の曲げ耐力やせん断耐力が繊維の配向・分散に依存することを考慮するために用いられる係数.
等価長さ	:	断面の抵抗曲げモーメントの計算で使用する引張応力－ひずみ関係を求める際に，引張軟化曲線のひび割れ幅をひずみに変換するためにひび割れ幅を除す長さ.
ひび割れ帯幅	:	非線形有限要素解析で使用する引張応力－ひずみ関係を求める際に，引張軟化曲線のひび割れ幅をひずみに変換するためにひび割れ幅を除す長さ.

【解　説】

VFC	:	本指針（案）で対象とする材料である．粗骨材を有するものも含む.
VFC 部材，VFC 構造，VFC 構造物	:	既存のコンクリート構造物が VFC により補強されたものも含まれ，繊維の架橋効果を設計において考慮したものである．これは，構造計算においてその効果を定量的に考慮したものだけでなく，用心として繊維を混入した場合も含む.
UFC	:	圧縮強度の特性値が 150N/mm^2 以上，ひび割れ発生強度の特性値が 4N/mm^2 以上，引張強度の特性値が 5N/mm^2 以上のセメント系複合材料である．Concrete とされているが，一般的には

マトリクスとしてモルタルが使用される.

UFC 構造　　　　：本指針（案）の対象外ではあるが，耐力式などは紹介する.

HPFRCC　　　　：微細で高密度の複数ひび割れを形成することにより最大引張ひずみが数%にも達する極めて高じん性で延性な材料である．本指針（案）の対象外の材料ではあるが，HPFRCC 指針の耐力式などは紹介する.

SFRC　　　　　：従来の SFRC は圧縮強度 50N/mm² 以下が一般的であったが，60N/mm² を超え，十分な引張抵抗が期待できるものは VFC となる.

ひずみ硬化特性：金属材料の塑性硬化とはメカニズムが異なるため，区別するために「疑似ひずみ硬化特性」とも呼ばれる.

たわみ硬化特性：たわみ硬化特性は，材料固有の特性ではなく，供試体寸法など曲げ載荷の条件によって変化するため，本指針（案）においては材料特性として用いない．ひずみ硬化，ひずみ軟化，たわみ硬化，たわみ軟化の違いは**解説 図** 1.3.1 を参照するのがよい.

ひび割れ発生強度：引張応力－ひずみ関係において，線形弾性の仮定が成り立たなくなる際の応力度として求められる.

繊維架橋強度：ひずみ硬化を示す VFC では，繊維架橋強度の方がひび割れ発生強度より高くなる．一方，ひずみ軟化特性を示す VFC では，ひび割れ発生強度の方が繊維架橋強度より高くなる．詳細については「**5.3.2 引張特性**」を参照するのがよい．なお，厳密には繊維架橋強度には骨材の噛合せ等による引張応力分担も含む.

引張軟化特性：ひずみ硬化特性を有する VFC では，ひび割れ発生以降に引張応力が上昇する領域も含めて引張軟化特性として取り扱う.

引張軟化曲線：VFC では，ひび割れ発生以降を引張応力－ひび割れ幅の関係として取り扱う．ただし，ひずみ硬化特性を有する VFC では，**解説 図** 1.1.3 に示したように，ひび割れ発生以降を引張軟化曲線として取り扱う場合と，繊維架橋強度到達以降を引張軟化曲線として取り扱う場合がある.

配向係数　　　：本指針（案）での配向係数κ_fは，繊維長に対する任意の方向での投影長さの比率の意味で用いられてきた配向係数（3 次元ランダム配向ではどの方向にも 0.5）とは異なるものである.

等価長さ　　　：曲げ耐力算定時では，引張軟化曲線を直接組み込んだ有限要素解析での曲げ耐力と，断面計算による曲げ耐力が等しくなるように定められ，部材高さに依存する.

ひび割れ帯幅：一般には要素寸法が用いられる.

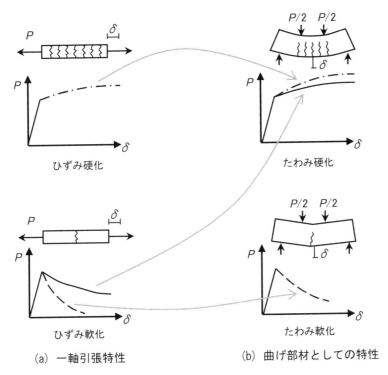

解説 図 1.3.1 ひずみ硬化,ひずみ軟化,たわみ硬化,たわみ軟化のイメージ

1.4 記　号

本指針（案）で用いる記号を次のように定める．

f_{cr} ：VFC のひび割れ発生強度

f_{ft} ：VFC の繊維架橋強度

$\sigma_t(w)$ ：引張軟化曲線

L_{eq} ：等価長さ

h_{cr} ：ひび割れ帯幅

κ_f ：VFC の配向係数

その他の記号については，コンクリート標準示方書［設計編］に従うものとする．

【解　説】　コンクリート標準示方書では引張強度としてf_tが定義されているが，本指針（案）ではひび割れ発生強度f_{cr}と繊維架橋強度f_{ft}を用いるため，f_tは記号として使用していない．詳細については「5.3.2 引張特性」を参照するのがよい．

2章　要求性能

VFC 構造物に設定する要求性能はコンクリート標準示方書 ［設計編］ によることとする.

【解　説】　VFC 構造物では，コンクリート標準示方書 ［設計編］ と同様に，一般に耐久性，安全性（耐衝撃性を含む），使用性および復旧性を要求性能として設定するのがよい．なお，配慮事項となる環境性に関する照査や設定の考え方については，コンクリート標準示方書 ［基本原則編］ に記載されている．また，VFC 構造物に耐震性が求められる場合には，VFC 構造物の地震時および地震後の安全性，使用性ならびに地震後の修復性を総合的に考慮して限界状態を設定するための性能として耐震性を設定するのがよい.

3章　VFC構造物の構造計画

3.1　一　　般

（1）構造計画では，適切な調査に基づき，供用期間において VFC 構造物の要求性能を保持し，冗長性や頑健性を有するように設計耐用期間，構造種別，構造形式，使用材料，VFC の施工方法，主要寸法を設定しなければならない．特に，使用材料のうち VFC については，その特性を設定しなければならない．

（2）構造計画では，構造物の施工，維持管理，環境性，経済性等を検討しなければならない．

【解　説】　（1）について　　構造計画は，構造物の要求性能が決定されてから，構造形式，設計耐用期間，使用材料，主要寸法を決定する段階であり，コンクリート標準示方書［設計編］のとおり，構造物の施工，維持管理，環境性，経済性等を検討した上で実施されることを基本とした．ただし，VFC 構造においては，VFC の打込みや養生などの施工方法によって VFC の品質が大きく影響を受けるため，VFC の施工方法の設定も必要である．

　VFC 構造物の構造計画においては，まず，VFC の使用目的を明確にする必要がある．本指針（案）で対象とする VFC を適用することにより得られる効果として，耐荷性向上，ひび割れ防止・抑制，変形性能向上，塩害などに対する耐久性向上，耐疲労性向上，耐衝撃性向上，耐爆性向上，耐火性向上などが挙げられる．また，設計計算においては明確な効果として表れないが，剥落防止や施工の省力化なども期待される．VFC の適用に当っては，どのような効果を期待するかを明確にし，その効果が確実に得られる構造形式，VFC の特性，および VFC の施工方法を設定することが必要である．一方で，これらの効果は，通常のコンクリートを用いても解決する手段があるのが一般的である．施工性，維持管理，環境性，経済性等を比較検討し，VFC の適用を判断する必要がある．

　要求性能は，「**2章　要求性能**」に示すとおり，耐久性，安全性，使用性および復旧性がある．

（i）耐久性について

　　VFC においては，コンクリート標準示方書に示される耐久性に加えて，繊維の変質・劣化についても考慮する必要がある．

　　鉄筋を併用してひび割れ発生を前提とした構造の場合には，ひび割れ面において露出した繊維が水などに暴露されて腐食する可能性がある．「**7.2 VFC の劣化に対する照査**」においては，繊維が変質・劣化しても，設計耐用期間にわたって VFC 構造物が要求性能を満足していることを確認することとしている．

　　環境条件に関しても格別の留意が必要である．繊維によっては，前述の腐食以外にも酸，アルカリ，オゾン，紫外線なども劣化要因となりうることに注意を要する．耐熱特性も繊維によって異なるため，火災が想定される構造物においては，十分な検討が必要である．繊維の種類によっては熱膨張係数に関してマトリクスとの差が大きく，温度変化によってマトリクスと繊維の付着が劣化する可能性がある点にも，注意が必要である．

　　また，複合劣化についても，注意を要する．例えば，道路橋の床版やその接合部は，雨水，凍結融解，塩化物イオン等の環境作用と，車両走行による繰返し荷重の両方の影響を受けるため，それぞれの作用が単一で生じる場合に比べて，耐久性が低下することが明らかになっている．VFC によって構造物の

耐久性を向上・確保させる際も同様に，一つの環境作用に対して材料としての抵抗性に期待する方法のみでは，他の作用に対して十分でない場合がある．特に，接合部については，水の浸透および塩化物イオンの侵入がしやすいため，VFC構造物が所要の耐久性を保持するように，その位置や構造を定める必要がある．また，VFCによる断面修復が全面ではなく部分的であったり，既設コンクリートに侵入している塩化物イオンを完全に取り除けない状態で，鉄筋が断面修復材と既設コンクリートを跨いだりする際には塩化物イオンの再（逆）拡散やマクロセル腐食についても検討・対策をする必要がある．

（ii）安全性について

安全性の基本的な考え方は通常のRC構造物と同様であるが，通常のRC構造物に比して鉄筋量を低減する場合は，冗長性に注意が必要である．VFC構造では鉄筋量が少ないほど鉄筋降伏後に曲げひび割れが局所に集中する傾向があり，鉄筋破断を伴う脆性的な破壊が生じる可能性がある．このような場合は，冗長性を確保できる配筋にしたり，部材係数等で考慮したりするなどの方策を行うのがよい．特に，無筋構造とする場合は，破局的な事象を抑止する最小限の鉄筋を配置するのが望ましい．

なお，作用，応答，抵抗特性は，設計上の設定と異なる場合がある．したがって，構造物の破壊形態を検討し，設定した状態を超えたとしても破局的な状態にいたらないよう配慮する必要がある．

（iii）使用性について

VFC構造物の使用性は，一般に通常のコンクリートより向上する場合が多い．ただし，VFCの強度を活用して部材断面の縮小を図るときは，変形や振動に注意する必要がある．また，VFC構造物の表面に繊維が露出すると，外観や供用性に影響を与える場合があることに留意する必要がある．

（iv）復旧性について

VFC構造物の復旧性は，偶発作用等によって低下した構造物の性能を回復させ，継続的な使用を可能にする性能であるが，性能の回復は短時間での修復が求められる．VFC構造物では，VFCの引張抵抗を期待しているため，通常のコンクリートと同様の修復方法を適用できない場合がある．復旧性の確保においては，修復方法についても検討しておく必要がある．

要求性能は，妥当性が十分に確認された方法で照査される必要があるが，実績が十分でないVFCを用いる場合は，通常のRC構造物と同様の信頼性をもって設計することが困難な場合がある．しかし，実績が不足するがゆえにVFCを用いないとなると，技術の停滞を招くのみならず，効率的で良質な社会インフラの整備を阻害することにつながる．そこで，実績が十分でないVFCを用いる場合は，維持管理計画や冗長性などとあわせて総合的に要求性能を担保するのがよい．冗長性とは，設計で設定した条件を超える事象により構造物の一部が損傷した場合にも，急激な性能の変化を生じないための性質である．ここでは設計で設定した条件を超える事象としては，VFCの特徴的な性質である繊維の架橋効果が十分に発揮されなかった場合を考慮するのがよく，冗長性の付与として例えば用心鉄筋の利用などがある．

維持管理の検討においては，設計時の設定と異なる事象が生じた場合にどのように対処することが可能であるかを考慮した上で，不具合の影響が大きくならないような維持管理方法を検討する．その一つとして，不確実性が高い箇所の状況が明らかとなるようなモニタリング技術やセンシング技術を利用するのがよい．VFCの維持管理については，「18章 維持管理」を参考にするのがよい．

なお，「15章 VFCによる補修・補強」によって補修・補強を実施する際の構造計画も，本章によるのがよい．

<u>（2）について</u>　VFC構造物の構造計画における検討事項は通常のRC構造物と同様であるが，以下に示

す点については，VFC 特有の検討が必要である．

　構造物の施工については，設定した VFC の施工が確実にできるように構造物全体の施工方法を検討する
必要がある．

　環境性については，工事で発生する VFC の残材や，供用後の解体で発生するコンクリート塊には繊維が混
入するため，現状では再生骨材としての再利用が困難である．また，繊維製造時の環境負荷，VFC 表面に現
れる繊維や鋼繊維に由来する点錆による景観への影響，VFC 練混ぜ時・施工時における作業者の安全衛生へ
の影響なども，VFC 特有の環境性として挙げられる．これらのことも考慮した上で，総合的に環境性につい
て検討する必要がある．

　経済性については，コンクリート標準示方書のとおり，初期コストのみならずライフサイクルコストを考
慮することが重要である．一般に，VFC は環境作用に対する抵抗性が大きい場合が多いことから，ライフサ
イクルコストで見た場合，経済的な構造物とすることができる．

3.2　VFC の特性の設定

（1）VFC の特性は，製造および施工が可能なものとしなければならない．

（2）VFC に用いるマトリクスおよび繊維は，その組合せにより得られる VFC の特性に基づいて選定し
なければならない．

【解　説】　構造計画において設定する VFC の特性は，単に対象構造物に適したものとするだけではなく，
実際に製造や施工が可能である必要がある．したがって，マトリクスや繊維の組合せを構造計画段階で自由
に設定することは困難であり，十分な材料試験を実施済みの VFC の中から選定するのがよい．

　VFC 構造物の構造計画における VFC の特性の設定は，通常の RC 構造物におけるコンクリート特性の設
定に比して重要性が高い．通常コンクリートの特性に加えて引張強度など選定において考慮すべき特性が多
いとともに，マトリクスと繊維の組合せからその選択肢が多いためである．

　構造計画において考慮すべき特性の例を**解説 表 3.2.1**に示す．これらの特性は，コンクリートやモルタ
ルなどのマトリクスに繊維を混入した VFC としての特性であることが基本である．しかし，VFC の特性は，
マトリクスおよび繊維それぞれの特性とその組合せによって発揮されるため，マトリクスおよび繊維それぞ
れの特性についても考慮する必要がある．また，VFC の特性は，同一の繊維を用いたとしても，その混入量
によって変化することにも注意が必要である．

　マトリクスは，設計に用いる力学特性や耐久性および繊維との付着性に関係し，加えてフレッシュ性状な
ど施工にも関係するため，材料設計の根幹を成すものである．その構成材料は主として水，結合材（セメン
ト，混和材），骨材，混和剤からなる．

　繊維は，VFC の力学特性のうち，主として曲げ強度，引張強度に加えて，圧縮，曲げ，引張の各じん性に
関係する．さらに，VFC のフレッシュ性状（形状や密度による材料分離・分散性含む）や解体時の環境負荷
にも影響を与える．繊維は原材料によって無機繊維と合成繊維に大別されるが，素材だけでなく，集束など
の加工によっても線材としての特性は様々となる．

　VFC のマトリクスに用いる材料の一例およびその特徴を**解説 表 3.2.2**に，繊維の種類および特徴の一例
を**解説 表 3.2.3**，**解説 表 3.2.4**および**解説 図 3.2.1**に示す．これらの材料は，JIS などによって規格が設

けられているもの，製造者（メーカー）の規格のみであるものなど様々で，今後も様々な特徴を有した新たな材料が開発される可能性がある．具体的な VFC の特性の選定については，「**16.3 VFC の構成材料**」，「**16.4 配合設計**」，「**参考資料 1-28 繊維規格値**」およびメーカー技術資料なども参考にするのがよい．

解説 表 3.2.1 VFC の選定において考慮すべき特性の例

要求性能等	考慮すべき特性
安全性，使用性，復旧性	圧縮・引張特性，疲労特性，付着特性，熱物性，収縮特性，クリープ特性，高低温度の影響，ひび割れ特性
耐久性，維持管理	材料劣化特性（繊維の腐食抵抗性，凍結融解抵抗性など），鉄筋等補強材の腐食に影響を与える特性（塩化物イオン拡散係数，中性化速度係数など），収縮特性，ひび割れ特性
環境性	製造時や施工時の環境負荷，再利用性，廃棄時の環境負荷，景観性，LCCO2
施工性	フレッシュ性状（流動性，粘性，ポンパビリティなど），製造条件，養生条件，繊維の配向・分散
経済性	建設コスト（材料・施工コスト，他部材への影響など），維持管理コスト

解説 表 3.2.2 マトリクスの構成材料の特徴の例

分類		材料	主な特徴（参考）
水		回収水以外の水	—
結合材	セメント	ポルトランドセメント 混合セメント 特殊セメント	早強性，低発熱性 耐久性向上，副産物の有効活用 速硬性など目的に応じた配(調)合
	混和材	フライアッシュ 高炉スラグ微粉末 シリカフューム 膨張材	副産物の有効活用，耐久性向上，水和熱抑制 副産物の有効活用，耐久性向上 副産物の有効活用，単位水量の低減，高強度化 ひび割れ抑制，収縮低減
結合材を除く粉体材料		石灰石微粉末	副産物の有効活用，フレッシュ性状の改善
骨材	細骨材	山砂 砕砂 珪砂 スラグ細骨材	— — フレッシュ性状の改善，品質安定 副産物の有効活用
	粗骨材	砂利 砕石 スラグ粗骨材 軽量骨材	— — 副産物の有効活用 軽量化，プレウェッティング(内部養生)による収縮低減
混和剤		高性能 AE 減水剤 高性能減水剤 AE 剤 消泡剤 収縮低減剤 硬化促進剤 遅延剤	単位水量の低減，経時保持性の確保 単位水量の低減 エントレインドエアの導入，凍結融解抵抗性の確保 エントラップトエアの抑制 収縮低減 強度発現の促進 フレッシュ性状の経時保持性の確保

解説 表 3.2.3　繊維の特徴

分類		種類	主な特徴（参考）
無機繊維	金属繊維	鋼繊維 ステンレス繊維	腐食に留意，多種多様な種類（形状，寸法，強度） 腐食しづらい
	その他の 無機繊維	炭素繊維 ガラス繊維 バサルト繊維	腐食しない，高引張強度，誘電性，低クリープ 腐食しない，アルカリ環境に留意 腐食しない，アルカリ環境に留意
合成繊維	高強度・ 高弾性繊維	アラミド繊維 ポリエチレン繊維 PBO 繊維	腐食しない，高引張強度，低クリープ 腐食しない，高引張強度，低融点 腐食しない，高引張強度，高弾性率
	一般 汎用繊維	PVA 繊維 ポリプロピレン繊維 ナイロン繊維	腐食しない，マトリクスとの付着力向上，親水性 腐食しない，火災時の爆裂防止，疎水性 腐食しない，火災時の爆裂防止，吸水性

※以下については記載を省略
　剥落防止性／ひび割れ抑制／じん性の向上など，繊維補強の効果として自明であること
　形状など機械的な工夫による付着力向上に関すること
　VFC のフレッシュ性状に関連すること（繊維形状，密度など）

解説 表 3.2.4　繊維の代表的な寸法と力学特性

分類	種類	繊維径 (mm)	繊維長 (mm)	引張強度 (N/mm^2)	弾性率 (kN/mm^2)	密度 (g/cm^3)
無機繊維	鋼繊維(一般強度)	0.50〜1.00	30〜60	600〜1,700	200	7.85
	鋼繊維(高強度)	0.10〜0.90	5〜60	1,700〜4,000	200	7.85
	炭素繊維(ピッチ)	0.01	3〜30	2,000〜3,700	210〜935	1.76
	炭素繊維(PAN)	0.01	3〜50	2,000〜7,000	220〜590	1.76
	ガラス繊維	0.01〜0.02	20〜40	1,500〜2,500	74	2.80
合成繊維	アラミド繊維(非収束)	0.01〜0.02	6〜12	3,200〜3,500	69〜90	1.39
	アラミド繊維(収束)	0.20〜0.50	15〜40	2,400〜3,500	49〜90	1.35〜1.39
	ポリエチレン繊維	0.01	6〜12	2,600	79	0.97
	PBO 繊維(非収束)	0.01	1〜12	5,800	180	1.54
	PBO 繊維(収束)	0.23	15	3,500	141	1.51
	PVA 繊維	0.04〜0.70	8〜30	700〜1,600	20〜40	1.30
	ポリプロピレン繊維	0.04〜1.00	6〜50	390〜500	5〜8	0.91

※現在，一般にセメント系材料に使われているものを記述
　数値については代表値であり，詳細は各メーカーの技術資料等を参照

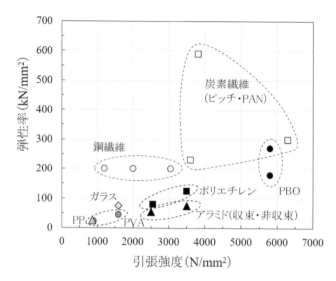

解説 図 3.2.1 各種補強繊維の引張弾性率と引張強度の関係

3.3 VFC の施工方法の設定

構造計画においては，設定した VFC の特性が得られる施工方法を設定しなければならない．

【解　説】　通常の RC 構造物における構造計画では，施工に関する制約条件に配慮することとされているが，VFC 構造物の構造計画においては，VFC の製造方法，打込み・締固め方法および養生方法などの VFC の施工方法を適切に設定することが必要である．

VFC の製造は，VFC が通常のコンクリートに比べて粘性が高い傾向にあるため，練混ぜ可能なミキサに制約を受ける．したがって，構造計画の段階でプラントを選定しておく必要がある．また，可使時間が短い VFC を利用する場合は，現場プラントの活用も検討するのがよい．

VFC の打込み・締固め方法は繊維の配向や分散に大きな影響を与える．したがって，VFC の打込み・締固め方法の設定は，VFC の引張特性を決める上で非常に重要である．

VFC の養生においては，高温給熱養生を行う場合がある．一方で，高温給熱養生に適さない繊維もある．また，所定の品質を得るためには，養生方法が制約される場合もある．したがって，構造計画の段階で，養生方法を設定する必要がある．

また，VFC は通常のコンクリートに比べて単位セメント量が多いことから，部材寸法が比較的小さくても有害な温度ひび割れが生じる可能性がある．

以上のように，構造計画において設定した VFC の施工方法は，VFC の品質に直接影響を与えるため，構造設計段階や施工段階で変更しないようにする必要がある．また，設定した施工方法については，構造設計者に伝達し，構造設計者は設計図に示す必要がある．

VFC の施工方法および留意点については，「16 章 施工」を参考にするのがよい．

4章　性能照査の原則

4.1　一　　般

（1）VFC 構造物の性能照査は，原則として，要求性能に応じた限界状態を施工中および設計耐用期間中の VFC 構造物あるいは構成部材ごとに設定し，設計で仮定した形状・寸法・配筋等の構造詳細を有する構造物あるいは構造部材が限界状態に至らないことを確認することで行うこととする．

（2）限界状態は，一般に耐久性，安全性，使用性および復旧性に対して設定することとする．

（3）VFC 構造物の限界状態に対する照査は，適切な照査指標を定め，その限界値と応答値との比較により行うことを原則とする．

【解　説】　コンクリート標準示方書［設計編］のとおりとした．

（1）について　VFC 構造物においては，VFC の施工方法によって繊維の配向と分散に影響を与え，構造性能にも影響を及ぼすため，注意する必要がある．

（3）について　VFC 構造物の限界値や応答値に繊維の配向と分散が影響する．そのため，適切な材料と配合を用いて十分に練混ぜを行っても，材料試験で得られる VFC の特性と構造物中の VFC の特性は異なる可能性があり，特に部材の断面寸法や打込み方法の影響を受ける．例えば，使用する繊維の長さに対して部材の断面寸法が小さい場合や，部材の断面寸法が大きくても型枠近傍では繊維の配向は 2 次元的となる．また，流動性の高い VFC の場合には，打込み時に VFC が流動することにより流れの方向に依存して繊維に配向が生じる．同時に，均一な繊維量の分布にはならず，分散にばらつきが生じることがある．繊維の配向と分散が VFC の引張特性，特にひび割れ発生後の特性に影響し，これまでに数多くの実験結果が報告されている．したがって，VFC の引張特性を活かした設計を行う場合には，構造物中の繊維の配向と分散の影響を適切に考慮することが重要である．

4.2　照査の前提

　VFC 構造物の性能照査は，VFC ごとに定めた構造細目，施工方法，維持管理計画を用いることを前提として実施するものとする．

【解　説】　コンクリート標準示方書［設計編］のとおりとした．

　VFC は「3.2 VFC の特性の設定」で示したように様々な特性を有する材料が考えられるため，それぞれの材料特性に応じて構造細目，施工方法，維持管理計画について定める必要がある．

　構造細目については「11 章 VFC を用いた鉄筋コンクリート構造の前提および VFC 構造物の構造細目」を，施工方法の設定については「3.3 VFC の施工方法の設定」および「16 章 施工」を，維持管理計画については「18 章 維持管理」をそれぞれ参照するのがよい．

4.3 照査の方法

（1）性能照査では，材料や構造の力学機構に基づく数理モデルを用いること，あるいは実験によることを原則とする．過去に同一の材料で定量的に検証された耐力式や経験則がある場合にはその耐力式や経験則を用いてもよい．

（2）限界状態に対する照査は，材料および作用の特性値ならびに「4.5 安全係数」に定める安全係数を用い，「7章 耐久性に関する照査」，「8章 安全性に関する照査」，「9章 使用性に関する照査」，「10章 耐震設計および耐震性に関する照査」，「11章 VFCを用いた鉄筋コンクリート構造の前提およびVFC構造物の構造細目」，「12章 プレストレストコンクリート」および「13章 プレキャストコンクリート」に定める方法に基づき行うこととする．

（3）照査は，一般に，式（4.3.1）により行うこととする．

$$\gamma_i \cdot S_d / R_d \leq 1.0 \tag{4.3.1}$$

　ここに，S_d ：設計応答値

　　　　　R_d ：設計限界値

　　　　　γ_i ：構造物係数で，「4.5 安全係数」による．

（4）実験による照査は，施工方法や繊維の配向・分散を考慮して実構造物をモデル化した試験体を用いた載荷実験結果に基づいて行うこととする．ただし，実物大実験ができない場合，実験条件と実構造物条件との差異を考慮して，適切な安全係数を設定するとともに，解析モデルや解析手法を併せて適用して，照査を行わなければならない．

【解　説】　コンクリート標準示方書［設計編］のとおりとした．

　（1）について　同一材料で検証された耐力式や経験則を用いる場合，施工方法や繊維の配向・分散が同様であることが条件であることに注意する必要がある．

　（4）について　VFCでは，「4.6 配向係数」で後述するように繊維の配向や分散によって配向係数が異なることを考慮する必要がある．そのため，繊維の配向や分散が構造物または部材の性能に与える影響を把握する実験を実施し，材料係数を適切に設定する必要がある．配向や分散の影響を確認する実験の事例については参考資料で紹介することとした．

　「11章 VFCを用いた鉄筋コンクリート構造の前提およびVFC構造物の構造細目」では，実験や数値解析によって安全性が担保されることとなるが，対象となるVFC構造の特徴をモデル化した実物大の実験等を実施するのが望ましい．また，繊維の配向や分散の影響が適切に考慮され，実験の再現性が確認されている数値解析を併用して構造物または部材の安全性を照査してもよい．

4章　性能照査の原則　　19

4.4　応答値と限界値の算定

（1）応答値を算定する関数は，作用，材料特性，剛性等を実際の値としたときに，応答値の平均値を算定するものであることを原則とする.

（2）VFC 構造物または部材の性能の限界値を算定する関数は，材料特性や剛性等を実際の値としたときに，限界値の平均値を算定するものであることを原則とする.

【解　説】　コンクリート標準示方書［設計編］のとおりとした.

　VFC は新しい材料であり，「4.1　一般」の（3）の解説で述べられているように，VFC 構造物または部材の応答値や限界値には繊維の配向や分散が影響する. そのため，限界値の算定式を用いる場合には，この条文の原則に則して，それが限界値の平均値を表す式あるいは解析法であることが必要であり，同時にその式の精度や解析値のばらつきを考慮して，これに対する部材係数γ_bもあわせて提案することが望ましい.

4.5　安全係数

（1）安全係数は，材料係数γ_m，作用係数γ_f，構造解析係数γ_a，部材係数γ_bおよび構造物係数γ_iとする.

（2）材料係数γ_mは，材料強度の特性値からの望ましくない方向への変動，供試体と構造物中との材料特性の差異，材料特性が限界状態に及ぼす影響，材料特性の経時変化等を考慮して定めるものとする.

（3）作用係数γ_fは，作用の特性値からの望ましくない方向への変動，作用の算定方法の不確実性，設計耐用期間中の作用の変化，作用の特性が限界状態に及ぼす影響等を考慮して定めるものとする.

（4）構造解析係数γ_aは，応答値算定時の構造解析の不確実性等を考慮して定めるものとする.

　構造解析係数γ_aは，一般に 1.0 としてよい.

（5）部材係数γ_bは，部材耐力の計算上の不確実性，部材寸法のばらつきの影響，部材の重要度，すなわち対象とする部材がある限界状態に達したときに，構造物全体に与える影響等を考慮して定めるものとする.

　部材係数γ_bは，限界値算定式に対応して，それぞれ定めるものとする.

（6）構造物係数γ_iは，構造物の重要度，限界状態に達したときの社会的影響等を考慮して定めるものとする.

　構造物係数γ_iは，一般に 1.0〜1.2 としてよい.

（7）非線形解析法を用いて性能照査を行う場合は，解析法に用いる照査指標に応じて上記の安全係数の主旨を考慮して適切に設定しなければならない.

（8）地震の影響に対する照査に用いる安全係数は，照査法に応じて，上記の安全係数の主旨を考慮して適切に設定しなければならない.

【解　説】　コンクリート標準示方書のとおりとした.

　(1)について　コンクリート標準示方書［設計編］においては，安全性および使用性の照査に用いる安全係数として規定されているのは，材料係数γ_m，作用係数γ_f，構造解析係数γ_a，部材係数γ_bおよび構造物係数

γ_i の 5 種類である．また，これらの安全係数の標準的な値として，**解説 表 4.5.1** が示されている．

解説 表 4.5.1 コンクリート標準示方書における標準的な安全係数の値（参考）

安全係数 要求性能	材料係数γ_m		部材係数 γ_b	構造解析係数 γ_a	作用係数 γ_f	構造物係数 γ_i
	コンクリート γ_c	鉄筋 γ_s				
安全性（断面破壊）	1.3	1.0 または 1.05	1.1 ～ 1.3	1.0	1.0 ～ 1.2	1.0 ～ 1.2
安全性（疲労破壊）	1.3	1.05	1.1 ～ 1.3	1.0	1.0	1.0 ～ 1.1
使用性	1.0	1.0	1.0	1.0	1.0	1.0

（2）について　通常のコンクリートを用いた構造物の設計では，コンクリートは基本的に圧縮材として使用され，引張応力は無視されている．一方，VFC を用いる場合にはひび割れ後の引張応力（繊維による架橋応力）にも期待でき，その優れた引張特性が構造物の応答値や耐力に対して影響し，供試体と構造物中との材料強度の差異も大きくなるため，VFC の引張特性に関する材料係数を適切に考慮する必要がある．この差異については，大きくは繊維の配向と分散によるものとなる．

そこで，引張側については別途繊維の配向と分散の影響を表す配向係数κ_fを考慮することとし，VFC の材料係数γ_cについては，通常のコンクリート構造と同様に圧縮と引張で共通にすることとした．κ_fの詳細については「**4.6 配向係数**」を参照するとよい．

ひび割れ発生強度，付着強度，支圧強度，疲労強度については，十分な知見がない場合は通常のコンクリートと同等と考えれば安全側となると考えてよい．また，コンクリート標準示方書の材料係数を用いてよい．

（5）について　部材係数に関しては，例えば安全性の照査であれば，構造実験を実施して各種照査に用いる耐力式と比較する．その余裕度の大小を従来の通常のコンクリート構造物における場合と比較して，VFCを用いる場合の部材係数を適切に定める必要がある．

4.6 配向係数

（1）VFC の引張特性に対する繊維の配向と分散の影響は，配向係数κ_fとして考慮する．

（2）配向係数κ_fは，実験により定めることを基本とする．

【解　説】　（1）および（2）について

(i)κ_fについて

本指針（案）では，部材の照査断面における繊維の配向と分散を考慮する係数として，配向係数κ_fを用いることとした．繊維の配向と分散は，部材の形状・寸法，配筋，打込み方法の影響を受けるため，一般の RC 部材で考慮されている部材係数とは別に配向係数として考慮することとした．また，κ_fは照査断面ごとのみではなく，曲げやせん断等の照査の目的ごと，非線形有限要素解析での照査など，照査の手法に応じ個別に設定する必要がある．

κ_fの使用例として，式（解 4.6.1）のようにひび割れ発生後の引張特性の特性値（引張軟化曲線の特性値 $\sigma_{tk}(w)$，w：ひび割れ幅）に配向係数κ_fを乗ずることで設計引張軟化曲線$\sigma_{td}(w)$を算出することができる．

$$\sigma_{td}(w) = \kappa_f \sigma_{tk}(w)/\gamma_c \qquad\qquad (\text{解 } 4.6.1)$$

　VFC 中の繊維の配向・分散を予測し，さらに配向・分散が構造性能に及ぼす影響を理論的あるいは解析的に求めることは現状では困難である．そのため，配向係数κ_fは実験により検証して定めることとした．配向係数の設定フローを解説 図 4.6.1 に示す．繊維の配向と分散が構造性能に及ぼす影響を設計で積極的に評価したい場合については部材実験を実施するのがよい．ただし，過去に同じ VFC で，同様の部材の形状や寸法，打込み方法による検討が行われており，配向と分散が構造性能に及ぼす影響が既知である場合は省略することも可能である．単純な形状の部材において，実験による検討を実施しない場合は，十分に安全側となるような配向係数を設定するのがよい．部材実験により配向係数κ_fを設定する場合のフローを解説 図 4.6.2 に示す．実験により曲げ耐力の算定に用いるκ_fを設定する場合の詳細は「参考資料 2-6 曲げ耐力の算定に用いる配向係数の設定方法（案）」に，その算定例を「参考資料 2-7 共通実験結果」にそれぞれ示している．「参考資料 2-7 共通実験結果」の実験範囲では，κ_fの最小値は 0.55 であった．したがって，スラブ部材で実験によらない場合の曲げ耐力算定に用いるκ_fとしては 0.5 としてよい．これらで示しているκ_fの参考値については曲げ耐力の算定に限定されるものであり，せん断耐力の算定，使用限界状態での鉄筋応力の算定，非線形有限要素解析等の数値解析にはそのまま適用はできないため，別途検討が必要である．せん断耐力に対する照査に関しては，曲げ耐力算定でのκ_fの設定と同様に，実験のせん断耐力を再現できるように検討する必要がある．使用限界状態の鉄筋応力の算定に関しては，設計荷重レベルの曲げモーメントと鉄筋ひずみの関係が実験と同等になるようにκ_fを設定するのがよい．非線形有限要素解析による照査については，解析での評価指標（曲げ耐力，せん断耐力，使用限界状態の応力等）に応じて，実験現象を再現できるようにκ_fを設定する必要がある．

　本指針（案）では，κ_fの上限値については特に定めてはいないが，海外では，本指針（案）のκ_fとは定義が少し異なるものの，軟化時の応力に乗ずる係数として 1.5 を上限とする動向もある．

　なお，繊維長に対する一軸方向への投影長さの比率という意味で「配向係数」の単語が用いられることがあり，例えば 3 次元ランダム配向の場合はこの係数は 0.5 となる．一方，本指針（案）での配向係数κ_fは，前記の通り軟化時の応力に乗ずる係数として定義しているため，投影長さの比率と混同しないように注意する必要がある．

　引張特性以外の配向と分散の影響，例えば定着長など，κ_fで直接評価できない項目については実験を行い，これらの影響が考慮された算定式を構築して評価するのがよい．

(ii)実構造物中の配向と分散の評価について

　VFC 中の繊維の配向・分散に関しては，施工時に制御する方法は現状では限られており，実構造物中の繊維の配向・分散を直接的に評価することも困難である．また，繊維の配向・分散と VFC の力学特性の関係についても十分には解明されていない．したがって，繊維の配向・分散の影響を設計で考慮するには，現状では部材実験によって評価せざるを得ない．

(iii)既往の各指針での取扱いについて

　これまでに土木学会から出版された SFRC 指針，RSF 柱指針，UFC 指針および HPFRCC 指針では，繊維の配向・分散の影響は明確に考慮されておらず，引張特性として$\sigma-\varepsilon$関係あるいは$\sigma-w$関係に対してもこの影響は材料係数に暗黙のうちに含まれているものとされてきた．一方，fib MC2020 など海外の指針では繊維の配向を考慮するための係数が導入されている．

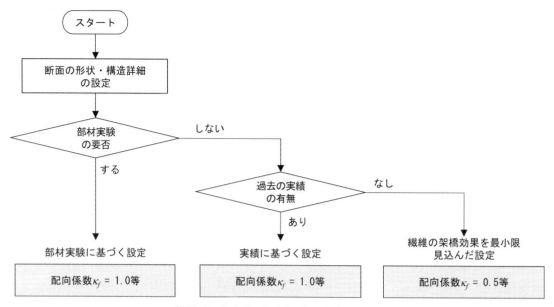

解説 図 4.6.1 配向係数の設定フロー

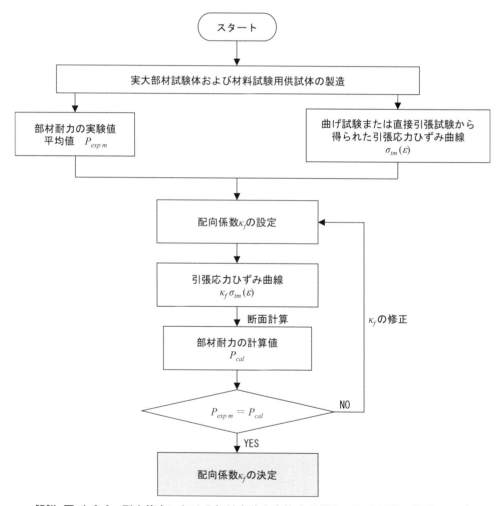

解説 図 4.6.2 耐力算定における部材実験を実施する場合の配向係数の設定フロー

4.7 修正係数

コンクリート標準示方書［設計編］によることとする.

4.8 設計計算書

コンクリート標準示方書［設計編］によることとする.

4.9 設計図

（1）設計図には，構造ならびに補強鋼材の詳細のほか，コンクリート標準示方書［設計編］に示される設計計算の基本事項，施工および維持管理の条件等を明示することとする.

（2）設計図には，（1）に加えて以下に示すVFC特有の事項を記載することとする.

　① VFCの構成材料（必要に応じて製品名，メーカー，販売元）

　② VFCの配合情報

　③ VFCのフレッシュ特性

　④ VFCの特性値

　⑤ VFCの打継目の位置と処理方法

　⑥ VFC構造物の目地の位置と構造

　⑦ VFCの施工方法

　⑧ VFC構造物の維持管理上の必要な事項

（3）設計図は，工事記録とともに構造物を供用している期間は保存しなければならない.

【解　説】　コンクリート標準示方書の内容に加えて，VFCに関する情報を追加した.

　（2）について　VFCは新材料であり，材料により特性が大きく異なるため，VFCの構成材料，配合情報，フレッシュ特性，特性値を記載することとした.VFCの構成材料のうち，繊維の種類によっては維持管理での非破壊検査への影響や目視検査の判断基準が異なるため，使用された繊維の詳細情報（繊維の種類，混入量，物性値）についても記載するのがよい.VFCの打継目とVFC構造物の目地については，いずれも適切な位置や打継目処理の方法，目地構造としないと構造性能に影響を及ぼすため，設計図に位置や打継目処理の方法，目地構造も含めて記載する必要がある.VFCの施工方法はVFC特有の施工方法や維持管理の方法・留意点について図面に記載することとした.

5章 材　料

5.1　材料の基本

（1）VFC 構造物には，構造物の要求性能を満足するために必要な特性を有する VFC，鉄筋等の鋼材，ならびにその他の材料を用いなければならない．

（2）「3.2 VFC の特性の設定」により選定された材料に対して適切に設計用値を定めなければならない．

【解　説】　VFC 構造物の性能照査において，構造物の要求性能を満足するために，VFC や鋼材等の使用材料の特性も含めて検討する必要がある．

5.2　材料の設計用値

（1）VFC の特性は，性能照査上の必要性に応じて，圧縮強度，ひび割れ発生強度および繊維架橋強度に加え，その他の強度特性，引張軟化特性，ヤング係数，その他の変形特性，熱特性，劣化や物質の透過に対する抵抗性，水密性等の材料特性によって表される．強度特性，変形特性については，必要に応じて載荷速度の影響を考慮しなければならない．

（2）材料強度の特性値f_kは，試験値のばらつきを想定した上で，大部分の試験値がその値を下回らないことが保証される値とする．

（3）材料の設計強度f_dは，材料強度の特性値f_kを材料係数γ_cで除した値とする．ただし，設計繊維架橋強度は配向・分散の影響を考慮し，式(5.2.1)により求める．

$$f_{ftd} = \kappa_f\, f_{ftk}\,/\,\gamma_c \tag{5.2.1}$$

ここに，f_{ftd}：設計繊維架橋強度

$\quad\quad\ \kappa_f$　：配向係数

$\quad\quad\ f_{ftk}$：繊維架橋強度の特性値

$\quad\quad\ \gamma_c$　：材料係数

（4）材料強度の規格値が，その特性値とは別に定められている場合には，材料強度の特性値は，その規格値に材料補正係数を乗じた値とする．

【解　説】　（1）について　VFC は通常のコンクリートと異なり，繊維の架橋効果による引張抵抗を設計に見込むことができる．引張特性はひび割れ発生強度と繊維架橋強度，引張軟化曲線によって表される．VFC の特性は，使用材料や配合の条件ばかりでなく，打込みや養生等の施工の条件によっても影響される場合がある．また，繊維の混入は，圧縮強度や引張軟化特性にも影響を与える．VFC の設計用値は，その材料に指定された方法により製造され，適切な材齢において得られた値を用いる必要がある．VFC の材料特性は，実際の構成材料，配合，施工，環境等の条件のもとで行った試験により求めた値を用いるのがよい．

　（2）について　材料強度の特性値はコンクリート標準示方書[設計編]に従って求めることができる．た

だし，VFC の繊維架橋強度の特性値は「**5.3.2　引張特性**」による．なお，コンクリート標準示方書では試験値の分布形を正規分布として特性値を下回る確率が 5% となる係数が解説に記載されているが，試験数が少ない場合には t 分布を仮定するなど特性値を適切に算出する必要がある．

　<u>（3）について</u>　構造物中の繊維の配向・分散の影響は，「**4.6　配向係数**」に示す配向係数 κ_f により設計強度に反映することとした．

5.3　VFC

5.3.1　圧縮強度

　VFC の圧縮強度の特性値 f'_{ck} は，試験によって定めることとする．

【**解　説**】　VFC の圧縮試験は，「**参考資料 2-1　強度試験用供試体の作り方（案）**」を参考に，VFC の配合や使用条件に応じて適切な方法により供試体を作製し，JIS A 1108「コンクリートの圧縮強度試験方法」に従って試験を行うのがよい．圧縮試験は，VFC の配合や使用条件に応じて設定された養生が終わった直後に試験を行う必要がある．この試験に用いる供試体は，JSCE-G 551「鋼繊維補強コンクリートの圧縮強度および圧縮タフネス試験方法（案）」を参考に，繊維長が 40mm 以下であれば直径 100mm の円柱供試体を用いてよい．繊維長が 40mm を超える場合は，供試体寸法と圧縮強度の関係を実験により確認し，VFC の配合に応じて適切な供試体寸法を定める必要がある．なお，繊維長が 40mm から 60mm までの VFC で，実験等によらない場合は，JSCE-F552「鋼繊維補強コンクリートの強度およびタフネス試験用供試体の作り方（案）」を参考に，直径 150mm の円柱供試体を用いてよい．

5.3.2　引張特性

　VFC のひび割れ発生強度の特性値 f_{crk}，繊維架橋強度の特性値 f_{ftk} および引張軟化曲線は，試験によって定めることとする．

【**解　説**】　通常のコンクリートはひび割れ発生時に引張応力が最大となることから，一般的にひび割れ発生時の引張応力が引張強度 f_t とされている．一方，VFC はひび割れ発生後も繊維の架橋により引張応力を伝達することができる．そこで，本指針(案)ではマトリクスにひび割れが発生するときの引張応力をひび割れ発生強度 f_{cr}，ひび割れ発生後の引張応力の最大値を繊維の架橋による繊維架橋強度 f_{ft} と定義している．

　VFC には，**解説 図 5.3.1** に示すように，一軸引張応力の作用下でひび割れ発生強度 f_{cr} に到達した後にひび割れ幅の増加とともに応力が低下する「ひずみ軟化型 VFC」と，ひび割れ発生強度 f_{cr} に到達した後にひび割れの本数と幅の増加とともに応力が増加し，応力が最大値 f_{ft} に達した後に低下する「ひずみ硬化型 VFC」がある．ひずみ軟化型 VFC では，ひび割れ発生後に引張応力が低下し，その後応力が増加するが繊維架橋強度 f_{ft} はひび割れ発生強度 f_{cr} より小さい場合（**解説 図 5.3.1（a）**）や，繊維架橋強度 f_{ft} がひび割れ発生強度 f_{cr} と同程度となる場合（**解説 図 5.3.1（b）**）などがある．一方，ひずみ硬化型 VFC では，**解説 図 5.3.1（c）**

のように，繊維架橋強度f_{ft}はひび割れ発生強度f_{cr}より大きくなる．

一軸引張応力下のひずみ軟化型VFCでは，繊維架橋強度f_{ft}に到達した後は，新たにひび割れが発生することはなく，ひび割れ幅の増加に伴って伝達される引張応力は減少していき，最終的に伝達応力が0となる．

ひずみ硬化型VFCでは，ひび割れ発生強度f_{cr}到達後もひび割れの本数と幅を増加させながら引張応力が増加する．繊維架橋強度f_{ft}に達した後は変形が1本のひび割れに局所化し，その後はひび割れ幅の増加に伴って伝達応力は減少し，最終的に伝達応力が0となる．

ひずみ軟化型VFCおよびひずみ硬化型VFCのいずれについても，引張軟化曲線は，ひび割れ発生以降の1本のひび割れにおける架橋応力とひび割れ幅の関係を表したものである．

VFCは繊維による架橋効果を有することから，構造部材として引張剛性および引張応力を期待することが可能であり，その場合には引張軟化特性を正確に把握しておく必要がある．VFCのひび割れ発生強度f_{cr}，繊維架橋強度f_{ft}および引張軟化曲線または引張応力－ひずみ曲線は主に以下の2通りの方法で求めることができる．

(i) 割裂引張試験および切欠きはりの曲げ試験から求める方法

ひび割れ発生強度f_{cr}は「**参考資料2-2 VFCの割裂ひび割れ発生強度試験方法（案）**」を参考に求めるのがよい．なお，割裂引張試験時の最大荷重から得られる割裂引張強度はVFCの繊維架橋強度f_{ft}とは異なるので注意が必要である．

繊維架橋強度f_{ft}および引張軟化曲線は「**参考資料2-3 切欠きはりを用いたVFCの荷重－変位曲線試験方法（案）と引張軟化曲線のモデル化方法（案）**」を参考に求めるのがよい．

(ii) 一軸引張試験から求める方法

一軸引張試験によりひび割れ発生強度f_{cr}および繊維架橋強度f_{ft}，引張応力－ひずみ曲線を求めることができる．VFCの一軸引張試験については「**参考資料2-4 一軸引張試験方法（案）**」に試験方法の案と留意点を示している．ただし，現時点では汎用的な試験装置によって安定して測定することが難しいので注意を要する．なお，**参考資料2-4**による方法では繊維架橋強度f_{ft}以降の引張軟化曲線を求めることができないため，繊維架橋強度f_{ft}以降の軟化域を設計に用いる場合には，(i)の方法または切欠きを設けた一軸引張試験を組み合わせることにより，引張軟化曲線を求める必要がある．

引張軟化曲線は，マトリクスと繊維の付着強度，混入する繊維の強度，形状および繊維の混入量などにより変化する．そのため，使用するVFCに応じて引張軟化曲線を適切にモデル化する必要がある．設計に用いる引張軟化曲線の形状は，直線，多直線，曲線を用いてモデル化することができる．

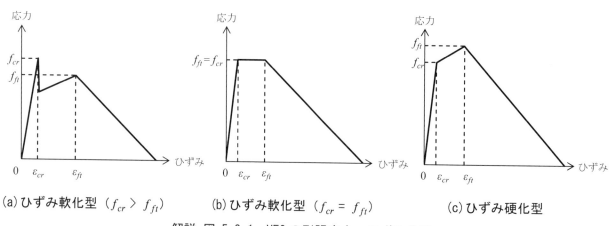

(a) ひずみ軟化型（$f_{cr} > f_{ft}$）　　(b) ひずみ軟化型（$f_{cr} = f_{ft}$）　　(c) ひずみ硬化型

解説 図 5.3.1　VFCの引張応力－ひずみ曲線

5.3.3 疲労強度

（1）VFC の疲労強度の特性値は，VFC の種類，構造物に想定される応力状態，構造物の置かれた環境条件等を考慮して行った実験に基づいて定めることとする．

（2）VFC の圧縮，曲げ圧縮，引張および曲げ引張の設計疲労強度は，疲労寿命と応力の関数として実験に基づいて定めることとする．

【解　説】　　（1）について　　VFC も含めてセメント系複合材料の疲労試験に関しては，国内外の規準で標準的な方法として定められたものはないため，「**参考資料 1-12 VFC 部材の疲労破壊**」に示されている既往の研究で実施された実験の方法などを参考に実験方法を定めるのがよい．

VFC は引張抵抗を考慮して構造物を設計するため，繰返し作用による引張疲労または曲げ引張疲労が想定される場合には，引張疲労強度を把握しておく必要がある．引張疲労強度を求める方法には，曲げ疲労実験，一軸引張疲労実験がある．ひび割れ発生に対する疲労強度を求める場合には割裂引張疲労実験による方法もある．曲げ疲労，一軸引張疲労，割裂引張疲労はそれぞれ特性が異なるため，構造物で想定される VFC の応力状態を考慮した実験により疲労強度を定める必要がある．

（2）について　　VFC の設計疲労強度は，コンクリート標準示方書［設計編］に示されるコンクリートの圧縮，曲げ圧縮，引張および曲げ引張の設計疲労強度と同様に，疲労寿命 N と永続作用による応力 σ_p の関数として式（解 5.3.1）で定めるのがよい．なお，輪荷重の繰返し作用による道路橋床版の疲労はメカニズムが異なるため，別途検討が必要である．

$$f_{rd} = k_1 f_d \left(1 - \sigma_p / f_d \right) \left(k_2 - \frac{\log N}{k_3} \right)$$

（解 5.3.1）

ここに，　　　f_{rd}：設計疲労強度

　　　　　　　f_d：設計強度

　　　　　　　σ_p：永続作用による応力

　　　　　　　N：疲労寿命

　　　k_1, k_2, k_3：実験に基づいて定める係数

5.3.4 応力－ひずみ曲線

5.3.4.1 圧縮応力－ひずみ曲線

（1）VFC の圧縮応力－ひずみ曲線は，照査の対象とする限界状態に応じて適切な形を設定することとする．

（2）使用性に対する照査においては，VFC の圧縮応力－ひずみ曲線を直線としてよい．この場合，「5.3.5 ヤング係数」において設定したヤング係数を用いて圧縮応力－ひずみ曲線を設定してよい．

（3）二軸および三軸応力下での VFC の圧縮応力－ひずみ曲線は，断面破壊または使用性に対する照査に際して，必要に応じて多軸応力状態の影響を考慮することとする．

【解　説】　（1）について　圧縮応力－ひずみ曲線の例として，UFC 指針における曲線を**解説 図 5.3.2** に示す．この応力－ひずみ曲線は，曲げモーメントを受ける部材の破壊耐力を求める場合に用いられるものであり，部材の変形やじん性を算定する場合には別途適切な応力－ひずみ曲線を設定する必要がある．VFC の場合も同様に部材耐力の算定に用いる応力－ひずみ曲線と部材変形の算定に用いる応力－ひずみ曲線はそれぞれの目的に応じて異なる曲線を設定してよい．

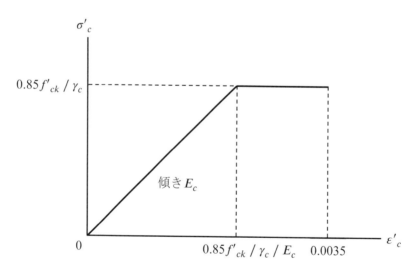

解説 図 5.3.2　UFC 指針に示される圧縮応力－ひずみ曲線

（2）について　使用性に対する照査では，VFC を弾性体とみなしてよいものとした．
（3）について　VFC の圧縮応力－ひずみ曲線は，一軸引張応力下と多軸応力下で異なることから，断面破壊または使用性に対する照査においては，必要に応じてその影響を考慮するものとした．

5章　材　　料　　29

5.3.4.2　引張応力－ひずみ曲線

（1）VFC の引張応力－ひずみ曲線は，照査の対象とする限界状態に応じて，適切な形を設定することとする．

（2）曲げモーメントおよび曲げモーメントと軸方向力を受ける部材の断面破壊に対する照査で，耐力を算定する場合においては，曲げ耐力を適切に算定することができる引張応力－ひずみ曲線を設定して用いることとする．

（3）使用性に対する照査において，設計作用のもとで VFC にひび割れの発生を許容しない場合，VFC の引張応力－ひずみ曲線を直線としてよい．設計作用のもとで VFC にひび割れの発生を許容する場合，引張応力下の VFC の曲げ耐力を適切に算定することができる引張応力－ひずみ曲線を設定して用いることとする．

【解　説】　（2）について　一軸引張応力下の VFC は，ひび割れ発生強度 f_{cr} までほぼ弾性挙動を示すことから，その領域（弾性域）における引張応力－ひずみ関係は線形弾性と仮定することができる．弾性域におけるヤング係数は，「5.3.5 ヤング係数」により求めた値としてよい．ひずみ硬化型 VFC で，解説 図 5.3.1(c) に示すようにひび割れ発生強度 f_{cr} から繊維架橋強度 f_{ft} までの応力増加がひずみの増加に対して概ね直線的となる材料では，ひずみ硬化域における引張応力－ひずみ関係も直線と仮定してもよい．

ひび割れ発生以降の引張応力－ひずみ曲線は，解説 図 5.3.3 に示すように，「5.3.2 引張特性」で定めた引張軟化曲線においてひび割れ幅 w を等価長さ L_{eq} で除してひずみに換算することで求めることができる．

ここで，等価長さは，ひび割れの構成則に引張軟化曲線を組み込んだ有限要素解析によって求めた矩形断面の曲げ耐力と，等価長さで変換して求めた引張応力－ひずみ曲線を用いた断面計算から求めた曲げ耐力が等しくなるように定めてよい．有限要素解析モデルは，例えば解説 図 5.3.4 に示すように，ひび割れ発生位置（図中右端の切欠きはりの曲げスパン中央）に離散ひび割れとして引張軟化特性を組み込んだものである．等価長さを仮定して引張応力－ひずみ曲線を求め，曲げ耐力が有限要素解析の結果と一致するまで等価長さを変えて繰返し計算を行うものである．このとき，等価長さは解説 図 5.3.5 のように部材寸法に依存した値になるため，部材寸法を変数として等価長さを算出する必要がある．詳細な方法は「参考資料1-2 等価長さの算定例」を参考にするとよい．

この方法により算出した等価長さは有限要素解析と断面計算の曲げ耐力が等しくなるように設定した値であり，実際の部材におけるひび割れ間隔とは異なることに注意する必要がある．また，この方法は無筋 VFC を仮定した方法である．R-VFC では同じ断面寸法の無筋 VFC より算定された引張応力－ひずみ曲線を断面計算に用いることで曲げ耐力を安全側に算出される．そのため，R-VFC の場合でも同一矩形断面の無筋 VFC の引張応力－ひずみ曲線を用いてもよい．

この方法により求めた引張応力－ひずみ関係は断面計算により曲げ耐力を算定する場合にのみ用いることができる点に注意する必要がある．例えば，非線形有限要素解析に用いる引張応力－ひずみ曲線については，要素の大きさなどを考慮して別途適切に定める必要がある．

曲げ耐力の算定に用いる引張応力－ひずみ曲線には繊維の配向・分散の影響を配向係数 κ_f により考慮する必要がある．このとき，配向係数 κ_f はひび割れ発生後の繊維の架橋域における影響を考慮する係数であるため，ひび割れ発生強度 f_{cr} に配向係数は考慮せず，ひび割れ発生までは配向係数を乗ずることはしないことと

する．ここで示した引張応力－ひずみ曲線と配向係数は，あくまで曲げ耐力を断面計算により算定するためのものであり，それ以外の算定には使用できない．例えば，曲げ耐力以外のせん断耐力や使用限界状態でのひび割れ幅および応力の算定などでは，それぞれに対応した配向係数を考慮する必要があるほか，非線形有限要素解析等の数値解析では別途検討が必要である．

なお，「**参考資料 2-4 一軸引張試験方法（案）**」に示されている一軸引張試験により得られた引張応力－ひずみ曲線のうち，引張応力低下域の曲線は直接断面計算に用いることができない．一軸引張試験で求められるひび割れ発生後のひずみは，試験時の測定区間に発生する複数のひび割れにより生じた変形をひずみとして変換した値である．引張応力低下域においては変形が1本のひび割れに局所化するため，算出されるひずみは測定区間の距離に依存した値となる．また，ひび割れ間隔は部材寸法にも依存することから，実部材の寸法に応じてひずみを換算する必要がある．そのため，一軸引張試験から得られた引張応力－ひずみ曲線を用いる場合は，引張応力低下域を考慮しないか，考慮する場合は，別途実験により確認された方法で換算するか，または，別途試験により得られた引張軟化曲線を用いるなどして引張応力低下域をモデル化する必要がある．詳細な方法は「**参考資料 2-5 一軸引張試験による引張軟化曲線の推定**」を参考にするとよい．

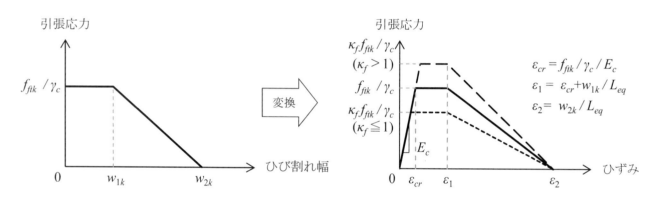

解説 図 5.3.3 断面計算により曲げ耐力を算定する場合に用いる
引張軟化曲線と引張応力－ひずみ曲線の関係の概念図

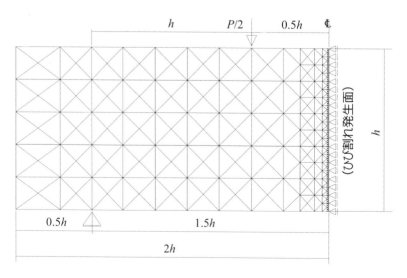

解説 図 5.3.4 三等分点曲げ試験の有限要素解析モデル

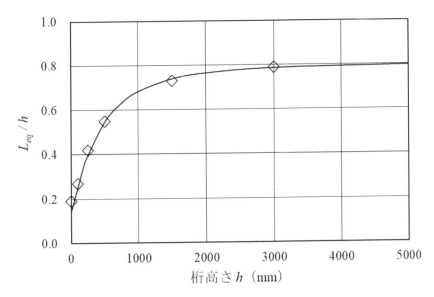

解説 図 5.3.5　矩形断面の等価長さの例

5.3.5　ヤング係数

VFC のヤング係数は，JIS A 1149「コンクリートの静弾性係数試験方法」によって求めることとする．

【解　説】　VFC のヤング係数は，マトリクスの強度のみならず，混入した繊維の種類や混入量，骨材の寸法等によっても異なる．一般に合成繊維を比較的多く混入するとヤング係数が低下する傾向にある．したがって，コンクリート標準示方書[設計編]において示されている通常のコンクリートの圧縮強度に対するヤング係数の参考値をそのまま用いることはできず，試験によって VFC のヤング係数を定める必要がある．

5.3.6　ポアソン比

VFC のポアソン比は，試験によって定めることとする．

【解　説】　VFC のポアソン比は，ヤング係数と同様に，マトリクスの強度のみならず，混入した繊維の種類や混入量，骨材の寸法によっても異なる．そのため適切な試験によって定めることとした．ポアソン比の測定は，日本道路公団規格[1] の試験方法などを参考にすることができる．

5.3.7　熱物性

VFC の熱物性は，実験に基づいて定めることとする．

【解　説】　VFC の熱物性はマトリクス，繊維の種類および量といった配合条件や含水状態，温度などの条件によって変動することから，実験に基づいて定めることとした．

熱膨張係数は，日本コンクリート工学会「マスコンクリートのひび割れ制御指針 2016」[2]に記載の方法などで測定することができる．熱伝導率は，迅速熱伝導率計などによって測定することができる．熱拡散率は，Glover 法などによって測定することができる．比熱は，比熱測定用カロリーメーターで測定する方法で求めることができる．

また，VFC は通常のコンクリートと比較して結合材量が多いため，断熱温度上昇量は大きくなる傾向がある．VFC の断熱温度上昇量は，結合材量や繊維の種類および量，環境温度等の影響を受ける可能性があるため，適切な条件に基づいて実験を行う必要がある．

5.3.8 収縮および膨張

VFC の収縮および膨張は，材料の性質，配合，養生条件，構造物周辺の湿度，部材断面の形状寸法等の影響を考慮して，実験に基づいて定めることとする．

【解　説】　VFC は，使用材料，配合等に応じて，体積変化が生じる．VFC の収縮は，主に硬化過程における自己収縮と硬化後の水分逸散による乾燥収縮に分けられ，一般的に水結合材比が小さく結合材量の多い VFC は，自己収縮が卓越する傾向にある．VFC の膨張は，ひび割れの低減を目的とした収縮補償のための膨張材の使用によるものなどがある．これら VFC の収縮および膨張は，材料の種類，配合，養生条件，構造物周辺の湿度，部材断面の形状寸法等の影響を受けるため，実験に基づいて定めることとした．なお，VFC 構造物では，鋼材による拘束，部材間の拘束等の外部拘束に加え，部材内部の収縮分布による内部拘束が生じるため，構造物や部材に生じる変形や応力を検討する際には VFC の収縮とそれらの拘束の影響を考慮する必要がある．

自己収縮は凝結始発以後に巨視的に生じる体積減少であり，ひずみの測定開始材齢に注意が必要である．VFC の自己収縮ひずみは，日本コンクリート工学会の「コンクリートの自己収縮研究委員会報告書」[3]に記載されている方法などを参考に測定するのがよい．VFC の乾燥収縮ひずみは，JIS A 1129「モルタル及びコンクリートの長さ変化測定方法」に規定された試験などで測定するのがよい．

VFC の膨張ひずみは，JIS A 6202「コンクリート用膨張材」の附属書 B や日本コンクリート工学会の「高性能膨張コンクリートの性能評価とひび割れ制御システムに関する研究委員会報告書」[4]に記載のある「膨張コンクリートの封かん養生による拘束膨張および圧縮強度試験方法試案」などを参考に測定するのがよい．なお，各ひずみの測定期間は，VFC の用途に応じて適切に定める必要がある．

5.3.9　クリープ

（1）ひび割れが発生していない VFC のクリープひずみは，作用する応力による弾性ひずみに比例するとして，一般に式(5.3.1)により求めることとする．

$$\varepsilon'_{cc} = \phi \cdot \sigma'_{cp} / E_{ct} \tag{5.3.1}$$

ここに，ε'_{cc}：クリープひずみ

ϕ：クリープ係数

σ'_{cp}：作用する応力度

E_{ct}：載荷時材齢のヤング係数

（2）ひび割れが発生している VFC の引張クリープ特性は，実験に基づいて定めることとする．

（3）VFC のクリープ係数は，構造物の周辺の湿度，部材断面の形状寸法，VFC の配合，応力が作用するときの VFC の材齢等の影響を考慮し，実験に基づいて定めることとする．なお，ひび割れが発生していない VFC の引張クリープ係数は，圧縮応力下で得られたクリープ係数を用いてよい．

【解　説】　（1）について　コンクリート標準示方書[設計編]のとおりとした．

　（2）について　ひび割れが発生している VFC の引張クリープ特性は繊維自体の引張クリープなどが影響するため，実験により確認する必要がある．引張クリープ特性を定める実験として，**解説 表 5.3.1**のように一軸引張試験と曲げ載荷試験や「**参考資料 1-4　引張クリープに関する検討事例**」の例がある．

　（3）について　圧縮クリープ係数は JIS A 1157「コンクリートの圧縮クリープ試験方法」に基づいて定めるとよい．なお，圧縮応力下において，圧縮強度の 40%以上で使用されることが想定される場合は，実情にあわせた荷重で実験により確認する必要がある．コンクリート標準示方書において，ひび割れが発生していないコンクリートでは，引張応力下においても圧縮応力下と同じクリープ特性を仮定してよいとされており，VFC でも同様に考えてよいものとした．

解説 表 5.3.1　引張クリープ実験の特徴

載荷方法	鉄筋の有無	実験方法の例	特　徴
一軸引張	無筋	ダンベル型試験体	• 直接的に引張クリープ特性が得られる • 実験が比較的小規模 • 曲げやねじりが作用しないようにするため高い精度が必要
	有筋	両引き試験体	• ひび割れ部における VFC の応力が明確でない（鉄筋との応力配分） • 引張荷重が比較的大きくなる • クリープ限界の評価が困難
曲　げ	無筋	無筋 VFC はり試験体	• クリープの評価には実験結果をもとに解析的な作業が必要 • 圧縮クリープの影響を含む • 持続荷重の載荷方法に工夫が必要 • 荷重の制御（載荷荷重の範囲）が比較的容易
	有筋	R-VFC はり試験体	• 実構造に類似の構造で挙動の検証が可能 • ひび割れ部における VFC の応力が明確でない（鉄筋との応力配分） • クリープの評価には実験結果をもとに解析的な作業が必要 • 圧縮クリープの影響を含む • 持続荷重の載荷方法に工夫が必要 • 試験体規模，載荷荷重が比較的大規模 • クリープ限界の評価が困難

5.3.10　高温度の影響

日射，火災等による高温度の影響を受けた VFC の圧縮強度，ひび割れ発生強度，繊維架橋強度，引張軟化特性およびヤング係数は，加熱冷却後の値を基本とし，それぞれの実験に基づいて適切に定めるものとする．

【解　説】　VFC を含むコンクリート構造物は，屋外であれば直射日光の照射などにより 60℃を超える表面温度から，火災時には数百℃まで，様々な温度環境にさらされる．また，火災等による高温の影響を受けたコンクリートの強度は，受熱温度や常温時の圧縮強度に依存することが確認されている．受熱温度が 300℃を超えたと推定される場合は，対象構造物の火害部および火害を受けていない健全部からコアを採取するなどして，VFC の圧縮強度を定める必要がある．

VFC のヤング係数も受熱温度や常温時の圧縮強度，骨材の種類等に依存するので，これらを考慮して適切に定めることが大切である．

鋼繊維を用いた VFC の場合では，受熱温度が 300℃を超えて 400℃までの温度変化範囲では，圧縮強度等の力学特性への影響が小さく，熱伝導率，熱膨張率，比熱等の熱的特性への影響はほとんどないが，それ以

上の温度になると，セメントペーストの収縮と骨材の膨張によってひび割れが発生するため，強度等の力学特性が低下することが示されている．また，合成繊維を用いた VFC の場合，合成繊維は溶融・分解する温度が低いため，高温度による影響を受けやすい．よって，合成繊維はガラス転移温度および融点よりも十分に低い温度環境下で使用することが原則である．これらのことから，高温度にさらされるおそれがある VFC では，使用される環境を考慮して，高温度の影響を実験によって確認する必要がある．実験による確認は，「**参考資料 1-5　高温度の影響**」を参考にするとよい．

　火災等により高温度の影響を受けた VFC の強度の特性値は，一般に受熱温度に大きく依存するが，高温時（熱間）と加熱冷却時で異なることから，必要に応じて実験等により適切に定める必要がある．特に，高温時（熱間）の評価が必要な場合は，熱間実験により圧縮強度等を確認する必要がある．

　なお，火災よりも低い温度域（100℃未満）における合成繊維を用いた VFC の特性は，「**16.3.9　繊維**」や「**参考資料 1-10　合成繊維の変質・劣化**」を参考にするとよい．

5.3.11　低温度の影響

　低温度下における VFC の圧縮強度，ひび割れ発生強度，繊維架橋強度，引張軟化特性およびヤング係数は，実験に基づいて定めることとする．

【解　説】　VFC を含むコンクリート構造物は，寒冷地であれば-30℃ 以下，LNG タンクの防液堤であれば-160℃ 以下の低温環境にさらされる場合もある．繊維とマトリクスは多くの固体材料と同様に，低温時に物性が変化する場合があり，VFC の性状に影響を及ぼす可能性がある．

　通常のコンクリートの場合，低温度下における圧縮強度は，常温時の圧縮強度に低温時の含水量の影響によって増加する圧縮強度を加算することで求められる．また，ひび割れ発生強度は，-100～0℃ の範囲では，圧縮強度とひび割れ発生強度の関係式を用いて求めてよいとされている．一方で，VFC は通常のコンクリートよりも強度が高いことや，VFC に関する低温度下の研究事例は少なく，使用される繊維も多種にわたることから，現状では VFC に与える低温度の影響を予測することは難しい．そのため，低温度下における VFC の強度特性は，実験に基づいて定めることとした．実験による確認は，「**参考資料 1-6　低温度の影響**」を参考にするとよい．

5.3.12　水分浸透速度係数

　VFC の水分浸透速度係数の特性値は，実験に基づいて定めることとする．

【解　説】　水分浸透速度係数は，コンクリート中の鋼材腐食を引き起こす水の供給について定める係数であり，コンクリート表面から水分が作用する際に，かぶりを通じて鋼材位置へ到達する水分供給量を規定する．塩化物イオンの供給の少ない一般的な環境において，水の浸透は鋼材腐食を支配する重要な要因であるため，水分浸透速度係数を適切に設定する必要がある．

　VFC は構成材料や水結合材比，養生条件等が多岐にわたるため，水分浸透速度係数の特性値は実験に基づいて定めることとした．水分浸透速度係数を実験により求める場合には，実施工に使用する材料，配合およ

び養生方法を用いて試験体を作製した上で水を作用させ，その浸透深さの時間変化を測定し，水分浸透速度係数を算出するのがよい．水分浸透深さの測定は，コンクリートを割裂して水分浸透深さを目視等で判別する方法や，コンクリート試験体に水分変化を検知するセンサを埋設して測定する方法等がある．水分浸透速度係数は，例えば，JSCE-G582-2018「短期の水掛かりを受けるコンクリート中の水分浸透速度係数試験方法（案）」によって予測値を求めることができるので，これを参考にするとよい．また，VFCの水結合材比が著しく小さい場合等，測定が難しい場合には「**参考資料1-8 VFCの透水係数の測定例**」を参考に透水係数を求め，水分浸透速度を評価するとよい．なお，水分浸透速度係数の設定にあたっては，乾燥などの影響によって水分浸透速度係数が時間の経過とともに増加する可能性があることに注意する必要がある．また，コンクリート標準示方書[設計編]には，水結合材比から水分浸透速度係数を推定する方法が記載されているが，推定式の範囲は水結合材比が40〜60%となっており，VFC（圧縮強度の特性値60N/mm²以上であり，水結合材水比が15〜40%程度）とは材料の特性が異なる点に留意する必要がある．

5.3.13 中性化速度係数

VFCの中性化速度係数の特性値は，実験に基づいて定めることとする．

【解　説】　中性化速度係数は，中性化が進行する深さが暴露期間の平方根に比例するとした場合の比例定数である．この中性化速度係数は，中性化に伴う鋼材腐食を照査するために用いる係数であり，設計耐用期間中，中性化による鋼材腐食が生じないように，構造物がさらされる環境を考慮して適切に設定する必要がある．VFCは構成材料や水結合材比等が多岐にわたるため，中性化速度係数の特性値は，実験に基づいて定めることとした．中性化速度係数の特性値は，JIS A 1153「コンクリートの促進中性化試験方法」により求めることができる．

5.3.14 塩化物イオン拡散係数

VFCの塩化物イオン拡散係数の特性値は，実験に基づいて定めることとする．

【解　説】　拡散係数は，Fickの拡散則に現れる比例係数で，拡散の速さを表すものである．一般に，塩化物イオンがコンクリート中で濃度勾配を駆動力として移動すると仮定する際の拡散の速さを表した見かけの拡散係数を用いる．この拡散係数は，コンクリート中への塩分侵入が一次元拡散方程式で表されると仮定して求められるものである．

コンクリートの塩化物イオン拡散係数は，使用する材料や配合等に影響を受ける．VFCは構成材料や水結合材比等が多岐にわたるため，塩化物イオン拡散係数の特性値は，実験に基づいて定めることとした．

実験によってVFCの塩化物イオン拡散係数を求める場合には，JSCE-G572「浸せきによるコンクリート中の塩化物イオンの見掛けの拡散係数試験法（案）」等により求めることができる．ただし，浸せき期間中に水和反応が継続しコンクリートの細孔構造が緻密になる等の理由から，時間の経過とともに測定される見掛けの拡散係数が減少することが知られている．

5.3.15 凍結融解試験における相対動弾性係数

VFC の相対動弾性係数の特性値の設定は，コンクリート標準示方書[設計編]によることとする．

5.4 鋼　　材

鋼材の材料特性は，コンクリート標準示方書[設計編]によることとする．

参考文献
1) 日本道路公団：日本道路公団規格，コンクリートの静弾性係数試験方法，JHS-307，pp.123-125，1992
2) 日本コンクリート工学会：マスコンクリートのひび割れ制御指針2016，p.286，2016
3) 日本コンクリート工学協会：コンクリートの自己収縮研究委員会報告書，pp.51-54，2002
4) 日本コンクリート工学会：高性能膨張コンクリートの性能評価とひび割れ制御システムに関する研究委員会報告書，pp.142-145，2011

6章 作 用

　原則として，コンクリート標準示方書［設計編］によることとする．ただし，死荷重の算出に用いる単位重量は，VFC の実重量から適切に定めることとする．

【解　説】　死荷重の算出に用いる単位重量以外はコンクリート標準示方書［設計編］によるものとした．

7章　耐久性に関する照査

7.1　一　般

（1）VFC 構造物が，設計耐用期間にわたり所要の性能を保持することを照査しなければならない．

（2）耐久性に対する照査にあたっては，各種作用による VFC の劣化，中性化と水の浸透および塩害による鋼材腐食により，構造物の所要の性能が損なわれないことを，この章の方法により実施してよい．なお，劣化機構が複合する場合，あるいは照査の方法でこれらの劣化現象を網羅できない場合には，適切な試験によりその影響を考慮することとする．

（3）この章で想定する VFC 構造物の劣化は，VFC の劣化および VFC 中の鋼材の腐食によるものに分類する．

【解　説】　（1）および（2）について　この章で対象とする外的要因および劣化機構の例を**解説 表 7.1.1**に示す．耐久性照査に関する基本的な考え方はコンクリート標準示方書［設計編］のとおりとし，それぞれの劣化機構に対して個別に照査をすることにしている．ただし，繊維に対しては「**7.2.5 繊維の変質・劣化に対する検討**」において個別に検討することとした．

VFC 構造物の耐久性を評価する上では，以下の事項についても留意する必要がある．

（i）VFC は通常のコンクリートよりも水結合材比が小さいため，一般的に硬化体中の物質移動に対する抵抗性が高い．また，VFC は，ひび割れ幅やひび割れ深さの抑制によって鉄筋や PC 鋼材などの鋼材に劣化因子が直接到達することを防ぐ効果も期待できる．一方，繊維補強しない通常のコンクリートと同等のひび割れ幅やひび割れ深さになっている場合は，マトリクスや繊維との界面に大きな応力が生じている可能性がある．

（ii）VFC は，ひび割れ発生後も繊維の架橋効果によって断面の引張力を負担する．そのため，ひび割れを架橋している繊維に対して劣化因子が直接作用する環境での使用では，「**7.2.5 繊維の変質・劣化に対する検討**」に示すような配慮が必要となる場合がある．鉄筋や PC 鋼材を配置しない無筋 VFC 構造とする場合は，繊維の劣化が耐荷力の大幅な低下を招く可能性があるため，特に留意が必要である．

（iii）対象とする外的要因および劣化機構の例は**解説 表 7.1.1**に示すとおりであるが，現実の構造物では複数の要因により劣化が単独で生じる場合を単純に足し合わせたものとは必ずしもならず，相互に影響を及ぼし合いながら促進される場合があることにも留意する必要がある．荷重との相互作用についても同様で，例えば，道路橋床版では床版に進展したひび割れに水が浸入し，交通作用の繰返しによる疲労や凍害を受けてコンクリートが土砂化する現象が報告されている．疲労における水の影響については，構造物表面に作用する水が疲労性状に大きく影響を及ぼすことが明らかになっており，VFC を用いた構造物に関しても水がひび割れ内に浸入し，荷重が繰返し作用することで繊維の架橋効果が変化し，疲労寿命やひび割れ幅などに影響をおよぼす可能性が示唆されている．侵入する水に塩化物イオンが含まれる場合，繊維の劣化も疲労耐力に大きく影響するため，「**参考資料 1-9　鋼繊維を用いた VFC の劣化**」を参考にするとともに，必要に応じて実験によって確認するのがよい．VFC 構造物としての疲労に対する安全性の照査については，「**8.3　疲労破**

壊に対する照査」による．複合劣化における劣化機構の代表的な組合せや特徴については，2018 年版のコンクリート標準示方書［維持管理編］も参考にするのがよい．

（ⅳ）VFC は通常のコンクリートよりも水結合材比が小さくマトリクスが緻密となるため，一般的な材料試験や促進試験では劣化を確認できず，試験値と対応付けた材料特性値を設定できない場合がある．この場合，実環境と比べて厳しい条件を設定した促進試験等を行い，実環境または暴露試験において設計供用期間中に劣化を生じないことを確認すればよい．なお，**解説 表** 7.1.2 に示される数値は，VFC に関してこれまでに蓄積された諸物性の一例（目安）であり，耐久性の照査に直接使用できるものではないことに留意する必要がある．

（3）について　VFC 構造物を構成する要素を分類すると，VFC およびこれを補強する鋼材の 2 つとなる．この章では，コンクリート標準示方書の流れに沿って照査を行うこととし，VFC に関するものは「7.2 **VFC の劣化に対する照査**」に，VFC 中の鋼材に関するものは「7.3 **鋼材腐食に対する照査**」に示す．

解説 表 7.1.1　環境条件および使用条件と劣化機構

外的要因		劣化機構
地域区分	海岸地域	塩害
	寒冷地域	凍害，塩害
	温泉地域	化学的侵食
環境条件および使用条件	乾湿繰返し	アルカリシリカ反応，塩害，凍害
	凍結防止剤使用	塩害，アルカリシリカ反応
	繰返し荷重	疲労
	永続作用	ひび割れの進展
	二酸化炭素	中性化
	酸性水	化学的侵食
	流水，車両等	すり減り

解説 表 7.1.2　VFC の物質移動に関する諸物性の一例

	超高強度繊維補強コンクリート（UFC）	高強度繊維補強セメント系複合材料（VFC）	通常のコンクリート
圧縮強度	$150N/mm^2$ 以上	$60\sim150N/mm^2$	$18\sim60N/mm^2$
水結合材比	約 0.15	$0.15\sim0.4$	$0.4\sim0.6$
透気係数	$10^{-19}m^2$ 以下	$10^{-19}\sim10^{-17}m^2$	$10^{-17}\sim10^{-15}m^2$
透水係数	$4\times10^{-17}cm/s$	$10^{-16}\sim10^{-11}cm/s$	$10^{-11}\sim10^{-10}cm/s$
塩化物イオン拡散係数	$0.003cm^2/$年	$0.01\sim0.2\ cm^2/$年	$0.2\sim0.9cm^2/$年
空隙率	約 4vol.%	$4\sim8$vol.%	約 10vol.%

※UFC および通常のコンクリートについては，UFC 指針から引用

7.2 VFCの劣化に対する照査

7.2.1 一　　般

VFC構造物は，VFCが劣化しても設計耐用期間にわたり要求性能を満足していなければならない.

【解　説】　構造物の設計に用いられるVFCの特性は，適用される環境条件，構造物の要求性能によって様々である．VFC構造物が設計耐用期間にわたり要求性能を満足していることを確認しなければならないが，設計で定めたVFCの特性が環境作用によって損なわれないことを試験などで確認することで，VFC構造物が要求性能を満足していることの照査に代えることができる．VFCにひび割れが生じて内部の繊維が外的環境に直接さらされる状態となる場合には，マトリクスと繊維の付着強度の低下や，繊維の変質・劣化に伴うVFCの力学特性の低下を確認する必要がある.

7.2.2　凍害に対する照査

（1）凍害に対する照査は，内部損傷に対する照査と表面損傷（スケーリング）に対する照査に分けて行うことを原則とする.

（2）内部損傷に対する照査は，構造物内部のVFCが劣化を受けた場合に，凍結融解試験における相対動弾性係数の最小設計限界値E_{mdl}とその設計応答値E_{dr}の比に構造物係数γ_iを乗じた値が，1.0以下であることを確かめることにより行うことを原則とする．ただし，水がかりや乾湿繰返しが少ない環境に供される構造物の場合であり，凍結融解試験における相対動弾性係数の特性値が90%以上の場合には，この照査を行わなくてよい.

$$\gamma_i \, E_{mdl}/E_{dr} \leq 1.0 \tag{7.2.1}$$

ここに，γ_i　　：構造物係数

　　　　E_{dr}　　：凍結融解試験における相対動弾性係数の設計応答値

　　　　E_{mdl}　：凍害に関する性能を満足するための凍結融解試験における相対動弾性係数の最小設計限界値

（3）表面損傷（スケーリング）に関する照査は，構造物表面のVFCが凍害を受けた場合に関して，VFCのスケーリング量の設計応答値d_{dr}と設計限界値d_{dlim}の比に構造物係数γ_iを乗じた値が，1.0以下であることを確かめることにより行うことを原則とする.

$$\gamma_i \, d_{dr}/d_{dlim} \leq 1.0 \tag{7.2.2}$$

ここに，γ_i　　：構造物係数

　　　　d_{dr}　　：VFCのスケーリング量の設計応答値

　　　　d_{dlim}　：VFCのスケーリング量の設計限界値

【解　説】　コンクリート標準示方書［設計編］によることとした.

　（1）について　VFCの凍害に対する照査は，通常のコンクリートと同様に相対動弾性係数およびスケー

リング量を指標としてよい．VFC は総じて水結合材比が小さく硬化体組織が緻密であることから，一般的には通常のコンクリートよりも凍結融解抵抗性が優れる．また，繊維の架橋によってスケーリングによる表面の剥離・崩壊を抑制することも期待される．一方，凍結融解作用によって，相対動弾性係数の著しい低下が認められた場合，繊維に変質や劣化が生じている可能性もある．そのため，凍結融解試験の前後に曲げ試験などを実施し，試験結果の差を確認するのがよい．特に，VFC にひび割れ等が入っている状態で凍結融解作用を受けると，ひび割れや繊維の引抜け跡から水が浸入し，凍結・融解の繰返しによって剛性や力学特性が低下することが考えられる．そのため，ひび割れが生じた後も凍結融解作用が発生する環境で供用する場合には，事前に適切な実験等によって確認する必要がある．

7.2.3 化学的侵食に対する照査

（1）化学的侵食に対する照査は，化学的侵食深さの設計応答値 y_{dr} のかぶり c_d に対する比に構造物係数 γ_i を乗じた値が，1.0 以下であることを確かめることにより行うことを原則とする．ただし，VFC が所要の耐化学的侵食性を満足すれば，化学的侵食によって構造物の設計で定めた特性は失われないとし，この照査を行わなくてよい．

$$\gamma_i\, y_{dr}/c_d \leq 1.0 \tag{7.2.3}$$

ここに，γ_i ：構造物係数

y_{dr} ：化学的侵食深さの設計応答値（mm）

c_d ：耐久性に関する照査に用いるかぶりの設計値（mm）

（2）化学的侵食作用が非常に激しい場合には，一般に，化学的侵食を抑制するための VFC の表面被覆や腐食防止処置を施した鋼材の使用等の対策を行うこととする．その場合には，対策の効果を適切な方法で確認しなければならない．

【解　説】　コンクリート標準示方書［設計編］によることとした．

　（1）について　化学的侵食とは，侵食性物質とコンクリートとの接触によるセメント硬化体や骨材，ならびに鋼材の溶解・分解や，コンクリートに侵入した侵食性物質がある種のセメント水和物と反応し，体積膨張によるひび割れやかぶりコンクリートの剥離・剥落等を引き起こす劣化現象である．VFC は，総じて水結合材比が小さく，通常のコンクリートよりも硬化体組織は緻密であるが，一般的にはセメント量が多くなるため，硫酸や塩酸などによる分解作用に対しては影響を受けやすい可能性がある．また，VFC にひび割れが生じている場合には，ひび割れから侵入した侵食性物質による繊維の劣化，すなわち繊維の引張強度やマトリクスとの付着強度の低下によって，構造物の設計に用いた VFC の力学特性が確保できない可能性もある．そのため，ひび割れが生じた後も化学的侵食を受ける環境で供用する場合には，侵食性物質による繊維の劣化や，VFC の力学特性への影響についても事前に検討する必要がある．

　なお，現段階では，通常のコンクリートにおいても侵食性物質の接触や侵入による劣化が，構造物の性能の低下に与える影響を定量的に評価するまでの知見は得られていない．したがって，VFC においても現状は，構造物の要求性能，構造形式，重要度，維持管理の難易度および環境の厳しさ等を考慮して，侵食性物質の接触や侵入による VFC の劣化が顕在化しないことや，その影響が鋼材位置まで及ばないことなどを限界状態とするのがよい．

（2）について　下水道環境や温泉環境等で化学的侵食作用が非常に激しい場合には，かぶりおよびコンクリートの抵抗性のみで化学的侵食に対する性能を確保することは一般に難しい．このような場合には，化学的侵食を抑制するための表面被覆，腐食防止処置を施した鋼材の使用等の対策を施すのが現実的かつ合理的であることが多い．このような対策を行う場合には，JIS原案「コンクリートの溶液浸せきによる耐薬品性試験方法（案）」を参考に，実際に処理を行った状態で暴露実験を行うなど，化学的侵食に対する抵抗性を確認する必要がある．なお，特に下水道環境における劣化に対しては，下水道コンクリートの設計，施工，維持管理に関する具体的手法が示されている日本下水道事業団「下水道コンクリート構造物の腐食抑制技術および防食技術マニュアル」やJIS A 7502「下水道構造物のコンクリート腐食対策技術」を参考にするとよい．

7.2.4　アルカリシリカ反応に対する照査

VFCを用いた構造物は，アルカリシリカ反応によって構造物の所要の性能が損なわれてはならない．

【解　説】　VFCに使用する骨材の種類や品質は，VFCの材料特性およびVFC構造物の性能に影響を及ぼし，アルカリシリカ反応によってVFCに有害な膨張やひび割れが生じることを避けなければならない．VFCは通常のコンクリートに比べてセメント量および化学混和剤量が多いことが想定されるため，アルカリ総量が$3.0kg/m^3$を超える可能性がある．そこで，VFCに使用する骨材については，対象とするVFCに使用したときにアルカリシリカ反応により有害な膨張を生じないことを確認することとした．確認は，対象とするVFCの配合により作製した供試体を用いて，JIS A 1146「骨材のアルカリシリカ反応性試験方法（モルタルバー法）」，JCI-S-010-2017またはJASS 5N T-603「コンクリートのアルカリシリカ反応性試験　（コンクリートバー法）」等の方法を参考にして行うとよい．

なお，JIS A 5308「レディーミクストコンクリート」付属書Aの区分A（無害）と判定される骨材を使用し，かつアルカリ総量が$3.0kg/m^3$を超えない場合には，アルカリシリカ反応に関する照査を行わなくてもよい．

7.2.5　繊維の変質・劣化に対する検討

VFC構造物は，VFC中の繊維が劣化しても，設計耐用期間にわたり要求性能を満足していなければならない．

【解　説】　VFCは，繊維とセメント系材料（マトリクス）からなる複合材料である．繊維はマトリクス中に分散しているため，表面を除いてその大部分は外的環境作用に直接さらされた状態にはなっていないものの，VFCにひび割れが生じた場合にはその限りではない．このため，環境作用による繊維の変質・劣化を検討する場合には，VFCに生じるひび割れの有無を考慮することが重要である．繊維の変質・劣化に影響する作用としては以下の（i）から（v）が挙げられる．また，**解説 表**7.2.1は，VFCのひび割れの有無と各種繊維（金属繊維，合成繊維）の変質・劣化について，想定される要因毎にまとめたものである．

(i) 変動荷重や永続荷重

　繊維自体の機械的性質（引張強度，弾性係数，伸び，クリープ）は，VFC にひび割れが生じて繊維が応力を分担する段階で影響がみられることに留意する．

(ii) 化学作用および中性化

　化学作用のうち，酸（硫酸）の作用については，繊維を保護するマトリクスが侵食・崩壊したり，ひび割れが発生したりすると，特に合成繊維の劣化に大きな影響を与える可能性がある．また主としてセメント起源による高アルカリの作用については，短期的には繊維の性能低下を生じにくいとされているが，長期的な性能低下については留意が必要な種類もある．中性化については，金属繊維を用いた場合に留意が必要であり，特にひび割れを有する場合には，ひび割れ面で炭酸化が進行しやすくなるため，架橋した金属繊維表面の不動態被膜が破壊され，腐食が生じることが考えられる．

(iii) 高温

　高温による作用は，日射（60℃程度）のほか，製造時における水和熱（マスコンクリート），蒸気養生（55〜90℃）およびオートクレーブ養生（180℃）などが挙げられる．火災を受ける部材，内部に発熱源を含む部材などでは，高温に対する繊維の特性変化を確認しておく必要がある．

(iv) 塩化物イオン

　塩化物イオンの侵入によるマトリクス中の繊維への影響については，合成繊維の場合には変質が生じる懸念がないが，金属繊維を用いた VFC にひび割れが生じた場合には，構造物としての性能に影響を与えないことを確認する必要がある．

(v) 紫外線

　紫外線に対しては，マトリクス内部に存在する繊維は影響を受けないと考えてよい．ただし，繊維を保管する際は，合成繊維の種類によっては紫外線の影響を受けるものもあるため配慮が必要である．

解説 表 7.2.1　VFC のひび割れの有無と各種繊維が受ける変質・劣化作用

| ひび割れの有無 | | ひび割れのない VFC | | ひび割れを有する VFC | |
変質・劣化作用と項目	繊維の分類と種類	金属繊維（無機繊維）	合成繊維	金属繊維（無機繊維）	合成繊維
物理作用	変動荷重（疲労など）	−	−	○	○
	永続荷重（クリープ）	−	−	○	○
化学作用	高アルカリ性	−	○	−	○
	酸性（硫酸など）	△	○	○	○
	中性化	○	−	◎	−
	高温	−	○	○	○
	塩化物イオン	○	−	◎	−
	紫外線	−	−	−	△

注) ◎：強く影響を受ける，○：影響を受ける，△：影響を受ける場合もある，−：影響を受けない

水や塩化物イオンの侵入によって設計耐用期間中に鋼繊維の腐食が生じることが懸念される場合には，亜鉛メッキされた繊維やステンレス繊維を用いる，あるいはひび割れの発生を許容しない設計とすることで繊維の腐食を防ぐ対応を講じるのがよい．また，VFC 表面のひび割れ幅が，鋼繊維の腐食に対する限界値以下であることを確認する，あるいはかぶり部分の繊維は使用性および安全性に寄与しないものとして設計することで繊維の腐食の影響を考慮する方法もある．初期ひび割れを導入した UFC や SFRC を海水中や飛沫帯にて暴露した国内外での事例によると，鋼繊維の腐食に対する許容ひび割れ幅は概ね 0.1〜0.2mm と報告されている．ひび割れを有する鋼繊維を用いた VFC の劣化については，「**参考資料 1-9 鋼繊維を用いた VFC の劣化**」を参考にするのがよい．

VFC に用いる繊維を選定する場合には，メーカーの技術資料を参考とするとともに，明確でない項目については，環境作用を想定した適切な試験によって確認する必要がある．外的環境作用を想定した試験方法としては「**参考資料 1-9 鋼繊維を用いた VFC の劣化**」や「**参考資料 1-10 合成繊維の変質・劣化**」を参考にするとよい．

7.3 鋼材腐食に対する照査

7.3.1 一 般

VFC 構造物は，設計耐用期間中に，中性化と水の浸透および塩化物イオンの侵入に伴う鋼材腐食によって所要の性能が損なわれてはならない．一般に，以下の（i）を確認した上で，限界状態を超えた場合の性能に及ぼす影響度を考慮して（ii），（iii）の照査を行うこととする．

(i) VFC 表面のひび割れ幅が，鋼材腐食に対するひび割れ幅の限界値以下であること．

(ii) 設計耐用期間中の中性化と水の浸透に伴う鋼材腐食深さが，限界値以下であること．

(iii) 塩害環境下においては，鋼材位置における塩化物イオン濃度が，設計耐用期間中に鋼材腐食発生限界濃度に達しないこと．

【**解 説**】 コンクリート標準示方書［設計編］のとおりとした．

ここでは，「**7.2 VFC の劣化に対する照査**」に示した VFC そのものが劣化する環境・条件下のうち，中性化と水の浸透に伴う鋼材腐食に対する検討方法と塩害環境下における塩化物イオンの侵入による鋼材腐食に対する検討方法を示す．これらはいずれも，VFC から鋼材に向かう一次元の物質移動を想定したものであり，このような照査方法が成り立つのは，VFC の中性化速度係数，水の浸透速度係数または透水係数，および塩化物イオンの拡散係数が明らかになっている上で，ひび割れ位置における局所的な腐食が生じないことが前提となる．このためには，ひび割れ幅が小さくなければならない．

そこで，(i) によりひび割れ幅が鋼材の腐食に対するひび割れ幅の限界値以下であることを確認した上で，鋼材腐食に対する限界状態を超えた場合の性能に及ぼす影響度を考慮して，(ii) 中性化と水の浸透に伴う鋼材腐食深さの照査，(iii) 塩害環境下においては，鋼材位置における塩化物イオン濃度の照査を行うこととした．ここで，通常のコンクリートよりもマトリクスが緻密な VFC では，**解説 図 7.3.1** に示すようにひび割れからマトリクス内部の方向には劣化因子が侵入しにくくなり，また，繊維の架橋効果によってひび割れ幅も抑制される傾向となる．この場合，ひび割れ深さの方が鋼材腐食に対しての影響が大きくなるため，繊維

の架橋によってひび割れ深さも抑制されることが望ましい．そのため，設計耐用期間中においてかぶり部分のひび割れ幅および深さの抑制を繊維に期待する場合には，ひび割れを架橋する繊維の腐食，変質および劣化に留意が必要である．

水の浸透や塩化物イオンの侵入のおそれのない環境で供用される構造物は，(ii)，(iii)の照査は行なわなくてもよいが，その場合であっても過大なひび割れ幅は好ましくないため，ひび割れ幅の限界値以下に抑えることが望ましい．

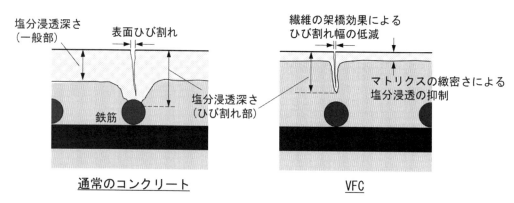

解説 図 7.3.1　ひび割れ部からの劣化因子の侵入イメージ

なお，鋼繊維を鉄筋コンクリートに適用した場合には，ひび割れ幅や深さの抑制によって劣化因子が鉄筋まで到達する距離を確保する効果に加え，鋼繊維が外部から供給される酸素を消費することでコンクリート内部の鉄筋の腐食が抑えられる効果や，鋼繊維が鉄筋内のマクロセル回路を形成しにくくし腐食速度を抑制するという効果も報告されている．その一方で，鋼繊維の種類および量によっては，これらの効果が見られないという報告もあるため，試験や海洋環境のような厳しい腐食環境下における実績をあらかじめ確認しておくことが望ましい．鋼繊維による効果については，「**参考資料 1-7　VFC 中の鉄筋腐食**」を参考にするとよい．

7.3.2　中性化と水の浸透に伴う鋼材腐食に対する照査

（1）VFC 構造物は，VFC の中性化と水の浸透に伴う鋼材腐食によって所要の性能が損なわれてはならない．

（2）VFC の水分浸透速度係数の設定は，適切な方法により行った実験に基づいて行うこととする．

（3）VFC 構造物の中性化と水の浸透に伴う鋼材腐食に対する照査として，VFC の中性化深さが設計耐用期間中に鋼材腐食発生限界深さに達しないことを確認することにより，所要の性能が損なわれないとみなす場合は，コンクリート標準示方書［設計編］の方法により行うこととする．

【**解　説**】　（1）について　VFC は，総じて水結合材比が小さく，硬化体組織が緻密で透気係数が低いため，一般に中性化に対する抵抗性は高くなることが想定される．しかし，VFC の中性化に対する抵抗性は，使用材料や配合条件によって異なるため，中性化と水の浸透に伴う鋼材腐食の照査を行うこととした．

（2）について　コンクリート標準示方書［設計編］では，コンクリート構造物の中性化と水の浸透に伴

う鋼材腐食の照査を行うに当り，コンクリートの水分浸透速度係数が設定されており，水分浸透速度係数の予測値q_pは，JSCE-G 582-2018「短期の水掛かりを受けるコンクリート中の水分浸透速度係数試験方法」によって求めることができるとしている．しかし，VFC は総じてマトリクスが緻密であることから，コンクリート標準示方書に規定される方法では，十分に水が浸透せず，水分浸透速度を適切に評価できない可能性がある．このことから，VFC の水分浸透速度の予測値は，実際の施工と同一の材料，配合および養生方法により作製した供試体を用いて，加圧するなど強制的に水を浸透する方法により評価することが考えられる．UFC 指針では，静水圧加圧装置を用いた水の浸透試験を実施し，この試験結果から長期的な水の浸透挙動を予測した例を示している．また，その他にも高強度高緻密コンクリートの透水係数をトランジェントパルス法により測定した例も報告されている．VFC の水分浸透速度等を評価するにあたっては，評価を行う VFC の特性を考慮して，これらの方法を適切に採用することが必要である．試験方法に関しては，「**参考資料 1-8 VFC の透水係数の測定例**」を参考にするのがよい．

　（3）について　VFC 構造物の中性化と水の浸透に伴う鋼材腐食に対する照査について，中性化深さを用いて行う場合，設計耐用期間中に中性化深さが鋼材腐食発生限界深さ以下であることを確認することで，鋼材腐食に対する照査に代えてもよいこととした．

7.3.3　塩害環境下における鋼材腐食に対する照査

（1）塩害環境下における VFC 構造物は，塩化物イオンの侵入に伴って VFC 構造物中の鋼材が腐食しないことを照査しなければならない．

（2）VFC 構造物の塩化物イオンの侵入に伴う鋼材腐食に対する照査を行う場合は，鋼材位置における塩化物イオン濃度の設計値C_dの鋼材腐食発生限界濃度C_{lim}に対する比に構造物係数γ_iを乗じた値が，式（7.3.1）により，1.0 以下であることを確かめることとする．

$$\gamma_i\, C_d / C_{lim} \leq 1.0 \tag{7.3.1}$$

ここに，γ_i　：一般に，1.0〜1.1 としてよい．

　　　　C_{lim}：耐久設計で設定する鋼材腐食発生限界濃度（kg/m³）．類似の構造物の実測結果や試験結果を参考に定めてよい．

　　　　C_d　：鋼材位置における塩化物イオン濃度の設計値（kg/m³）．

$$C_d = \gamma_{cl} \cdot C_0 \left(1 - erf \left(0.1 \cdot c_d / 2\sqrt{D_d \cdot t} \right) \right) + C_i \tag{7.3.2}$$

ここに，C_o　：VFC 表面における塩化物イオン濃度（kg/m³）．

　　　　c_d　：耐久性に関する照査に用いるかぶりの設計値（mm）．施工誤差をあらかじめ考慮して，式（7.3.3）で求めることとする．

$$c_d = c - \Delta c_e \tag{7.3.3}$$

　　　　c　：かぶり（mm）

　　　　Δc_e：施工誤差（mm）

t : 塩化物イオンの侵入に対する耐用年数（年）．一般に，式（7.3.2）で算定する鋼材位置における塩化物イオン濃度に対しては，耐用年数 100 年を上限とする．

γ_{cl} : 鋼材位置における塩化物イオン濃度の設計値C_dの不確実性を考慮した安全係数．一般に 1.3 とするのがよい．

D_d : 塩化物イオンに対する設計拡散係数（cm²/年）．一般に，式（7.3.4）で求めてよい．

$$D_d = \gamma_c \cdot D_k + \lambda \cdot (w/l) \cdot D_0 \qquad (7.3.4)$$

ここに，γ_c : VFC の材料係数．一般に 1.3 とするのがよい．ただし，高い材料分離抵抗性を有し，均質性が確認された場合には，1.1 としてよい．

D_k : VFC の塩化物イオンに対する拡散係数の特性値（cm²/年）．一般に設計耐用期間中の拡散係数を一定とみなす仮定のもと，設計耐用年数に応じた値とする．

λ : ひび割れの存在が拡散係数に及ぼす影響を表す係数．一般に，1.5 とするのがよい．

D_o : VFC の塩化物イオンの移動に及ぼすひび割れの影響を表す定数（cm²/年）．一般に，400cm²/年としてよい．

w/l : ひび割れ幅とひび割れ間隔の比．一般に，式（7.3.5）で求めてよい．

$$w/l = \left(\sigma_{se}/E_s \left(\text{または } \sigma_{pe}/E_p \right) + \varepsilon'_{csd} \right) \qquad (7.3.5)$$

ここに，σ_{se} : 鋼材位置の VFC の応力度が 0 の状態からの鉄筋応力度の増加量（N/mm²）

σ_{pe} : 鋼材位置の VFC の応力度が 0 の状態からの PC 鋼材応力度の増加量（N/mm²）

ε'_{csd} : コンクリートの収縮およびクリープ等によるひび割れ幅の増加を考慮するための数値

なお，$erf(s)$ は，誤差関数であり，$erf(s) = 2/\sqrt{\pi} \int_0^s e^{-\eta^2} d\eta$ で表される．

C_i : 初期塩化物イオン濃度（kg/m³）．一般に，0.60kg/m³ としてよい．

（3）外部から塩化物イオンの影響を受けない環境の場合には，練混ぜ時に VFC 中に含まれる塩化物イオンの総量が 0.60kg/m³ 以下であれば，塩化物イオンによって構造物の所要の性能は失われないとしてよい．ただし，応力腐食が生じやすい PC 鋼材を用いる場合等では，0.60kg/m³ よりも小さくするのがよい．

【解 説】 （1）について　VFC は，総じて水結合材比が小さく，硬化体組織が緻密であるため，塩化物イオン等の腐食物質の侵入に対する抵抗性は極めて高いと考えられ，塩化物イオンの拡散係数としては，UFCと通常のコンクリートの中間的な値として，0.01～0.2 cm²/年程度である．さらに，鋼繊維補強コンクリート中の鉄筋は，通常の鉄筋コンクリートよりも腐食開始が遅く，腐食開始後の腐食速度も遅いという報告がある．しかし，VFC の塩化物イオン等の腐食物質の侵入に対する抵抗性は，使用材料や配合条件によって異なると考えられるため，塩化物イオンの侵入に伴う鋼材腐食に対する照査を行うこととした．

　（2）および（3）について　VFC は，ひび割れが発生しても繊維の架橋効果により，発生する応力に起因するひび割れの分散・抑制が可能であり，拡散係数の増大を抑制できる可能性を有していると考えられる．VFC においても，通常のコンクリートと同様にひび割れ幅および間隔を求めることにより照査を行うこととしたが，VFC の場合は繊維の架橋効果によりひび割れ幅と間隔を精度よく求めることは現状では困難な場合も多い．また，VFC の塩化物イオンの拡散係数に対するひび割れの影響については十分な知見が無いため，コンクリート標準示方書に準ずることとした．

一般に，コンクリート中の塩化物イオンが供用期間中に鋼材腐食発生限界濃度を超えなければ，鋼材腐食が構造物の性能を低下させることはないものと考えられている．コンクリート標準示方書では，練混ぜ時のコンクリート中の塩化物イオン量について，鋼材腐食による構造物の劣化を容認できる程度以下に抑え得る実現可能な値として，供用後に外部からコンクリート中への塩化物イオンの侵入が予想されない場合については，水セメント比や単位水量をできるだけ小さくし，緻密なコンクリートを施工すれば，塩化物イオン量の許容値を $0.60kg/m^3$ まで増加させてよいとしている．VFC においても総じて水結合材比が小さく，緻密なマトリクスを有することから，VFC 中に含まれる塩化物イオンの総量は $0.60kg/m^3$ 以下としてよいこととした．

7.3.4 ひび割れ幅に対する照査

（1）VFC に発生するひび割れについて，VFC 表面におけるひび割れ幅が，鋼材の腐食に対するひび割れ幅の限界値以下であることを確認することとする．

（2）鋼材腐食に対するひび割れ幅の限界値は，R-VFC の場合，$0.005c$（c はかぶり）としてよい．ただし，0.5mm を上限とする．

（3）R-VFC 部材においては，永続作用による鋼材応力度が，**表 7.3.1** に示す鋼材応力度の制限値を満足することにより，ひび割れ幅の検討を満足するとしてよい．応力度の算定は「**9章 使用性に関する照査**」による．

表 7.3.1 ひび割れ幅の検討を省略できる部材における永続作用による鉄筋応力度の制限値（N/mm²）

常時乾燥環境 （雨水の影響を受けない桁下面等）	乾湿繰返し環境 （桁上部，海岸や川の水面に近く湿度が高い環境等）	常時湿潤環境 （土中部材等）
140	120	140

【解　説】　コンクリート標準示方書［設計編］によることとした．

　（1）および（2）について　鋼材の腐食に対するひび割れ幅の限界値は，かぶり，構造物の環境条件，設計耐用期間，マトリクスの品質等により本来は異なる．VFC 構造物のかぶりに過大な幅のひび割れが生じると，鋼材の腐食が生じるおそれがあることは通常の鉄筋コンクリートと同様である．VFC のひび割れについては，マトリクスの配合，繊維の種類，形状，混入量さらには配向等による影響を受けることから，構造物の実績や実験等を参考にひび割れ幅の限界値を定めてもよい．実験等によらない場合の鋼材腐食に対するひび割れ幅の限界値は，通常のコンクリートと同様に $0.005c$（c はかぶり）としてよいこととした．ただし，このひび割れ幅の限界値は，ひび割れを架橋している繊維の変質や劣化を考慮したものではないため，これらがひび割れ幅のさらなる開口と鋼材の腐食に影響を与えることが想定される場合には，「**7.2.5　繊維の変質・劣化に対する検討**」を参照して適切な検討を行う必要がある．

　なお，VFC は繊維の架橋効果によって通常のコンクリートよりもひび割れ幅の抑制が期待されるが，R-VFC 構造として曲げひび割れが生じる場合，ひび割れの深さは鋼材位置まで達する可能性があることに留意

が必要である.

　（3）について　各材料の応力度の算定については，原則として「**9.2.3.5 応力度の算定**」による．ただし，材料特性が多岐にわたる VFC を用いた部材や構造物において，ひび割れと鉄筋応力度の関係を定めることは難しい．そのため，実験等によりこれらの関係が適切に定められない場合においては，設計耐用期間に繊維が変質や劣化するおそれが無ければ，VFC の物質浸透抵抗性が高いことも総合的に勘案し，通常のコンクリートと同様にコンクリート標準示方書に従い**表 7.3.1** に示す値に制限することとした.

8章　安全性に関する照査

8.1　一　　般

（1）構造物が，所要の安全性を設計耐用期間にわたり保持することを照査しなければならない．一般には，この章と「11章 VFC を用いた鉄筋コンクリート構造の前提および VFC 構造物の構造細目」を満足すれば，照査を満足するとしてよい．

（2）耐荷力に対する照査は，一般に，断面破壊，疲労破壊の限界状態に至らないことを確認することにより行うことを原則とする．

（3）断面破壊の限界状態の照査を，断面力を指標として行う場合は，この章によることを原則とする．

（4）疲労破壊の限界状態の照査を，断面力または応力度を指標として行う場合は，この章によることを原則とする．

（5）安定に関する照査は，一般に，地震の影響に対して行うものとし，コンクリート標準示方書［設計編］によることとする．

（6）構造物の機能上の安全性に対する照査は，構造物の機能に応じた限界状態を設定して，その限界状態に至らないことを確認しなければならない．

【解　説】　コンクリート標準示方書［設計編］のとおりとした．

8.2　断面破壊に対する照査

8.2.1　一　　般

（1）安全性に対する照査は，設計作用のもとで，すべての構成部材が断面破壊の限界状態に至らないことを確認することにより行うことを原則とする．

（2）断面破壊の限界状態に対する照査を，断面力を用いて行う場合は，この章によることを原則とする．

（3）断面破壊の限界状態に対する照査は，設計断面力S_dの設計断面耐力R_dに対する比に構造物係数γ_iを乗じた値が，1.0 以下であることを確かめることにより行うものとする．

$$\gamma_i S_d / R_d \leq 1.0 \tag{8.2.1}$$

ここに，S_d　：設計断面力

　　　　R_d　：設計断面耐力

　　　　γ_i　：構造物係数で，一般に 1.0〜1.2 としてよい．

【解　説】　コンクリート標準示方書［設計編］のとおりとした．

8.2.2 設計作用および設計作用の組合せ

コンクリート標準示方書［設計編］によることとする.

8.2.3 設計断面力の算定

コンクリート標準示方書［設計編］によることとする.

8.2.4 曲げモーメントおよび軸方向力に対する照査

8.2.4.1 設計断面耐力

（1）軸圧縮力を受ける部材の軸方向圧縮耐力は，実験等により適用性が確認された方法で算定する．実験等によらない場合は，繊維の効果を無視して，コンクリート標準示方書［設計編］によることとする.

（2）曲げモーメントおよび曲げモーメントと軸方向力を受ける部材の設計断面耐力を，断面力の作用方向に応じて，部材断面あるいは部材の単位幅について算定する場合，以下の(i)～(iii)の仮定に基づいて行うものとする．その場合，部材係数γ_bは，一般に 1.1 としてよい.

  (i) 　維ひずみは，断面の中立軸からの距離に比例する.

  (ii) 　VFC の応力－ひずみ曲線は，「**5.3.4 応力－ひずみ曲線**」による.

  (iii)　鋼材の応力－ひずみ曲線は，コンクリート標準示方書による.

【解　説】　（1）について　繊維の効果により軸方向圧縮耐力が向上することが想定されるが，VFC 部材の軸方向圧縮耐力に関する既往の研究はほとんどないため，繊維の効果を考慮する場合は適切な実験等を行って軸方向圧縮力に対する安全性を確認する必要がある．ただし，繊維の混入により，軸方向圧縮耐力が低下することは工学的にないと判断されるため，繊維の効果を無視してコンクリート標準示方書によって設計耐力を算出してよい．なお，コンクリート標準示方書では設計基準強度f'_{ck}の上限を 80N/mm² としているため，上限を超えて用いる場合は，実験等により適用性を確認する必要がある.

　（2）について　VFC の材料試験，構造実験および非線形有限要素解析などにより，VFC の適切な引張応力－ひずみ曲線が確認された場合は，**解説 図 8.2.1** のとおり繊維が負担する引張応力も断面耐力に考慮してよい．このとき，VFC の応力－ひずみ曲線は「**5.3.4 応力－ひずみ曲線**」によるとして，引張応力には配向係数κ_fを考慮することとしているが，VFC の施工方法や照査断面に整合した値を用いる必要がある.

　なお，鋼繊維を用いる場合は中性化および塩害によって鋼繊維が腐食する範囲を適切に評価し，構造物の性能を評価する必要がある．文献 1)では，使用時においてひび割れが生じる場合，かぶり部の鋼繊維の効果を無視することとしており，使用時においてひび割れが生じない場合は中性化深さの予測値に中性化残りを加えた範囲，ならびに塩化物イオン濃度が 1.2kg/m³ 以上と予測される範囲において鋼繊維の効果を無視する

手法が示されている.

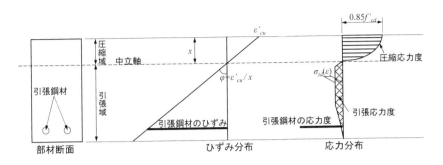

解説 図 8.2.1 曲げ耐力算出時のひずみ分布および応力度分布

8.2.5 せん断力に対する照査

8.2.5.1 棒部材の設計せん断耐力

（1）棒部材の設計せん断耐力は，実験により適用性が確認された方法で算定することとする．
（2）実験によらない場合は，繊維の効果を無視して，コンクリート標準示方書［設計編］によることとする．

【解　説】　（1）について　棒部材の設計せん断耐力に及ぼす繊維の効果は大きく，一般に，繊維の効果を考慮することでせん断補強筋を大幅に削減または省略することが可能である．したがって，繊維の効果を考慮しなくてもせん断補強筋が不要な場合を除いては，繊維の効果を考慮するのがよい．繊維の効果を考慮する場合には，曲げ耐力に効果的な配向・分散がせん断耐力の増加にとって必ずしも効果的ではないことから，配向係数κ_fはせん断耐力算定用の値を用いる必要がある．

コンクリート標準示方書では，設計せん断耐力V_{yd}，腹部コンクリートのせん断に対する設計斜め圧縮破壊耐力V_{wcd}および設計せん断圧縮破壊耐力V_{dd}が示されている．

一般に，設計せん断耐力は，式（解 8.2.1）に示すように「マトリクスの分担分：V_{cd}」，「繊維の分担分：V_{fd}」，「軸方向緊張材の有効緊張力の鉛直成分：V_{ped}」および「せん断補強鉄筋の分担分：V_{sd}」の和の形式とするのがよい．

$$V_{yd} = V_{cd} + V_{fd} + V_{ped} + V_{sd} \tag{解 8.2.1}$$

「マトリクスの分担分：V_{cd}」は，VFCの圧縮強度のレベル，粗骨材の有無などを考慮して実験により適切に定める必要がある．なお，UFC指針では式（解 8.2.2）が，HPFRCC指針では式（解 8.2.3）がそれぞれ示されており，参考にするのがよい．

$$V_{cd} = 0.18\sqrt{f'_{cd}} \cdot b_w \cdot d / \gamma_b \tag{解 8.2.2}$$

ここに，f'_{cd}　：UFCの設計圧縮強度（N/mm²）
　　　　b_w　：ウェブ幅
　　　　d　：有効高さ
　　　　γ_b　：部材係数で，一般に1.3としてよい．

$$V_{cd} = \beta_d \cdot \beta_p \cdot \beta_n \cdot f_{vcd} \cdot b_w \cdot d / \gamma_b \qquad (\text{解 } 8.2.3)$$

ここに，$f_{vcd} = 0.7 \cdot 0.2 \cdot \sqrt[3]{f'_{cd}}$ (N/mm²)　　　ただし，$f_{vcd} \leq 0.50$ (N/mm²)

$\beta_d = \sqrt[4]{1/d}$　　　ただし，$\beta_d > 1.5$ となる場合は 1.5 とする．

$\beta_p = \sqrt[3]{100 \cdot p_w}$　　　ただし，$\beta_p > 1.5$ となる場合は 1.5 とする．

$\beta_n = 1 + M_o/M_d$　($N'_d \geq 0$ の場合)　　ただし，$\beta_n > 2$ となる場合は 2 とする．

$\beta_n = 1 + 2 \cdot M_o/M_d$　($N'_d < 0$ の場合)　　ただし，$\beta_n < 0$ となる場合は 0 とする．

b_w　：ウェブ幅

d　：有効高さ (m)

$p_w = A_s/(b_w \cdot d)$

A_s　：引張側鋼材の断面積

f'_{cd}　：HPFRCC の設計圧縮強度 (N/mm²)

γ_b　：部材係数で，一般に 1.3 としてよい．

式（解 8.2.3）は通常のコンクリートと同様にコンクリート標準示方書に規定されるV_cの式となっているが，HPFRCCには粗骨材が使用されないため，斜めひび割れ面のかみ合わせの効果が小さくなる可能性を考慮し，マトリクスが負担するせん断応力度f_{vcd}は通常のコンクリートの70%とされている．

「繊維の分担分：V_f」は，引張強度やじん性を考慮して実験により定める必要がある．比較的じん性の低いVFC部材に関する種々の曲げせん断載荷実験が実施されており，国内外の研究データをもとにVFC部材の繊維が受け持つせん断力V_{fd}の実験式が提案され，せん断耐力を精度よく推定できることが確認されている．文献 2)では，鋼繊維や合成繊維を含む様々な繊維を用いた VFC はり部材の曲げせん断載荷実験が行われ，VFCはり部材のせん断耐力算定式が提案されており，参考とすることができる．その際，VFCはりの繊維が受け持つせん断耐力貢献分は，主たる斜めひび割れの長さ，角度，ならびに開口幅に依存して変化することに着目し，画像解析を用いて載荷試験中に観察された斜めひび割れの開口幅，ならびにすべり変位を斜めひび割れの全長にわたって測定している．これにより，**解説 図 8.2.2**に示すように引張軟化曲線を用いて斜めひび割れの主ひずみ方向の変位uの分布を架橋応力度分布に変換し，その応力度に部材幅を乗じた値の鉛直成分を部材高さ方向に積分することで，式（解 8.2.4）のように繊維の分担するせん断耐力V_fとして評価している．

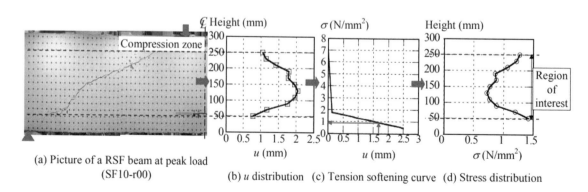

解説 図 8.2.2　VFCはりに生じた斜めひび割れ変位分布の架橋応力度分布への変換[2)]

$$V_f = \sigma \cdot b_w \cdot L \cdot \cos(\theta_1 + \theta_2 - 90) \cdot \sin\theta_1 \qquad \text{(解 8.2.4)}$$

ここに，V_f ：斜めひび割れ面の繊維が分担するせん断力（N）

σ ：斜めひび割れ直角方向の平均引張応力度（N/mm²）

b_w ：部材幅（mm）

L ：圧縮応力の合力の作用位置から引張鋼材の図心までにおける斜めひび割れの長さ（mm）

θ_1 ：主引張ひずみの平均角度（°）

θ_2 ：斜めひび割れの平均角度（°）

　簡便なモデルとして，繊維が斜めひび割れ面直角方向に引張応力を分担することを前提に式（解 8.2.5）および**解説 図** 8.2.3 のような概念も参考にできる．すなわち，(i)斜めひび割れの角度を設定，(ii)せん断破壊する際の繊維の架橋効果による平均引張応力度を設定し，この斜めひび割れ面に作用する引張力のせん断方向成分（図中の鉛直方向成分）を算定するものである．平均引張応力度には配向係数κ_fを考慮するが，曲げ耐力を算定する場合の配向係数をそのまま用いず，せん断に関する実験等により適切に算定する必要がある．実験により配向係数κ_fを算定する場合には，せん断耐力から繊維の分担分V_fを抽出しなければならないが，一般に，せん断耐力からマトリクスの分担分V_c，軸方向緊張材の有効緊張力の鉛直成分V_{pe}およびせん断補強鉄筋の分担分V_sを引くことでせん断耐力から繊維の分担分V_fとする．このとき，マトリクスの分担分V_c，軸方向緊張材の有効緊張力の鉛直成分V_{pe}およびせん断補強鉄筋の分担分V_sに，設計値を用いるなど過小評価した場合，せん断耐力から繊維の分担分V_fは過大となり，配向係数κ_fを過大評価することが懸念される．せん断耐力から繊維の分担分V_fを抽出する際は，様々な計測結果を用いて，適切に求める必要がある．

　文献3)では，式（解 8.2.6）に示すように平均引張強度の特性値f_{vk}を引張軟化曲線$\sigma_{tk}(w)$における$w_{\lim}$までの引張応力度の平均値として求めている．UFC や HPFRCC のように十分なじん性がある場合は平均引張強度に繊維架橋強度を用いることができるとしている．

$$V_{fd} = (f_{vd}/\tan\theta) \cdot b \cdot z/\gamma_b \qquad \text{(解 8.2.5)}$$

ここに，$f_{vd} = \kappa_f \cdot f_{vk}/\gamma_c$

f_{vd} ：斜めひび割れ直角方向の設計平均引張強度

f_{vk} ：斜めひび割れ直角方向の平均引張強度の特性値

κ_f ：VFC のせん断耐力計算用の配向係数

γ_c ：材料係数

θ ：軸方向と斜めひび割れ面のなす角度

b ：ウェブ幅

z ：圧縮応力の合力の作用位置から引張鋼材の図心までの距離で，一般に$d/1.15$ としてよい．

γ_b ：部材係数で，一般に 1.3 としてよい．

$$f_{vk} = \frac{1}{w_{\lim}} \int_0^{w_{\lim}} \sigma_{tk}(w)dw \qquad \text{(解 8.2.6)}$$

ここに，$w_{\lim}$ ：一般に 0.3(mm)としてよい

$\sigma_{tk}(w)$ ：引張軟化曲線の特性値

　「軸方向緊張材の有効緊張力のせん断力に平行な成分：V_{ped}」はコンクリート標準示方書にしたがって算定してよい．なお，軸方向と平行な緊張材の場合はプレストレスの効果は 0 となる．

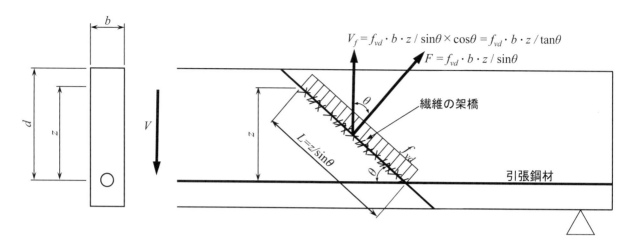

解説 図 8.2.3 繊維が負担するせん断力の概念

「せん断補強鉄筋の分担分：V_{sd}」は，コンクリート標準示方書と同様に，一般に修正トラス理論に基づいて算定してよいこととした．ただし，せん断補強筋が降伏強度に達する前に繊維の分担分V_{fd}が低下する可能性があるため，「繊維の分担分：V_{fd}」と「せん断補強鉄筋の分担分：V_{sd}」を累加してよいことを実験等により確認する必要がある．

（2）について　実験によらず，繊維の効果を無視して設計せん断耐力を求める場合は，コンクリート標準示方書によることとした．繊維はひび割れ発生後に架橋して補強効果を発揮するものであるため，繊維の補強効果は設計せん断耐力V_{yd}に寄与すると考えられるが，斜め圧縮破壊耐力V_{wcd}およびせん断圧縮破壊耐力V_{dd}に対する影響は小さいと考えられる．したがって，設計せん断耐力V_{yd}のみならず，腹部 VFC のせん断に対する設計斜め圧縮破壊耐力V_{wcd}および設計せん断圧縮破壊耐力V_{dd}も，コンクリート標準示方書にしたがって算定してよい．

8.2.5.2　面部材の設計押抜きせん断耐力

（1）面部材の設計押抜きせん断耐力は，実験により適用性が確認された方法で算定することとする．

（2）実験によらない場合は，繊維の効果を無視して，コンクリート標準示方書［設計編］によることとする．

【解　説】　VFC の押抜きせん断耐力は，HPFRCC 指針のとおり，マトリクスの押抜きせん断耐力と繊維により受け持たれる押抜きせん断耐力の合計とするのが合理的と考えられる．しかしながら，HPFRCC のように大きな伸びを示さない VFC においても，マトリクスの押抜きせん断耐力と繊維が受け持つ押抜きせん断耐力の重合せが成り立つかについては十分な知見が得られていないのが現状である．したがって，VFC の押抜きせん断耐力は，適切な実験等を行って確認する必要がある．ただし，繊維の混入により，押抜きせん断耐力が低下することは工学的にないと判断されるため，実験等によらない場合は，繊維の効果を無視してコンクリート標準示方書により設計押抜きせん断耐力を算出してよいこととした．

8.2.5.3 面内力を受ける面部材の設計耐力

（1）面内力を受ける面部材の設計せん断耐力は，実験により適用性が確認された方法で算定することとする．

（2）実験によらない場合は，繊維の効果を無視して，コンクリート標準示方書［設計編］によることとする．

【解　説】　VFC を用いた面部材が面内力を受ける場合の設計耐力に関する既往の研究はほとんどなく，実績もないため，面内力が作用する面部材において，繊維による設計せん断耐力の増加を期待する場合は，適切な実験等を行い，面内力に対する安全性を確認する必要がある．なお，繊維の混入により，設計耐力が低下することは工学的にないと判断されるため，実験等によらない場合は繊維の効果を無視し，コンクリート標準示方書によることとした．

8.2.5.4 設計せん断伝達耐力

（1）設計せん断伝達耐力は，実験により適用性が確認された方法で算定することとする．

（2）実験によらない場合は，繊維の効果を無視して，コンクリート標準示方書［設計編］によることとする．

【解　説】　（1）について　VFC 部材では，打継面やプレキャスト部材の接合面に繊維を露出させて繊維を架橋させると，繊維の補強効果により接合面で引張強度を伝達することができ，設計せん断伝達耐力が向上する可能性がある．また，繊維の補強効果によりせん断キーによるせん断伝達耐力が向上する可能性がある．これらの効果を考慮する場合，実験等によりせん断伝達耐力を確認する必要がある．

　　（2）について　VFC 部材の打継面やプレキャスト部材の接合面では，一般に繊維が架橋しないため，繊維の効果を無視し，コンクリート標準示方書により設計耐力を算出してよいこととした．なお，コンクリート標準示方書では設計基準強度 f'_{ck} の上限を $80N/mm^2$ としているため，上限を超えて用いる場合は，実験等により適用性を確認する必要がある．

8.2.6 ねじりに対する安全性の照査

（1）設計ねじり耐力は，実験により適用性が確認された方法で算定することとする．

（2）実験によらない場合は，繊維の効果を無視して，コンクリート標準示方書［設計編］によることとする．

【解　説】　ねじりに対してもせん断と同様に繊維による補強効果が期待できると考えられる．しかしながら，VFC 部材のねじり耐力に関する既往の研究はほとんどなく，実績もないため，ねじりモーメントの影響が無視できない構造物において，繊維によるねじり耐力の増加を考慮する場合は，適切な実験等を行い，ね

じりモーメントに対する安全性を確認する必要がある．なお，繊維の混入により，ねじり耐力が低下することは工学的にないと判断されるため，繊維の効果を無視し，コンクリート標準示方書によりねじり耐力を算出してよいこととした．

8.3 疲労破壊に対する照査

（1）安全性に対する照査は，設計作用のもとで，すべての構成部材が疲労破壊の限界状態に至らないことを確認することにより行うことを原則とする．

（2）疲労破壊の限界状態に対する照査を，応力度または断面力を用いて行う場合には，この章によることを原則とする．

（3）疲労破壊の限界状態に対する照査は，以下の（i）～（iii）に従うものとする．

   （i）疲労に対する安全性の照査は，設計変動応力度σ_{rd}の，設計疲労強度f_{rd}を部材係数γ_bで除した値に対する比に構造物係数γ_iを乗じた値が，1.0以下であることを確かめることによって行うことを原則とする．

$$\gamma_i \sigma_{rd}/(f_{rd}/\gamma_b) \leq 1.0 \tag{8.3.1}$$

   ここに，設計疲労強度f_{rd}は，材料の疲労強度の特性値f_{rk}を材料係数γ_mで除した値とする．

  （ii）疲労に対する安全性の照査は，設計変動断面力S_{rd}の設計疲労耐力R_{rd}に対する比に構造物係数γ_iを乗じた値が，1.0以下であることを確かめることによって行ってもよい．

$$\gamma_i S_{rd}/R_{rd} \leq 1.0 \tag{8.3.2}$$

   ここに，設計変動断面力S_{rd}は，設計変動作用F_{rd}を用いて求めた変動断面力$S_r(F_{rd})$に構造解析係数γ_aを乗じた値とする．設計疲労耐力R_{rd}は，材料の設計疲労強度f_{rd}を用いて求めた部材断面の疲労耐力$R_r(f_{rd})$を部材係数γ_bで除した値とする．

  （iii）疲労に対する安全性の照査において用いる部材係数γ_bは，一般に1.0から1.3の値としてよい．

（4）はりに対する安全性の照査は，一般に，曲げおよびせん断に対して行うものとする．

（5）スラブに対する安全性の照査は，一般に，曲げおよび押抜きせん断に対して行うものとする．

（6）柱に対する性能照査は，一般に省略してよい．ただし，曲げモーメントあるいは軸方向引張力の影響が特に大きい場合には，はりに準じて照査するものとする．

【解　説】　（1）～（3）について　コンクリート標準示方書［設計編］のとおりとした．

解説 図 8.3.1に，UFC指針で規定されている疲労限界状態の検討フローを示す．このフローでは，材料の疲労強度をもとに疲労に対する安全性の検討が行われる．この中で，変動荷重による設計変動応力度σ_{rdi}は，全断面有効として弾性理論により，または「**9.2.3.5 応力度の算定**」により求める．VFCの設計疲労強度は「**5.3.3 疲労強度**」，鋼材の設計疲労強度はコンクリート標準示方書による．照査方法は変動作用によってひび割れが発生するか否か，およびVFCの特性によって異なる．

（i）VFCにひび割れが生じない場合

全断面有効として弾性理論により求めたVFCの設計変動応力度に対し，VFCの圧縮または曲げ圧縮，引張または曲げ引張の設計疲労強度を用いて照査する．なお，曲げ強度には寸法依存性があるため，曲げ圧縮と曲げ引張の設計疲労強度を用いて照査する場合は実大試験体によって求めた設計疲労強度を用いる必要が

ある.

(ii) VFC にひび割れが生じる場合

ひび割れ部では軟化が生じるため，断面内に実際に生じる応力度による照査はできない．そのため，見かけの設計変動応力度（補強鋼材を無視した断面係数で曲げモーメントを除した値）に対して，VFC の曲げ圧縮または曲げ引張の設計疲労強度を用いて照査してよい．ただし，その場合でも実大試験体によって求めた設計疲労強度を用いる．なお，ひび割れ発生後にひずみ硬化特性を示す VFC では，「9.2.3.5 応力度の算定」により求めた変動荷重による引張縁の応力がひずみ硬化領域にとどまる場合には，VFC および鋼材の設計変動応力度に対し，VFC の圧縮と引張の設計疲労強度および鋼材の設計疲労強度を用いて照査してよい．

ひび割れ発生後のひずみ硬化の有無にかかわらず鋼材で補強された VFC にひび割れが生じる場合，ひび割れの進展にともなって繊維が分担する引張力が補強鋼材に移行する現象が生じるため，引張力の分担率の変化を考慮して照査するのが合理的と考えられる．その場合，設計変動断面力と適切な実験等を行って求めた設計疲労耐力とを比較することによって照査する．繊維の補強効果を考慮しない場合はコンクリート標準示方書に示される算定方法により設計疲労耐力を求めてよい．

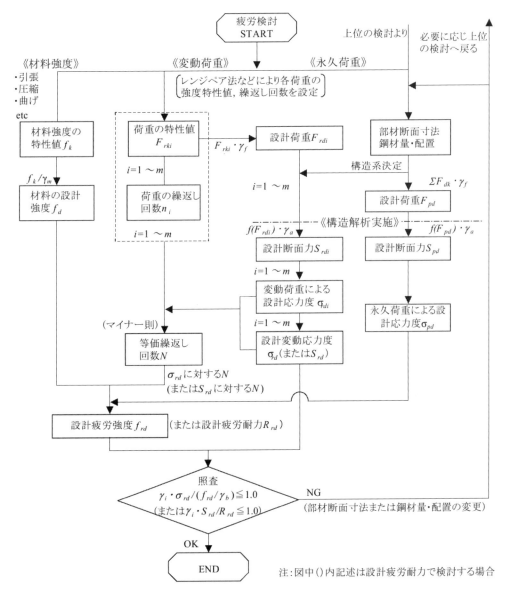

解説 図 8.3.1 疲労限界状態の検討フロー

（5）について　スラブでは，一般に，曲げおよび押抜きせん断に対して照査を行うこととしている．ただし，道路橋床版では，輪荷重が繰返し移動載荷されるため定点繰返し載荷される場合と破壊モードが異なり，耐疲労性が低下することが知られている．そのため，VFC を道路橋床版に適用する場合，輪荷重走行試験等，輪荷重の繰返し移動載荷による影響を適切に考慮できる実験等により検討する必要がある．なお，床版表面の滞水により，耐疲労性がさらに低下する場合があるため留意する必要がある．

8.4　耐衝撃性に関する照査

耐衝撃性は，実験等により適用性が確認された方法で照査することとする．

【解　説】　VFC 部材では，繊維の補強効果によりエネルギー吸収性能が向上し，爆発や飛来物の衝突等のような衝撃的な作用に対する耐衝撃性が向上する．耐衝撃性の向上効果を考慮して照査する場合，実験等により確認する必要がある．

参考文献

1) 土木学会：繊維補強鉄筋コンクリート製セグメントの設計・製作技術に関する技術評価報告書，技術推進ライブラリーNo.6，2010.6

2) Pitcha JONGVIVATSAKUL, Ken WATANABE, Koji MATSUMOTO, Junichiro NIWA : EVALUATION OF SHEAR CARRIED BY STEEL FIBERS OF REINFORCED CONCRETE BEAMS USING TENSION SOFTENING CURVES, Journal of Japan Society of Civil Engineers, Ser. E2 (Materials and Concrete Structures), Vol. 67, No.4, pp. 493-507, 2011

3) Association Franqaise de Genie Civil (AFGC): Ultra High Performance Fiber-Reinforced Concrete, Recommendations (Revised editions June 2013), 2013

9章　使用性に関する照査

9.1　一　　般

（1）VFC 構造物が，所要の使用性を設計耐用期間にわたり保持することを照査しなければならない．

（2）使用性に関する照査は，設計作用のもとで，すべての構成部材や構造物が使用性に対する限界状態に至らないことを確認することにより行うこととする．

（3）使用性の限界状態は，外観，振動等の使用上の快適性や水密性，耐火性等の構造物に求められる用途・機能等，使用目的に応じて，応力度，ひび割れ幅，変位・変形等の物理量を指標として設定することとする．

【解　説】　コンクリート標準示方書［設計編］のとおりとした．

9.2　ひび割れによる外観に対する照査

9.2.1　一　　般

（1）ひび割れにより構造物の外観が損なわれないことは，ひび割れ幅により照査することを原則とする．ただし，ひび割れ幅の応答値が適切に算定できない場合は，鉄筋の応力度により照査してよい．

(i)　ひび割れ幅により照査する場合は，構造物に求められる外観より定まるひび割れ幅の設計限界値に対する構造物に生じるひび割れ幅の設計応答値の比に構造物係数γ_iを乗じた値が，1.0 以下であることを確かめることにより行うこととする．

$$\gamma_i w_d / w_a \leq 1.0 \tag{9.2.1}$$

ここに，w_a：ひび割れ幅の設計限界値

w_d：ひび割れ幅の設計応答値

γ_i：構造物係数で，1.0 とする．

(ii)　鉄筋の応力度により照査する場合は，構造物に求められる外観より定まるひび割れ幅の設計限界値に対応する鉄筋応力度に対する構造物に生じるひび割れ幅の設計応答値に対応する鉄筋応力度の比に構造物係数γ_iを乗じた値が，1.0 以下であることを確かめることにより行うこととする．

$$\gamma_i \sigma_d / \sigma_a \leq 1.0 \tag{9.2.2}$$

ここに，σ_a：ひび割れ幅の設計限界値に対応する鉄筋応力度

σ_d：ひび割れ幅の設計応答値に対応する鉄筋応力度

γ_i：構造物係数で，1.0 とする．

（2）せん断力を受ける部材で，設計せん断力V_dがせん断補強鋼材を用いない場合の設計せん断耐力V_{cd}の70％より小さい場合，せん断ひび割れの幅による外観に対する照査を省略できる．V_{cd}はコンクリート標準

示方書［設計編］による.

（3）設計ねじりモーメントM_{td}が，ねじり補強鉄筋のない場合の設計ねじり耐力M_{tud}の70%より小さい場合，ねじりひび割れが外観に与える影響は考慮しなくてもよい. M_{tud}はコンクリート標準示方書［設計編］に示された方法による.

（4）PC構造においては，一般に，ひび割れが生じないことを確認することによりひび割れによる外観に対する照査に代えてよい.

【解　説】　コンクリート標準示方書［設計編］のとおりとした.

　（1）について　VFC構造物にひび割れが生じた場合，繊維の架橋効果により，通常のコンクリート構造物と比較し，発生する鉄筋応力度は小さくなることが予想される. しかし，VFC構造物においてひび割れ幅と鉄筋応力度の関係は，定めることが一般に難しく，また，繊維の量・種類・配向等に大きく影響を受ける. そのため，実験等によりこれらの関係が適切に定められない場合においては，繊維の効果を無視して，通常のコンクリートと同様，鉄筋の応力度により照査してよいこととした.

　（2）および（3）について　繊維の混入により，ひび割れ幅が増加することは工学的にないと判断されるため，繊維の効果を無視し，コンクリート標準示方書に準拠して照査してよいこととした.

9.2.2　設計作用および設計作用の組合せ

コンクリート標準示方書［設計編］によることとする.

9.2.3　設計応答値の算定

9.2.3.1　一　般

コンクリート標準示方書［設計編］によることとする.

9.2.3.2　外観の照査に対する構造解析

コンクリート標準示方書［設計編］によることとする.

9.2.3.3 断面力の算定

コンクリート標準示方書［設計編］によることとする.

9.2.3.4 曲げひび割れ幅の設計応答値の算定

（1）曲げひび割れ幅の設計応答値は，実験により適用性が確認された方法により算定することとする.

（2）実験によらない場合は，繊維の効果を無視して，コンクリート標準示方書［設計編］によることとする.

【解 説】 （1）について R-VFC（VFC を用いた鉄筋コンクリート）では，繊維によるひび割れの分散効果やひび割れ間での繊維の架橋効果によって，通常の鉄筋コンクリート部材と比較し，ひび割れ幅の低減が期待できる.しかし，これらの効果は繊維の種類，形状，混入量，配向，分散等に影響を受けるほか，VFCの強度や部材の形状・寸法によっても変化することが既往の研究で明らかになっており，設計式として定式化できていない現状にある.したがって，検討対象とする VFC の種類や部材に応じた算定式を定める必要がある.

一般に通常のコンクリートを用いた RC 部材において，ひび割れ幅 w はひび割れ間隔 l とひび割れ間における鉄筋とコンクリートのひずみの差の積として式（解 9.2.1）のように表される.

$$w = l \cdot (\varepsilon_s - \varepsilon_c) \qquad\qquad （解\ 9.2.1）$$

ここに，w：ひび割れ幅

l：ひび割れ間隔

ε_s：ひび割れ間における鉄筋の平均ひずみ

ε_c：ひび割れ間のコンクリート表面における平均ひずみ

VFC の場合，ひび割れ間隔 l は繊維の架橋効果によって通常のコンクリートより小さくなると考えられる.また，ひび割れ間においても応力が伝達されるため，ひび割れ間のコンクリートひずみ ε_c は 0 とはならず，その分鉄筋ひずみは低減されると考えられる.したがって，VFC 部材におけるひび割れ幅の算定式は式（解 9.2.1）を基本として，繊維の効果によるひび割れ間隔や鉄筋の平均ひずみの低減分を見込むのがよいと考えられる.対象とする VFC について，これらの値を実験等により定量的に評価できれば，設計応答値の算定に用いてよい.ただし，鉄筋ひずみの低減分（VFC が負担する引張応力）については供用期間中における繊維の引抜けや繊維自体の劣化に伴って減少する場合も想定されるため，これらの影響を考慮した上で適切に評価する必要がある.

（2）について 繊維の混入により，ひび割れ幅が増加することは工学的にないと判断されるため，繊維の効果を無視し，コンクリート標準示方書に準拠して照査してよいこととした.

9.2.3.5 応力度の算定

材料の設計応力度は，次の（1）～（3）により算定することとする．

（1）曲げモーメントまたは曲げモーメントと軸方向力による材料の設計応力度は次の（ⅰ）～（ⅳ）に示す仮定に基づき算定することとする．

(ⅰ)　維ひずみは，部材断面の中立軸からの距離に比例する．

(ⅱ)　圧縮側 VFC および鋼材は，一般に弾性体とする．

(ⅲ)　引張側 VFC の応力－ひずみ曲線は，使用性の照査に用いる鉄筋応力度算定方法としての妥当性を実験により確認した上で「5.3.4.2 引張応力－ひずみ曲線」を用いてよい．実験によらない場合は，繊維の効果は見込まないこととし，VFC の引張応力は無視する．

(ⅳ)　VFC および鋼材のヤング係数はそれぞれ「5章 材料」によることとする．

（2）せん断力によるせん断補強鋼材の設計応力度は実験により適用性が確認された方法により算定することとする．実験によらない場合は，コンクリート標準示方書［設計編］に示された方法による．

（3）ねじりによるねじり補強鉄筋の設計応力度は実験により適用性が確認された方法により算定することとする．実験によらない場合は，コンクリート標準示方書［設計編］に示された方法による．

【解　説】　応力度の算定にあたっては，繊維の引抜け等に伴う VFC の引張応力分担分の減少を適切に考慮する必要がある．

　（1）について　「5.3.4.2 引張応力－ひずみ曲線」に示す引張応力－ひずみ曲線は VFC 部材の曲げモーメントに対する断面耐力を算定するためのものであり，ひび割れ幅の算定など使用性の照査においては実験との整合性を確認した上で使用する必要がある．引張応力－ひずみ曲線の算定に用いる配向係数 κ_f も同様に，VFC 部材の曲げモーメントに対する断面耐力を算定するのに用いる κ_f を，そのまま用いることができない場合があることに注意を要する．使用性の照査に用いる引張応力－ひずみ曲線および配向係数 κ_f は，照査対象とする曲げモーメントレベルにおいて，曲げモーメントと鉄筋ひずみの関係が実験と整合するように定める必要がある．

9.2.4　設計限界値の設定

（1）外観に対するひび割れ幅の設計限界値は，繊維の種類に応じて適切に定めることとする．

（2）外観に対するひび割れ幅の照査を鉄筋応力度により行う場合の永続作用による鉄筋応力度の限界値は，繊維の種類に応じて適切に定めることとする．

【解　説】　鋼繊維を用いた VFC では使用環境やひび割れ幅の大きさによっては鋼繊維の腐食，および，それに伴う錆汁発生が懸念される．したがって，美観上錆汁発生を許容しない場合においては，「7.2.5 繊維の変質・劣化に対する検討」を参照し，適切にひび割れ幅または鉄筋応力度の限界値を定めるのがよい．なお，繊維の腐食や劣化が懸念されない場合は，一般に通常のコンクリートと同様の設計限界値としてよい．

9.3 応力度の制限

（1）構造物の使用状態において，過度な変形，有害なひび割れの発生を防ぐために，曲げモーメントおよび軸方向力によるVFCの圧縮応力度および引張応力度，鉄筋の引張応力度は，適切な制限値を設定し，それ以下となるようにしなければならない．

（2）各材料の応力度の応答値は「9.2.3.5 応力度の算定」に従って求めることとする．

【解　説】　（1）について　VFCの曲げ圧縮応力度および軸方向圧縮応力度の制限値は，対象とする材料の弾性限界や，クリープひずみおよび弾性ひずみの比例関係が成立する範囲を考慮して適切に定める必要がある．UFC指針ではこれらの物性についてクリープ試験等で評価した上で制限値を永久荷重の作用に対して$0.6f'_{ck}$と定めている．材料の弾性限界および，クリープひずみと弾性ひずみの比例関係について実験により確認しない場合は，制限値をコンクリート標準示方書［設計編］に従い$0.4f'_{ck}$とするのがよい．また，常時において多軸状態で拘束を受ける部材に対しては，コンクリート標準示方書に制限値の割り増しに関する記述があるもののVFCに対する適用性は明らかとなっていないため，制限値を割り増す場合には実験による確認が必要である．

VFCに一定以上の引張が持続的に作用すると，クリープによる強度低下を生じる場合がある．そのため，引張応力度についても制限値を適切に定める必要がある．

鉄筋の引張応力度について，VFCのひび割れ，鉄筋の疲労についての検討を行えば，特に引張応力度を制限する必要は無いが，弾性限界を超えると，構造解析や応力度の計算における仮定が成立しなくなる等の不都合が生じるため，制限値はf_{yk}の値とするのが適当である．ここにf_{yk}は鉄筋の降伏強度の特性値である．そのため設計作用は永続作用と使用時の変動作用の最大値を用いるのがよい．

9.4 変位・変形に対する照査

9.4.1 一　　般

構造物に要求される機能性や快適性の照査を変位・変形を照査指標として行う場合は，機能性や快適性から定まる変位・変形の限界値に対する構造物の着目位置に生じる変位・変形の応答値の比に構造物係数γ_iを乗じた値が，1.0以下であることを確かめることにより行うこととする．

$$\gamma_i \, \delta_d / \delta_a \leq 1.0 \tag{9.4.1}$$

ここに，　δ_a：変位・変形の設計限界値

δ_d：変位・変形の設計応答値

γ_i：構造物係数で，1.0とする．

【解　説】　コンクリート標準示方書［設計編］のとおりとした．

66　　　　C.L.166　高強度繊維補強セメント系複合材料の設計・施工指針（案）

9.4.2　設計作用および設計作用の組合せ

コンクリート標準示方書［設計編］によることとする.

9.4.3　設計応答値の算定

9.4.3.1　一　　般

（1）変位・変形に関する照査は，一般に，設計変位・設計変形を設計応答値として算定してよい.

（2）設計応答値δ_dは，組み合わせた設計作用F_dを用いて構造解析により応答値δ（δはF_dの関数）を算定し，これに構造解析係数γ_aを乗じた値を合計したものとする.

$$\delta_d = \Sigma \gamma_a \, \delta \, (F_d) \qquad\qquad (9.4.2)$$

　ここに，δ_d　：設計応答値

　　　　　　δ　：応答値

　　　　　　F_d　：設計作用

　　　　　　γ_a　：構造解析係数

【解　説】　コンクリート標準示方書［設計編］のとおりとした.

9.4.3.2　構造解析

コンクリート標準示方書［設計編］によることとする.

9.4.3.3　短期の変位・変形の算定

（1）ひび割れが発生しない VFC 部材の短期の変位・変形は，全断面有効として弾性理論を用いて算定してよい.

（2）曲げひび割れが発生した VFC 部材の短期の曲げ変位・変形は，ひび割れによる剛性低下を考慮して求めることとする.

（3）ひび割れが発生した VFC 部材の短期のせん断変位あるいは変形は，ひび割れによる剛性低下を考慮して求めることとする.

【解　説】　コンクリート標準示方書［設計編］のとおりとした.

　<u>（2）および（3）について</u>　ひび割れ発生後の剛性低下が，繊維の混入により通常のコンクリートと比

較して相対的に小さくなることを考慮する場合は，「**5.3.4.2 引張応力－ひずみ曲線**」により引張応力－ひずみ曲線を設定し，構造解析に適切に反映する必要がある．

9.4.3.4　長期の変位・変形の算定

（1）VFC 部材の長期の変位・変形を精度よく算定するには，VFC の使用材料・配合，構造物の形状・寸法・配筋，構造物の施工順序，温度や湿度等の環境作用およびその経時変化，荷重，拘束条件を入力値とし，構造物中の VFC の水和反応の進行，水分移動，熱伝導，これらに伴う構造物中の VFC の物性，水分量，収縮の時間的・空間的変化，クリープの影響を適切に考慮できる解析手法によるのがよい．

（2）VFC 部材の長期の変位・変形を簡易的に求めるには，適切な収縮予測手法を用いて構造物の各境界面における温度・湿度に基づき構造物中の収縮の空間分布を評価し，鉄筋や PC 鋼材による収縮の拘束およびクリープを考慮し，断面の平面保持を仮定して算定してよい．

【**解　説**】　コンクリート標準示方書［設計編］のとおりとした．ひび割れ発生後の剛性低下が，繊維の混入により通常のコンクリートと比較して相対的に小さくなることを考慮する場合は，実験等により確認し，構造解析に適切に反映する必要がある．ひび割れ発生後の引張クリープの特性は，VFC に用いる繊維の種類によって異なる．具体的には，繊維自体のクリープ変形やひび割れ発生後の繊維の抜出しなどにより変位・変形が大きくなる場合もあるため，それらの影響を適切に考慮する必要がある．

9.4.4　設計限界値の設定

コンクリート標準示方書［設計編］によることとする．

9.5　振動に対する照査

構造物の使用上の快適性が，構造物の振動により損なわれないことを，適切な方法によって照査しなければならない．

【**解　説**】　コンクリート標準示方書［設計編］のとおりとした．

　一般に，コンクリート構造物で振動が問題となることは稀であるが，変動作用の周期と部材の固有周期が近い場合は，共振を起こし，使用上不快感を抱かせたり，構造物にひび割れを発生させたりする場合がある．このような場合には，部材の断面寸法を変更するなどして固有周期を変えるなどの対策を講じるのがよい．特に VFC 部材は部材寸法を小さくできる場合が多く，振動が発生しやすいと考えられるため注意が必要である．また，ひび割れが発生した部材は剛性が低下することで固有周期が変化し，その結果変動作用の周期に近くなると，共振を起こす可能性もあるため，ひび割れを許容する構造物に対しては，ひび割れ後の剛性の変化を考慮して振動に対する照査を行う必要がある．

68   C.L.166　高強度繊維補強セメント系複合材料の設計・施工指針（案）

9.6　水密性に対する照査

9.6.1　一　　般

（1）水密性が要求される構造物では，透水によって構造物の用途・機能が損なわれないことを照査することとする.

（2）水密性に関する照査は，構造物の各部分に対して行い，その指標には透水量を用いることとする. なお，構造物に防水処置を施すことにより，水密性に関する構造物の性能を確保してよい. その場合には，構造物における防水の効果を適切な方法により評価しなければならない.

【解　説】　コンクリート標準示方書［設計編］のとおりとした.

　（2）について　水密性に関する照査を透水量によって行う場合は，コンクリート標準示方書に従い，構造物の照査対象部分において，式（解 9.6.1）により算定する単位時間当りの透水量の設計値Q_dと許容透水量Q_{max}の比に構造物係数γ_iを乗じた値が，1.0 以下であることを確かめることにより行うのがよい.

$$\gamma_i \frac{Q_d}{Q_{max}} \leq 1.0 \qquad\qquad (\text{解 } 9.6.1)$$

ここに，γ_i　　　：構造物係数

$\qquad$ Q_{max}　：単位時間当りの許容透水量（m³/s）

$\qquad$ Q_d　　：単位時間当りの透水量の設計値（m³/s）

　なお，高強度の VFC は硬化体組織が緻密であるため透水量の測定が困難な場合が想定される. このような場合においては，「7.3.2 **中性化と水の浸透に伴う鋼材腐食に対する照査**」における水分浸透速度係数の設定方法を参考にするのがよい.

　VFC 構造物の水密性は，健全な VFC 部分の水密性のみならず，ひび割れや継目等の不連続面における水密性とも密接な関係がある. 一般に，ひび割れや鉛直打継目での透水は，健全な VFC 部分に比べて著しく大きい. VFC 構造物においても同様に，健全な VFC 部分のみではなく，このような影響を適切に考慮する必要がある. なお，水密性が要求される構造物では，水密性が要求される部分において，ひび割れの発生を避け，かつ打継目を設けないことが望ましい. ひび割れ制御鉄筋の配置や膨張材の使用は，ひび割れの発生とひび割れ幅を抑制するのに有効である. 打継目が避けられない場合は，「11.4.3 **打継目**」および「16.8.2 **打継目**」に従って設計・施工するものとし，鉛直打継目には止水板を用いることが基本である.

9.6.2　設計作用および設計作用の組合せ

コンクリート標準示方書［設計編］によることとする.

9.6.3 設計応答値の算定

設計応答値は，実験等により適用性が確認された方法で算定することを原則とする．

【解　説】　VFCには様々な材料があるため，設計応答値の算定は実験等により適用性が確認された方法によることとした．ただし，一般にVFCは通常のコンクリートと比較してひび割れ幅は小さくなり，透水量は抑えられると考えられる．そのため，水密性に関する照査を透水量によって行う場合は，コンクリート標準示方書［設計編］に従って設計応答値を算出すれば，安全側になると考えられる．ただし，コンクリート標準示方書は圧縮強度の特性値が 80N/mm² 以下のコンクリートを対象としており，その範囲を外れた VFC では，コンクリート標準示方書に示される水結合材比と透水係数の関係が適用できない可能性もあるため，注意が必要である．

9.6.4 設計限界値の設定

コンクリート標準示方書［設計編］によることとする．

9.7 耐火性に対する照査

耐火性に対する照査は，火災等によって構造物に必要とされる機能が損なわれないことを照査することとする．

【解　説】　コンクリート標準示方書［設計編］においては，「一般的な環境下において耐久性を満足するかぶりの値に 20mm 程度を加えた値を最小値とすれば，耐火性に対する照査は省略してよい」とされている．しかし，圧縮強度の特性値が 80N/mm² 程度を超える高強度コンクリートは火災時に爆裂が起きやすく，また，繊維やマトリクスが熱による影響を受ける場合もあるため，VFC においてもその適用には十分な検討が必要である．所要の耐火性の確保が必要な場合は，必要に応じ，使用する材料，配筋等を模擬した試験体を作製し，供用時の応力状態や温度履歴などの環境条件等を考慮した試験を行って確認するのがよい．なお，照査にあたっては土木学会トンネル構造物のコンクリートに対する耐火工設計施工指針（案）などを参考にするとよい．また，多くの合成繊維は耐熱性が低いとされており，火災が想定される場所での使用には適用性を検討する必要がある．

　火災時の爆裂防止については，引張抵抗のための繊維とは別に爆裂対策用の合成繊維を混入する方法が用いられている．爆裂が生じるメカニズムは必ずしも明らかにはなっていないが，加熱に伴う水蒸気圧の上昇による説と，表層部の熱膨張に伴う熱応力による説が有力である．これに対し，ある種の合成繊維を用いると，合成繊維が熱で溶融・気化し，水蒸気の通り道ができることで，応力の緩和になるとされている．爆裂対策用の繊維には，ポリプロピレン繊維が多く用いられている．

VFC の繊維だけではなく，マトリクスや内部に配置した鋼材等も熱により影響を受ける．そのため，火災による影響のおそれのある VFC 部材については，繊維以外の材料の受熱温度に対する影響についても確認する必要がある．

10章　耐震設計および耐震性に関する照査

10.1　一　　般

（1）この章は，地震作用に対して VFC 構造物の耐震設計および耐震性に関する照査を行う場合の考え方について示すものである．

（2）VFC 構造物に対する標準的な耐震性に関する照査方法は確立されていないため，実験により安全性が確認された範囲で照査することを原則とする．

【解　説】　（1）について　耐震設計における要求性能は，地震時および地震後に対する安全性，使用性および復旧性である．安全性や使用性の照査は「8 章 安全性に関する照査」「9 章 使用性に関する照査」に示しており，これらと本章の基本的な考え方は同じである．一方で，耐震設計は，一つの作用に対して安全性，使用性および修復性を同時に考える点や，作用の強さや頻度が不確定性を有している点，地滑りや地盤流動，津波等の随伴的事象が発生する点において特殊性を有しており，コンクリート標準示方書［設計編］においても特に取り上げていることから，本指針（案）においても独立の章を設けることとした．

耐震設計および耐震性に関する照査においても基本的な考え方は通常の RC 構造と変わらないため，本章においては，特に VFC 構造とする際に留意すべき点を示した．

（2）について　VFC 構造物の解析モデルや限界値の算定方法は，材料によって大きく異なるため，標準的な照査方法は確立されていない．したがって，実験により十分な安全性が確認された範囲で照査することを原則とした．

10.2　耐震設計の基本

10.2.1　一　　般

（1）VFC 構造物の耐震設計は，地震時および地震後に構造物の安全性を確保するとともに，人命や財産の損失を生じさせるような壊滅的な損傷の発生を防ぐこと，および，地域住民の生活や生産活動に支障を与えるような機能の低下を極力抑制することを目標として行わなければならない．

（2）耐震設計においては，構造物が所要の耐震性を保有することを目的として，耐震性に関する照査の前提条件と適用範囲を考慮した上で，耐震性に優れた構造物を設計しなければならない．

【解　説】　コンクリート標準示方書［設計編］のとおりとした．コンクリート標準示方書においては，耐震性に関する構造計画の一般事項や，構造物の配置計画が示されているが，これらについては，VFC 構造物と通常の RC 構造物で同様の考え方とすべきであるため，本指針（案）においては記載しないこととした．一方で，構造物の耐震構造計画に関しては，留意すべき点があるため，「10.2.2 VFC 構造物の耐震構造計画」に示す．

（2）について　VFC構造物に対する耐震性照査の前提条件と適用範囲は，実験等により確認された範囲とする必要がある．

10.2.2　VFC構造物の耐震構造計画

（1）地震作用に対して十分なエネルギー吸収能力を有する構造としなければならない．

（2）地震後の修復が容易となる構造としなければならない．

（3）地震による動的応答性状が複雑とならない構造としなければならない．

（4）冗長性や頑健性を有する構造としなければならない．

【解　説】　コンクリート標準示方書［設計編］のとおりとした．ただし，VFC構造物においては，使用する材料の特性を考慮して耐震構造計画を実施することが特に重要となる．VFC構造の特徴は材料によって様々であり，具体的に述べることができないが，各項目についてVFC構造の一般的な特徴を解説する．

（1）について　VFC構造の部材は一般に変形性能が向上し，エネルギー吸収性能も向上する．そのメカニズムとしては，以下のような要因があげられる．

・VFCが軸方向鉄筋の座屈を抑制できる．

・VFCは繊維により，圧縮強度以後もある程度の圧縮応力を維持できる．

・せん断ひび割れにおける架橋効果がせん断ひび割れ幅の拡大を抑制するため，せん断耐力の低下を小さく抑えることができる．

・かぶり部のVFCが剥落しにくいため，軸方向鉄筋の座屈後におけるかぶり部の圧縮負担低下を小さく抑えることができる．

これらの変形性能向上を積極的に活用することにより，合理的な構造物の設計が可能になる．

一方で，特に繊維量が多く軸方向鉄筋量が少ないときは，損傷の局所化についての注意も必要である．最終的に破壊断面となる断面が最大耐力に達した後は，変形や損傷が破壊断面に集中し，変形性能が低下したり，鉄筋が破断して脆性的な破壊に至る可能性がある．このような挙動の発生については，実験や解析などにより十分な検討が必要である．

確実なエネルギー吸収をさせるためには損傷箇所を特定する必要があるが，VFC構造物においては，想定外の箇所における塑性化が発生する可能性があるため，注意が必要となる．例えば，設計において繊維の架橋効果を小さめに評価するのが一般的であるが，通常のRC構造とVFC構造の混合構造に対してVFC構造部分に損傷箇所を設定するときにも同様に繊維の架橋効果を小さめに評価すると，実現象としてはVFC構造部分の耐力が設計よりも大きくなり，通常のRC構造部分が塑性化するおそれがある．このことを防ぐためには，用いるVFCの実際の材料特性を考慮して，例えば，架橋効果に対して上限・下限を設けて設計をしたり，信頼性設計の手法を用いて損傷箇所が特定されているのを確認したりすることなどが必要となる．また，剥落防止の観点などから繊維を混入しながら，設計において繊維の影響を無視する場合も，破壊箇所が想定どおりとなることを確認する必要がある．

（2）について　損傷の状態によっては，ひび割れ注入などを行っても，VFCの引張抵抗は地震前の特性より低下する．通常のRC構造においてひび割れ注入などを行っても地震前と同様の剛性を確保することは困難であるが，そもそもコンクリートの引張負担を期待しない設計となっており，所要の性能は確保できる

のが一般的である．一方，繊維の架橋効果を期待する VFC 構造は，VFC の引張抵抗の低下が性能の低下に結びついて，所要の性能を確保できない場合がある．したがって，VFC 構造物においては，補修工法についても十分に検討しておくことが必要である．

（4）について　VFC 構造物においても，冗長性や頑健性を有する構造とする必要がある．VFC の引張強度特性と引張軟化特性は必ずしも比例関係にあるわけではなく，そのため引張強度の高い VFC を選定した場合でも，構造物の破壊は脆性的になる場合もある．したがって，最終的な破壊性状についても，十分な確認が必要である．

10.3　耐震性に関する照査の原則

10.3.1　一　　般

VFC 構造物の耐震性に関する照査においては，構造物の使用目的に応じて性能の水準を設定し，適切な照査指標を用いて，性能の水準を満足することを照査しなければならない．

【解　説】　コンクリート標準示方書［設計編］のとおりとしたが，限界値に関しては，VFC の特性を十分考慮して設定する必要がある．作用，照査に関しては，コンクリート標準示方書に従うこととした．耐震設計における安全係数は，「**4.5　安全係数**」に従い設定するのがよい．

10.3.2　耐震性の水準

（1）耐震性の水準は，地震時および地震後に対する安全性，使用性，ならびに地震後の修復性を総合的に考慮するための水準として耐震性能を設定し，それを満足するような構造物の限界状態を適切に定めるものとする．

（2）構造物が保有すべき耐震性能は，照査に用いる地震動のほか，構造物の損傷が人命や財産に与える影響，避難・救護・救急活動と二次災害防止活動に与える影響，地震後の地域の日常生活と経済活動に与える影響，復旧の難易度と工事費用等を考慮して定めるのを原則とする．一般の場合，構造物の保有すべき耐震性能は以下の三つとしてよい．

(i)　耐震性能1：地震時に機能を保持し，地震後にも機能が健全で補修しないで使用が可能である．

(ii)　耐震性能2：地震後に機能が短時間で回復でき，補強を必要としない．

(iii)　耐震性能3：地震によって構造物全体系が崩壊しない．

【解　説】　（2）について　コンクリート標準示方書［設計編］のとおりとしたが，各耐震性能に対応する状況に関しては注意する必要がある．

耐震性能1は，コンクリート標準示方書において「一般に弾性範囲内にとどまっている状態」とされており，具体的には軸方向鉄筋の降伏以内とされるのが一般的であるが，VFC 構造においては，軸方向鉄筋の降伏とはできない場合がある．例えば，低軸方向鉄筋比などで繊維の引張分担が大きい場合は，鉄筋が降伏す

る以前から剛性などにおいて性能低下が生じる可能性がある．また，鋼繊維を用いた場合には，環境によっては,ひび割れが発生することで鋼繊維の腐食による性能低下につながる可能性がある．このような場合は，ひび割れが発生していない状態を耐震性能1とするのが適当である．

耐震性能2は，修復性を要求しているものであるが，耐震性能2の限界状態は，補修方法を検討した上で，補修方法に即して設定する必要がある．

なお，2022年制定コンクリート標準示方書［設計編］においては，「耐震性能」という用語は使われておらず，偶発作用に対する構造物の損傷状態として，「構造物の損傷状態1〜4」が定義されている．構造物の損傷状態1〜3は耐震性能1〜3と同じとされている．構造物の損傷状態4は，津波や洪水を想定して設定されているため，耐震設計では一般に用いないものである．

10.4　照査に用いる地震動

コンクリート標準示方書［設計編］によることとする．

10.5　解析モデルおよび応答値の算定

10.5.1　解析モデル

（1）解析手法は，その妥当性と適用範囲が実験等により検証されたものを選定することを原則とする．

（2）構造物は，照査に用いる解析手法に応じて適切なモデルに設定する．

（3）構造物の形状と作用の方向，および作用による構造物の応答特性に応じ，解析範囲，解析次元の設定，構造物および境界条件のモデル化を行うこととする．

（4）モデル化では，応答が発生する範囲に応じて，構造物，地盤，境界要素等からなる解析範囲を設定することとする．

（5）地盤を含む解析範囲を設定する場合には，その影響を適切に考慮できるモデル化を行うこととする．

【解　説】　（1）について　VFC構造の解析手法は確立されていないため，解析手法の妥当性検証を実験等により行うことを原則とした．線形解析手法は通常のRC構造に対して十分な実績があり，一般にVFC構造でも使用可能と考えられるが，非線形解析手法についてはその非線形性が主に材料に依存するため，解析モデルおよび解析手法の妥当性を実験により検証し適切な適用範囲を定めた上で，性能の照査に用いる必要がある．

（2）〜（5）について　モデル設定の基本的な考え方は，コンクリート標準示方書［設計編］のとおりとした．

10章　耐震設計および耐震性に関する照査　　　75

10.5.1.1　構造物のモデル化

コンクリート標準示方書［設計編］によることとする.

【解　説】　構造物は，その形状や作用の方向等を考慮し，三次元あるいは二次元にモデル化される. この方法は，通常の RC 構造物と同様である.

10.5.1.2　部材の力学モデル

部材の力学モデルを用いる場合は，その妥当性と適用範囲が実験により検証されたモデルを選定することとする.

【解　説】　一般に通常の RC 構造に対して部材の力学モデルを用いる場合は，骨格曲線をトリリニア型とし，履歴則に Clough モデルや武田モデルが用いられる. VFC 構造にはこれらのモデルが適用できない場合があることに注意が必要である. モデルの採用にあたっては，正負交番載荷実験などによりその適用性と適用範囲を検証する必要がある. 検証においては，骨格曲線だけでなく，履歴則についても履歴吸収エネルギーの観点から適用性を検討する必要がある.

10.5.1.3　材料のモデル化

（1）VFC の力学モデルは，構造物のモデル化の方法に整合するものとし，繰返しの影響を考慮したものでなければならない.
（2）鋼材の力学モデルは，コンクリート標準示方書［設計編］によることとする.
（3）部材接合面のモデル化は，コンクリート標準示方書［設計編］によることとする.

【解　説】　（1）について　VFC は，マトリクスや使用繊維の特性により様々な力学性能を有するため，統一的な力学モデルは確立されていない. そのため，実験により確認する必要がある. 実験は材料レベルの要素実験のみでなく，部材レベルの正負交番載荷が必要である. 非線形領域においても荷重変位関係のスケルトンカーブ，残留変位，履歴減衰などが十分な精度で再現できることを確認する必要がある.

力学モデルの設定においては，VFC の特性として，特に以下の 2 点に注意する必要がある.
(i)　引張領域における繰返し特性について

構造物の地震時応答は，繰返しとなるのが一般的である. したがって，曲げひび割れやせん断ひび割れのひび割れ面においてもひび割れの開口と圧縮が繰り返される. このとき，圧縮挙動については通常 RC 構造と概ね同等と考えられる. しかし，繊維の架橋効果については，繊維が弾性的に伸び出している場合と付着すべりによって抜け出している場合でその繰返し特性が異なることに注意が必要である.

また，繰返しによる低サイクル疲労についても，必要に応じてモデル化する必要がある. 材料特性としての低サイクル疲労のほか，特に合成繊維のせん断力分担を期待する場合には，ひび割れにより伸び

出した繊維がひび割れの閉口時にすりつぶされるような挙動により性能が低下する場合もある.

(ii) 過強度について

　　繊維は，その配向や分散を考慮して，その効果を低減して評価するのが一般的である．一方で，配向によっては，実際の繊維架橋強度が設計強度の2倍以上となる場合もある．したがって，耐震設計において応答解析によって損傷部位を特定しても，必ずしもその部位が損傷するとは限らないことに対する検討が必要である．なお，同一材料の中でも配向・分散の影響が大きく表れる場合もあるため，単に構造全体の繊維架橋強度を割り増した計算を追加するだけでは安全性が確保されない場合があることに注意する必要がある.

　（3）について　ここでの部材接合面とは，柱とはり，柱とフーチング等の接合面を指す．ひび割れ発生による局所的な変形や部材接合部に定着した鉄筋の伸出し・押込みなどを適切にモデル化する必要がある．VFC構造においては，ひび割れ発生による局所的な変形は減少するのが一般的であるが，鉄筋の伸出し・押込みは付着のみならずひび割れ間隔などにも影響を受けるので注意が必要である.

10.5.2　応答値の算定

コンクリート標準示方書［設計編］によることとする.

【解　説】　コンクリート標準示方書には，時刻歴応答解析法について，材料非線形性，幾何学的非線形性，構造物と地盤の動的相互作用，および減衰について示されている．VFC構造物の応答値算定に対するこれらに関する留意点は，通常のRC構造物と同様である.

10.6　耐震性の照査

（1）構造物の耐震性に関する照査は，想定した地震動に対して所要の耐震性能を保有することを目的として，構造物は耐震性能に応じて設定した限界状態に至らないことを確認することによって行うものとする．一般に以下の検討を行えばよい.

　（i）　レベル1地震動に対して耐震性能1を満足する.

　（ii）　レベル2地震動に対して耐震性能2または耐震性能3を満足する.

（2）限界値は，構造物の耐震性能に応じて適切に設定しなければならない．耐震性能1および耐震性能2においては，構造物の全体挙動に及ぼす構成部材およびその他の構造要素の損傷状態の影響を，また，耐震性能3においては構造物の安定と構成部材およびその他の構造要素の抵抗力との関係を考慮して限界値を設定するのを原則とする.

（3）耐震性能照査に用いるVFC部材の限界値は，実験によって検証することを原則とする.

【解　説】　（1）について　コンクリート標準示方書［設計編］のとおりとした.

　（2）について　コンクリート標準示方書のとおりとした．ただし，「**10.3.2　耐震性の水準**」解説に示すとおり，耐震性能と構造物の状態の関係に関しては必ずしも通常のRC構造と同様とはできない．したがっ

て，構造物の特性，材料特性などを考慮の上，VFC 構造物の限界値を設定する必要がある．

　（3）について　VFC 部材の限界値は，材料によっても異なり，その算定方法が確立していないため実験により確認することを原則とした．実験によって限界値を設定する際は，繊維の配向・分散の影響を適切に評価する必要がある．

10.7　耐震性に関する構造細目

　実験によって解析モデルや限界値を設定した場合，実験で確認された条件となるように構造細目を設定し，満足しなければならない．

【解　説】　VFC 構造に関する構造細目は「11 章　VFC を用いた鉄筋コンクリート構造の前提および VFC 構造物の構造細目」に示されるが，その他耐震設計に用いた計算条件の前提となる構造細目がある．耐震性の照査に用いた計算条件や限界値は実験により検証することを基本としているが，実験で確認された範囲を適切に評価し，その範囲を構造細目として示す必要がある．

11章　VFC を用いた鉄筋コンクリート構造の前提および VFC 構造物の構造細目

11.1 一　　般

この章は，VFC を用いた鉄筋コンクリート構造物（R-VFC 構造物）として設計するための前提となる配筋詳細および VFC 構造物の構造細目の基本的な考え方を示すものである．

【解　説】　この章は，VFC を用いた鉄筋コンクリート構造を設計する際に従う必要のある R-VFC 構造の前提と VFC 構造物の構造細目を示したものである．なお，構造細目については無筋構造物も対象とする．R-VFC 構造物において，各種照査の前提となる構造細目で，コンクリート標準示方書［設計編］によらない場合は，各種構造細目を考慮した実験，もしくは，これらの実験を精度よく再現できることが確認できている数値解析等により検証する必要がある．これらの検証に用いる試験体は，「**3.3 VFC の施工方法の設定**」により定めた施工条件に整合している必要がある．

11.2 VFC を用いた鉄筋コンクリート構造の前提

R-VFC 構造は，鉄筋と VFC との間で付着が確保され，かつ鉄筋は VFC で防護されていなければならない．

【解　説】　コンクリート標準示方書［設計編］のとおりとした．

11.2.1 鉄筋のかぶりの最小値

（1）かぶりの最小値は，鉄筋と VFC の付着特性，VFC の打込み等の施工性，構造物の耐久性を確保するのに必要な値とし，その妥当性を実験等により確認することを原則とする．

（2）実験等により確認しない場合は，コンクリート標準示方書［設計編］によることとする．

【解　説】　（1）について　R-VFC 構造物は，鉄筋の節周りのひび割れ進展に対する抵抗性が向上するため，鉄筋と VFC の付着特性が通常のコンクリートを用いた場合よりも向上する．コンクリート標準示方書では，かぶりの最小値を鉄筋直径以上と定めているが，VFC を用いることでそれ以下としても鉄筋と VFC の付着を確保できる場合がある．一方，かぶりの最小値は，VFC 打込み時の充填性等の施工性，構造物の耐久性にも留意する必要がある．かぶりの最小値を設定する場合は施工誤差を考慮して定め，設計図に明示する必要がある．

（2）について　鉄筋のかぶりの最小値をコンクリート標準示方書に定められている値に設定する場合で

も，鉄筋により VFC の流動性が阻害され，充填不良等を生じる場合がある．したがって，施工試験を行う等，VFC の施工性を確認する必要がある．

11.2.2 鉄筋のあき

（1）鉄筋のあきは，鉄筋と VFC の付着特性，VFC の打込み等の施工性を確保するように定めることとし，その妥当性を実験等により確認することを原則とする．

（2）実験等により確認しない場合は，コンクリート標準示方書［設計編］によることとする．

【解　説】　（1）について　R-VFC 構造は，鉄筋の節周りのひび割れ進展に対する抵抗性が向上するため，鉄筋と VFC の付着特性が通常のコンクリートを用いた場合よりも向上する．このため，鉄筋のあきをコンクリート標準示方書で定められている値よりも小さくしても付着を確保できる場合があるが，VFC 打込み時の充填性などの施工性についても検討する必要がある．

　（2）について　鉄筋のあきをコンクリート標準示方書に定められている値に設定する場合でも，鉄筋により VFC の流動性が阻害され，充填不良等を生じる場合がある．したがって，施工試験を行う等，VFC の施工性を確認する必要がある．

11.2.3 鉄筋の配置

11.2.3.1 軸方向鉄筋の配置

R-VFC 部材の軸方向鉄筋の最小鉄筋量，最大鉄筋量は，VFC の特性を考慮し，部材の破壊形態が脆性的にならないように適切に定めることとする．

【解　説】　軸方向鉄筋の最小鉄筋量について，コンクリート標準示方書［設計編］では，曲げモーメントの影響が支配的な棒部材の引張鉄筋比を 0.2%以上としている．これは，構造部材にひび割れ発生後，鉄筋が降伏して急激に耐力を失うことを防止するためである．R-VFC 構造では，ひび割れ発生後の VFC の引張軟化特性を期待することができるため，通常の RC 部材の最小鉄筋量 0.2%よりも少なくできる場合がある．しかし，使用する VFC の繊維の配向と分散に材料特性が影響されるため，このような場合は実際と同様の打込み方法で製作した対象部材（あるいは模擬部材）による実験等で確認する必要がある．

　軸方向鉄筋の最大鉄筋量について，コンクリート標準示方書では，曲げモーメントの影響が支配的な棒部材の軸方向引張鉄筋量を釣合い鉄筋比の 75%以下とすることを原則としている．R-VFC 構造は，VFC が圧縮じん性を有するため，曲げ圧縮破壊する際でも脆性的とならない場合もある．設計において曲げ圧縮破壊を許容する場合は，その破壊形態について実験等で慎重に検討する必要がある．また，実際の部材中の VFC の引張特性は，設計で仮定した引張特性よりも高くなることがあるため，設計では曲げ引張破壊となっても実際には曲げ圧縮破壊に至る場合がある．

11.2.3.2　横方向鉄筋および配力鉄筋の配置

（1）R-VFC 部材のスターラップおよび帯鉄筋の配置は，VFC の特性を考慮して，部材の破壊性状が脆性的にならないように定めることとする．

（2）R-VFC 部材の配力鉄筋は，VFC の特性を考慮し，応力が十分に分散するとともに，横方向の曲げモーメントに抵抗できるように定めることとする．

【解　説】　　（1）について　コンクリート標準示方書［設計編］では，棒部材にはスターラップを 0.15% 以上，部材の有効高さの 3/4 倍以下かつ 400mm 以下の間隔で配置することが原則となっている．また，帯鉄筋の部材軸方向の間隔は，一般に，軸方向鉄筋の直径の 12 倍以下で，かつ部材断面の最小寸法以下としている．VFC は引張特性により，せん断耐力の向上が期待される．このため，VFC を用いることにより，コンクリート標準示方書で定められているスターラップや帯鉄筋の最小鉄筋量を低減することが可能な場合がある．スターラップや帯鉄筋の最小鉄筋量を低減する場合は，実験等により耐力や破壊性状を確認する必要がある．

　　（2）について　　R-VFC 構造物は，VFC の引張特性により，構造部材の配力鉄筋を省略または低減することが可能な場合がある．配力鉄筋の省略または低減を行う場合は，実験等により耐力や破壊性状を確認する必要がある．例えば，R-VFC 製セグメントに対して配力鉄筋を省略した例では，VFC を用いたセグメントの載荷試験を実施し，配力鉄筋を使用した通常のコンクリート製のセグメントと同等の耐力および破壊性状が得られることを確認している．

11.2.3.3　ねじり補強鉄筋の配置

ねじり補強鉄筋の配置は，VFC の特性を考慮して，部材の破壊性状が脆性的とならないように定めることとする．

【解　説】　VFC は引張特性により，ねじり耐力の向上が期待される．このため，VFC を用いることにより，コンクリート標準示方書［設計編］で定められているねじり補強鉄筋の最小鉄筋量を低減することが可能である．ねじり補強鉄筋の最小鉄筋量を低減する場合は，実験等により効果を確認する必要がある．

11.2.4 鉄筋の曲げ形状

（1）鉄筋の曲げ形状は，鉄筋単体の特性とVFCの特性を考慮して，部材が所要の力学特性を有するように定めることとし，実験等により確認することを原則とする．

（2）実験等により確認しない場合は，コンクリート標準示方書［設計編］によることとする．

【解　説】　（1）について　R-VFC構造物の隅角部などの折曲げ鉄筋の曲げ内半径をコンクリート標準示方書で定められている値よりも小さくする場合，鉄筋の曲げ内半径は，鉄筋単体の特性と鉄筋の曲げ内側のVFCに与える影響を検討した上で設定する必要がある．曲げ形状によっては，鉄筋の曲げ内側のVFCの損傷が大きくなり部材の所要の力学特性を確保できない場合があることに留意する必要がある．

11.2.5 鉄筋の定着

（1）鉄筋端部の定着は，鉄筋端部がVFCから抜け出さないようにその構造および位置を定めることとし，実験等により確認することを原則とする．

（2）実験等により確認しない場合は，コンクリート標準示方書［設計編］によることとする．

【解　説】　（1）について　R-VFC部材に用いる鉄筋の定着長は，鉄筋とVFCの付着特性が通常のコンクリートを用いる場合よりも向上するため，コンクリート標準示方書で定められる鉄筋の定着長よりも短く設定したり，機械式定着の定着具を小さくしたりすることができる場合がある．このような場合は，実験等により耐力や変形性能が確保されることを確認する必要がある．

11.2.6 鉄筋の継手

（1）鉄筋の継手は，部材が所要の力学特性を有するように定めることとし，実験等により確認することを原則とする．

（2）実験等により確認しない場合は，コンクリート標準示方書［設計編］によることとする．

【解　説】　（1）について　R-VFC部材では，鉄筋とVFCの付着特性が通常のコンクリートを用いる場合よりも向上するため，コンクリート標準示方書で定められる鉄筋の重ね継手長を低減できる場合がある．この場合，実験等によりその力学特性を確認する必要がある．

11.3　部材接合部の構造細目

（1）部材接合部が接合される各部材に対して先行して破壊せず，接合する各部材が所要の性能を発揮できるように，部材接合部の構造細目を定めることとし，実験等により確認することを原則とする．
（2）実験等により確認しない場合は，コンクリート標準示方書［設計編］によることとする．

【解　説】　（1）について　本節における部材接合部は解説 図 11.3.1 中の斜線部に示すようなボックスカルバートの隅角部や柱梁の接合部，片持ちスラブの接合部を示す．VFC を用いることで，部材接合部の配筋を通常のコンクリートを用いた場合よりも簡略化することができる．例えば，「**参考資料　1-17　部材接合部の検討事例**」に示すように，部材接合部に VFC を用いることで，部材接合部内の配筋量を通常のコンクリートを用いた場合よりも低減できるという報告がある．VFC を用いて部材接合部の配筋を簡略化する際は，部材接合部を含む部材を適切にモデル化し，実験等により，接合する各部材が所要の性能を発揮できることを確認する必要がある．さらに，鉄筋量，配置，部材厚は VFC の施工性に配慮して設定する必要がある．

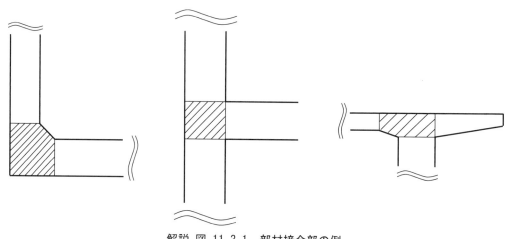

解説 図 11.3.1　部材接合部の例

11.4　その他の構造細目

11.4.1　面取り

部材のかどには，面取りをしなければならない．特に，寒冷地，気象作用の激しいところなどでは，面取りの大きさについて慎重に考えなければならない．このような面取りは必ず設計図に明示しなければならない．

【解　説】　コンクリート標準示方書［設計編］のとおりとした．
通常の RC のかどは，凍害，接触ならびに衝突によって損傷しやすい．VFC 構造物はかぶり部分でも繊維の架橋効果が期待できるため，角欠けしにくい．R-VFC 製セグメントに関しては，セグメントの運搬・組立時に発生する角欠けに対する抵抗性が向上するとしている報告がある．

11.4.2 開口部周辺の補強

（1）スラブ，壁などの開口部周辺における応力集中等によるひび割れに対して，構造物が性能を確保できるように，開口部周辺の構造細目を定めることとし，実験等により確認することを原則とする.

（2）実験等により確認しない場合は，コンクリート標準示方書［設計編］によることとする.

【解　説】　（1）について　R-VFC構造の場合，開口部周りに発生するひび割れに対して，繊維が抵抗するため，VFCの引張特性を考慮することで，用心鉄筋を省略できる場合がある．用心鉄筋を省略する場合は，実験等により構造物の性能を確認する必要がある.

　（2）について　実験等により確認しない場合は，コンクリート標準示方書によってよいこととした．ただし，自己収縮が大きいVFCにおいて多量の鉄筋を配置すると，鉄筋がVFCの収縮を拘束してひび割れが発生する可能性があるため留意する必要がある.

11.4.3　打　継　目

（1）打継目は，できるだけせん断力の小さい位置に設け，打継面を部材の圧縮力の作用方向と直交させるのを原則とする.

（2）打継目に引張応力やせん断応力が生じる場合は，構造性能を確保できることを実験等により確認するとともに，必要に応じて対策を施すこととする.

（3）劣化因子の侵入により被害を受けるおそれのある構造物に打継目を設ける場合には，打継目が耐久性に影響を及ぼさないように十分に配慮しなければならない.

（4）打継目の位置は，自己収縮，乾燥収縮および温度応力等によって発生するおそれのあるひび割れを考慮して定めなければならない.

（5）全ての打継目の位置とそれぞれの処理方法は，設計図に明示しなければならない.

【解　説】　本項における打継目は，VFCを施工した後にVFCを打ち継ぐ場合，VFCを施工した後に通常のコンクリートを打ち継ぐ場合，通常のコンクリートを施工した後にVFCを打ち継ぐ場合を対象とする．VFC構造物は，VFCの優れた引張特性を考慮した設計が可能である．しかし，VFC構造の打継目に特別な処理を施さない場合は繊維の架橋効果を期待できないため設計の前提を担保できない場合がある．したがって，打継目を設ける場合には，打継目の影響を十分に検討し計画に反映させる必要がある.

　（1）について　通常のコンクリート構造においても打継目はせん断力に対して弱点になりやすいが，VFC構造の打継目では繊維が不連続となるため特に注意を要する．通常のコンクリート構造と同様に，打継目は原則としてできるだけせん断力の小さい位置に設けること，また圧縮力の釣合いを考慮し，できるだけ打継面を部材の圧縮力の作用する方向と直交させて打継面のせん断抵抗力が大きくなるようにするのがよい.

　（2）について　VFC構造の打継目に引張応力やせん断応力が生じる場合，通常のコンクリートと同様，せん断キーや補強鉄筋を配置する方法や，打継面にプライマーや接着剤を塗布する方法などの対策が必要に

なる場合がある．これらの方法のほかに，打継目となる箇所に粗骨材を散布したり洗い出しによる打継目処理を行ったりして繊維を露出させる方法があるが，これらの処置による力学特性に対する効果を設計上見込む場合，その効果を実験等により確認する必要がある．

（3）について　打継目を有する構造物は，水や塩化物イオンなどの劣化因子が侵入しやすく，打継目が構造物の弱点となりやすい．海洋および港湾コンクリート構造物や寒冷地で凍結防止剤を散布する構造物では，外来塩分が打継目に侵入し，鉄筋の腐食を促進する可能性がある．そのため，構造物の弱点とならないように，打継目の特性，特に水密性を十分に確認する必要がある．特に，道路橋床版等は輪荷重が作用することから，長期的な一体性を確保する必要がある．例えば，打継目界面の付着面積を大きくしたり劣化因子の侵入経路を長くしたりするなどの形状の工夫や，補強材の配置による目開き抑制対策等が考えられる．

（4）について　一般にVFCは，通常のコンクリートと比べてセメント量の多い配合であるため，自己収縮によるひび割れが発生する場合がある．また，部材寸法によっては温度応力によるひび割れが発生する．ひび割れの発生も考慮して打継目の位置を定める必要がある．

（5）について　打継目ごとに必要とされる特性は異なるため，全ての打継目の位置とそれぞれの処理方法を設計図に明示することとした．なお，打継目を設ける位置を設計図に明示する方法としては，構造物中の特定区間に打継目を設けるように指定したり，あるいは特定の区間には打継目を設けないように指定したりすることでもよい．打継目の施工は「**16.8.2 打継目**」による．

11.4.4　目　　地

VFC構造に目地を設ける場合，目地とその構造は構造物の性能を害さないように定めることとし，目地の位置およびその構造を設計図に明示しなければならない．

【解　説】　VFCは一般的に通常のコンクリートに比べて，自己収縮が大きく，ひび割れ面に架橋効果があるため，VFC構造物では，目地のうちひび割れ誘発目地において特に注意を要する．

VFCは自己収縮が大きいことから，収縮によるひび割れを抑制するためには，通常のコンクリートを用いる場合のひび割れ誘発目地よりも目地間隔を狭くする等の対策が必要になる場合がある．

また，VFCはひび割れ発生後に繊維が抵抗するため，VFC構造にひび割れ誘発目地を設ける場合，通常のRC構造と同じ断面欠損率とすると，想定どおりにひび割れが発生しない可能性があるため留意する必要がある．ひび割れ誘発目地を設けた場合，目地にひび割れが集中するため，通常のコンクリートと同様に漏水や鉄筋の腐食に対する対策を行う必要がある．目地では繊維が腐食して錆汁により美観が損なわれる可能性があるため，目地を設ける場合は留意する必要がある．

VFC構造に目地を設ける場合，目地の位置では繊維が連続しないため応答値を算定する際には留意する必要がある．

11.4.5 無筋 VFC 構造

無筋 VFC 構造とする場合は，その破壊性状が脆性的とならないように，構造細目を定めることとする．

【解　説】　VFC はその引張特性から，無筋構造としての利用も期待される．一方で，想定外の作用などに対してのじん性は，鉄筋などの補強材を用いた場合に比べて著しく低下する場合がある．

永続作用や変動荷重が支配的な状態である部位に無筋 VFC 構造を用いる場合には，必要に応じて脆性的な破壊を防止するための用心鉄筋を配置するなどの対策をとるのがよい．脆性破壊を防止する目的で配置する用心鉄筋は設計図等に記載する必要がある．

12章　プレストレストコンクリート

12.1　一　般

（1）この章は，VFC と PC 鋼材を用いたプレストレストコンクリート構造物あるいは部材の安全性，使用性等の照査において設定する限界状態とその検討方法，ならびにこれらの照査の前提等において，特に必要となる事項の標準を示すものである．

（2）構造物または部材が所要の要求性能を満足するように，プレストレスの程度を定めなければならない．

【解　説】　コンクリート標準示方書［設計編］のとおりとした．

12.2　プレストレストコンクリートの分類

（1）プレストレストコンクリートは，構造体の種類として P-VFC（VFC を用いた PC）構造と PR-VFC（VFC を用いた PRC）構造に分類し，設計耐用期間を通じて要求性能が満足されていることを照査する．

（2）P-VFC 構造は，使用性に関する照査においてひび割れの発生を許さないことを前提とし，プレストレスの導入により，VFC の縁応力度を制御する構造とする．

（3）PR-VFC 構造は，使用性に関する照査においてひび割れの発生を許容し，異形鉄筋の配置とプレストレスの導入により，ひび割れ幅を制御する構造とする．

【解　説】　（3）について　使用性に関する照査においてひび割れの発生を許容し，異形鉄筋を配置せず，繊維とプレストレスの効果により，ひび割れ幅を制御する構造も考えられるが，そのような構造の特性は十分には解明されていないため，適用にあたっては実験等による確認が必要である．

12.3　プレストレス力

コンクリート標準示方書［設計編］によることとする．

【解　説】　コンクリート標準示方書［設計編］のとおりとした．なお，プレストレス力はその導入時期，若材齢時のヤング係数やクリープ係数，および鋼材の影響等を考慮した詳細な検討を行い，検討結果より得られる収縮量によりプレストレス力の減少分を求める必要がある．VFC のヤング係数はマトリクス強度のみならず，使用する繊維の種類や混入量，骨材の寸法等によっても異なるため，「5.3.5 ヤング係数」により定める必要がある．またクリープや収縮による影響は使用する VFC の特性を理解した上で，「5.3.8 収縮およ

び膨張」，「5.3.9 クリープ」により定める必要がある.

12.4 応答値の算定

12.4.1 一 般

（1）プレストレストコンクリートの性能照査に用いる応答値は，構造体の種類を P-VFC 構造もしくは PR-VFC 構造に分類し，「7章 耐久性に関する照査」，「8章 安全性に関する照査」，「9章 使用性に関する照査」，「10章 耐震設計および耐震性に関する照査」によることとする.

（2）使用性に関する照査または疲労破壊に関する照査に用いる設計応答値は，設計断面力等を用いて，本節に示す方法で算定してよい.

【解 説】 コンクリート標準示方書［設計編］のとおりとした.

12.4.2 曲げモーメントおよび軸方向力による材料の設計応力度

（1）曲げモーメントおよび軸方向力による VFC および鋼材の設計応力度は，次の仮定に基づいて求めてよい. ただし，変動作用による材料の設計応力度は，（2）により求めた永続作用による応力度を起点として求めてよい.

  (i) 維ひずみは，部材断面の中立軸からの距離に比例する.
  (ii) VFC および鋼材は，一般に弾性体とする.
  (iii) P-VFC 構造の場合，VFC は全断面を有効とする.
  (iv) PR-VFC 構造の場合，VFC の引張応力－ひずみ曲線は，「5.3.4.2 引張応力－ひずみ曲線」によることとする.
  (v) VFC のヤング係数は「5.3.5 ヤング係数」，鋼材のヤング係数はコンクリート標準示方書［設計編］によることとする.
  (vi) 付着がある鋼材のひずみ増加量は，同位置の VFC のそれと同一とする.
  (vii) 部材軸方向のダクトは，有効断面とはみなさない.
  (viii) 鋼材と VFC が一体化した後の断面定数は，鋼材と VFC のヤング係数比を考慮して求める.

（2）永続作用による VFC および鋼材の設計応力度は，PC 鋼材のリラクセーションの影響，VFC のクリープおよび収縮の影響，鉄筋の拘束の影響を考慮して求めることとする.

【解 説】 （1）について PR-VFC 構造における曲げモーメントおよび軸方向力による設計応力度の算定では，VFC のひび割れ発生後の引張応力－ひずみ曲線を考慮する必要がある.

12.4.3 せん断力およびねじりモーメントによる材料の設計応力度

（1）P-VFC 構造のせん断力およびねじりモーメントによる VFC の設計斜め引張応力度は，VFC の全断面を有効として，式（12.1）により算定してよい.

$$\sigma_1 = \frac{(\sigma_x + \sigma_y)}{2} + \frac{1}{2}\sqrt{(\sigma_x - \sigma_y)^2 + 4\tau^2} \tag{12.1}$$

ここに，　σ_1　：VFC の設計斜め引張応力度

σ_x　：垂直応力度

σ_y　：σ_x に直交する応力度

τ　：せん断力とねじりモーメントによるせん断応力度

（2）PR-VFC 構造のせん断力によるせん断補強鉄筋の設計応力度およびねじりモーメントによるねじり補強鉄筋の設計応力度は，「9.2.3.5 応力度の算定」に従い，算定してよい.

【解　説】　（1）について　コンクリート標準示方書［設計編］のとおりとした.

（2）について　PR-VFC 構造におけるせん断力およびねじりモーメントによる設計応力度の算定では，VFC のひび割れ発生後の引張応力－ひずみ曲線を考慮する必要がある.

12.4.4　設計曲げひび割れ幅

PR-VFC 構造の設計曲げひび割れ幅 w_d は，「9.2.3.4　曲げひび割れ幅の設計応答値の算定」により算定してよい.

12.5　耐久性に関する照査

（1）耐久性に関する照査は，プレストレスの影響を考慮し，「7 章 耐久性に関する照査」に準じて行うこととする.

（2）鋼材腐食に対する照査は，鉄筋，PC 鋼材および鋼製の定着具，偏向具等について行うこととする.

（3）PC 鋼材の腐食に対するひび割れ幅の限界値は，PR-VFC 構造の場合，一般に $0.004c$（c はかぶり）としてよい. また，鉄筋および定着具，偏向部等の鋼材の腐食に対するひび割れ幅の限界値は，$0.005c$ としてよい. ただし，0.5mm を上限とする.

（4）PC 鋼材に対しては，プラスチック製シースあるいは被覆 PC 鋼材を用いる等の防錆対策を講じるのがよい. 腐食性環境において PR-VFC 構造を用いる場合には，PC 鋼材に対し防錆対策を講じることとする.

【解　説】　コンクリート標準示方書［設計編］のとおりとした.

（1）について　鋼繊維を用いた PR-VFC 構造では使用環境やひび割れ幅の大きさによっては鋼繊維の腐

食，および，それに伴う錆汁発生が懸念される．したがって，美観上錆汁発生を許容しない場合においては，「7.2.5 繊維の変質・劣化に対する検討」を参照し，適切にひび割れ幅または鋼材の応力度の限界値を定めるのがよい．なお，繊維の腐食や劣化が懸念されない場合は，一般に通常の PRC 構造と同様の設計限界値としてよい．

12.6　安全性に関する照査

（1）安全性に関する照査は，「**8 章 安全性に関する照査**」に準じて行うこととする．

（2）断面破壊に対する照査は，プレストレスの影響を考慮して「**8.2 断面破壊に対する照査**」により行うこととする．曲げモーメントおよび曲げモーメントと軸方向力を受ける部材の設計曲げ耐力および棒部材の設計せん断耐力は，実験により適用性が確認された方法で算定することとする．実験によらない場合は，繊維の効果を無視して，コンクリート標準示方書［設計編］によることとする．

（3）疲労破壊に対する照査は，プレストレスの影響を考慮して「**12.4.2 曲げモーメントおよび軸方向力による材料の設計応力度**」により材料の応力度等の応答値を算定し，「**8.3 疲労破壊に対する照査**」により行うこととする．ただし，P-VFC 構造の鋼材については，照査を省略してよい．

【**解　説**】　<u>（2）について</u>　曲げモーメントおよび曲げモーメントと軸方向力を受ける部材の設計曲げ耐力および棒部材の設計せん断耐力は，繊維の効果により向上することが想定され，繊維の混入により，これらの耐力が低下することは工学的にないと判断される．したがって，実験によらない場合は，繊維の効果を無視してコンクリート標準示方書によって設計耐力を算出してよいこととした．なお，コンクリート標準示方書では設計基準強度 f'_{ck} の上限を 80N/mm^2 としているため，上限を超えて用いる場合は，実験等により適用性を確認する必要がある．

曲げモーメントおよび曲げモーメントと軸方向力を受ける部材の設計曲げ耐力に関して，繊維の影響を考慮する場合は，「**8.2.4 曲げモーメントおよび軸方向力に対する照査**」の解説を参考とすることができる．ただし，アンボンド PC 鋼材や外ケーブル等の付着のない緊張材については，平面保持の仮定が適用できないため，「**8.2.4 曲げモーメントおよび軸方向力に対する照査**」と同様の方法では設計曲げ耐力を算定できないことに注意が必要である．

棒部材の設計せん断耐力に関して，繊維の影響を考慮する場合は，「**8.2.5.1 棒部材の設計せん断耐力**」の解説を参考とすることができる．なお，軸方向プレストレスの効果として，軸方向緊張材の有効緊張力の鉛直成分(V_{ped})を加算できるほか，軸方向と斜めひび割れ面のなす角度(θ)が小さくなることによる繊維の分担分(V_{fd})の増加が報告されている．

12.7 使用性に関する照査

（1）使用性に関する照査は，構造体の種類を P-VFC 構造もしくは PR-VFC 構造に分類し，「**9章 使用性に関する照査**」に準じて行うこととする．

（2）VFC の応力度の制限値は，「**9.3 応力度の制限**」によることとする．緊張材の応力度の制限値はコンクリート標準示方書［設計編］によることとする．

【**解　説**】　コンクリート標準示方書［設計編］のとおりとした．

12.8 耐震性に関する照査

（1）耐震性に関する照査は「**10章 耐震設計および耐震性に関する照査**」に準じて行うこととする．

（2）耐震性に関する照査においては，プレストレスの導入に伴う部材の力学特性の変化に留意しなければならない．

【**解　説**】　コンクリート標準示方書［設計編］のとおりとした．

12.9 施工時に関する照査

（1）施工中の緊張材の破断および降伏に対する安全性を考慮し，緊張作業中および緊張作業直後の緊張材の引張応力度は，それぞれ(i)および(ii)の値以下であることを照査することとする．ここに，f_{puk} および f_{pyk} は，緊張材の引張強度および降伏強度の特性値である．

    (i)　　緊張作業中の緊張材の引張応力度は，$0.8f_{puk}$ および $0.9f_{pyk}$ の小さい方の値以下とする．

    (ii)　　緊張作業直後の緊張材の引張応力度は，$0.7f_{puk}$ および $0.85f_{pyk}$ の小さい方の値以下とする．

（2）　施工時においては，VFC にひび割れの発生を許容しないことを原則とし，次の(i)および(ii)に示す項目を照査することとする．

    (i)　　曲げモーメントおよび軸方向力による VFC の縁引張応力度は，「**5.3.2 引張特性**」に示すひび割れ発生強度以下とする．ただし，VFC のひび割れ発生強度は，検討時点における特性値を用いることとし，γ_c の値は 1.0 としてよい．

    (ii)　　せん断およびねじりモーメントによる VFC の斜め引張応力度は，「**5.3.2 引張特性**」に示すひび割れ発生強度以下とする．ただし，VFC のひび割れ発生強度は，検討時点における特性値を用いることとし，γ_c の値は 1.0 としてよい．

（3）緊張作業直後における曲げモーメントおよび軸方向力による VFC の曲げ圧縮応力および軸方向圧縮応力度の制限値は，検討時点の圧縮強度の特性値のそれぞれ 0.60 倍の値および 0.50 倍の値とすることを原則とする．

（4）安全性に関する照査は，必要に応じて「**12.6 安全性に関する照査**」によることとする．

【解　説】　（2）について　通常のコンクリートと同様に，施工時におけるひび割れの発生を許容しないことを原則とした．若材齢の VFC を対象とする場合は，施工時における各段階の材齢のひび割れ発生強度を用いることとした．

　（3）について　緊張作業直後における応力度の制限値は，実験により確認された場合は割り増してもよい．例えば，UFC 指針では，軸方向圧縮応力度の制限値を，検討時点の圧縮強度の特性値の 0.60 倍の値としている．

12.10　VFC を用いたプレストレストコンクリートの前提および構造細目

12.10.1　一　　般

　本章に示した方法によりプレストレストコンクリートの性能照査を行う場合は，「11章　VFC を用いた鉄筋コンクリート構造の前提および VFC 構造物の構造細目」および本節に示す前提および構造細目に従うこととする．

12.10.2　PC グラウト

　コンクリート標準示方書［設計編］によることとする．

12.10.3　緊張材のかぶり

（1）VFC 内に配置される緊張材，シースおよび定着具のかぶりは，VFC を用いたプレストレストコンクリートの特性，施工性および耐久性を考慮して設定することとし，その妥当性を実験等により確認することを原則とする．

（2）実験等によらない場合は，コンクリート標準示方書［設計編］によることとする．

【解　説】　（1）について　一般には「11.2.1　鉄筋のかぶりの最小値」に示す値以上とするのがよい．VFC を用いることで，付着特性や物質浸透抵抗性が通常のコンクリートを用いる場合よりも向上するため，緊張材のかぶりをコンクリート標準示方書に示される値よりも小さくしても所要の性能を得られる場合がある．緊張材のかぶりをコンクリート標準示方書に示される値よりも低減する場合は，実験等による妥当性の確認が必要である．

　鉄筋を用いない P-VFC 構造において緊張材のかぶりを過度に小さくした場合は，プレストレス導入により付着割裂ひび割れが発生する可能性がある．付着特性，物質浸透抵抗性および施工性のみならず，緊張材の配置やプレストレス導入量についても留意する必要がある．

　（2）について　緊張材のかぶりをコンクリート標準示方書に従って設定する場合でも，繊維と鉄筋の相

互作用により VFC の流動性が阻害され，充填不良等を生じる場合がある．このような場合は，VFC の充填性を確認するために施工試験を行う必要がある．

12.10.4　緊張材のあき

（1）VFC 内に配置される緊張材やシースのあきは，VFC と緊張材の付着特性，VFC の打込みなどの施工性を確保するように定めることとし，その妥当性を実験等により確認することを原則とする．

（2）実験等によらない場合は，コンクリート標準示方書［設計編］によることとする．

【解　説】　（1）について　VFC を用いることで，緊張材と VFC の付着特性が通常のコンクリートを用いた場合よりも向上する．このため，緊張材等のあきをコンクリート標準示方書で定められている値よりも小さくしても付着を確保できる場合があるが，VFC 打込み時の充填性などの施工性についても検討する必要がある．

　（2）について　緊張材等のあきをコンクリート標準示方書に定められている値に設定する場合でも，繊維と緊張材やシースの相互作用により VFC の流動性が阻害され，充填不良等を生じる場合がある．このような場合は，VFC の充填性を確認するために施工試験を行う必要がある．

12.10.5　緊張材の配置

コンクリート標準示方書［設計編］によることとする．

【解　説】　コンクリート標準示方書［設計編］のとおりとした．

　VFC は通常のコンクリートよりも強度が高いため，より大きいプレストレスの導入が可能となり，部材厚も薄くすることができる．一方で，部材厚を薄くした場合，緊張材の配置誤差がプレストレスによる曲げ応力度分布に与える影響が相対的に大きくなるため，その配置精度には十分留意する必要がある．また，コンクリート標準示方書［設計編］の構造細目を満足した緊張材配置とした場合でも，ウェブやフランジが薄い部材において，応力が高いこと，ならびに応力集中によりひび割れが発生することがあるため，その点についても留意して緊張材の配置を決定する必要がある．

12.10.6　緊張材の定着，接続および定着部付近の VFC の補強

（1）緊張材の定着具および接続具は，部材に所定のプレストレスが確実に導入されるように配置し，構造物の設計耐用期間中に破損または腐食して部材の性能に悪影響を及ぼさないように十分に保護しなければならない．

（2）部材端部に定着具を配置する場合には，定着部の VFC に有害なひび割れが生じないように，実験等による確認を行った上で定着間隔および緊張順序を定めなければならない．

（3）部材中間部に定着具を配置する場合には，原則として定着体を VFC 中に埋め込むこととする．突起定着および切欠き定着を行う場合には，断面の急変による応力の乱れが部材の性能に悪影響を及ぼさないように，実験等による確認を行った上で断面形状および寸法を定めなければならない．

（4）定着部付近は，使用する VFC の特性に応じて，実験等による確認を行った上で適切な補強方法ならびに補強材量を決めなければならない．

（5）実験等によらない場合は，コンクリート標準示方書［設計編］によることとする．

【解　説】　通常のコンクリートを用いる場合の定着部では補強材を配置するが，VFC を用いることで，繊維の架橋効果により定着部の補強材を省略もしくは補強材量を低減することができる場合がある．定着部の補強材を省略もしくは補強材料を低減する場合は，実験等により確実に定着できることの確認が必要である．

定着部付近，特に補強材を配置した定着体周りについては，繊維の存在により通常のコンクリートよりも充填性が低下する可能性があるため，VFC の充填性にも十分留意する必要がある．

12.10.7　最小鋼材量

最小鋼材量は，「11.2.3　鉄筋の配置」における最小鉄筋量によることとする．

【解　説】　コンクリート標準示方書における最小鋼材量より低減する場合は，実験等により，ひび割れ発生後，直ちに鋼材が降伏して急激に耐力を失わないことを確認する必要がある．実験においては，繊維の配向・分散の影響を考慮して，配向・分散の状況が試験体と構造物で整合するように注意する必要がある．

13章　プレキャストコンクリート

13.1　一　　般

（1）この章は，工場または現場の製造設備で製造された VFC を用いたプレキャストコンクリート構造物あるいは部材およびそれらの接合部の安全性，使用性等の照査において設定する限界状態とその検討方法，ならびに照査の前提において，特に必要となる事項の標準を示すものである．

（2）プレキャストコンクリートは単体として，または，それを使用した構造物として，所要の性能を確保できるように設計しなければならない．

【解　説】　この章では，「11章 VFC を用いた鉄筋コンクリート構造の前提および VFC 構造物の構造細目」，「12 章 プレストレストコンクリート」を満足する VFC 構造のプレキャストコンクリートを対象としている．一方，VFC の力学特性を活用して通常のプレキャストコンクリート部材の接合に VFC を用いることも想定されることから，これによって一体化されたプレキャストコンクリート構造物の接合部も「13.9.3 接合部」の対象にすることとした．

補修・補強を目的として VFC を用いたプレキャストコンクリートを用いる場合が想定されるが，そのような場合も本章によるのがよい．

13.2　材料の設計用値

材料の設計用値は，「5.2 材料の設計用値」によることとする．

13.2.1　収縮およびクリープ

VFC を用いたプレキャストコンクリートのうち工場製品の収縮およびクリープ係数は試験により確かめられた値を用いることとする．

【解　説】　コンクリート標準示方書［設計編］のとおりとした．

13章　プレキャストコンクリート　　　　95

13.2.2　緊張材のリラクセーション率

（1）プレテンション方式で製造される VFC を用いたプレキャストコンクリートにおいて，プレストレス力の減少量を計算するために用いる緊張材の見掛けのリラクセーション率は，緊張材の種類，初期に与える緊張材の緊張力，製造方法および養生方法を考慮して定めることとする．

（2）ポストテンション方式で製造される VFC を用いたプレキャストコンクリートにおいて，プレストレス力の減少量を計算するために用いる緊張材の見掛けのリラクセーション率は，「12.3　プレストレス力」によることとする．

【解　説】　コンクリート標準示方書［設計編］のとおりとした．

13.2.3　単位重量

コンクリート標準示方書［設計編］によることとする．

13.3　作　　用

（1）作用は，「6章　作用」に準じて設定する．

（2）プレキャストコンクリートは，構造物の設計に用いる作用のほか，貯蔵，運搬，組立および接合において生じる作用を考慮しなければならない．

【解　説】　コンクリート標準示方書［設計編］のとおりとした．

13.4　応答値の算定

（1）応答値の算定は，「7章　耐久性に関する照査」，「8章　安全性に関する照査」，「9章　使用性に関する照査」，「10章　耐震設計および耐震性に関する照査」によることとする．

（2）接合部のモデル化および曲げひび割れ幅の設計応答値の算定は，この節に示す方法で行うこととする．

【解　説】　<u>（2）について</u>　VFC を用いたプレキャストコンクリートで，接合部の剛性や力学特性が接合部以外の一般部と異なる接合構造を用いる場合は，接合部を適切にモデル化した解析により応答値を算定する必要がある．また，曲げひび割れ幅の設計応答値の算定では，プレキャストコンクリートの収縮特性を考慮する必要がある．

なお，接合部のみを切出して構造解析を行う場合には，切出し部の境界条件を適切に定める必要がある．

13.4.1 接合部のモデル化

接合部のモデル化は，「7章 耐久性に関する照査」，「8章 安全性に関する照査」，「9章 使用性に関する照査」，「10章 耐震設計および耐震性に関する照査」により行うこととし，接合構造に応じて定めなければならない．

【解　説】　コンクリート標準示方書［設計編］のとおりとした．

13.4.2 曲げひび割れ幅の設計応答値の算定

曲げひび割れ幅の設計応答値の算定は，「9.2.3.4 曲げひび割れ幅の設計応答値の算定」により求めることとする．

【解　説】　VFC を用いたプレキャストコンクリートでは，場所打ちの VFC および通常のコンクリートと製造方法や配合が異なることから，プレキャストコンクリートの製造方法や配合を考慮した実験等に基づいて算定するのがよい．

13.5 耐久性に関する照査

（1）耐久性に関する照査は，プレキャスト部材の品質，供用時の応力状態および環境条件等を考慮し，「7章 耐久性に関する照査」および「12.5 耐久性に関する照査」により行うこととする．

（2）接合部は適用する接合方法により所要の耐久性を有していることを確認しなければならない．

（3）鋼材腐食に対する照査は，鉄筋，PC 鋼材，鋼製の定着具，接合部の鋼部材等について行わなければならない．

（4）PC 鋼材，鉄筋，定着具等の鋼材腐食に対するひび割れ幅の限界値は，「7.3.4 ひび割れ幅に対する照査」および「12.5 耐久性に関する照査」により求めることとする．

【解　説】　（1）について　プレキャストコンクリートは，他のコンクリート構造物と同様，設計耐用期間に対して十分な耐久性を有することが求められる．特に，ボックスカルバート等，土中で使用する部材や厳しい腐食性環境下で用いられるものなどもあるため，その耐久性は，「7章 耐久性に関する照査」および「12.5 耐久性に関する照査」により照査を行う必要がある．

13.6 安全性に関する照査

（1）安全性に関する照査は，「**8章 安全性に関する照査**」により行うこととする.

（2）接合部については，接合構造および接合部位置の要求性能に応じた限界状態を設定し，照査しなければならない.

【解　説】　コンクリート標準示方書［設計編］のとおりとした.

13.7 使用性に関する照査

（1）使用性に関する照査は，「**9章 使用性に関する照査**」により行うこととする.

（2）接合部については，接合構造および接合部位置の要求性能に応じた限界状態を設定し，照査しなければならない.

【解　説】　コンクリート標準示方書［設計編］のとおりとした.

13.7.1　ひび割れによる外観に対する照査

外観に対するひび割れ幅の設計限界値は，プレキャストコンクリートの使用目的に応じて，構造物の外観を損なうことがないように「**9.2 ひび割れによる外観に対する照査**」により設定することとする.

【解　説】　コンクリート標準示方書［設計編］のとおりとした.

13.7.2　変位・変形に対する照査

（1）変位・変形に対する照査は，「**9.4 変位・変形に対する照査**」により行うこととする.

（2）接合部の変位・変形に対する照査においては，接合構造および接合部位置の要求性能に応じた限界状態を設定し，照査することとする.

【解　説】　コンクリート標準示方書［設計編］のとおりとした.

13.7.3 水密性に対する照査

（1）水密性に対する照査は，「9.6 水密性に対する照査」により行うこととする.

（2）接合部の水密性に対する照査においては，接合構造および接合部位置の要求性能に応じた限界状態を設定し，照査しなければならない.

【解　説】　コンクリート標準示方書［設計編］のとおりとした.

13.7.4 耐火性に対する照査

耐火性に対する照査は，「9.7 耐火性に対する照査」により行うこととする.

【解　説】　コンクリート標準示方書［設計編］のとおりとした.

13.8 耐震性に関する照査

（1）耐震性に関する照査は，「10章 耐震設計および耐震性に関する照査」により行うこととする.

（2）耐震性に関する照査においては，接合部の力学特性を考慮してモデル化しなければならない.

【解　説】　コンクリート標準示方書［設計編］のとおりとした.

13.9 プレキャストコンクリートの前提

（1）この章に示した方法によりプレキャストコンクリートの性能照査を行う場合は，「11章 VFC を用いた鉄筋コンクリート構造の前提および VFC 構造物の構造細目」，「12.10 VFC を用いたプレストレストコンクリートの前提および構造細目」，およびこの節に示す前提によることとする.

（2）プレキャストコンクリートの構造細目は，所要の性能を満足することを，実験等により妥当性を確認しなければならない.

【解　説】　この節は，プレキャストコンクリート構造で VFC を用いる場合における照査法の前提条件として，かぶりに関する事項，鋼材のあきに関する事項，接合部に関する事項について記載するものである. その他の鉄筋コンクリートの前提に関する事項については，「11章 VFC を用いた鉄筋コンクリート構造の前提および VFC 構造物の構造細目」，「12.10 VFC を用いたプレストレストコンクリートの前提および構造細目」によるものとした.

VFC を用いたプレキャストコンクリートの構造細目は，製造方法や配合を考慮して定める必要がある.

13.9.1　鉄筋および鋼材のかぶりの最小値

プレキャストコンクリートのかぶりの最小値は，「11.2.1 鉄筋のかぶりの最小値」および「12.10.3 緊張材のかぶり」による．

【解　説】　プレキャストコンクリートでは VFC を場所打ちする場合に比べて，施工誤差を小さくすることができるため，かぶりの最小値を小さく設定することができる可能性がある．かぶりの最小値は施工誤差を考慮して定め，設計図に明示する必要がある．

13.9.2　鋼材のあき

鋼材のあきは，「11.2.2 鉄筋のあき」と「12.10.4 緊張材のあき」による．

【解　説】　プレキャストコンクリートでは製造管理がしやすいことから，VFC を場所打ちする場合に比べて，鉄筋および緊張材のあきを小さくできる可能性がある．

13.9.3　接　合　部

接合部の構造は，適用する部材や部位に応じて所要の性能を満足することを実験等により確認されたものでなければならない．

【解　説】　プレキャストコンクリート構造で VFC を用いる場合，接合部には適切な接合方法を設定する必要がある．接合部に設ける方法として，①接合部に VFC，モルタルやコンクリートを打ち込むウェットジョイント，②エポキシ樹脂を塗布するドライジョイントが主な方法として挙げられる．これらのうち，ウェットジョイントに VFC を用いるケース以外は，プレキャスト部材が VFC であっても接合部は通常のコンクリートと同様に設計することとなる．以下，(i)～(iii)に代表的な接合方法を示す．

(i) 鉄筋の重ね継手もしくは機械式継手により接合する方法

　　プレキャストコンクリートと接合相手部材の鉄筋を接合し，その周囲に VFC，通常のコンクリート，または通常のモルタルを打ち込む方法である．接合部の設計は「**13.9.3.1 鉄筋継手による接合（重ね継手，あき重ね継手，機械式継手）**」により行うことができる．

　　スリーブやカプラー等の継手部品を介して，鉄筋を軸方向に機械的に接合する場合は，製作および組立時の精度に注意が必要である．

　　接合部に，プレキャストコンクリート本体と異なる材料を打ち込む際は，一般にプレキャストコンクリート本体と同等以上の強度を有する材料を用いた上で，その材料に応じて設計の方法を検討する必要がある．

(ii) プレストレス力により接合（圧着）する方法

　　プレストレストコンクリート構造物において多く用いられている接合方法であり，接合部の設計は

「13.9.3.2 プレストレス力による接合」により行うことができる．

(iii) ずれ止めにより接合する方法

VFC を用いたプレキャストコンクリート同士を接合する場合，あるいは VFC を用いたプレキャストコンクリートと現場打ちコンクリートを接合する場合に用いることがあり，接合部の設計は「13.9.3.3 ずれ止めによる接合」により行うことができる．

13.9.3.1 鉄筋継手による接合（重ね継手，あき重ね継手，機械式継手）

（1）プレキャスト部材同士を鉄筋の継手によって接合する場合は，接合部の位置および構造等を十分検討し，構造物または部材が所要の性能を発揮することができるようにしなければならない．

（2）継手の構造等は，「11.2.6 鉄筋の継手」による．

（3）水密性が要求される場合は接合部の水密性についても検討しなければならない．

（4）安全性に関する照査においては，次の(i)および(ii)を満足していることを確認しなければならない．

(i) 一般部と同様，接合部の設計断面耐力は，作用断面力以上でなければならない．接合部の設計断面耐力は，「8章 安全性に関する照査」によることとする．

(ii) 接合部の設計せん断伝達耐力は，作用せん断力以上でなければならない．接合面に対する設計せん断伝達耐力は，「8.2.5.4 設計せん断伝達耐力」によることとする．

【解　説】　（1）について　プレキャスト部材同士を鉄筋の継手によって接合する場合，接合部の位置，継手方法により，接合部への要求性能は異なる．このため，対象となる接合部に要求される性能を十分に検討し，適切な継手方式を選定する必要がある．解説 図 13.9.1 に鉄筋の継手によるプレキャスト部材の接合の一例を示す．

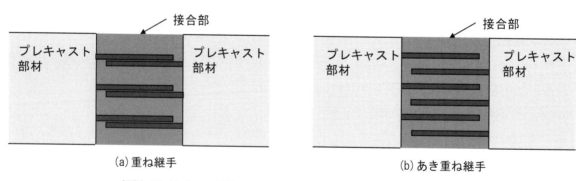

解説 図 13.9.1　鉄筋の継手によるプレキャスト部材の接合の一例

（2）について　鉄筋の重ね継手とあき重ね継手は，接合部に VFC を用いることで「11.2.6 鉄筋の継手」と同様，鉄筋と VFC の付着特性が通常のコンクリートを用いる場合よりも向上するため，通常のコンクリートを用いる場合よりも継手長を短くしたり継手部の配筋を簡略化できる場合がある．

（3）について　接合面は水密性が劣ることがあるため，「9.6 水密性に対する照査」に従って水密性に関する照査を行う必要がある．また，水の影響が問題となる構造物では，接合部に防水工を施すのがよい．

13.9.3.2 プレストレス力による接合

（1）プレキャスト部材同士をプレストレスによって接合する場合は，接合部の位置および構造等を十分に検討し，構造物または部材が所要の性能を発揮することができるようにしなければならない．

（2）接合部の構造等では，次の(i)～(v)に従わなければならない．

(i) 接合面と接合面に働く圧縮合力とのなす角は，90°とすることを標準とする．また，この角度を45°未満にしてはならない．

(ii) プレキャスト部材の接合面の処置方法は，設計図に明示しなければならない．

(iii) 確実な接合を行うために，複数の接合キーを用いることが望ましい．接合面の部材端部および接合キー付近は，弱点となりやすいので，十分に補強しなければならない．

(iv) 水密性が要求される場合には，接合部の水密性についても検討しなければならない．

(v) プレキャスト部材の接合部には一般に引張鉄筋が配置されないため，内ケーブルを用いる場合には，PCグラウトで付着を確保するとともに，その一部は引張縁近くに配置するものとする．また，アンボンドPC鋼材もしくは外ケーブルしか配置しない場合には，断面力の算定方法，構造詳細等を十分検討しなければならない．

（3）安全性に関する照査においては，次の(i)および(ii)を満足しなければならない．

(i) 接合部の設計せん断伝達耐力は，作用せん断力以上でなければならない．接合部に対する設計せん断伝達耐力は，接合キーのせん断分担分を考慮して，「**8.2.5.4 設計せん断伝達耐力**」によることとする．

(ii) 接合キーは，作用する支圧応力に対して安全でなければならない．

【解　説】 コンクリート標準示方書［設計編］のとおりとした．

　（2）について　(iii)に示す接合キーにVFCを用いることで，**解説 図 13.9.2**に示すように繊維の架橋効果によって接合キーにおけるひび割れを抑制できる．接合キーのせん断伝達耐力に繊維の効果を考慮する場合は，実験等により確認する必要がある．

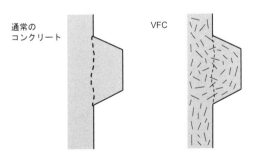

解説 図 13.9.2　接合キーの補強

13.9.3.3 ずれ止めによる接合

（1）プレキャスト部材同士をずれ止めによって接合する場合は，接合部の位置および構造等を十分検討し，構造物または部材が所要の性能を発揮することができるようにしなければならない．

（2）接合部の構造等では，次の(i)～(iv)に従わなければならない．
- (i)　プレキャスト部材が一体となって挙動するように，プレキャスト部材とずれ止めの一体性を確保しなければならない．
- (ii)　プレキャスト部材のずれ止めによる接合方法は，設計図に明示しなければならない．
- (iii)　集中反力作用箇所や部材断面急変部等，過大な応力集中が生じる箇所は，その影響を考慮して適切に補強しなければならない．
- (iv)　水密性が要求される場合には，接合部の水密性についても検討しなければならない．

（3）安全性に関する照査においては，次の(i)および(ii)を満足しなければならない．
- (i)　接合部の設計せん断耐力は，作用せん断力以上でなければならない．
- (ii)　ずれ止めは，作用する支圧力および摩擦力に対して安全でなければならない．

【解　説】　（1）について　VFCは，力学特性（圧縮強度，引張特性等）により，通常のコンクリートを用いた場合よりも接合部の耐力の向上が期待できる．例えば，**解説 図 13.9.3**に示すように鋼－コンクリート部材の接合に用いられる孔あき鋼板ジベルなどのずれ止めを用いる場合に，貫通鉄筋を省略しても，高いせん断抵抗やじん性が得られる場合がある．

また，VFCはずれ止め付近に発生する割裂ひび割れの進展を防止することもできるため，同目的の補強鉄筋などを省略して，プレキャスト部材の配筋の簡略化が可能となる場合がある．

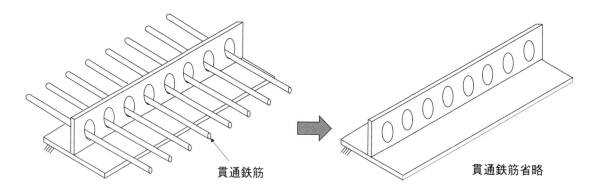

解説 図 13.9.3　接合構造の例

13.9.4 場所打ちとの接合面

（1）プレキャスト部材と場所打ち箇所が一体として挙動する必要がある場合は，場所打ちとの接合面に対して適切な対策を行うこととする．

（2）プレキャスト部材と場所打ち箇所の一体性が必要な場合の接合面の処理方法は，実験等により一体性を確認することとする．

【解　説】　（1）について　プレキャスト部材と場所打ち箇所の接合面では，繊維が不連続となるため打継目として扱う必要がある．プレキャスト部材と場所打ちとの接合面に対する対策は「11.4.3 打継目」を，施工は「16.8.2 打継目」を，それぞれ参考とするのがよい．

14章　高度な数値解析による照査

14.1 一　般

（1）この章は，VFC 構造物の力学特性に関わる性能照査に対して，高度な数値解析を用いた場合の留意点を示すものである．

（2）高度な数値解析を用いた性能照査の流れは，コンクリート標準示方書［設計編］によることとする．

（3）使用する解析コードは，対象とする VFC 構造物の力学挙動を適切に評価することができることをあらかじめ検証しておくこととする．

【解　説】　（1）について　VFC 構造物の力学挙動を評価する方法の一つとして，非線形有限要素法を用いる方法がある．この章では，VFC 構造物の力学特性に関わる性能照査に対して，そのような高度な数値解析を用いる場合の留意点を示している．なお，VFC を通常の RC 部材と併用する場合等，照査の対象とする構造物に通常の RC 部材を含む場合，通常の RC 部材に対する解析法はコンクリート標準示方書に従えばよい．

VFC の力学挙動に対する時間依存挙動や材料劣化抵抗性についての知見は，現状では少ない．したがって，この章で扱う内容は短期の力学特性に関する性能照査に限定することとした．

（2）について　高度な数値解析を用いて性能の照査を行う場合には，事前に策定した解析計画に基づいて解析手法を選定し，対象とする構造物を適切にモデル化して応答解析を実施する必要がある．VFC と通常のコンクリートの違いは主に材料の力学特性であり，解析手法そのものに大きな差異はない．したがって，高度な数値解析を用いた性能照査の流れは，コンクリート標準示方書によることとした．コンクリート標準示方書に示された性能照査の流れを**解説 図 14.1.1**に示す．

この章では，主に非線形有限要素解析を用いた場合のモデル化について記述しているが，高度な数値解析法として剛体ばねモデル（Rigid Body Spring Model, RBSM）やその他の数値解析法の使用を妨げるものではない．RBSM は，不連続体力学に基づいた解析手法の一つであり，解析の対象を剛体の集合としてモデル化し，それぞれの剛体の運動を解く手法である．3 次元解析では，**解説 図 14.1.2**に示すように剛体要素の任意の点に六つの自由度（並進 3 自由度，回転 3 自由度）を仮定し，要素の境界面における表面力を評価することで，剛性方程式を定式化する手法である．表面力を伝達するために，剛体間に配置したバネに対して適切な非線形特性を与えることにより，コンクリートに生じるひび割れ等の不連続挙動を直接表現することができる．VFC はマトリクスと繊維の複合材料であること，ならびに VFC の力学挙動はマトリクスに生じるひび割れの進展と繊維の架橋効果に大きく影響を受けることから，材料の力学特性およびそれらの相互作用を，比較的容易にモデル化して取り扱うことが可能な RBSM は，VFC の力学性能を評価する上で有用な手法の一つである．

解説 表 14.1.1 は非線形有限要素解析と RBSM のそれぞれの代表的な解析手法の特徴を整理したものである．目的に応じて適切な解析手法を選択するのがよい．

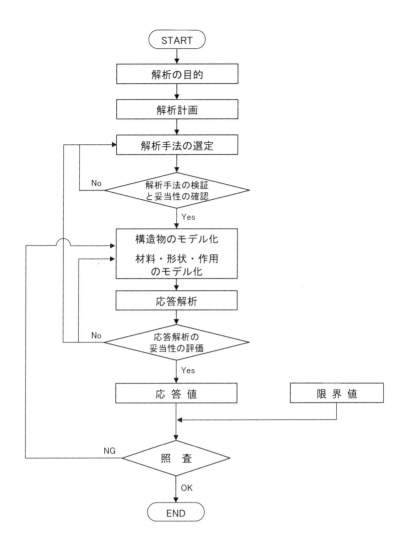

解説 図 14.1.1　非線形有限要素解析による性能照査の流れ

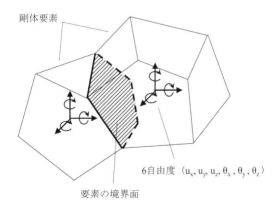

解説 図 14.1.2　RBSM における要素と自由度の関係

解説 表 14.1.1 非線形有限要素解析と RBSM の代表的な特徴

比較項目	非線形有限要素解析 （分散ひび割れモデル）	RBSM （繊維を独立してモデル化した場合）
ひび割れの評価方法	ひずみを用いて間接的に評価	剛体要素同士の相対変位をひび割れとして直接的に評価
メリット	要素の平均的な挙動を評価するため，部材等の巨視的な挙動の評価に適している	ひび割れを直接評価するため，ひび割れ幅等の局所的な情報の評価に適している
VFC の要素	VFC 要素	マトリクス要素＋繊維要素
繊維の架橋力の モデル化	引張軟化曲線を基とする応力－ひずみ曲線	繊維の材料モデルと付着モデルで表現

　（3）について　使用する解析コードについては，解析の目的に応じて適用範囲が明確となっているものを用いる必要がある．また，解析コードの妥当性については，既往の実験結果等を参考として事前に検証しておく必要がある．なお，解析コードの検証に用いる実験結果については，目的や範囲，対象としている部材の形状寸法，境界条件や測定方法，結果のばらつきや精度と確からしさが十分に明らかになっていることを精査する必要がある．

14.2　材料のモデル化

14.2.1　一　　般

　非線形解析に用いる材料モデルは，対象とする VFC および補強鋼材の力学特性ならびにそれらの相互作用を考慮してモデル化したものを用いなければならない．

【解　説】　一般に，非線形解析による応答解析において妥当な応答値を得るためには，材料の力学特性を適切にモデル化する必要がある．このことは VFC 構造物においても同様であり，VFC 構造物あるいは部材の力学挙動を非線形解析により求めるためには，特に VFC の力学特性を適切に表現できる材料モデルを用いる必要がある．なお，この節では，非線形有限要素解析（分散ひび割れモデル）を用いた場合の材料のモデル化について示すこととした．RBSM 等のその他の数値解析手法を用いる場合には，使用する解析手法に応じた適切な材料モデルを用いる必要がある．

　VFC と鉄筋の相互作用のモデル化については，①鉄筋と VFC の付着すべり関係と，鉄筋と VFC それぞれの単体モデルを用いる方法，②鉄筋と VFC の付着すべり関係を包含した鉄筋と VFC の平均応力－平均ひずみ関係（テンションスティフニング）の二つの方法がある．いずれのモデル化でも，対象とする VFC 構造物の力学挙動を適切に評価できることを確認する必要がある．

14.2.2 VFC のモデル化

14.2.2.1 引張応力下における応力-ひずみ曲線

> （1）引張応力下における応力－ひずみ曲線の設定は，材料試験の結果をもとに適切にモデル化しなければならない．
> （2）ひび割れ発生までは線形弾性を仮定してよい．
> （3）ひび割れ発生後の応力－ひずみ曲線の設定においては，引張軟化特性を適切に考慮することとする．

【解説】 引張応力下の VFC は，ひび割れ発生以前は繊維の影響が小さく弾性的な挙動を呈する．一方，ひび割れ発生後は，繊維の架橋効果により引張力に抵抗し，ひび割れの進展と開口が抑制される．VFC の種類によっては，ひび割れ発生後にひずみ硬化挙動を呈するものもある．ただし，ひずみ硬化挙動を呈するか否かに関わらず，引張応力が最大値に達した後は，ひび割れの開口に伴い引張応力は低下する．非線形解析においては，このような材料の特性を適切にモデル化した応力－ひずみ曲線を用いる必要がある．引張軟化特性については，「5.3.2 引張特性」に従うのがよい．非線形解析に用いる応力－ひずみ曲線の設定においては，解説 図 14.2.1 に示すように，引張軟化曲線の開口変位 w をひび割れ帯幅 h_{cr} で除してひずみに換算してよい．ひび割れ帯幅 h_{cr} は，「5.3.4.2 引張応力－ひずみ曲線」で述べられている等価長さ L_{eq} とは異なる値であり，要素寸法を考慮して設定する必要がある．また，繊維の配向・分散の影響については「4.6 配向係数」に従い，非線形有限要素解析を用いた照査における評価指標（曲げ耐力，せん断耐力，使用限界状態の応力等）に応じて実験現象を表現できる κ_f を設定する必要がある．

RC 構造の解析において，部材の平均的な応答を求める際にテンションスティフニング効果を考慮した平均応力－平均ひずみ関係を用いる場合がある．この平均応力－平均ひずみ関係と上述の応力－ひずみ曲線では考えている物理現象が異なるので，使用に際しては注意する必要がある．

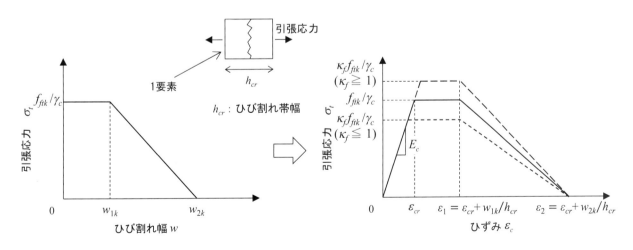

解説 図 14.2.1 引張軟化曲線と引張応力－ひずみ曲線の関係の一例

14.2.2.2　ひび割れ面でのせん断伝達モデル

　VFC のひび割れ面でのせん断伝達特性は，除荷・再載荷時の影響を含めて，実験等により適用性が確認された方法によってモデル化することとする．

【解　説】　VFC のせん断伝達特性は，使用するマトリクスや繊維の違いにより様々であることが知られている．そのため，VFC のひび割れ面でのせん断伝達挙動をモデル化する際には，繊維の架橋効果の影響を含めて適切にモデル化する必要がある．ひび割れ面を架橋する繊維のせん断抵抗の影響を定量的にモデル化できない場合には，繊維の影響を無視してコンクリート標準示方書［設計編］に示される通常のコンクリートのせん断伝達特性を用いる方法もある．ただし，VFC の引張軟化特性を考慮して解析した場合は通常のコンクリートと比較してひび割れ幅が小さくなり，せん断伝達応力を過大評価する可能性があるため，実験現象との適合性を確認する必要がある．また，マトリクスがモルタルの場合は，コンクリートの場合と比較してひび割れ面でのかみ合わせ効果が小さいため，その影響を考慮することが必要である．

　VFC に高サイクル繰返し応力が作用する場合には，せん断伝達特性にその影響を適切に考慮する必要がある．高サイクル繰返し作用を受ける VFC では，すり磨き作用によってひび割れ面が平滑化し，かみ合わせ効果が低下する現象を適切に考慮する必要がある．繊維の架橋効果についても高サイクル繰返し作用によりその効果が低下する可能性があるため，注意する必要がある．また，雨水や海洋河川水の影響を受ける部材を対象とする場合には，水分の影響を適切に考慮する必要がある．

14.2.2.3　圧縮応力下における応力-ひずみ曲線

　圧縮応力下の応力－ひずみ曲線は，実験結果をもとに，以下の挙動を適切に表現できるモデルを使用しなければならない．

　　i)　　最大圧縮応力に至るまでの非線形性
　　ii)　　最大圧縮応力以降のひずみ軟化挙動
　　iii)　　除荷，再載荷による繰返し応力履歴の影響
　　iv)　　経験最大圧縮ひずみの増加による再載荷時の弾性剛性の低下
　　v)　　多軸応力の影響

【解　説】　圧縮応力下の VFC は，繊維の架橋効果により，**解説 図 14.2.2** に示すように圧縮強度以降の応力低下が通常のコンクリートと比較して緩やかになることが知られている．非線形解析においては，このような圧縮軟化特性を適切にモデル化したものを用いてよいこととした．

　ひび割れを生じた VFC の圧縮応力下における応力－ひずみ関係には，圧縮応力の方向と平行方向のひび割れの影響を適切に考慮する必要がある．

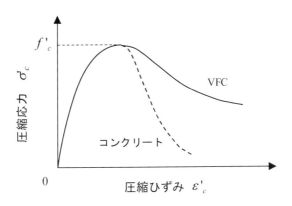

解説 図 14.2.2　圧縮の応力－ひずみ曲線の例

14.2.3　鋼材のモデル化

鋼材のモデルには，降伏，降伏後のひずみ硬化，降伏後の除荷・再載荷における履歴吸収エネルギーおよびバウシンガー効果が考慮されたものを用いることを原則とする．引張領域と圧縮領域の挙動は，同一としてよい．

【解　説】　ひび割れを複数含む領域の検討に鋼材軸方向の平均応力－平均ひずみ関係を用いる場合には，コンクリート中の補強材の平均応力－平均ひずみ関係は，ひび割れや付着の影響により補強材単体の応力－ひずみ関係とは異なることを考慮する必要がある．

14.3　応答値の算定

コンクリート標準示方書［設計編］によることとする．

14.4　照　査

コンクリート標準示方書［設計編］によることとする．

【解　説】　コンクリート標準示方書［設計編］に示されている正規化累加ひずみエネルギーや偏差ひずみ第2不変量等の照査指標については，VFCに対して適用できるか否かが十分に検証されていないため，応力度や断面力，変位・変形，ひび割れ幅を照査指標とするのがよい．

14.5　妥当性の評価

コンクリート標準示方書［設計編］によることとする．

15章　VFCによる補修・補強

15.1　一　般

（1）この章は，VFCを用いて構造物の性能を回復，保持または向上させる場合の設計，施工および維持管理について，特に必要となる事項の標準を示すものである．

（2）VFCを用いた補修・補強の設計では，診断結果および事前調査に基づき，対策後の新たな設計耐用期間を通じてVFC構造物が要求性能を満足するようにしなければならない．

（3）VFCを用いた補修・補強の施工および維持管理では，設計の前提を実現する施工計画および対策後の維持管理計画に基づいて実施しなければならない．

【解　説】　（1）について　この章は，VFCを用いて既設構造物を補修・補強する場合を対象とする．VFCを用いて既設構造物を補修・補強する際は，まずは本指針（案）に示すVFC特有の留意点を反映した設計，施工および維持管理方法を基本とする．本指針（案）によらない共通かつ普遍的なものについては，コンクリート標準示方書［設計編］，［施工編］および［維持管理編］に従って設計，施工および維持管理を行うのがよい．ただし，VFC以外の材料で補修・補強を行う場合には，「**18章　維持管理**」による．この場合，コンクリートライブラリー第150号「セメント系材料を用いたコンクリート構造物の補修・補強指針」も参考にするのがよい．

（2）について　VFCを用いた補修・補強の設計では，目標とする性能を定め，補修・補強の範囲を決定し，その性能を満足する工法，VFCの仕様および諸元を選定する．この際，その構造物が対策後の新たな設計耐用期間を通じて要求性能を満足することを照査する必要がある．VFCの高い力学特性や物質移動抵抗性を活用することで，**解説　図15.1.1**に示すように通常のコンクリートを用いた補修・補強工法よりも耐荷性や耐疲労性などの構造物の性能を積極的または合理的に向上させつつ，長期的に補強効果と耐久性を持続させる効果を期待することもできる．また，要求性能が見直された場合は，必要に応じて対策を行うのがよい．

（3）について　補修・補強の施工および維持管理では，設計の前提を実現するために，設計の趣旨と現場の施工条件を十分考慮した上で，施工範囲，施工手順，施工方法および維持管理方法等を定める必要がある．施工に際しては，当初の設計，施工の状況，構造物に生じた変状および環境・荷重等の作用を確認する必要があるが，事前調査による情報が不足している場合には，改めて詳細な調査を実施するのがよい．また，VFCを用いて補修・補強を実施する上での具体的な制約条件や課題を把握・検討しておくことが重要である．

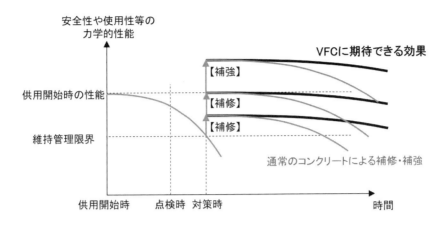

解説 図15.1.1 VFCに期待される効果

15.2 補修・補強の設計

15.2.1 一　般

（1）VFCを用いた補修・補強の構造計画では，設計耐用期間および要求性能を新たに定めるとともに，その期間にわたって要求性能を保持するよう，補修・補強の方針を定め，材料の特性および主要寸法を設定しなければならない．

（2）VFCを用いて補修・補強された構造物の性能照査では，設計耐用期間にわたって要求性能を満足することを，適切な方法を用いて照査しなければならない．

【解　説】　（1）について　VFCを用いた補修・補強の構造計画は，「3章　VFC構造物の構造計画」による．構造計画においては，安全性および使用性が設計耐用期間中において要求性能を保持するために，補修・補強の目的に合わせて工法を選定する．

解説 図15.2.1はコンクリート構造物をVFCによって補修・補強する際の効果をイメージしたものである．例えば，従来の材料では増厚や鉄筋などの鋼材の追加が必要であったものが，VFCの材料特性を活用することで，図中（a）のように従来の材料よりも小さい増厚，（b），（c）のように当初の設計断面と同等の断面，さらには（d）のように減厚することも可能である．

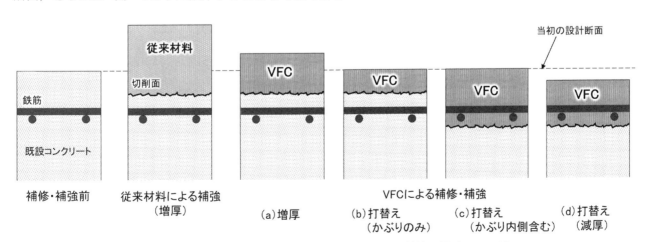

解説 図15.2.1　VFCによるコンクリート構造物の補修・補強イメージ

解説 表15.2.1は，性能の回復や向上の目的に応じた補修・補強の方法について，VFCを用いることで期待および達成できる例を示したものである．

解説 表 15.2.1 性能の回復や向上の目的に応じた補修・補強の例（VFC に関連）

補修・補強の目的	劣化機構・要因	補修・補強の方法	工法
耐久性の回復・向上	・中性化 ・塩害 ・凍害	保護層の配置	表面被覆工法 断面修復工法
安全性の回復・向上	・化学的侵食 ・アルカリシリカ反応 ・すり減り	部位の交換 （打替え）	断面修復工法 （打替え工法）
	・疲労 ・地震	断面の追加 補強材の追加 部材の追加	増厚工法 巻立て工法 パネル接着工法

VFC を用いた補修・補強については，現在も様々な研究がなされており，適用事例が蓄積されている段階であるが，現在実施されている主な補修・補強工法としては以下が挙げられる．

(i) 表面被覆工法

通常のコンクリートよりも高い物質移動抵抗性を有する VFC は，コンクリート躯体の表面に配置することで保護層としての機能も期待される．「**参考資料 3-1 壁高欄の補修への適用事例**」では，ひずみ硬化性やひび割れ分散性に優れた VFC によって壁高欄の断面修復と表面被覆の両者の役割を担う技術について解説している．

(ii) 断面修復工法

断面修復工法に用いられる材料には多くの種類があるが，耐久性や既設コンクリートとの付着強度の観点で，現在でも主流はポリマーを混入した材料である．VFC を活用することで，既設躯体の軽量化，遮塩性，耐摩耗性といった課題を同時に解決できる可能性がある．「**参考資料 3-2 護岸構造物再構築への適用事例**」では，VFC を用いた断面修復工法の参考として，現場打ちの UFC によって護岸補修を行った事例を解説している．

(iii) 増厚および打替え工法

道路橋の RC 床版では，交通荷重による疲労損傷と凍結防止剤等による塩害によって劣化が進み，補修・補強を行う事例が増加している．「**参考資料 3-3 床版増厚工法への適用事例**」では，RC 床版の上面に VFC を薄層で打ち込み，補修・補強に加えて防水工としての機能を持たせることで維持管理性を向上させる技術について解説している．また，「**参考資料 1-20 VFC を用いた補修・補強による構造性能の向上**」および「**参考資料 4-2 VFC を用いた構造物の補強設計例**」では，構造性能の向上に関する研究例や補強設計例を解説している．

(iv) 巻立て工法（耐震補強）

橋脚の耐震補強工法のひとつに鉄筋コンクリートによる巻立て工法があるが，橋脚の重量増に対応する基礎の補強，河川内橋脚の場合は断面増に伴う河積阻害率への影響といった課題があった．「**参考資料 3-4 柱部材の耐震性向上への適用事例**」では，VFC の活用で当初の設計断面を極力変えない耐震補強技術につ

いて解説している.

(v) パネル接着工法

プレキャストパネルの耐摩耗性,凍結融解抵抗性,耐腐食性,耐候性,遮塩性,じん性といった特性を活かしながら既設コンクリートの高耐久化を図る工法がある.近年,より高強度・高耐久な VFC 製のプレキャストパネルをコンクリート橋脚の耐震補強に用い,既設コンクリートとパネル間にも VFC を充填する工法が検討されている.

(2) について VFC の種類やその力学特性および物質移動に対する抵抗性は様々であり,7 章〜10 章に準じて性能照査を行う必要がある.VFC で補修・補強されることにより構造系全体としての挙動が補修・補強以前と異なる可能性がある場合は,補修・補強された箇所の性能のみならず,構造物全体の性能に対しても適切に照査する必要がある.また,既設部に VFC を打ち継ぐ際には,VFC の収縮が拘束されることによる残留引張応力を考慮し,構造設計に用いるひび割れ発生強度や繊維架橋強度等を適切に設定するのがよい.

VFC 構造物の耐久性についても,VFC に求める特性が高くなるほど既設部の特性との差が大きくなる可能性があるため,これらを想定・考慮した維持管理計画を検討する必要がある.

15.2.2　既設部との一体性

VFC を用いて補修・補強された構造物が限界状態に至るまで一体となって挙動するように,VFC と既設コンクリートとの接合方法を設定しなければならない.

【解　説】　VFC を用いて補修・補強した構造物の使用性および安全性に関する照査では,既設部と補修・補強を構成する要素が一体となって外力に抵抗することを前提とすることが一般的であり,一体性の確保は特に重要である.また,対策後の構造物の耐荷力や剛性が確保できるように,補強部の構造特性を設定する必要もある.既設構造物に VFC を接合する場合,接合方法や応力伝達機構の設定が必要であるが,VFC の種類や接合方法は様々であるため,実験により接合部の特性を確認する必要がある.

既設構造物と VFC の接合では,付着を確保するために目粗しやプライマーといった下地処理,接着剤の塗布および適切なアンカーなどの選定が重要となる.既設コンクリートにひび割れが生じている場合には,あらかじめひび割れ注入などの処置を施しておくことも必要である.また,供用中においては,永続作用によって VFC および接合面の接着剤に生じるクリープ,接着剤の温度依存性や劣化などによって一体性が損なわれないよう注意が必要である.接合面での一体性については,「11 章 VFC を用いた鉄筋コンクリート構造の前提および VFC 構造物の構造細目」も参考にするのがよい.

15.3　補修・補強に用いる材料

(1) VFC および鋼材は「5 章 材料」による.

(2) 補修・補強において,VFC と併用されるその他の材料は,品質が確かめられたものでなければならない.

【解　説】　（2）について　VFCを用いた補修・補強においても，接着剤，充填材，連続繊維補強材などが併用されることが想定されるため，構造物の要求性能を満足するように，その使用条件や組合せに応じて適切な方法により品質を確認しておく必要がある．VFC以外の材料については，コンクリート標準示方書［維持管理編］，コンクリートライブラリー第150号「セメント系材料を用いたコンクリート構造物の補修・補強指針」および第101号「連続繊維シートを用いたコンクリート構造物の補修補強指針」等を参考に，材料物性の特性値および材料係数を設定する必要がある．また，示方書や指針類に扱われていない新たな材料を用いる場合には，試験により品質を確認し，特性を確認する必要がある．

15.4　補修・補強の施工

　VFCを用いた補修・補強の施工は，設計の前提を実現する施工計画を策定した上で，設計で想定した品質を確保し，補修・補強した構造物が所要の性能を満足するように実施しなければならない．

【解　説】　VFCを用いた補修・補強の施工では，使用するVFCや併用するその他材料の特性，施工上の制約条件を考慮して，施工管理および品質管理を行うことが重要である．VFCの施工に関する共通の留意点については「**16章　施工**」に従う必要がある．なお，本章で紹介している工法については**参考資料3-1〜3-4**を参考にするとよい．

　また，既設構造物とVFCの一体化が重要であることから，コンクリート部材の場合は表面の目粗し，ひび割れ補修および湿潤・保水・プライマーといった下地処理，鋼部材の場合は素地調整（ケレン），接着剤の塗布およびスタッド等の使用が重要となる．さらには，VFCによって補修・補強部分の厚さが合理化される場合，従来の材料による補修・補強よりも表面積に対する厚さが薄くなる可能性があり，施工完了後の温度変化，風および直射日光や乾燥等によるはがれ，反りおよびひび割れ発生にも留意する必要がある．

　その他の材料については，コンクリート標準示方書［維持管理編］，コンクリートライブラリー第150号「セメント系材料を用いたコンクリート構造物の補修・補強指針」等を参照するとよい．

15.5　補修・補強後の維持管理

　VFCによって補修・補強された構造物の維持管理は，「**18章　維持管理**」による．

16章 施 工

16.1 一 般

（1）本章は，VFC の施工において，特に必要な事項について示すものである．

（2）VFC の施工にあたっては，VFC の特徴を十分に理解した上で施工計画書を作成し，所定の品質が得られるように，構成材料，配合，製造，施工，品質管理について十分に考慮しなければならない．

【解 説】 <u>（1）について</u> VFC は，適切な種類，適切な量の繊維をマトリクス中に均一に分散させることによって，所要の引張強度，曲げ強度，ひび割れの開口に対する引張抵抗性，じん性，耐衝撃性等の力学特性および環境作用への抵抗性などを発揮することができる．

本章の各条項は，これまでの VFC を含む各種繊維補強セメント系複合材料の施工実績を参考に定めたものであるが，設計条件，施工条件によっては本章の条項のみでは対応が難しい場合も想定される．このような場合には，本章に定める趣旨を十分に理解して，必要に応じて実験による確認を行い，条件に応じた適切な施工計画書を作成し，それに従って施工する必要がある．

<u>（2）について</u> 設計で設定した VFC の特性を得るためには，適切に配合設計を行う必要がある．また，高強度であるマトリクスの適切な練混ぜに加え，これに繊維を一様に分散させることが重要となるため，適切な製造計画を立てる必要がある．施工にあたっては，使用する VFC のフレッシュ性状，強度発現性，体積変化，構造物中における繊維の配向や分散等の特性を十分理解した上で，現場の施工条件，工程，環境を勘案した施工計画および品質管理計画を立てる必要がある．また，施工の各段階において十分な知識と経験を有する技術者を現場に配置し，その指導のもとに施工する必要がある．VFC の特性や施工方法の設定については「3章 VFC 構造物の構造計画」に示す．

16.2 VFC の品質確保

VFC は，強度，ひび割れ抵抗性，じん性，物質の透過に対する抵抗性，劣化に対する抵抗性，構造物中の繊維の配向・分散等の所定の品質を満足し，作業に適するワーカビリティーを有し，品質のばらつきが少ないものでなければならない．

【解 説】 VFC の所定の品質を確保するためには，VFC の特徴に留意しながら施工時の品質管理項目および指標を適切に設定する必要がある．

（i）強度について

VFC は，水結合材比を低くすることにより高い強度が得られる．高い強度を有する VFC においては，空気量の増加に対する強度低下の割合が比較的大きいため，空気量の設定や管理には特に注意が必要であり，事前に耐凍害性を確認した上で，空気量はワーカビリティーに悪影響を及ぼさない範囲内でできるだけ小さく設定するのがよい．

VFC は単位結合材量の増加に伴って高性能減水剤等の化学混和剤の添加量が多くなり，通常のコンクリートよりも凝結硬化が遅くなる一方で，その後の強度発現は早くなる傾向にある．また，単位結合材量が多いため，部材厚が大きい部材に打ち込む場合には，水和熱に起因する初期の高温履歴が強度に与える影響を考慮した設計，施工および品質管理も重要となる．

(ii) ひび割れ抵抗性について

VFC は，鋼材を保護する特性に優れるが，通常のコンクリートよりも単位結合材量が多いため，結合材の水和熱や自己収縮に起因する施工時のひび割れによってその特性が低下する可能性がある．ひび割れの発生は，鋼材だけでなく繊維の劣化にも影響を与える可能性があるため，有害なひび割れを発生させないための適切な処置を講じることが重要である．

また，施工時に発生したひび割れは構造物の水密性に影響を与える場合もあるため，注意が必要である．

(iii) じん性について

VFC は繊維の架橋効果によりじん性が大きくなる．ただし，繊維の分散が一様でない場合や，繊維が特定方向に配向した場合には，所定の引張強度やじん性が得られないことがあるので，練混ぜおよび打込みにあたっては十分に注意を払う必要がある．

(iv) 物質の透過および劣化に対する抵抗性について

VFC は通常のコンクリートに比べて組織が緻密であるため，水や酸素，塩化物イオン等の劣化因子の侵入に対して優れた抵抗性を有している．しかし，単位セメント量や化学混和剤量の増加によりマトリクス中のアルカリ総量が高くなる場合には，アルカリシリカ反応に配慮する必要がある．

(v) 繊維の配向と分散について

繊維の配向と分散は，構成材料，流動性，打込み方法と密接な関係があるため，これらを適切に設定する必要がある．

(vi) ワーカビリティーについて

部材の形状寸法，打込み方法はワーカビリティーと密接な関係があるため，適切にコンシステンシーや材料分離抵抗性を設定する必要がある．また，VFC は水結合材比が低いため一般に粘性が高く，繊維の混入量が多いため，圧送する際には圧送負荷や閉塞等に注意を払う必要がある．

16.3 VFC の構成材料

16.3.1 一 般

VFC の構成材料は，設計で設定された VFC の特性を得られるものでなくてはならない．

【解 説】 VFC の基本的な構成材料は，セメント，混和材などの粉体材料，水，骨材，化学混和剤，繊維などである．通常のコンクリートと比べ優れた特性を有する VFC では，材料の適切な選定とその構成比が非常に重要となる．そのため，まずは「3 章 VFC 構造物の構造計画」に従って，既往の実績や十分な材料試験により所定の特性が得られることが確認された VFC を計画段階で選定することが基本である．一方で，必要とする VFC の特性に対して配合の実績がない場合や，材料の調達先の変更が生じた場合など，施工段階で配合を変更・調整することも想定される．この場合，VFC に使用する各材料の選定から改めて行い，VFC の強

度，コンシステンシーおよび環境作用に対する抵抗性などといった設計で設定された各種特性が得られることを確認する必要がある．

なお，新材料や JIS などに規格がない材料であっても構造物の性能や経済性の向上につながると考えられる材料については，材料自体の試験成績およびそれらの材料を用いた VFC の特性などを評価した上で，材料の適用について総合的に判断するのがよい．

16.3.2 セメント

（1）セメントは，設計で設定された VFC の特性に応じて適切なものを選定しなければならない．

（2）セメントは，設計で設定された VFC の特性を満足するように，品質が確かめられたものを用いなければならない．

【解　説】　設計で設定された特性を有する VFC を得るために，使用するセメントはその品質を事前に確認することが重要である．VFC に用いるセメントは，JIS R 5210「ポルトランドセメント」，JIS R 5211「高炉セメント」，JIS R 5212「シリカセメント」，JIS R 5213「フライアッシュセメント」および JIS R 5214「エコセメント」に規定されたものに加え，超速硬セメント，超微粉末セメント，アルミナセメント，油井セメント，地熱井セメント，白色ポルトランドセメントなども使用することができる．また，セメントメーカー各社において開発，実用化されている高強度コンクリート用のセメントなども使用することができる．

VFC は通常のコンクリートに比べてセメント量が多いことが想定されるため，水和熱による温度上昇を考慮する場合は，低発熱型のセメントを選定するのがよい．

16.3.3 結合材に含まれる混和材

（1）結合材に含まれる混和材は，設計で設定された VFC の特性，対象とする構造物の施工条件や環境条件などを考慮して選定しなければならない．

（2）結合材に含まれる混和材は，設計で設定された VFC の特性を満足するように，品質が確かめられたものを用いなければならない．

【解　説】　結合材に含まれる混和材は，高炉スラグ微粉末，フライアッシュ，シリカフューム，膨張材など，強度発現に寄与し，セメントとともに結合材として取り扱える材料を対象とすることとした．コンクリート標準示方書［施工編］では，混和材の特性を積極的に活用して品質改善を図ることが望ましいとしており，様々な混和材について機能別に分類している．VFC においても各種混和材の特性を活用することで品質が向上すると考えられる．このため，設計で設定された VFC の特性や対象とする構造物の施工条件や環境条件などを考慮して混和材を選定し，活用することが有効である．

16.3.4　結合材に含まれない混和材

（1）結合材に含まれない混和材は，設計で設定された VFC の特性，対象とする構造物の施工条件や環境条件などを考慮して選定しなければならない．

（2）結合材に含まれない混和材は，設計で設定された VFC の特性を満足するように，品質が確かめられたものを用いなければならない．

【解　説】　結合材に含まれない混和材は，砕石粉，石灰石微粉末など，強度発現への寄与は小さいものの，粒度分布を調整することでワーカビリティーなどの特性を向上する材料を対象とすることとした．このため，対象とする構造物の施工条件や環境条件などを考慮し，VFC の特性を向上可能な粉体材料を選定し，活用することが有効である．

16.3.5　骨　　材

（1）骨材は，清浄・堅硬であり，劣化に対する抵抗性を有し，化学的あるいは物理的に安定し，有機不純物，塩化物等を有害量以上含まないこととする．

（2）骨材の種類および品質は，設計で設定された VFC の特性に応じて適切に選定する．

（3）骨材は，アルカリシリカ反応による有害な膨張を生じないことを確認したものでなければならない．

【解　説】　（1）および（2）について　骨材の種類や品質は VFC の性状に著しく影響を及ぼすため，その選定は極めて重要であり，設計で設定された VFC の特性に応じて適切な骨材を選定することが必要である．骨材の選定においては，コンクリートライブラリー第 105 号「自己充てん型高強度高耐久コンクリート構造物設計・施工指針（案）」や UFC 指針なども参考にするのがよい．

　（3）について　VFC は一般に通常のコンクリートと比べて強度レベルが高くセメント量が多いため，アルカリ量が多くなることが想定される．そのため VFC に使用する骨材は，対象とする VFC 配合にてアルカリシリカ反応による有害な膨張を生じないことが確認されたものとした．アルカリシリカ反応に対する照査は「**7.2.4 アルカリシリカ反応に対する照査**」に示す．

16.3.6　プレミックス材料

　VFC に複数の材料を所定の配合でプレミックスして使用する場合（プレミックス方式）は，プレミックス材料が，設計で設定された VFC の特性を満足するように定められた品質を有していることを確認しなければならない．

【解　説】　プレミックス材料は，水および液体状の化学混和剤を除くすべての材料もしくは，いずれかの材料を混合したものを対象とすることとした．プレミックス材料が所要の品質を有しているとともに，設計で設定された VFC の特性を満足することを確認することとした．プレミックス材料の混合方法は VFC の品

質に影響し，梱包方法は VFC の品質のみならず製造における計量や投入方法にも影響するため，適切な方法であることを事前に確認することが重要である．

また，粉体だけでなく骨材もプレミックスされている場合などは材料が不均一になる可能性があるため，留意する必要がある．

16.3.7　練混ぜ水

練混ぜ水は，JSCE-B 101「コンクリート用練混ぜ水の品質規格（案）」に規定される練混ぜ水を標準とし，VFC に有害な影響を及ぼすものであってはならない．

【解　説】　不純物が含まれている水を練混ぜに使用すると，VFC のワーカビリティー，凝結硬化，強度の発現，体積変化などに悪影響を及ぼすことがある．このため，練混ぜ水は JSCE-B 101「コンクリート用練混ぜ水の品質規格」に規定される練混ぜ水を標準とした．

16.3.8　化学混和剤

（1）化学混和剤は，設計で設定された VFC の特性や対象とする構造物の施工条件や環境条件などを考慮して選定しなければならない．

（2）化学混和剤は，設計で設定された VFC の特性を満足するように定められた品質を有していることを確認したものでなければならない．

【解　説】　化学混和剤は，VFC に必要とされるワーカビリティー，強度の発現，環境作用に対する抵抗性等の各種特性を満足するように，対象とする構造物の施工条件や環境条件などの諸条件を考慮して選定することとした．

VFC は低水結合材比で使用されることが多いため，練混ぜには適切な減水率を有する高性能減水剤または高性能 AE 減水剤を選定することが重要である．また，自己収縮の影響が懸念される際には，収縮低減剤を使用する場合がある．このほか，硬化時間の短縮を目的とした硬化促進剤，エントラップトエアの過大な混入を抑制することを目的とした消泡剤，作業可能な時間を確保することを目的とした遅延剤などがある．構造物の施工条件や環境条件などを考慮して，これらの化学混和剤を適切に使用することは有効である．ただし，化学混和剤の効果は VFC の特性や化学混和剤の種類によって異なるため，事前に VFC が所要の特性を満足できることを試験によって確認した上で適切な化学混和剤を使用するのがよい．

16.3.9 繊　　維

（1）繊維は，設計で設定された VFC の特性や対象とする構造物の施工条件や環境条件などを考慮して選定しなければならない．

（2）繊維は，設計で設定された VFC の特性を満足するように定められた品質を有していることを確認したものでなければならない．

【解　説】　（1）について　繊維は無機繊維と合成繊維に大別されるが，「**3.2　VFC の特性の設定**」に示すように，材質，形状，強度特性によって分類される．

(i)　無機繊維について

　無機繊維には，金属繊維である鋼繊維やステンレス繊維の他に炭素繊維，ガラス繊維，バサルト繊維がある．鋼繊維の一部は JSCE-E 101「コンクリート用鋼繊維品質規格」に規定されているが，それ以外の鋼繊維を使用することも可能である．鋼繊維は土木・建築分野への適用実績が多くあり，代表的な繊維の一つである．引張強度や弾性係数が高く，力学的な補強効果が得られやすい．また，適用目的に応じて様々な長さや直径を選択できる．また，端部にフック加工や波形などの形状加工を施した鋼繊維や，防食を目的にステンレス鋼線または亜鉛めっきを施した鋼繊維を用いることができる．鋼繊維の種類は引張強度 1700 N/mm^2 未満の普通強度鋼繊維と，1700 N/mm^2 以上の高強度鋼繊維に分けられる．普通強度鋼繊維は高強度鋼繊維に比べ繊維が長く，直径が太い鋼繊維である．超高強度繊維補強コンクリート（UFC）には，ブラスめっきを施した鋼線を材料とした長さが 10〜22mm，直径が 0.16〜0.22mm の高強度鋼繊維が用いられている．

　VFC では，力学特性を含む各種特性が繊維の変質・劣化によって変化することを考慮する場合は，繊維単体でなくマトリクスと繊維界面の付着を含めた VFC として検討する必要がある．水や塩化物イオンの侵入によって設計耐用期間中に鋼繊維の腐食が懸念される場合には，「**7.2.5　繊維の変質・劣化に対する検討**」により，設計で定めた VFC の特性が，外的作用によって損なわれないことを試験などで確認する必要がある．試験方法については，「**参考資料 1-9　鋼繊維を用いた VFC の劣化**」を参考にするのがよい．

(ii)　合成繊維について

　合成繊維については，アラミド繊維，ナイロン繊維，ビニロン繊維，ポリエチレン繊維，ポリプロピレン繊維が JIS A 6208「コンクリート及びモルタル用合成短繊維」で区分されているが，PBO 繊維などそれ以外の合成繊維を使用することも可能である．

　合成繊維は，繊維の種類によって力学的な補強効果は様々であるが，共通して，錆びることがない，繊維の寸法や表面形状を比較的自由に加工できる，密度が小さく軽量であり施工しやすい等の利点がある．また，曲げじん性等の力学特性の改善に加えて，プラスティック収縮や乾燥収縮等によるひび割れ抑制や，火災等の高温環境下に曝露された場合の爆裂防止等を目的として使用されている事例もある．

　VFC では，力学特性を含む各種特性が繊維の変質・劣化によって変化することを考慮する場合は，繊維単体でなくマトリクスと繊維界面の付着を含めた VFC として検討する必要がある．合成繊維を用いた VFC の変質・劣化については，「**参考資料 1-10　合成繊維の変質・劣化**」を参考にするのがよい．

　合成繊維は，素線そのものもしくは集束している接着剤（樹脂）の特性から，設計耐用期間中の環境条件によって繊維の変質・劣化が生じる場合がある．**解説 図 16.3.1** は，繊維単体を水，アルカリ，高温の

複合作用を促進させた場合の例であるが，アレニウス法などによる経年劣化を予測できる場合がある．連続繊維補強材（FRP，繊維強化ポリマー）には，材料係数や引張荷重の経時変化が試験や技術資料[1]にて明らかになっているものもあり，これらを参考にした式（解 16.3.1）を用いて繊維の品質を確認することもできる．

$$\sigma_d / (f_d \cdot R_{ct}) \leq 1.0 \qquad (解 16.3.1)$$

ここに，f_d：合成繊維の設計引張強度
σ_d：合成繊維の引張応力度の設計値
R_{ct}：設計耐用期間における引張荷重保持率（劣化前後の比）

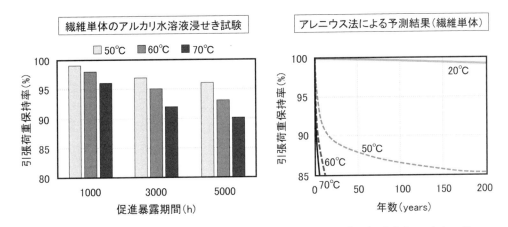

解説 図 16.3.1　促進試験による合成繊維の引張強度保持率の経時変化のイメージ

（2）について　繊維の品質が VFC の特性におよぼす影響については，繊維単体の品質のみでは評価することができないため，特に VFC への適用実績が少ない繊維を用いる場合や繊維の品質のばらつきが懸念される場合には，VFC の強度試験を実施し，VFC としての品質を確認する必要がある．

16.4　配合設計

16.4.1　一　般

VFC の配合設計は，設計で設定された VFC の特性を満足するように行わなければならない．

【解　説】　VFC の配合設計は，対象とする構造物の施工条件や環境条件などの諸条件を詳細に検討し，VFC に必要とされる特性を満足するように解説 図 16.4.1 に示すフローによって行う．VFC は，運搬，打込み，締固め，仕上げ等に適したワーカビリティーを有している必要がある．良好なワーカビリティーとは，これから実施する施工に対して，VFC が施工者の選定した施工方法に適したコンシステンシー，プラスティシティー，ポンパビリティーおよびフィニッシャビリティー等を備えていることをいう．中でも，コンシステンシーは，ワーカビリティーへの影響が大きい重要な指標の一つであるため，VFC 構造物の要求性能を満足する施工ができるように，適切に設定することが必要である．一般に，繊維を混入したモルタルやコンクリートは，繊維混入量が多いほど流動性が低下するため，VFC に要求される施工性や力学特性を考慮して適切な

マトリクスの配合条件，繊維の種類および寸法，繊維混入量等を定めることが重要である．

硬化後に求められる特性は，対象とする部材や環境条件等に応じて設定される各種力学特性や環境作用に対する抵抗性等である．配合設計においては，これらの特性を満足するように，マトリクス材料，繊維，混和材料等の種類および量を設定する．また，熱養生を行う場合は，養生方法，温度およびその保持時間等を設定する必要がある．

VFC が必要とされる特性を満足するためには，マトリクスに繊維を一様に分散させる必要がある．繊維の分散は，繊維の長さ，形状，混入量，骨材の寸法および粒度分布，水結合材比，細骨材率，単位骨材量等によって左右されるため，配合設計はこれらの事項について十分に留意して行うことが必要である．VFC では，粗骨材を使用しないものがあり，その場合は所要のワーカビリティーを確保するために単位水量がコンクリート標準示方書［施工編］における標準値 175kg/m^3 を上回ることがある．このようなケースにおいても VFC が所要の劣化に対する抵抗性ならびに物質の透過に対する抵抗性を満足できるように，配合設計を行うことが必要である．

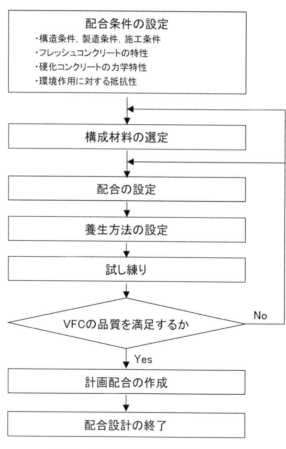

解説　図 16.4.1　配合設計フロー

16.4.2 コンシステンシー

VFC のコンシステンシーは，ワーカビリティー，部材の形状・寸法，打込み方法，繊維の配向・分散などを考慮して定め，所定の品質を満足することを試験により確認しなければならない．

【解　説】　VFC のコンシステンシーは，構成材料や配合条件を考慮した適切な試験方法により，VFC が所要の品質を満足するようその指標値を定める必要がある．VFC のコンシステンシーとしては，**解説 写真 16.4.1** に示すように高い流動性を有するケースが多い．一方で，橋梁床版の補修・補強用途においては，**解説 写真 16.4.2** に示すように勾配を有する箇所への施工では，流動性が低い VFC を使用する場合もある．

コンシステンシーの試験方法としては，フロー試験（JIS R 5201「セメントの物理試験方法」，落下運動あり・なし），スランプ試験（JIS A 1101「コンクリートのスランプ試験方法」），スランプフロー試験（JIS A 1150「コンクリートのスランプフロー試験方法」）などがあるが，VFC の特性を適切かつ安定的に評価できることが確認されている場合や，これまでに十分な実績がある場合には，これら以外の方法を採用してもよい．

解説　写真 16.4.1　高い流動性の VFC の例

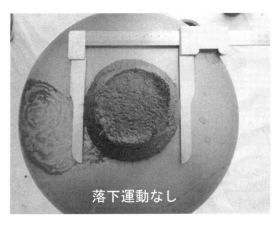 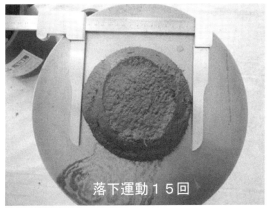

解説　写真 16.4.2　低い流動性の VFC の例

16.4.3　力学特性

（1）設定した配合の VFC の力学特性が，設計で設定された特性を有することを試験により確認しなければならない．

（2）設定した配合の VFC が，施工方法に適した強度発現性を有することを確認しなければならない．

【解　説】　（1）について　VFC の力学特性は，設計で設定した特性を有することを試験によって確認することとした．VFC の力学特性の確認において対象となるのは，構造物の設計において必要となる特性であり，圧縮強度，引張強度，引張軟化曲線，その他の力学特性などがある．力学特性の特性値は，試験値のばらつきを想定した上で，大部分の試験値がその値を下回らないことが保証された値を用いる必要がある．

VFC の力学特性は繊維およびマトリクスの各種要因の影響を受け，繊維においては繊維の種類，寸法，形状，混入量，配向・分散などが，マトリクスにおいては使用材料，配合条件，流動性，強度などが要因として挙げられる．VFC の配合設計においては，上記事項に留意する必要がある．

VFC の力学特性の確認に使用する供試体は，「**参考資料 2-1　強度試験用供試体の作り方（案）**」を参考に作製するのがよい．

VFC の圧縮強度試験は，「**5.3.1　圧縮強度**」を参照し，JIS A 1108「コンクリートの圧縮強度試験方法」に準拠して行うのがよい．なお，土木学会規準には鋼繊維補強コンクリートを対象とした試験方法として JSCE-G 551「鋼繊維補強コンクリートの圧縮強度および圧縮タフネス試験方法」が規定されているので参考にするとよい．

VFC のヤング係数については，コンクリート標準示方書［設計編］において参考値として示されている通常のコンクリートの圧縮強度に対するヤング係数の参考値をそのまま用いることはできないので，試験に基づいて定める必要がある．試験方法としては JIS A 1149「コンクリートの静弾性係数試験方法」に準拠するとよい．

ひび割れ発生強度，引張軟化曲線および引張強度については，「**参考資料 2-2　VFC の割裂ひび割れ発生強度試験方法（案）**」，「**参考資料 2-3　切欠きはりを用いた VFC の荷重－変位曲線試験方法（案）と引張軟化曲線のモデル化方法（案）**」および「**参考資料 2-4　一軸引張試験方法（案）**」に示される試験方法を参考に確認するとよい．

VFC の曲げ強度や曲げタフネスを確認する場合は，土木学会規準「JSCE-G 552　鋼繊維補強コンクリートの曲げ強度および曲げタフネス試験方法」に準拠して行うのがよい．そのほかにも JCI 規準「JCI-SF4　繊維補強コンクリートの曲げ強度および曲げタフネス試験方法」，NEXCO 試験方法「高強度繊維補強吹付けコンクリートの曲げ靱性試験方法」および「繊維補強覆工コンクリートの曲げ靱性試験方法」などがあるので，VFC の使用材料および配合，施工方法，適用する構造物などに応じて，適切な試験方法を選択するとよい．

せん断強度の試験方法としては，SFRC を対象とした試験方法として土木学会規準「JSCE-G 553　鋼繊維補強コンクリートのせん断強度試験方法」や JCI 規準「JCI-SF6　繊維補強コンクリートのせん断強度試験方法」が規定されている．ただし，これらは材料の一面せん断破壊に対する試験であるため，これらの結果を構造物のせん断破壊に対する設計計算に用いることはできない．

（2）について　強度発現特性が通常のコンクリートと異なるため，試験によって確認する必要がある．

16章 施　　工　　　　125

16.4.4　VFC の劣化および物質の透過に対する抵抗性

　設定した配合の VFC が，設計で設定された劣化に対する抵抗性ならびに物質の透過に対する抵抗性を満足していることを確認しなければならない．

【解　説】　劣化および物質の透過に対する抵抗性は構成材料や配合の影響を受けるため，所要の特性が得られることを試験により確認する必要がある．VFC においても通常のコンクリートと同様に，構造物内部の鉄筋等の補強鋼材が腐食すると構造物の耐久性が低下するため，鋼材腐食因子の侵入に対する抵抗性を付与できるように構成材料および配合を選定することが必要である．なお，VFC は水結合材比が総じて小さく，通常のコンクリートに比べて組織が緻密であるため，劣化に対する抵抗性および物質の透過に対する抵抗性は通常のコンクリートと比較して高い．

　一方で，VFC は，単位セメント量や化学混和剤量が多くなり，アルカリ総量を JIS やコンクリート標準示方書［施工編］の規定上限値 3.0kg/m^3 以下に抑えることが困難となることがあり，アルカリシリカ反応に配慮する必要がある．VFC を用いた構造物のアルカリシリカ反応の確認は，「**7.2.4　アルカリシリカ反応に対する照査**」に示す．

　VFC の塩化物イオン量は，構成材料に含まれる塩化物イオン量をもとに，その配合から算出してよい．ただし，VFC において粗骨材を使用しない場合は，単位水量および単位セメント量が多くなり，塩化物イオン量が高強度コンクリートで用いられている許容値である 0.6kg/m^3 よりも多くなることがある．このような場合は，内在塩化物イオンが VFC 中に配置される鋼材の腐食に及ぼす影響を試験により確認し，必要に応じて適切な対策を講じることが必要である．VFC を用いた構造物の鋼材腐食の照査は，「**7.3　鋼材腐食に対する照査**」に示す．

16.4.5　その他の特性

　設定した配合の VFC が，設計で設定された水密性，断熱温度上昇特性，収縮特性等の特性を有することを確認しなければならない．

【解　説】　VFC に水密性，断熱温度上昇特性および収縮特性等の特性が要求される場合には，設計で設定された特性値が得られるように，配合条件を設定することが必要である．

　VFC は通常のコンクリートに比べて組織が緻密であるため，高い水密性を有すると考えられる．この特徴を活かして，水密性が要求される構造物に VFC を使用する場合は，所要の透水性を満足するように配合設計を行い，その特性を確認することが必要である．ただし，VFC においては，コンクリート標準示方書［設計編］に規定される方法では，十分に水が浸透せず，水分浸透速度を適切に評価できない可能性がある．このことから，「**7.3.2　中性化と水の浸透に伴う鋼材腐食に対する照査**」に示すような加圧を行うなど強制的に水を浸透させる方法により確認することが必要である．

　VFC は高強度であるため単位結合材量が多く，断熱温度上昇量が高いことが想定される．セメントの水和に起因する温度応力によるひび割れの発生が懸念される構造物に VFC を使用する場合は，「**16.13　マスコン**

クリート」を参照して温度応力計算が行われる．この計算で設定された断熱温度上昇特性であることを確認することが必要である．また，VFC は通常のコンクリートよりも水結合材比が小さくなるため自己収縮が大きくなることが想定される．このため，設計で設定された収縮特性であることを確認する必要がある．

16.4.6 配合の表し方

VFC の計画配合には，JIS A 5308「レディーミクストコンクリート」に示される配合計画書に記載される事項のうち必要なものに加え，繊維の種類，寸法，混入率を明記することとする．

【解　説】　VFC の計画配合は質量で表すこととし，練上がり 1m³ 当りに用いる各材料の質量を**解説 表16.4.1** のような配合表で表すことが望ましい．配合表にはコンシステンシーの試験方法とその目標値を記載するとよい．また JIS A 5308 の配合計画書に加えて，繊維の種類，径，長さ，体積混入率，単位量，内割外割の区別等を示す必要がある．詳細な配合計画書の一例を「**参考資料 1-23 VFC の練混ぜ**」に示す．

VFC では，強度発現に大きく寄与するセメントのほか，高炉スラグ微粉末，フライアッシュ，シリカフュームなどの混和材，強度発現への寄与は小さいものの作業性等の性状を向上するために使用される結合材に含まれない混和材など，様々な粉体材料が使用されることが想定される．結合材を除く粉体材料の使用においては，使用目的に応じて配合設計に反映することが必要である．

VFC の配合における繊維混入率は，1m³ の VFC に繊維が含まれる内割とする場合と，マトリクス 1m³ に対して繊維を混合する外割とする場合があり，配合表には内割と外割のいずれにするのかを明記する必要がある．また，コンクリートの単位量の考え方についても繊維が内割か外割かで異なり，内割の場合はコンクリート 1m³ 中に繊維を含む値とし，外割の場合はコンクリート 1m³ 中に繊維を含まない値で表す必要がある．

解説 表 16.4.1　VFC の配合の表し方（例）

(a) 構成材料の概要

構成材料		記号	物性・特徴など
水		W	地下水
結合材 (B)	セメント	C	○○社製普通ポルトランドセメント，密度 3.15g/cm³
	高炉スラグ微粉末	BS	○○社製△△（商品名），比表面積 3500～5000cm²/g，密度 2.89g/cm³
	膨張材	EX	○○社製△△（商品名），密度 3.17g/cm³
細骨材		S	○○県△△市産，陸砂，表乾密度 2.60g/cm³
粗骨材		G	○○県××市産，砕石，表乾密度 2.65g/cm³
化学混和剤	高性能減水剤	SP	○○社製△△（商品名）
	AE 剤	AE	○○社製△△（商品名）
鋼繊維		SF	○○社製△△（商品名），端部フック型 直径 0.75mm、長さ 60mm（アスペクト比 80），公称引張強度 1800N/mm²

(b) 配合表

粗骨材の最大寸法 G_{max} (mm)	スランプフロー (mm)	空気量 (%)	W/B (%)	s/a (%)	繊維の体積混入率 (Vol.%) [2]	単位量 (kg/m³)								
						W	C	BS	EX	S	G	SP[1]	AE[1]	SF[2]
20	500±50	3.0	24.0	49.9	0.51	160	305	305	30	775	795	5.12	0.029	40

※1　SP と AE は W に含まれる．
※2　SF は外割であり，1m³ には含まれない．

16章 施　工　　　127

16.5　製　　造

（1）VFC の製造は，所定の品質を有する VFC が得られるように行わなければならない.

（2）材料の貯蔵，計量および練混ぜに用いる設備は，所定の性能を有することを確かめたものでなければならない.

（3）VFC の製造にあたっては，材料の貯蔵，計量，繊維の投入方法および練混ぜの方法をあらかじめ定めなければならない.

（4）VFC の製造においては，VFC に対する知識と経験が豊富な技術者を配置し，品質管理および製造設備のメンテナンスを適切に行わなければならない.

【解　説】　（1）について　所定の品質を有する VFC を製造するためには，設備が所定の性能を有していること，製造方法が適切であること，ならびに VFC の品質を安定させる管理能力を有する技術者が品質管理を行うことが重要である.

　（2）および（3）について　VFC を製造する上で所定の性能を有する設備を使用することは，基本的で重要なことである. VFC の材料が，「16.3 VFC の構成材料」で規定した品質であっても，製造設備が適切でないと，貯蔵における品質変動あるいは低下，計量誤差に伴う配合の変動，ならびに練り上がった VFC の性状に変動が生じやすくなり，結果的に所定の品質を有する VFC を安定して得ることが困難になる. また，貯蔵，計量および練混ぜの設備が所定の性能を有するものであっても，事前にそれらの方法を検討し，適切であることを確かめた上で製造を行わなければ，必要とする品質を有する VFC を得られない場合がある. 製造設備に求められる性能および適切な製造方法は「16.5.1 貯蔵」「16.5.2 計量」「16.5.3 練混ぜ」に示す. なお，VFC の製造では，繊維投入のタイミング，投入方法および投入後の混練時間等を確認し，安定した品質が得られる方法を事前に検討する必要がある.

　（4）について　製造設備が所定の性能を有し，適切な製造方法が確認されていても，製造にかかわる技術者が適切な管理能力を有していなければ，安定した品質の VFC を継続的に得るのは難しい. VFC は，繊維を混入することから，計量が正しく行われている場合でも，その分散によって品質が変動する可能性がある. また，通常のコンクリートと同様に，様々な要因により品質が変動するため，これを製造する技術者は，VFC の特性や製造に関する専門的な知識と経験を有することが必要である. そのため，VFC を含む繊維補強セメント系複合材料の製造・施工の経験者を配置し，品質管理を行うことが望ましい.

　また，所定の品質を有する VFC を安定的に製造するためには，製造設備は使用期間中に点検を行うとともに，適切なメンテナンスを行う必要がある. VFC の製造に用いる特有の設備（繊維分散機，繊維投入機，移動式ミキサなど）がある場合は，その他の設備と同様に適切に点検を行うとともに，適切なメンテナンスを行うことが必要である. 製造設備の稼働および維持管理には，機械および電気に関する専門的な知識も必要である. 操作員の能力の向上や取扱い方法の習熟等を図り，不具合が生じた場合には早期に対応できるように，製造設備の取扱業者や機械および電気に関する専門的な知識を有する技術者との連絡方法等についても検討しておくのがよい.

16.5.1　貯　　蔵

（1）使用する繊維は，その特性を考慮して所定の品質が得られるように貯蔵しなければならない.

（2）セメント，混和材，プレミックス材料および化学混和剤は，VFC の品質に影響を及ぼさないように貯蔵し，温度管理を適切に行わなければならない.

（3）骨材の貯蔵は，コンクリート標準示方書［施工編］に準ずることとする.

【解　説】　（1）について　繊維の貯蔵については，折れ曲がりや不純物の混入，雨水などにさらされないよう注意することが素材によらない共通の留意点である. 例えば，シートで覆い，倉庫など屋根を有する場所に保管する必要があり，壁や床面からの湿気を受けないように，パレットを敷くなど床面から適当な空間を設ける工夫をすることが望ましい.

鋼繊維については，貯蔵中の錆びを避ける必要がある. 合成繊維については，貯蔵場所周辺での火気使用は厳に注意し，着火源となるハロゲン，過酸化物などの強酸化剤から隔離する必要がある.

貯蔵期限については，メーカーが定める保管期限を厳守するとともに，期限内であっても場合によっては試験により VFC の特性に影響を与えないことを確認することが望ましい.

（2）について　セメントおよびプレミックス材料といった強度発現に寄与する結合材は，貯蔵時における品質の低下が VFC の品質に大きな影響を及ぼすため，コンクリート標準示方書［施工編］に従って適切に管理することが必要である. 結合材の温度が過度に高い場合には，VFC の練上り温度の上昇にも影響するため，温度を下げてから使用する必要がある. 寒冷地など，温度が低い場合には，特に液体状の化学混和剤の凍結に留意する必要がある.

（3）について　珪砂など気乾状態の骨材を貯蔵する場合には，吸水を防ぐなど特に注意が必要である.

16.5.2　計　　量

各材料の計量方法および計量装置は，VFC の製造に適し，かつ所定の誤差による計量が可能なものを使用しなければならない. 計量誤差の許容値は，表 16.5.1 に示す値を標準とする.

表 16.5.1　計量誤差の許容値

材料の種類	計量誤差の許容値（%）
水	1
結 合 材	1
結合材に含まれない混和材	2
骨 材	3
繊維（金属繊維）	2
繊維（金属繊維以外の繊維）	1
化学混和剤	2
プレミックス材料	1

【解　説】結合材は強度発現に寄与する材料とし，高炉スラグ微粉末，フライアッシュ，シリカフューム等

もこれに含めることとした.使用する材料が袋詰めで供給され,1袋の正味質量が記載質量に対して**表16.5.1**に記載する許容誤差内にあることが確認された場合には,袋単位で計量してもよい.ただし1袋より少ない量は質量で計量する必要がある.VFCは高性能減水剤をはじめとする化学混和剤を比較的多量に使用することが多いことから,化学混和剤の標準的な計量誤差の許容値を2%とした.使用量が少量の場合には発注者と別途協議して許容誤差を定めるのがよい.

各マトリクス材料の計量誤差は,**表16.5.1**に示す結合材の値を参考に適切に定めるのがよい.また,繊維の計量誤差の許容値を,既存の規準類を参考にかさ比重が大きい金属繊維では2%,それ以外の繊維では1%とした.

骨材の表面水率あるいは有効吸水率は変動しやすく,VFCのフレッシュ性状や水結合材比に影響を及ぼすため,表面水率あるいは有効吸水率を適切な頻度で測定し,その結果を反映した計量を行う必要がある.

流量計を用いて水や化学混和剤の計測を行う場合は,所定の計量誤差の許容値を満足できるように,事前のキャリブレーションが必要である.設備によっては,計量値が印字されない場合もあるため,計量画面や空袋を写真撮影するなどして記録するのがよい.

VFCは,セメント量や化学混和剤の使用量が通常のコンクリートより多いため,練混ぜ量を多くすると,計量装置の能力を超える場合があるため注意が必要である.

プレミックス材料は,結合材や混和材,骨材などがあらかじめ混合された材料であるため,最も厳しい結合材の許容値を採用し,計量誤差は1%とした.

16.5.3 練混ぜ

(1)ミキサは,これを用いて製造したVFCが所定の品質を有していることを事前に確認した上で選定しなければならない.

(2)VFCの練混ぜは,材料が均等質になるまで十分に行うこととする.練混ぜ方法および練混ぜ時間は,実績あるいは試験により適切に定めることとする.

(3)VFCの1バッチ当りの最大練混ぜ量は,ミキサの種類,容量,練混ぜ性能等を考慮し,実績あるいは試験により適切に定めることとする.

(4)他のコンクリートを練り混ぜた後にVFCを練り混ぜる場合は,ミキサを洗浄しなければならない.

【解 説】　(1)について　VFCは,通常のコンクリートに比べて粘性が高い傾向にあるため,練混ぜ性能の高いミキサを使用するのがよい.使用するミキサの選定にあたっては,事前に試し練りを行い,洗い試験による繊維の所定の分散やフレッシュ性状,強度特性などが得られることを確認する必要がある.

ベースとなるマトリクスを練り混ぜたあと,トラックアジテータにて繊維を混入する場合においても,事前に同条件にて試し練りを行い,所定の品質が得られることを確認しておく必要がある.

(2)および(3)について　高性能減水剤の分散効果は,材料の投入順序やミキサの練混ぜ性能などに影響を受けるので,所定の品質が得られるように,材料の投入順序,練混ぜ量,練混ぜ時間などを適切に定める必要がある.また,繊維の投入および練混ぜ方法は,繊維が均一に分散するよう分散機を使用するなど,繊維の種類に応じて適切に定める必要がある.繊維の投入には,**解説 写真16.5.1~16.5.3**に示すように,ミキサへ人力で直接投入する方法,ベルトコンベアおよびエア圧送によってミキサやトラックアジテータに

投入する方法などがある．VFCの製造では，繊維投入のタイミング，投入方法および投入後の練混ぜ時間などを事前に確認し，安定した品質が得られる方法を検討することが重要である．投入方法が適切でないと，適切な分散が得られないことやファイバーボールが生じることがあるので留意が必要である．

　一般にVFCは粉体が多く，粉体のかさ容積が大きくなるため，特に練混ぜ初期（空練り～注水後なじむまで）にミキサから溢れないよう練混ぜ量に留意する必要がある．また，**解説 図16.5.1**のように練混ぜ時のマトリクスが塊状からスラリー化する際に粘性が高まり，ミキサの負荷が一時的に大きくなることがあるため，1バッチ当りの練混ぜ量を減少させるなどの対策を検討するのがよい．これまでの実績では，ミキサの公称容量に対して50～70%としている場合が多く，実際に使用するミキサの練混ぜ性能などから最大練混ぜ量を決定する必要がある．繊維を入れるタイミングは，マトリクスが十分に練り上がり，ミキサの負荷がピークを過ぎてから投入することが一般的である．また，VFCは，一般に粘性が高いことから，プラントで製造する場合は，室内での試験練りと異なって，練混ぜや排出時にエントラップトエアが混入する場合がある．エントラップトエアが過度に混入した場合には，強度が低下するため，必要に応じて，一定時間静置するなど，エントラップトエアを取り除く処置を行うのがよい．

解説 写真16.5.1　人力による繊維投入例

解説 写真16.5.2　ベルトコンベアおよびエア圧送による繊維投入例

解説 写真16.5.3　トラックアジテータへの繊維投入例

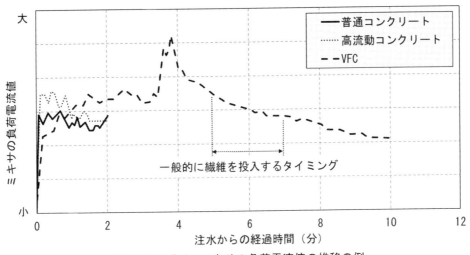

解説 図 16.5.1 ミキサの負荷電流値の推移の例

(4)について　通常のコンクリートを練り混ぜた後，ミキサを洗浄せずに VFC を練り混ぜると，通常のコンクリートに使用している化学混和剤と VFC に使用している化学混和剤との相性が良くない場合，コンシステンシーの低下など所定の品質が得られない場合がある．また，通常のコンクリートが混入するとその部分が弱点となり，製造した部材の欠陥となる場合も想定されるので，通常のコンクリートに引き続いて VFC を練り混ぜる場合，ミキサを洗浄する必要がある．VFC を練り混ぜた後に通常のコンクリートを練り混ぜる場合についても，残留した繊維が混入する可能性があるので，必ず洗浄を行う必要がある．洗浄後に洗浄水がミキサに残留すると単位水量が増加してしまうため，確実に水切りすることも重要である．

16.6 運搬・打込み・締固めおよび仕上げ

16.6.1 運　搬

(1) VFC の運搬は，運搬距離，運搬時間，フレッシュコンクリートの性状，打込み場所の条件，打込み時の気候，打込み量，打込み速度，作業の安全性などを考慮して，適切な方法によらなければならない．

(2) コンクリートポンプを用いて運搬する場合には，VFC の粘性，繊維の混入による圧送負荷の増加に留意して圧送計画を立てなければならない．

【解　説】　(1)について　VFC の運搬は，運搬距離，運搬時間，打込み時の条件，気候などを考慮し，フレッシュコンクリートの性状の変化や材料分離が少ない方法を適切に選定する必要がある．特に，運搬中に VFC の表面が乾燥する可能性がある場合には，乾燥を防ぐ適切な処置を施す必要がある．

(2)について　VFC はマトリクスの粘性が高く，繊維が混入されているためコンクリートポンプによって圧送する場合には，高流動コンクリートと比較して管内圧力損失が大きくなる．このため，圧送負荷の増加を避けるように輸送管を配置するとともに，計画する圧送速度が得られるような圧送能力を有するコンクリートポンプを選定する必要がある．鋼繊維を用いる場合には，輸送管，特にフレキシブルホース部は，通常のコンクリートに比べて摩耗が大きくなるので，施工条件に応じてその材質や口径，肉厚をあらかじめ検討しておく必要がある．また，繊維の材質・形状・太さによってコンクリートポンプへの負荷や輸送管への

影響は異なるので，施工を行う前にそれぞれ確認するのがよい．繊維の分散が適切でなくファイバーボールが生じるとコンクリートポンプや輸送管を閉塞させるおそれがあるため留意が必要である．コンクリートポンプを用いる場合には，コンクリート標準示方書［施工編］あるいはコンクリートライブラリー第135号「コンクリートのポンプ施工指針」を参考にするとよい．VFC の圧送に関する検討は，「**参考資料1-24 VFC の圧送実験事例**」も参考にするのがよい．

16.6.2 打 込 み

（1）VFC は，繊維の分散と配向に打込み方法が影響することから，構造計画に従い，現場条件を考慮した打込み計画を立てなければならない．

（2）打込みに際しては，打込み位置，打込み速度，流動距離および落下高さを構造条件や施工条件に応じて適切に定めなければならない．

（3）VFC の打重ね部や合流部は，力学特性上の弱点になりやすいため，極力これを避けなければならない．やむを得ずこれを設ける場合には，突き棒などにより，かき乱すなど，繊維を架橋させなければならない．

（4）VFC の打込みは，一区画内の打込みが完了するまで連続して打ち込めるよう，打込み位置や方法など事前に綿密な計画を立てなければならない．

（5）VFC の打継目は，構造上の弱点になりやすいため，設計で定められた位置以外に設けてはならない．

【**解　説**】　（1）および（2）について　VFC の構造特性は繊維の分散と配向に影響を受け，繊維の分散と配向は打込み方法の影響を受けることから，構造計画の段階で設計も考慮した打込み方法が設定される．実際の打込みでは，構造計画段階で設定された打込み方法に従い，現場の状況を考慮した打込み計画を立てた上で実施する必要がある．ここで，VFC 中の繊維の分散と配向に影響する要因として，以下の項目が挙げられる．

(i) 打込み方法（位置，速度，流動距離，使用器具），部材形状寸法

(ii) フレッシュ性状（流動性，粘性）

(iii) 鋼材や埋設物，型枠のせき板効果

(iv) 繊維のアスペクト比，繊維と骨材との大小関係

　一般的に VFC の流動性は高く，自己充填性を有している場合が多く，障害がない型枠内を放射状に流動する VFC 中の繊維は同心円状に配向しやすい．実際にはこれに部材形状，寸法および鋼材の配置といった構造条件や施工条件が加わるが，打込み速度，流動距離，落下高さも繊維の分散や配向に影響を与えることに留意する．バケットの動かし方や排出口の形状によっても部材の構造性能が変わるという報告もあるため，実際の施工条件をできるだけ想定した打込み試験を行い，あらかじめ適切な打込み方法を選定し，実施工ではその計画どおりに打込みを遂行する必要がある．打込み方法が VFC の構造性能に与える影響の詳細については，「**参考資料1-1 施工方法が繊維の配向と構造性能に及ぼす影響**」を参考にするとよい．

　（3）について　解説 図 16.6.1 に示すような VFC の打重ね部や 2 か所以上から打ち込む場合に生じる合流部では，架橋する繊維が少なくなり，この部分が引張りやせん断を受けると弱点になる場合があるため，極力これを避ける必要がある．やむを得ず打重ね部や合流部を設ける場合には，突き棒などによりかき乱す

などして繊維を架橋させることが重要である．ただし，かき乱しても連続で打ち込んだ場合よりも力学特性に劣るという報告もあるので注意が必要である．

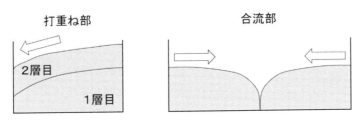

解説 図16.6.1　VFCの打重ね部や合流部

（4）および（5）について　打込みの中断による計画されていない打継ぎや打重ねは，繊維が架橋せず，部材の構造性能に影響を与えるため，一区画の打込みが完了するまで連続して打ち込めるよう，事前に綿密な計画を立てる必要がある．

16.6.3　締固め

締固めは，繊維の配向・分散に留意し，実験結果や実績に基づいてその方法を適切に定めなければならない．

【解　説】　VFCの種類によっては，打込み時に外部振動機による締固めで強い振動を受けると液状化したマトリクス中で鋼繊維の沈降や合成繊維の浮上といった分離が生じることがある．さらに，棒状の内部振動機を挿入して締固めを行うと，振動棒周囲の繊維の分散に影響を与える可能性がある．そのため，繊維の配向や分散を考慮した締固め方法を事前に検討しておく必要がある．

単位結合材量が多いVFCは粘性が大きく，また，粗骨材を用いていない場合もあるため，締固めによる振動エネルギーが伝達しにくい可能性がある．そのため，内部振動機を用いる場合は，挿入間隔などを適切に定める必要がある．

16.6.4　表面仕上げ

VFCは，表面仕上げを行うまで表面の乾燥を防止する対策を施すとともに，所定の形状寸法および表面状態が得られるように，適切な時期に表面仕上げを行う必要がある．

【解　説】　VFCは単位粉体量が多くブリーディングが生じにくいため，表面が乾燥してプラスティック収縮ひび割れが発生しやすいことに留意が必要である．表面仕上げを行うまでは，封緘シートの敷設，被膜養生剤の散布，加湿器による湿度の確保等により，表面の乾燥を防止する対策を施す必要がある．また，粘性も高いことからこて仕上げが難しいことに加え，通常のコンクリートの表面仕上げに精通した技能者であっても，仕上げを行うタイミングの判断が難しい場合がある．このため，事前に仕上げ方法やタイミングにつ

いて確認し実施するのがよい．なお，貫入試験機などを用いて，その抵抗値から簡便に仕上げのタイミングを判断できるという報告もある．

　なお，道路橋床版など仕上げ面に舗装や防水工を施工する場合には，これらとVFCの仕上げ面との付着が良好であることを事前に確認する必要がある．

16.7　養　　生

（1）VFCの養生は，設計で設定した特性が得られることが確認された方法によらなければならない．

（2）給熱養生が必要となる場合の養生方法は，施工条件に応じて設定することとする．

【解　説】　　（1）について　　VFCの養生方法は，VFCに求められる特性および施工方法に応じて設定し，事前にその方法によってVFCが所要の特性が得られることを確認する必要がある．

　通常のコンクリートと同様の養生とする場合は，コンクリート標準示方書［施工編］に準拠することを基本とするが，VFCは水結合材比が小さいことなどから，初期の湿潤養生が不十分であると，乾燥によるプラスティック収縮ひび割れが生じやすくなることに留意が必要である．プレキャストコンクリートの場合も，硬化に必要な温度および湿度を保ち，有害な作用を受けないようにする必要がある．

　また，VFCは通常のコンクリートよりもセメント量が多いため，断面が大きくない場合においても水和熱によって部材の内部温度が上昇し，温度応力によるひび割れが発生するおそれがある．温度応力の影響が懸念される場合には，「16.13　マスコンクリート」により内部と周辺環境の温度差を小さくするなどの対策を講じておく必要がある．

　（2）について　　VFCに求められる材料特性などによっては，給熱養生を実施する場合がある．給熱養生の方法としては，一般的にプレキャストコンクリートで行われる蒸気養生のほかに，温水，温風，電熱ヒータなどによる方法も可能であるが，事前にその方法や効果などを十分に確認する必要がある．給熱養生では，特に時間と温度の管理が重要になる．通常のコンクリートでも材齢管理に加えて積算温度で管理する場合があるが，VFCでは雰囲気温度での管理はもちろんのこと，部材寸法によっては表面と内部の温度が異なることが想定されるため，必要に応じて両方で管理を行うのがよい．また，給熱養生を行う場合には部材に対して均一に熱履歴を与えられるようにする必要がある．例えば蒸気養生においては，蒸気の噴出位置や方向によって，局部的に温度が上昇するおそれがあるため注意が必要である．なお，UFCのように硬化後に高温給熱養生を行う場合には，長期の強度発現を考え，打込み直後の初期養生の養生温度は40℃程度を上回らない範囲で行うのがよい．これは，硬化初期に雰囲気温度が40℃を超えると，VFCの硬化体に悪影響を及ぼす可能性があるためである．

　養生時に部材の温度が60℃を超える場合は，時間的遅れを伴うエトリンガイトの生成（以下，DEF）による膨張ひび割れが懸念される．DEFは，材齢初期に高温履歴を受け，硬化体にエトリンガイドが生成するための空間があり，硫酸イオン，アルカリさらに水の供給があると起こるとされている．VFCは，余剰な空隙水が少ないことに加え，組織が緻密で内部に水や硫酸イオンが供給されにくいことから，DEFは生じにくいという報告もある．ただしVFCの配合は様々であるため，DEFによるひび割れの発生を防ぐには，給熱養生時の最高温度だけでなく，材料・配合等の仕様の妥当性も確認しておくことが望ましい．

16章 施　工　　135

16.8　継　　目

16.8.1　一　　般

（1）継目は，設計図書に定められた構造・処理方法とし，所定の位置に設けなければならない．

（2）設計図書に示されていない継目を設ける場合には，構造物の性能を損なわないことを確認しなければならない．

【解　説】　（1）について　継目には，VFC の施工上の都合から設けられる打継目と，構造設計で設けられる目地がある．これらの継目は構造特性，耐久性および外観等の性能に大きな影響を及ぼす．VFC は，繊維の混入により引張特性を向上させているが，継目では繊維が架橋せず所定の引張特性が得られない．そのため，継目の構造・処理方法と設置位置は，設計図書に従って施工する必要がある．また，設計図書では継目設置位置を特定箇所ではなく，ある一定の範囲内に設けるよう指示する場合もある．このような場合は，施工性を考慮し，指示された範囲内の適当な箇所に継目を設ける必要がある．

　　（2）について　設計図書に示されていない継目を設ける場合には，設計者と協議のうえ，構造・処理方法と設置位置についてあらためて構造物の性能を損なわないことを確認し，施工方法を施工計画書に定める必要がある．継目の設計については，「11.4.3 打継目」および「11.4.4 目地」に示す．

16.8.2　打　継　目

打継面の処理は，設計図書により定められた方法によらなければならない．

【解　説】　打継目の有無，位置，方向，構造および打継面の処理方法は，構造物の品質を確保する上で重要である．打継目は「11.4.3 打継目」により設計されるが，VFC の供給量や打込み時期等の施工条件を詳細に検討した上で計画する必要がある．施工条件によっては，VFC やコンクリートの供給量またはコンクリートポンプの配置上の制約等から一度に打ち込むことが困難であることが理由で打継目を設ける場合もある．設計図書に示されていない打継目を設ける場合には，構造物の形式，環境条件および施工条件をあらかじめ整理してあらためて設計を行い，施工方法を施工計画書に定める必要がある．

　　打継面の処理方法のうち目粗しの方法としては，VFC またはコンクリートの凝結が終了した後に，高圧の空気，水またはワイヤブラシで薄層を除去し，骨材を露出させる方法などがある．また，打継面にグルコン酸ナトリウム等といった水和を遅延させる成分からなる打継目処理剤を使用して打継表面の薄層部の硬化を計画的に遅らせる方法や，打継目処理剤を塗布した凝結遅延シートを型枠表面に貼り付ける方法もある．表面の強度が高い場合には，サンドブラストを行った後，水で洗う方法もある．完全に硬化している場合については，手はつり，機械はつりによる方法等がある．VFC は通常のコンクリートよりも強度が高いため，既に打ち込まれた VFC の打継面を処理する場合には，その時期をより厳密に管理する必要がある．特に，打継目処理剤の使用においては，凝結遅延の効果が得られにくい場合があるため，適切な種類や必要な散布量をあらかじめ検討しておくのがよい．また，打継目処理剤の散布後は，散布面をシートなどで養生するとよい．

水平打継目については，下層コンクリート上部のレイタンス，品質の悪いコンクリート，緩んだ骨材等は取り除く必要がある.

　鋼繊維を用いた VFC 同士を打ち継ぐ場合，目粗し処理などにより繊維が露出した状態で，打ち継ぐまでに長期間あけると繊維が腐食するおそれがあるため留意が必要である. また，合成繊維を用いた VFC を使用する場合でも，露出された繊維が長期間屋外にさらされると，繊維の種類によっては紫外線により劣化するおそれがあるため，シートをかぶせるなど配慮が必要である.

　また，既に打ち込まれた VFC またはコンクリートの表面が乾燥していると，新たに打ち込まれた VFC の水分が逸散し，打継目の付着力が低下するおそれがある. そのため，打継面は十分に湿らせておくとよい. 打継面にプライマーや接着剤を塗布する方法もあるが，種類や塗布量によっては逆に付着力の低下を招くおそれもあるため，適切な管理をする必要がある.

　打継目の施工については，「**参考資料 1-25 VFC の打継目処理方法**」および「**11.4.3 打継目**」も参考にするとよい.

16.8.3　目　　地

目地は，設計図書により定められた構造としなければならない.

【解　説】　コンクリート標準示方書［施工編］のとおりとした.
　目地の設計については，「**11.4.4 目地**」に示す.

16.9　鉄 筋 工

　コンクリート標準示方書［施工編］によることとする.

【解　説】　VFC は，高強度で物質の透過に対する抵抗性が高く，その力学特性により構造性能の向上が期待される材料である. スペーサは，VFC 構造物の性能に影響を与えない箇所に設けるよう注意が必要である. VFC を使用する部位にスペーサを配置する場合には，強度や物質の透過に対する抵抗性など VFC と同等程度以上の品質を有するものを用いる必要がある. VFC は通常のコンクリートよりも強度が高く，市販品では対応が困難な場合は，別途製造するとよい. また，スペーサの設置位置では，打込み時に繊維の配向・分散に影響を与えることがあるため，かぶり部の VFC に引張軟化特性を期待する場合には配置位置に注意する必要がある.

16.10 型枠および支保工

（1）型枠および支保工は，VFC を用いた構造物が設計図書に示されている形状，寸法となるよう事前に作成した施工計画書に従い，設計，施工しなければならない.

（2）型枠および支保工は，構造物の種類，規模，重要度，施工条件，美観および環境条件を考慮し，作用する各荷重に対して安全性を確保できるよう設計，施工しなければならない.

（3）型枠の材質や構造などは，VFC の初期硬化時の収縮特性に応じて選定することとする.

（4）型枠および支保工の組立は，要求される精度が満足されているか，VFC の打込み前に組立精度を確認しなければならない.

（5）型枠および支保工は，VFC がその自重および施工期間中に加わる荷重を受けるのに必要な強度に達するまで取り外してはならない.

【解　説】　（1）について　コンクリート標準示方書［施工編］のとおりとした.

　一般に，コンクリート構造物の施工では，打込みから硬化するまでの時間は短期間であるので，型枠および支保工の設計に際し過大な安全率をとる必要はないが，想定以上の変形が生じたり安全性が欠けたりすることがないよう留意する必要がある.

　施工にあたって，閉鎖空間に打ち込む場合には，上型枠の適切な位置に空気抜き孔を設ける必要がある.また，VFC は一般に粘性が高く，型枠面に気泡が多数残存する場合がある.気泡が美観上の欠点となるような構造物では，型枠の材質やはく離剤などが型枠面の気泡の残留に影響を及ぼすため，その選定に注意を払う必要がある.型枠面を軽打したり，残留気泡を逃がす素材を用いたりすることもその低減に有効である.

　（2）について　型枠支保工の設計では，コンクリート標準示方書［施工編］に準じ，鉛直方向荷重，水平方向荷重，VFC の側圧，特殊荷重などについて検討を行う必要がある.

　VFC の単位重量は，通常のコンクリートと異なる場合があり，型枠および支保工の設計にあたっては注意が必要である.また，VFC は凝結時間が通常のコンクリートよりも長い場合が多く，打込み後も長時間にわたり側圧が減少しにくい.特に自己充填性を有する VFC を打ち込む際には，型枠に作用する側圧は液圧として設計する必要がある.側圧が長時間作用することによる型枠および支保工の変形についても留意が必要である.

　（3）について　初期硬化時の収縮が大きい VFC の場合では，型枠の材質や構造が適切でないと収縮の拘束に起因するひび割れが生じる可能性がある.したがって，VFC の初期硬化時の収縮特性に応じた型枠の材質や構造を選定する必要がある.例えば，木製型枠を用いることや型枠面に緩衝材を貼り付けるなどの対策が考えられる.

　（4）について　特に流動性の高い VFC では，型枠継ぎ目での漏れ出しや繊維の飛び出し，バリなどが生じるため型枠の組立には高い精度が必要となる.

　（5）について　型枠および支保工の取外しは，VFC が所要の強度に達してから行う必要がある.また，取外しの時期および順序は，VFC の強度のほか，構造物の種類とその重要度，部材の種類および大きさ，部材の受ける荷重，気温，天候，風通しなどを考慮する必要がある.

　VFC が必要な強度に達する時間を判定するには，構造物に打ち込まれた VFC と同じ状態で養生した供試体の強度を確認するのがよいが，供試体は構造体よりも外気温あるいは乾燥の影響を受けやすいので，これ

らを考慮に入れた管理手法をあらかじめ検討しておくことが望ましい.

16.11 寒中の施工

16.11.1 一 般

（1）日平均気温が4℃以下になることが予想されるときには，寒中に施工するVFCとしての施工を行わなければならない.

（2）寒中の施工にあたっては，VFCが凍結しないように，また，寒冷下においても所要の品質が得られるように，材料，配合，練混ぜ，運搬，打込み，養生，型枠および支保工等について，適切な処置をとらなければならない.

【解 説】 コンクリート標準示方書［施工編］のとおりとした.

打込みから硬化までの間，VFCが氷点下にさらされると，通常のコンクリートと同様にマトリクス中の自由水が凍結，膨張し初期凍害を受ける場合がある. 初期凍害を受けたVFCは，その後適切な養生が施されたとしても，その性能が著しく劣ったものとなることが想定される. また，硬化前のVFCが凍結しないまでも低温度にさらされると，凝結および強度発現の遅延や最終強度の低下を生じる場合があり注意を要する.

16.11.2 材料および配合

（1）練上がり温度を上げるために構成材料を加熱する場合，水または骨材を加熱することとし，結合材は直接熱してはならない. また，骨材の加熱は，温度が均等で，かつ乾燥しない方法によらなければならない.

（2）寒中に施工するVFCは，所要のコンシステンシー等が得られるように事前に試験等により確認された配合としなければならない.

（3）硬化促進剤などの化学混和剤を使用する場合は，VFCの特性への影響を事前に試験等により確認しなければならない.

【解 説】 （1）について 寒中の施工において，VFCの練上がり温度を確保するためには，通常のコンクリートと同様に，練混ぜ前の構成材料の温度を上げておくことが有効である. ただし，練上がり温度を過度に上げると，運搬中の流動性の低下，表面の乾燥によるプラスティック収縮ひび割れ，コールドジョイントの発生の原因にもなり得るので留意する必要がある. また，セメント，混和材などの粉体材料の温度を間接的に上げる場合には，加温方法やその温度がVFCの特性に悪影響を及ぼさないことを事前に試験等により確認するのがよい. 粉体材料の温度を管理する方法の一例として，空調設備等により温度が保たれた場所に保管する方法がある.

（2）について VFCの打込み時のコンシステンシーは繊維の配向・分散に影響を及ぼすことから，寒中に施工するVFCでは，打込み時に所要のコンシステンシー等が確保できることを，事前に試験により確認す

る必要がある. なお, UFC 指針および HPFRCC 指針では, 高性能減水剤や高性能 AE 減水剤などの化学混和剤の使用量を調整することで, 所要のコンシステンシーが得られるようにすることを標準としている.

また, 冬期配合として単位水量を減じる場合には, 打込み時に所要のコンシステンシーが得られるように配合を調整するとともに, VFC としての要求性能を確保できることを事前に試験により確認する必要がある.

　(3) について　硬化促進剤などの特殊な化学混和剤を使用するときは, その成分や使用効果などを十分に調査し, VFC の特性への影響を試験などにより確認した上で使用する必要がある.

16.11.3　練混ぜ

コンクリート標準示方書［施工編］によることとする.

16.11.4　運搬および打込み

コンクリート標準示方書［施工編］によることとする.

【解　説】　実例として, 積雪のある寒冷地での橋梁の建設において, プラントで製造された VFC をトラックアジテータにより長時間運搬し, 現場打ち施工がなされた事例が報告されている. 詳細については, 「**参考資料 1-26 VFC の寒中の施工**」を参考にするのがよい.

16.11.5　養　生

　(1) 寒中に施工する VFC の養生方法および養生期間は, 外気温, VFC の配合, 構造物の種類, 部材の形状寸法を考慮して定めなければならない.
　(2) VFC は, 打込み後の初期に凍結しないように十分に保護し, 特に風を防がなければならない. また, VFC の温度および雰囲気温度を測定し, VFC の品質に悪影響を及ぼす可能性がある場合には, 施工計画を変更し, 適切な対策を講じなければならない.
　(3) 温度制御養生として給熱養生を実施する場合には VFC が急激に乾燥したり, 局部的に熱せられたりしないようにしなければならない.
　(4) VFC は, 施工中の予想される荷重に対して十分な強度が得られるまで養生しなければならない.
　(5) 保温養生または給熱養生を終了する際には, VFC の温度を急激に低下させてはならない.

【解　説】　寒中に施工する VFC の養生は, 外気温, VFC の配合, 強度, 構造物の種類, 部材の形状寸法を考慮して, その方法および期間, 養生温度等に留意する必要がある. 寒中に施工する VFC の養生方法は, 温度制御養生として保温養生や給熱養生があり, 用いる VFC や環境条件などに応じて, 適切な養生方法や養生期間を事前に実験等により確認し, 施工計画を立て実施する必要がある.

　温度制御養生を行う場合は, 打込み後の初期段階から養生温度が 5℃を下回らないように留意する必要が

ある．

　低水結合材比の VFC の各養生温度における材齢と圧縮強度の関係（例）を**解説 図 16.11.1** に示す．同図より，低水結合材比の VFC の強度発現性は，養生温度の影響を強く受けることが確認される．養生温度によっては，必要とする強度を得るための養生期間が長くなることや最終強度の低下を生じるため注意が必要である．

　脱枠時期の確認は，通常のコンクリートと同様に積算温度から圧縮強度を推定することができるものもある．また，シリカフュームのようなポゾラン反応性を有する混和材を用いた VFC では，アレニウス則に基づく等価材齢を用いて圧縮強度を推定する方法も報告されている．いずれの場合も，VFC の積算温度と圧縮強度の関係，VFC の等価材齢と圧縮強度の関係を事前に試験等により確認する必要がある．寒中施工での，積算温度を用いた養生管理においては，「**参考資料 1-26 VFC の寒中の施工**」を参考にするのがよい．

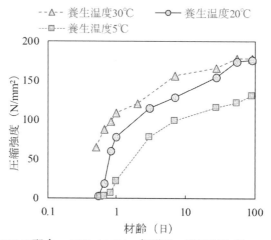

※VFC の配合：W/P=15.2%，鋼繊維，繊維混入率 1.5vol.%

解説 図 16.11.1　養生温度が異なる場合の材齢と圧縮強度の関係[2]

16.11.6　型枠および支保工

コンクリート標準示方書［施工編］によることとする．

16.12　暑中の施工

16.12.1　一　般

（1）日平均気温が 25℃を超える時期に施工することが想定される場合には，暑中に施工する VFC としての施工を行うことを標準とする．

（2）暑中の施工にあたっては，高温による VFC の品質の低下がないように，材料，配合，練混ぜ，運搬，打込みおよび養生等について，適切な処置をとらなければならない．

【**解　説**】　コンクリート標準示方書［施工編］のとおりとした．

VFC は通常のコンクリートに比べて，セメント量が多く，粘性が高いとともにブリーディングが少ないことが想定されるため，気温が高く水分の蒸発が激しい場合，運搬中のコンシステンシーの低下，表面の乾燥によるプラスティック収縮ひび割れ，コールドジョイントの発生などが懸念される．このため，打込み時およびその直後において，できるだけ VFC の温度を低くするとともに，水分が蒸発しないよう材料の取扱い，練混ぜ，運搬，打込みおよび養生などについて配慮が必要である．

16.12.2 材料および配合

（1）所定のコンクリート温度が得られない場合には，事前に材料の温度を下げる方法を検討し，その効果を確認しておかなければならない．

（2）暑中に施工する VFC は，所定のコンシステンシー等が得られることを事前に試験等により確認された配合としなければならない．

（3）遅延剤などの化学混和剤を使用する場合は，VFC の特性への影響を事前に試験等により確認しなければならない．

【解 説】 （1）について　暑中に施工する VFC の温度を低く抑える方法として，粉体材料および骨材の貯蔵サイロにおける日陰での保管，散水による骨材の冷却，液体窒素による骨材の冷却，冷却した練混ぜ水の使用などの方法がある．なお，用いる VFC によっては，通常のコンクリートよりも練混ぜ時間が長くなることがあり，その場合，構成材料を冷却した効果が通常のコンクリートよりも小さくなることに留意する必要がある．

（2）について　VFC の打込み時のコンシステンシーは繊維の配向・分散に影響を及ぼすことから，暑中に施工する VFC では，打込み時に所要のコンシステンシー等が確保できることを，事前に試験により確認する必要がある．なお，UFC 指針および HPFRCC 指針では，高性能減水剤や高性能 AE 減水剤などの化学混和剤の使用量を調整することで，所要のコンシステンシーが得られるようにすることを標準としている．

また，夏期配合として単位水量を調整する場合や化学混和剤の種類を変更する場合には，打込み時に所定のコンシステンシーが得られるように配合を調整するとともに，VFC としての要求性能を確保できることを事前に試験により確認する必要がある．

（3）について　遅延剤や流動化剤などの化学混和剤を使用するときは，その成分や使用効果などを十分に調査し，VFC の特性への影響を試験などにより確認した上で使用する必要がある．

16.12.3 練混ぜ

コンクリート標準示方書［施工編］によることとする．

16.12.4 運搬および打込み

（1）VFC の打込みは，練混ぜ後できるだけ早い時間に行わなければならない．練混ぜ開始から打ち終わるまでの時間は，試験結果や実績に基づき適切に定めた上で管理することとする．

（2）施工時の VFC の温度は，構造物の種類，使用目的，断面寸法，施工方法，環境条件などを考慮して，構造物に悪影響を及ぼさないように適切に定めた上で管理することとする．

【解　説】　（1）について　VFC の流動性は，時間の経過とともに低下するため，練り混ぜてから長時間経過すると施工が困難となる．このような品質の変化は，気温の上昇とともに増大する傾向にあるため，練上がりから可能な限り早く施工することが望ましい．このため，打込み時の最小スランプまたは最小フローを満足できるよう，あらかじめ VFC のコンシステンシーの経時変化を確認し，練上がりから打込み完了までの時間を設定する必要がある．

　（2）について　VFC の温度が高い場合には流動性が低下しやすい．このため，構造物の種類や大きさ，環境条件，養生方法に応じて，できるだけ VFC の温度を低くすることが望ましい．暑中に施工する VFC では，あらかじめ所定の品質が確保できる打込み温度の範囲を確認し，打込み時の VFC の温度の上限を設定する必要がある．なお，UFC 指針および HPFRCC 指針では，打込み温度が品質に及ぼす影響を検討した結果，打込み時の温度の上限を 40℃ としている．

16.12.5 養　　生

（1）VFC の打込み終了後，速やかに養生を開始し，打込み表面を乾燥から保護しなければならない．

（2）暑中に施工する VFC の養生方法および期間は，環境条件，構造物の種類と大きさ，施工計画などを考慮して，物性試験などに基づいて適切に定めることとする．

【解　説】　（1）について　VFC はブリーディングが通常のコンクリートに比べて少ない場合があるため，暑中の施工では打込み表面が乾燥状態になりやすく，プラスティック収縮ひび割れ発生のおそれがある．このような場合には，水の噴霧，シート被覆または被膜養生剤の使用などによって適切な処理を行い，表面の乾燥を防止する必要がある．また，温度制御養生を行う場合でも，打込み後の初期段階は同様に，仕上げ面の乾燥を防止する必要がある．

16.13　マスコンクリート

（1）セメントの水和熱に起因した温度応力が問題となる場合には，マスコンクリートとして取り扱い，その対策を十分に検討しなければならない．

（2）水和熱に起因する高温履歴が VFC の品質に影響を与えないように，設計，施工および品質管理を行わなければならない．

【解　説】　（1）について　VFC はその優れた特性を活かすことで，部材の薄肉化，軽量化に期待できる

材料であるが，橋梁端部横桁など使用箇所や部材によってはマスコンクリートとしての扱いが必要となる．

また，一般にVFCは通常のコンクリートに比べてセメント量が多いため，部材の拘束，環境温度および施工の条件によっては，部材寸法が比較的小さくても有害な温度ひび割れが生じる可能性がある．そこで，ここでは部材の寸法にかかわらずセメントの水和熱に起因した温度ひび割れが問題となる場合に，VFCをマスコンクリートとして取り扱うこととした．VFCの水和熱は，養生方法にも大きく影響されるため，「**16.7 養生**」も参考とするのがよい．

温度応力計算を行う場合は，コンクリート標準示方書［設計編］に基づけばよいが，VFCの配合は様々であるため，力学特性，自己収縮および熱物性等は実際に使用する材料を用いて適切な試験によって測定されたものを使用する必要がある．一方，通常のコンクリートにおいて，ひび割れ発生確率に対応する安全係数すなわちひび割れ指数(引張強度／応力)の最小値はひび割れ発生と比較的高い相関を有していることから，これらを用いてひび割れ発生に対する照査をすることができる．しかしながら，VFCについては実績やデータが乏しいために，コンクリート標準示方書に示される安全係数とひび割れ発生確率の関係をそのまま適用するのは困難であることに留意する必要がある．同様に，コンクリート標準示方書に示される最大ひび割れ幅－ひび割れ指数－鉄筋比の関係についても，通常のコンクリートによって構築された壁構造物モデルの実験結果をもとにしたものであること，さらにVFCは繊維の架橋効果によってひび割れ幅が鉄筋比によらない可能性があることから，これらをそのまま適用することは困難である．

したがって，VFCの設計や施工に当り，セメントの水和熱に起因した温度応力によるひび割れの発生が問題となる場合には，ひび割れ指数の最小値に着目しながら実際の施工や部材を想定したモデル実験や解析によって事前の検討を行い，その妥当性を個別に検証する必要がある．また，設計段階で想定した前提条件と実際の施工条件が合致せず，検討内容を修正する必要が生じた場合は，再び検証を行う必要がある．

なお，ひび割れ指数の算定に用いる「引張強度」は，繊維が混入されていないコンクリートに対して定義されるものであり，VFCの場合は，繊維の架橋効果を期待する前の「ひび割れ発生強度」にあたる．

　(2)について　水和熱に起因する高温履歴がVFCの品質に影響を与えるものとして，エトリンガイトの遅延生成（DEF：Delayed Ettringite Formation）に起因する膨張ひび割れが考えられる．DEFは，高温履歴，アルカリ量，SO_3量およびコンクリートへの水の供給といった条件が揃うことで生じるといわれている．VFCは通常のコンクリートに比べてセメント量が多いことから，DEFの条件であるアルカリ量，SO_3量が増えることとなる．一方で，VFCは緻密な硬化体であるため外部からの水の浸入を抑制することができる．そのため，マスコンクリート部材が供用中に水との接触が考えられる場合には，施工時における温度ひび割れを抑制し，VFC内部への水の浸入を防ぐことが重要となる．

また，マスコンクリート部材の中心部と表面部の温度差による強度発現の差異や，構造体強度と供試体強度の差異が想定される場合には，あらかじめ適切な実験により確認し，設計，施工および品質管理計画に反映させる必要がある．

16.14 品質管理

16.14.1 一　　般

（1）VFC 構造物が所要の品質を満足するよう，製造や施工の各段階において品質管理を適切に行わなければならない．

（2）VFC が所要の品質を満足するよう，使用する構成材料を適切に管理しなければならない．

（3）品質管理の記録は，建設した構造物の品質保証や将来の工事における品質管理に活用できるよう，適切に保管することとする．

【解　説】　（1）について　品質管理の目標は，要求を満足する品質を達成することである．コンクリート工事における品質管理は，使用する VFC や鋼材等の品質が設計図書の規定に適合していること，および鋼材や型枠等の設置，ならびに VFC の運搬や打込み等の一連の作業が施工計画どおりに実施されていることを確認し，これを記録する必要がある．

　（2）について　所要の品質を有する VFC を製造するには，セメント，混和材，水，骨材，化学混和剤，繊維が品質基準に適合したものであることはもちろんのこと，その品質の変動が小さいことが望ましい．安定した VFC を製造するために材料の品質の変動が試験成績書等によって許容範囲内であることを確認する必要がある．骨材など現地で調達した材料を使用する場合には，材料の品質の変動によって VFC の品質が変化しないよう材料の品質管理および貯蔵状態の管理を行う必要がある．特に，単位水量の誤差は VFC の性能に及ぼす影響が大きいため，骨材の表面水を管理することが重要である．プレミックス材料は貯蔵状態や製造後の経過日数によって品質に影響を及ぼすおそれがあるため，使用にあたってはこれらを確認しておく必要がある．

　（3）について　品質管理の記録は，完成したコンクリート構造物が所要の品質を有していることを保証するものである．また，品質管理の記録は，将来の工事において品質の改善や不具合の防止等を図ることなどに活用できる貴重な資料である．そのため施工者は，工事を終えた後も品質管理の記録の活用に配慮して，長期間これを保管しておくことが望ましい．

16.14.2 製造時の品質管理

（1）所要の品質の VFC を安定して円滑に製造できるよう，製造設備および製造工程を適切に管理しなければならない．

（2）所要の品質の VFC が得られるよう，フレッシュ時の特性と硬化特性を管理しなければならない．

【解　説】　（1）について　VFC の製造においては，貯蔵設備，計量設備，ミキサおよび繊維投入設備が VFC の製造に適した設備であることを確認する必要がある．安定した品質で継続して製造するためには，水量を適切に管理する必要があり，骨材を現地調達する場合には表面水率を安定させ計量の目標値を適宜補正することが重要である．VFC は計量の誤差が品質に影響を及ぼすおそれがあるため，計量設備の定期検査を

行い整備する必要がある．構成材料の計量が許容差の範囲にあり，その変動が小さいことを自動計量記録装置（印字記録装置）の記録により確認するのがよい．

　練混ぜ管理においては，モニター画面などで練混ぜ状態を観察したり，ミキサの負荷電流値からスランプまたはフローを推定したりするなど，VFC の性状を確認するのがよい．ミキサの練混ぜ性能は，VFC の品質や性状に影響を及ぼすため，VFC に適したミキサ形式を選定し，ミキサへの負荷を勘案して1バッチ当りの練混ぜ量を設定する必要がある．また，通常のコンクリートに比べて練混ぜ時間が長くなる傾向があるため，製造にあたっては試験練りを行い適切な練混ぜ時間を設定しておくのがよい．

　繊維の投入には，練混ぜミキサに投入する方法とトラックアジテータに投入する方法があり，投入速度を勘案し繊維が均等に分散することを確認する必要がある．

　（2）について　フレッシュ性状の品質管理ではコンシステンシー，空気量，練上り温度等，必要な項目を選定し，適切な時期および頻度で実施する必要がある．部材の形状や打込み条件によって要求されるコンシステンシーが異なるので，これに適した管理方法と管理値を設けるのがよい．骨材の粒度や表面水率，気温等の変動によっては，あらかじめ設定した計画配合で想定している VFC のフレッシュ性状と異なる可能性もあるため，計量印字記録等により実際に製造された配合や骨材の品質管理試験結果等を確認しておくのがよい．なお，品質管理上の管理限界を超えていない場合においても，VFC の練混ぜ性状を目視で観察することで，今後管理限界を超える可能性があるか否かを判断できる場合もあるため，練混ぜ時の VFC の状態を適宜目視観察することが望ましい．変動が認められた場合には直ちにフロー試験などによりコンシステンシーを確認するのがよい．また，単位体積質量を測定することでも VFC が計画どおりの計量値で製造できているかの判断材料になる．

　コンシステンシー，空気量，圧縮強度等の試験値は，適切な管理図表を用いて整理すると，製造工程の異常の兆候を早期に検出することができる．異常を検出した際には，原因を究明して適切な対策を講じて品質の変動を抑えることが重要である．そのためには，効果的な品質管理計画書を立案しておく必要がある．

　圧縮強度試験に用いる供試体寸法や引張特性に対する試験については「**17章　検査**」を参照するのがよい．
　製造時の品質管理項目の例を**解説 表** 16.14.1 に示す．

解説　表 16.14.1　製造時の品質管理項目の例

管理の項目	主な内容	管理方法
VFC に使用する材料	セメント，混和材，水，骨材，骨材の表面水，結合材を除く粉体材料，化学混和剤，繊維	試験または試験成績書品質の変化
製造設備	貯蔵設備，貯蔵方法，計量設備，ミキサ，繊維投入設備	定期検査，点検
製造	材料計量値，練混ぜ時間，練混ぜ時のミキサの負荷電流値	測定
VFC の特性	コンシステンシー，空気量，練上り温度，圧縮強度，ひび割れ発生強度，繊維架橋強度，曲げ強度，引張軟化曲線	試験
	塩化物イオン量（必要に応じて）	試験または配合から算出

16.14.3 施工時の品質管理

（1）施工者は，品質管理計画に従い，施工の各段階において品質管理を行わなければならない．

（2）施工者は，所要の品質を有する VFC 構造物が得られるよう，VFC の施工，鉄筋工および型枠・支保工等の各作業を適切に管理しなければならない．

（3）施工者は，VFC 工事の工程，製造方法，施工方法，天候，気温および品質管理等を記録しなければならない．

【解 説】 （1）について VFC の工事を円滑に進め，所要の品質を確保しつつ，定めた工程内に作業を終えることができるよう施工計画および品質管理計画を作成する必要がある．VFC を現場で施工する場合は，通常のコンクリートに比べて構造物の形状，施工環境条件，作業員の経験，機械設備の性能の違いなどが構造物の品質に影響を及ぼしやすい．各作業に取りかかる前には品質管理体制を確認し，品質管理の担当者から作業員に対して必要事項を正確に伝え，施工に反映させる必要がある．また，作業の遅れが発生した場合の対処方法をあらかじめ決めておくなど，準備を十分行っておくことにより不具合を少なくすることができる．

（2）について VFC の施工時の品質管理では，本章に示す各作業での留意事項を参考にしながら，所定の施工手順，工程，使用機械で進められていることを確認する必要がある．材料や部材等が所要の品質を有していることを確認するために，各施工段階や完成時に検査および記録を行う必要がある．施工に先立って行う調査や試験等も検査・記録項目に含まれる．例えば，実際の施工条件や構造条件を反映した実験を行う場合などがある．

練混ぜ，運搬，受入れ検査に要する時間および打込み時間を勘案し，連続して打込みが行えるよう運行計画を立てておくのがよい．運搬距離が長い場合は，撹拌機能があるトラックアジテータ等を用いて運搬するのがよい．施工者は VFC を受け入れる際に受入れ検査を行い，現場内での運搬では，必要な運搬設備の種類，形式，能力および台数，人員配置，運搬方法等を施工計画どおりに行えるように管理する必要がある．通常のコンクリートよりも水結合材比が低い VFC をコンクリートポンプで圧送する場合には，圧送圧力や圧力損失が大きくなるおそれがあるため，あらかじめコンクリートポンプの圧送能力，圧送速度および圧送距離などを事前に確認し，圧送方法について適切な指示を出すことが重要である．また，圧送前後でフローなどの品質が変化する場合があるので注意する必要がある．コンクリートバケットを用いる場合，打込みの連続性が確保しにくいことを考慮し，打込み順序と打込み速度を管理する必要がある．

打込みおよび締固めでは，特に繊維の配向・分散に影響を及ぼすため，打込み箇所，打込み順序，打込み速度，打込み高さ，締固め作業高さおよび締固め方法が施工計画どおりであることを確認する必要がある．引張特性やひび割れ分散性などの特性を発揮するには，打ち込まれた VFC の均一性および連続性を確保することが重要である．打重ね部や合流部等は，繊維の連続性が確保できず弱点となる可能性があるため，適切に施工する必要がある．許容施工時間内であってもワーカビリティーの低下が想定より早い場合や，繊維の分離が認められるなどの VFC の性状に異常が認められた場合には，必要に応じて打込みを中断し，原因を究明するとともに適切な処置を行う必要がある．締固めについては，締固めの可否，締固め機器，締固め方法について計画し，作業員に周知するとともに管理する必要がある．

VFC の流動性が高い場合は，型枠に作用する側圧が大きくなるおそれがあるため，型枠および支保工は想

定した荷重に対して十分な強度と安全性を有する必要がある．品質管理の担当者は，型枠および支保工の計算結果を確認し，計画どおりに施工されていることを確認する必要がある．鉄筋はVFCの打込みに伴い移動するおそれがあるため，組立てにあたって適切なスペーサの配置や堅固な結束が必要である．

仕上げでは，打ち上がり面の均しおよび仕上げの回数，時期，方法等が施工計画どおりであることを確認する必要がある．天候や気温によって仕上げに適した時期が異なり，作業員の熟練度も仕上がり面の品質に影響を及ぼすので，適切な時期および方法を指示することが重要である．配合によっては，表面にこわばりが生じて仕上げが困難になる場合があるため，適切な対策を講じておく必要がある．

養生では，養生の設備，期間および方法が施工計画どおりに実施されていることを確認する必要がある．湿潤養生では，場所によってムラが生じないようにシートやマットを配置するのがよい．給熱養生では，昇降温度速度と最高温度，最高温度保持時間が不適切な場合には，所定の性能が得られないおそれがあるため，適切に管理する必要がある．型枠および支保工の取外しは，VFCの配合，気温や構造物の条件，温度ひび割れの発生等を考慮し，十分に安全が確保されていることを確認して行う必要がある．

（3）について　施工者は，VFCの施工に先立ち施工記録の内容，記録方法等について発注者と協議し，施工記録を残す必要がある．施工記録は施工計画に基づき，VFC工事の工程，製造および施工に関する方法，品質管理の結果等を記録したものである．この記録にはコンクリート構造物の初期状態に関する重要な情報が含まれており，設計耐用期間中の構造物の性能を保証するための基礎データとなるものである．また，施工記録の内容は構造物の維持管理に有用となるものもあるため，施工者から発注者に引き渡す記録内容は，あらかじめ両者間の契約段階で明確にし，施工計画に反映させておくのがよい．施工記録は施工者にとって発注者との契約に基づき施工を行い，所定の品質を満足する構造物であることを証明するものである．特に繊維の配向・分散は，打込み方法によって影響を受け，VFC構造物の構造性能にも密接に関わるため，計画どおりに施工されたことを記録しておくことが重要であり，その方法として連続写真や動画の撮影などがある．

施工時の品質管理項目の例を**解説　表16.14.2**に示す．

解説　表16.14.2　施工時の品質管理項目の例

管理の項目	主な内容	管理方法
運搬	トラックアジテータの運搬時間	測定
VFCの特性 （受け入れ時）	コンシステンシー，空気量，コンクリート温度，圧縮強度，ひび割れ発生強度，繊維架橋強度，曲げ強度，引張軟化曲線	試験
鉄筋・型枠	鉄筋（径，数量，加工寸法，配置），型枠（形状寸法），かぶり，スペーサの配置・数，型枠・支保工取外し時期	測定
現場内運搬	コンクリートポンプ(種類，形式，能力)，バケット	定期検査，点検
打込み	打込み位置・順序，打込み速度，打込み高さ，打込み量，コンシステンシー，締固め	目視，測定
仕上げ・打継目	仕上げ方法，仕上げ時期，均し・仕上げ回数，打継目の状態	目視，測定
養生	養生方法・温度	測定

参考文献

1) プレストレストコンクリート工学会：繊維強化ポリマー（FRP）のコンクリート構造物への適用に関する設計・施工指針，2020 年 9 月

2) 橋本理，渡部孝彦，武田均，武者浩透：常温環境下での強度発現性を高めた超高強度繊維補強コンクリートの強度発現性状，土木学会第 72 回年次学術講演会講演概要集，V-387，pp.773-774，2017

17章　検　査

17.1　一　般

（1）本章は，VFC構造物の建設および維持管理において，施工の各段階および完成した構造物に対して，発注者の責任において実施する検査の標準を示したものである．

（2）検査は，あらかじめ定めた判定基準に基づいて，客観的な判断が可能な方法を用いて行わなければならない．

（3）検査の結果，合格と判定されない場合は，部材，構造物が所定の性能を満足するように適切な措置を講じなければならない．

【解　説】　コンクリート標準示方書［施工編］のとおりとした．

　（1）について　本章で示す検査は，製造，施工されたVFC，部材，構造物などが，設定された要求性能を満足し，構造物が受け取り可能かどうかを工事発注者が判定するための行為である．設計図書，施工計画をもとに，施工の各段階で適切な検査を実施することで，完成時の欠陥を未然に防ぐことが重要である．

　（2）について　検査は，構造物の種類，使用材料，施工方法に応じて，効率的かつ確実に実施できるように，検査項目，試験方法，頻度などを事前に検討し，計画しておく必要がある．また，検査における試験方法や合否の判定基準は，客観的なものが要求される．そのため，各種の試験を日本産業規格（JIS）や土木学会規準などに定められた方法で行うことが標準であるが，VFCの種類や特性によっては，規格や規準に準拠した試験を行うことが妥当ではない場合もある．このような場合には，本指針（案）参考資料の試験方法なども参考に，VFCの特性に応じた適切な試験方法を設定し，検査を行う必要がある．

　（3）について　検査は，構造物の受け取りが可能かどうかを判定するものである．検査結果から構造物が所定の性能を満足しないと判断された場合は，受け取りを拒否するのが原則である．しかし，土木構造物の場合には，その規模の大きさ，施工期間の長さ，竣工延期の社会的影響，構造物の解体，廃棄による影響などを考えると，解体・再構築が最善の策とは言えない場合もあるため，様々な影響を考慮し，総合的に判断する必要がある．

　建設途中でのプロセス毎の検査において合格と判定されない場合には，建設途中での部分的な対策で対応できることもあるが，最終段階で補強等の処置が必要となる場合もある．

17.2 検査計画

（1）発注者は，施工者に対して発注時に検査計画を示さなければならない．

（2）検査計画では，設計図書や施工方法に対応して検査する項目を選定し，その検査方法，検査の時期や頻度，検査の合否判定基準等についてあらかじめ策定する．

（3）検査計画の策定にあたっては，構造物の要求性能，工事の特殊性，環境条件，効率などを考慮しなければならない．

【解　説】　コンクリート標準示方書［施工編］のとおりとした．

　（1）について　発注者は，工事発注時において，VFC の製造，施工，構造物の完成時の各段階における検査計画を示す必要があるが，VFC は通常のコンクリートとは異なる特性を持つ材料であり，期待する性能も様々であるため，VFC の特性に応じた適切な検査を行うことが重要となる．試験の方法およびその判定基準については，必要に応じて施工者と協議のうえ設定するのがよい．なお，施工者が立案した施工計画を確認した結果を踏まえ，必要に応じて検査計画を見直すのがよい．

　（2）および（3）について　検査の最終的な目的は，構造物が設計図面どおりに施工され，所定の性能が確保されていることを確認することである．検査計画は，検査項目，検査方法，検査時期や頻度，検査の合否判定基準を決める行為である．計画を立てる際には，構造物の要求性能，工事の特殊性，環境条件，効率などを考慮する必要がある．**解説 表 17.2.1** に検査項目と検査形態の例を示す．また，検査は工法の信頼性に応じて変えることが大切である．

　塩化物イオン量の測定にあたって，VFC によってはブリーディングのない材料もあり，このような材料では測定ができないことがある．このような場合には，構成材料の各試験成績書などからマトリクス中の塩化物総量を算定する方法もある．

　VFC の力学特性は，使用材料と繊維の配向・分散に依存する．練混ぜによる繊維の分散の確認手法としては，JSCE-F 554「鋼繊維補強コンクリートの繊維混入率試験方法」や JIS A 8603「練混ぜ性能試験方法」に準じて確認を行う方法などがある．VFC 構造物の構造性能を十分に担保させるためにも繊維の配向・分散が重要となるが，繊維の配向・分散は施工の影響を受けるため，構造計画段階で設定した施工方法が現場でも実施されていることを検査する必要がある．

　VFC は，繊維の架橋効果による引張抵抗も期待できる材料であるため，設計において VFC の引張特性を考慮している場合には，通常のコンクリートと異なり，曲げ試験や引張試験などが必要となる．

　また，構造物の完成後に鋼材位置や径を電磁誘導法や電磁波レーダー法などの非破壊検査で確認する場合，鋼繊維を用いた VFC では計測が難しい場合があり，注意が必要である．調査の事例を「**参考資料 1-29 各種非破壊試験による VFC の調査**」に示すので参考にするのがよい．

解説 表 17.2.1　VFC の工事に必要とされる検査項目の例

分類	検査の項目		主な内容	検査の形態*3
プロセス毎の検査	VFC に用いる材料		セメント，水，骨材，混和材料，繊維	確認
	VFC 製造設備		貯蔵設備，計量設備，ミキサ	確認
	VFC の品質		コンシステンシー，空気量，塩化物イオン量，練上がり温度，強度（圧縮，曲げ，割裂）	確認
	鋼材		鉄筋や PC 鋼材の品質	確認
	施工	コンクリート工	運搬，打込み，養生	直接，確認*4
		鉄筋工	鉄筋の径，数量，加工寸法，固定方法，スペーサの配置・数（かぶり）・鉄筋の配置，継手	直接
		型枠および支保工	形状寸法，かぶり	直接
VFC 構造物の検査	コンクリート部材の位置および形状寸法		平面位置，計画高さ，部材の形状寸法	直接
	表面状態		露出面の状態，ひび割れ，打継目の状態点錆*2	直接
	構造物中の VFC		コアや非破壊検査による強度	直接
	かぶり*1		非破壊試験によるかぶり調査	直接
	構造物の表層品質		非破壊試験（マトリクスの緻密性）	直接
	載荷試験		載荷試験によるたわみ，ひずみ	直接

*1 鋼繊維を用いた VFC では非破壊での計測が難しいため，プロセス毎の検査とする

*2 点錆は使用性（美観）に影響を与えるが，一般に構造物の力学的性能および耐久性には影響しない

*3 直接：発注者が直接検査することが望ましい（立会検査）

　　確認：施工者が行った検査結果の確認でもよい（書類検査）

*4 打込みについては，連続写真もしくは動画による確認

17.3　VFC の構成材料の検査

17.3.1　マトリクスを構成する材料の検査

（1）マトリクスを構成する各材料の検査は，製造会社の試験成績書を確認する方法を標準とする．必要に応じ，各材料を関連 JIS，土木学会規準などに準拠して検査することとする．

（2）練混ぜ水の検査は，コンクリート標準示方書［施工編］によることとする．

【解　説】　（1）について　所要の品質を有する VFC を製造するためには，マトリクスを構成するセメント，骨材，混和材，化学混和剤などが，配合設計において選定された品質のものであることが重要である．このため，VFC の製造者は材料の受け入れ時に試験成績書または試験により，計画時と同等の品質であることを確認する必要がある．確認の結果，その品質が適当でないと判定された場合は，材料の変更等の適切な措置を講じる必要がある．また，品質に影響を与えるため，材料の製造年月日や使用期限には注意が必要である．

17.3.2　繊維の検査

（1）納入された繊維が所定の品質・製品規格および数量であるかを試験成績書と納品書で確認することとする.

（2）受け入れ時は，繊維の状態を目視確認することを基本とする.

【解　説】　（1）について　VFC に用いる繊維は材質・規格などが多岐にわたる. 繊維の受け入れ時の検査項目は，メーカーによって管理項目が異なる場合もあるが一般的には，a. 材質，b. 繊維の太さ，c. 繊維の長さ，d. 繊維の強度である. **解説 表 17.3.1** に受け入れ時の検査項目と判定基準の例を示す. 繊維の規格値については，「**参考資料 1-28 繊維規格値**」を参考にするのがよい.

試験成績書を確認する上では以下の項目に留意し確認を行うとよい.

（i）試験項目

メーカー・繊維の種類によって試験項目や規格値が異なり，規格値および許容範囲は各メーカーが設定した保証値の範囲となっているため，注意する必要がある.

（ii）規格値および許容範囲

メーカーで設定された規格値の許容範囲（上限値と下限値）が広い場合，VFC の特性に差が生じることが懸念される. VFC が所要の力学特性を発揮できないことを厳に避けなければならないため，特に VFC への適用実績が少ない場合や繊維の品質のばらつきが懸念される場合には，繊維単体の検査だけでなく，VFCの強度試験を実施し，VFC としての品質を確認する必要がある.

（2）について　受入れ時は，現物と納品書を比較して全数確認することが基本である. 直接目視確認することで品名・規格・数量などに間違いがないか，製品のこぼれや錆の発生など何らかの異常が発生していないかを確認する. しかし，繊維は段ボールやポリ袋・紙袋等に梱包されており，納品数量が多い場合はパレットにまとめた状態やドラム缶，フレコンバック等にまとめた形で納品されるため，目視による全数確認が難しい場合が多い. この場合，品質以外の項目（品名・規格・数量）についてはパレットなどの大きい単位で現物を確認してもよいが，抜取検査で製品の現物を確認することが望ましい.

製品を直接・全数目視確認できなくても段ボール箱などの外装に傷や濡れ跡が確認された場合は，製品に異常が発生している可能性を推察することができ，異常の早期発見とその原因の絞込みに役立つ.

17章 検査　　153

解説 表17.3.1　繊維の受入れ時の検査項目と判定基準の例

項目	試験項目／試験方法	頻度	判定基準
品質	試験項目，試験方法は各繊維により異なるためメーカーの試験成績書により確認 <参考資料> 鋼繊維：JSCE-E 101「コンクリート用鋼繊維品質規格」 合成繊維：JIS A 6208「コンクリートおよびモルタル用合成繊維」	製品ロット*毎	メーカーの品質管理基準等を参考にした判定基準に適合すること
品名 規格 数量　等	納品書および現物で確認	受入れ毎	納品書および現物が発注書に記載された製品規格および数量等と合致すること

＊製品ロットの定義：各メーカーの設備や品質管理方法により異なるためメーカー定義に準じる

17.4　VFC製造設備の検査

原則として，コンクリート標準示方書［施工編］によることとする．

【解　説】　VFCは繊維が混入していることに加え，コンシステンシーが大きいものや粗骨材を使用しないものなど，通常のコンクリートとは異なる特性を持っている．製造設備の検査にあたっては，JIS規格などに準拠するだけでなく，VFCの特性に合わせた検査をすることが必要である．例えば，JIS A 8603「コンクリートミキサ」に規定されている練混ぜ性能試験を参考に使用するVFCで試験を実施することや，JSCE-F554「鋼繊維補強コンクリートの鋼繊維混入率試験方法」を参考に繊維の分散性を確認するなど，VFCの特性に合わせた試験方法にて検査を行うのがよい．

17.5　VFCの品質の検査

VFCの品質の検査は，フレッシュ性状および硬化後の特性が所定の品質を確保できていることを確認する．

【解　説】　VFCは，強度やフレッシュ性状など材料によって，様々な特性を有している．そのため，VFCの品質の検査にあたっては，要求された品質が確保されていることを適切に評価できる方法を選定するとともに効率的な方法を選定する必要がある．解説 表17.5.1にVFCの品質検査の例を示す．

VFCのフレッシュコンクリートの状態検査では，材料分離のみならず，繊維が絡まり球状となるファイバーボールが生じていないことを目視により確認する必要がある．

圧縮強度の検査では，直径100mm，高さ200mmの円柱供試体で試験を実施する場合など，特に強度が高いVFCでは，試験機の載荷容量を超える場合がある．このような場合には直径50mm，高さ100mmの円柱

供試体を用いて検査を行ってもよい．ただし，その場合は事前に直径 50mm と 100mm の供試体を用いて試験を実施して両供試体の強度の相関を求め，その上で，直径 50mm の供試体で得られた強度を直径 100mm の供試体の強度に換算して判定する必要がある．

　VFC は繊維の架橋効果による引張抵抗にも期待できる材料であるため，設計に繊維の補強効果を見込んでいる場合には，VFC の引張特性に対する検査が重要となる．VFC の引張特性の検査方法としては，一軸引張試験が挙げられるが，試験の難易度が高く，ばらつきも大きいことから，曲げ試験等により評価する方が効率的である．また，各強度間の関係が得られている場合にはその関係を用いて検査を行ってもよい．例えば，圧縮強度からひび割れ発生強度を推定する，曲げ強度から繊維架橋強度を推定するなど，各強度間の関係が得られている場合には，効率的な方法にて検査を行うことができる．VFC の硬化特性の検査に用いる試験については，「5 章 材料」による．

解説 表 17.5.1　VFC の品質検査の例

項目	検査方法	時期・頻度	判定基準
フレッシュコンクリートの状態	目視	打込み時随時	材料分離やファイバーボールがなく均質で安定していること
コンシステンシー	・高流動タイプの場合 JIS R 5201 フロー（落下なし） ・低流動タイプの場合 JIS A 1101 の方法	・1 回/日または構造物の重要度と工事規模に応じて 20〜150m³ 毎に 1 回 ・打込み中に品質の変化が認められた時	成型方法から要求される所要の条件に適合すること
空気量	JIS A 1116，JIS A 1128		定められた条件に適合すること
練上がり温度	JIS A 1156		定められた条件に適合すること
圧縮強度	JIS A 1108	1 回/日または構造物の重要度と工事規模に応じて 20〜150m³ 毎に 1 回	強度の特性値を下回る確率が 5%以下であることを，適当な生産者危険率で推定できること
ひび割れ発生強度	・直接計測する場合 JIS A 1113 を準用した方法（参考資料 2-2 による方法） ・圧縮強度から推定する場合（ひび割れ発生強度との関係が得られている場合） JIS A 1108		
繊維架橋強度	JIS A 1106，JSCE-G552，参考資料 2-3 による方法，一軸引張試験　など		

*JIS R 5201 セメントの物理試験方法

*JIS A 1101 コンクリートのスランプ試験方法

*JIS A 1116 フレッシュコンクリートの単位容積質量試験方法 および空気量の質量による試験方法（質量方法）

*JIS A 1128 フレッシュコンクリートの空気量の圧力による試験方法–空気室圧力方法

*JIS A 1156 フレッシュコンクリートの温度測定方法

*JIS A 1108 コンクリートの圧縮強度試験方法

*JIS A 1106 コンクリートの曲げ強度試験方法

*JSCE-G552 繊維補強コンクリートの曲げ強度および曲げタフネス試験方法

*参考資料 2-2　VFC の割裂ひび割れ発生強度試験方法（案）

*参考資料 2-3　切欠きはりを用いた VFC の荷重−変位曲線試験方法(案)と引張軟化曲線のモデル化方法（案）

17.6　施工の検査

　コンクリート標準示方書［施工編］によることとする.

【解　説】　コンクリート標準示方書に加えて，VFC特有の検査として，打込み時に設計段階で検討された繊維の配向・分散が再現できるよう，施工計画書に示されたとおりの施工がなされていることを確認する必要がある．また，施工方法などによって求められるコンシステンシーが異なるため，所定の品質を確認できる方法と判定基準を施工者と協議のうえ決定する必要がある.

　VFCプレキャスト製品の受入れでは，購入者（受入れ側）が受渡し検査に合格した製品が誤納なく入荷されていることを確認するとともに，運搬中に生じたひび割れや破損，変形，金具等の確認を行う必要がある．これらの確認方法，判定基準とその処置方法について，施工者および製造者と協議して明確にしておくことが重要である.

17.7　VFC構造物の検査

　コンクリート標準示方書［施工編］によることとする.

【解　説】　VFCは一般に組織が緻密であり，透気試験，透水試験を実施する際には高い圧力をかける必要があることから，構造物自体で検査を行うことが困難である場合が多い．これらの試験を実施する場合には，現場と同一条件にて製作された供試体を用いた試験を代用するのがよい．また，かぶりの検査に用いる電磁波レーダー法や電磁誘導法などは，鋼繊維を使ったVFCでは適用が難しい場合がある．このようなことからVFC構造物の検査は，VFCの特性を十分考慮した上で，施工者と協議しその方法ならびに判定基準を定める必要がある.

17.8　検査記録

　コンクリート標準示方書［施工編］によることとする.

18章　維持管理

18.1　一　般

VFC 構造物の維持管理では，VFC の特性を考慮して，設計耐用期間を通じて構造物の性能を所定の水準以上に保持するように維持管理計画を策定し，所要の維持管理体制を構築のうえ，適切に維持管理を実施しなければならない．

【解　説】　VFC は従来のセメント系材料に比べて新しい材料であり，維持管理計画およびその実務が極めて重要となる．VFC は繊維の架橋効果によってひび割れ発生後の引張応力を考慮できる材料であり，また耐久性に優れるため，劣化の進行および変状が通常の鉄筋コンクリート構造物，プレストレストコンクリート部材とは異なる可能性がある．そのため，本章では VFC 構造物の維持管理において特に配慮すべき事項を示すこととした．VFC 構造物の耐久性および特有の劣化に関する留意事項については「**7 章　耐久性に関する照査**」を参考にするのがよい．なお，本章は，新設の VFC 構造物および VFC によって補修・補強された構造物の両者を対象としている．VFC を使用することによって要求性能レベルを変更する場合については，「**15 章　VFC による補修・補強**」に示す．

VFC 構造物の維持管理について，本指針（案）に記載しない事項は，コンクリート標準示方書［設計編］および［維持管理編］を参考にするのがよい．

18.2　維持管理計画

18.2.1　一　般

（1）維持管理計画では，構造物の維持管理区分および推定される劣化機構に応じて，対象構造物あるいは部材毎に，点検，予測，性能評価，対策の要否判定からなる診断の方法，対策の選定方法，記録の方法等を示すことを基本とする．

（2）維持管理計画は，必要に応じて見直すものとする．

【解　説】　コンクリート標準示方書［維持管理編］のとおりとした．

VFC は通常のコンクリートとは異なり，マトリクスを繊維で補強することで力学特性を向上させているため，特にひび割れが生じている場合には，幅や深さに加えてひび割れを架橋している繊維の健全性についても留意する必要がある．これらに関する維持管理限界を設定する場合には，「**7.2.5　繊維の変質・劣化に対する検討**」を参考にするのがよい．

18.2.2 変状と対策の想定

（1）VFC 構造物の変状について，事前に想定・把握しておかなければならない.

（2）VFC の変状については，必要に応じて環境条件や使用条件を想定した促進試験などであらかじめ確認し，維持管理計画に反映させることとする.

（3）VFC 構造物への対策については，その方法および効果について事前に選定，確認しておくこととする.

【解　説】　（1）について　VFC 構造物の劣化や変状について想定される事項を以下に示す.

(i) 変色，汚れ

通常のコンクリートよりも水結合材比が小さく，セメント量も多いため，部材の色が暗い（黒味を帯びている）場合がある. この場合，白色ゲルやエフロレッセンス等が目立つ可能性がある.

(ii) 漏水

ひび割れが貫通していれば，通常のコンクリートと同様に漏水やエフロレッセンスが生じる. ただし，結合材（未水和セメント）が多い場合には，自己治癒によって漏水量は減少する可能性がある.

(iii) 点錆，錆び汁

鋼繊維を用いた場合，表層に点錆が現れることが想定される. また，ひび割れを架橋した鋼繊維が腐食すれば，ひび割れ部分から錆び汁が析出する可能性がある.

(iv) ひび割れ，たわみ

VFC に用いる繊維の長さや混入量によってはひび割れ分散効果が優れ，通常のコンクリートよりもひび割れを判別しにくい場合がある. 合成繊維あるいは樹脂で被覆した繊維については，ひび割れが生じている場合，素線およびこれを被覆する樹脂の温度依存性やクリープ特性によっては，ひび割れの経時的な開口やたわみの増加などが想定される.

また，VFC は，ひび割れの分散によってその間隔が小さくなることが利点であるが，ひび割れ幅が通常のコンクリートと同一まで拡大している場合，鉄筋の平均ひずみ（応力度）が大きくなっていることも想定される. この場合，通常のコンクリートよりも大きな引張応力を負担しているため，繊維とマトリクスとの界面にマイクロクラックが発生し，結果として水の浸透や塩化物イオンが侵入しやすくなる可能性もある.

(v) スケーリング

VFC は一般的に凍結融解抵抗性に優れるため，スケーリングは通常のコンクリートよりも少ない. ただし，マトリクスの強度レベルや空気量によっては通常のコンクリートと同様にスケーリングが生じる可能性がある.

(vi) 繊維の露出

すり減りや溶脱作用を受けた VFC の表面には，繊維が露出することも想定される.

(vii) 浮き，剥離・剥落

繊維の架橋効果によって，浮きや剥離の発生は少なく，たとえ生じた場合でも剥落せずに躯体表面に留まっている可能性がある.

(viii) 鋼材の露出，腐食，破断および構造物の変形

変状については通常のコンクリートと同等であるが，VFC による劣化に対する抵抗性の向上によって，発生時期は遅れる可能性がある．

（2）について　VFC を構成する材料，特に繊維の素材によって現れる変状は異なる．そのため，環境条件や使用条件を想定した促進試験等で変状をあらかじめ確認しておくことが望ましい．

（3）について　VFC 構造物に対して対策を実施する場合には，性能低下をもたらした劣化機構およびその性能低下の程度を把握した上で，VFC のみに対して部分的な対策を施すのか，構造物全体に対して対策を施すのか，また VFC と対策工法との相性などについて適切に検討する必要がある．VFC は通常のコンクリートよりもマトリクスが緻密であるため，下地処理のうちプライマーを用いる場合には適切に浸透し，補修材との一体性が確保されることをあらかじめ確認しておく必要がある．また，VFC の補修面に繊維が露出し，特に毛羽立ちのような状態となっている場合には，必要に応じて適切な処理を行うとよい．

18.3　点　　検

（1）VFC 構造物の診断において実施される点検は，診断の目的に応じて，適切な調査により構成し，適切な方法で実施しなければならない．

（2）VFC を構成する材料，特に繊維の素材によって調査方法の適用可否が異なるため，その適用性を事前に確認しておかなければならない．

【解　説】　VFC は，一般的な繊維補強コンクリートよりもマトリクスに多量の繊維を混入していることが配合上の特徴である．そのため，VFC で構築された構造物，VFC で補修・補強され VFC と複合・一体となっている既設コンクリート構造物において，外観の変状の観点で通常のコンクリートのみで構築された構造物と異なる場合がある．

コンクリート標準示方書［維持管理編］では，コンクリート構造物の調査方法と得られる情報の例が示されている．このうち，VFC 構造物を非破壊試験機器で調査をする場合，特に繊維の素材やその量によっては，VFC の内部に位置するコンクリートや鋼材の状態を把握することが困難となることも想定される．**解説 表 18.3.1** は VFC によって覆われた内部のコンクリートや鉄筋，初期欠陥について各種非破壊試験の適用性の一例である．この結果は，VFC の配合，かぶりの大きさ，非破壊試験や調査技術の進歩によっても適用可否が変わる可能性もあるため，適用性には留意する必要がある．適用性の検討にあたっては，「**参考資料 1-29 各種非破壊試験による VFC の調査**」を参考にするのがよい．

コア採取時やはつりなど局所的な破壊を伴う調査においては，破壊部分の繊維の架橋が採取の時間や手間に影響する可能性もある．採取した試料片を用いた分析では，配合に関する情報が重要となる．特に，繊維の種類は多岐にわたるため，素材等の情報を事前に確認しておくことは，繊維の健全性を評価する上でも重要である．

解説 表 18.3.1　VFC構造物に対する各種非破壊試験の適用性の一例

検査方式	繊維の種類	調査対象						
		VFC部材			VFCに覆われた内側のコンクリート部			
		かぶり(鉄筋)	豆板空洞	コールドジョイントひび割れ	かぶり(鉄筋)	豆板空洞	縁切れ	コールドジョイントひび割れ
目視	共通	―	△	○	―	×	×	×
打音	共通	―	△	―	―	△	○	―
電磁波レーダ	金属繊維	×	×	―	×	×	×	×
	合成繊維	○	○	―	○	○	△	×
超音波	共通	△	○	○	×	○	△	×
赤外線サーモグラフィ	共通	―	△	○	―	△	△	×

○：検知可能，△：条件によって検知可能，×：検知不可能，―：適用外

18.4　劣化機構の推定

コンクリート標準示方書［維持管理編］および「7章 耐久性に関する照査」によることとする．

18.5　予　　測

コンクリート標準示方書［維持管理編］によることとする．

【解　説】　VFCに関する研究や知見は拡充している段階であり，VFC構造物の設計耐用期間終了時の性能までを精度よく予測することは難しいことが想定されるため，十分な検討と，適切な安全度を見込むことが重要となる．性能評価や劣化の進行予測の精度向上のためにも，VFCを熟知しているコンクリート専門技術者や有識者による総合的な検討，データの拡充が望まれる．

18.6　性能の評価および判定

コンクリート標準示方書［維持管理編］によることとする．

18.7　対　　策

コンクリート標準示方書［維持管理編］によることとする．

【解　説】　基本的にはコンクリート標準示方書［維持管理編］に示される通常のコンクリートと同様の対

策が適用できるが，施工する際の留意点や効果はVFCの配合によって異なる．そのため，事前に試験等によって適切に確認しておく必要がある．VFCへの対策については，「**参考資料1-30 VFC構造物の補修事例**」も参考にするのがよい．VFC構造物への対策にVFCを用いる場合については，「**15章 VFCによる補修・補強**」に示す．

(i) ひび割れの補修

ひび割れが発生しているVFCに対して補修を行う目的は，特に供用環境が厳しい条件において侵入する劣化因子から，ひび割れを架橋している繊維や内部の鋼材の劣化を防ぐことである．VFCのひび割れ補修においても，一般的なひび割れ注入工法，ひび割れ充填工法，表面被覆工法等が適用できるが，VFCの種類によってひび割れ幅・深さ，およびプライマーの浸透性は様々であるため，事前に検討しておくことが望ましい．また，ひび割れ補修工法によって劣化因子の遮断はできるが，ひび割れ後の剛性や引張挙動への影響を完全に回復することはできないことに留意する必要がある．

VFC構造物への衝突や落下など，設計段階で想定していない作用によって，過大なひび割れと剛性・耐力の低下が生じる場合もある．例えば，連続繊維シート接着工法で補修する際は，適切にシート材料を選定すれば剛性や曲げ強度が回復・向上することが報告されている．

(ii) 部分的な補修

何らかの力学的作用によって部分的に欠損が生じたVFCを補修する場合，断面修復材の強度レベル，材料（セメント系・樹脂系）による相性，これらの補修効果などを施工に先立って確認しておくことが望ましい．特に，引張縁に対して補修をする際は留意が必要である．例えば，断面修復した部分に対して劣化因子の浸透抑制を目的とする場合には，補修部位のひび割れ発生強度，すなわちVFCと補修材の付着強度を確保するために，付着界面の処理，補修材および接着剤の選定を適切にすることで対応できる可能性がある．一方，ひび割れ発生後の繊維架橋強度など，元の力学特性まで回復させることを目的とした場合は，補修界面における繊維の架橋方法の確立，補修材と繊維の付着・引抜き特性の確認など課題が多い．

断面修復においては，他の部位よりも大きな引張応力が発生する位置には補修境界を設けないようにすること，小さな欠損が連続する場合にはブロック化して補修界面の数を減らすことも重要となる．

18.8 対策後の維持管理計画

コンクリート標準示方書［維持管理編］によることとする．

【**解　説**】　VFC構造物に対して対策を実施した場合，その効果が適切に発揮され持続していることを確認するために継続的に点検を行うことが重要である．各種対策後の点検における調査項目の設定については，コンクリートライブラリー第150号「セメント系材料を用いたコンクリート構造物の補修・補強指針」，第101号「連続繊維シートを用いたコンクリート構造物の補修補強指針」，第123号「吹付けコンクリート指針（案）［補修・補強編］」，第119号「表面保護工法 設計施工指針（案）」，第137号「けい酸塩系表面含浸工法の設計施工指針（案）」および第157号「電気化学的防食工法指針」等も参考にするとよい．

18.9 記　　録

コンクリート標準示方書［維持管理編］によることとする.

【**解　説**】　VFC は従来のセメント系材料に比べて新しい材料であり，VFC の経年変化や劣化については明らかとなっていない点も多く，今後も多種多様な VFC が開発され適用されていくことが予想される．そのため，診断結果，選定した工法・材料および対策に至った検討過程，VFC を施工する際の施工条件，環境条件などを詳細に記録，保管しておくことで，当該構造物のみならず，類似の構造物の維持管理にも役立つ情報となる．VFC 構造物に対して補修を行う場合においても同様に記録しておくことで，技術の進歩に役立てることができる.

CL166

参考資料編

VFC指針（案）参考資料目次

No.	タイトル	ページ	参考章	参考節項
参考資料1（指針の補足資料）				
1-1	施工方法が繊維の配向と構造性能に及ぼす影響	163	4章 性能照査の原則	4.6
1-2	等価長さの算定例	169	5章 材料	5.3.4
1-3	収縮および膨張に与える繊維の影響	172		5.3.8
1-4	引張クリープに関する検討事例	176		5.3.9
1-5	高温度の影響	181		5.3.10
1-6	低温度の影響	188		5.3.11
1-7	VFC中の鉄筋腐食	191	7章 耐久性に関する照査	7.3
1-8	VFCの透水係数の測定例	196		5.3.12, 7.3.2
1-9	鋼繊維を用いたVFCの劣化	199		7.1, 7.2
1-10	合成繊維の変質・劣化	204		7.2.5
1-11	棒部材の設計せん断耐力	208	8章 安全性に関する照査	8.2.5.1
1-12	VFC部材の疲労破壊	216		8.3
1-13	VFC部材の耐衝撃性	220		8.4
1-14	曲げひび割れ幅の算定	222	9章 使用性に関する照査	
1-15	VFC部材の耐震性照査	228	10章 耐震設計および耐震性に関する照査	
1-16	VFC部材における鉄筋の重ね継手	234	11章 VFCを用いた鉄筋コンクリート構造の前提およびVFC構造物の構造細目	11.2.6
1-17	部材接合部の検討事例	245		11.3
1-18	PCa部材の接合	249		13.9.3
1-19	高度な数値解析を用いた評価	253	14章 高度な数値解析による照査	
1-20	VFCを用いた補修・補強による構造性能の向上	266	15章 VFCによる補修・補強	
1-21	繊維補強コンクリートにおける収縮低減剤の効果	268	16章 施工	16.3.8
1-22	繊維かさ容積とスランプ・スランプフローの関係	272		16.4
1-23	VFCの練混ぜ	275		16.5
1-24	VFCの圧送実験事例	279		16.6
1-25	VFCの打継目処理方法	282		16.8
1-26	VFCの寒中の施工	286		16.11
1-27	VFCの圧縮強度特性に及ぼす供試体寸法の影響	288		16.14, 17.5
1-28	繊維規格値	290	17章 検査	3.2, 17.3
1-29	各種非破壊試験によるVFCの調査	293	18章 維持管理	18.3
1-30	VFC構造物の補修事例	297		18.7
参考資料2（試験方法）				
2-1	強度試験用供試体の作り方(案)	303	5章 材料	5.3
2-2	VFCの割裂ひび割れ発生強度試験方法（案）	309		5.2.2
2-3	切欠きはりを用いたVFCの荷重－変位曲線試験方法（案）と引張軟化曲線のモデル化方法（案）	312		5.1, 5.2.2
2-4	一軸引張試験方法(案)	317		5.2.2
2-5	一軸引張試験による引張軟化曲線の推定	322		5.3.2
2-6	曲げ耐力の算定に用いる配向係数の設定方法（案）	328	4章 性能照査の原則	4.6
2-7	共通実験結果	332		4.6
参考資料3（適用事例）				
3-1	壁高欄の補修への適用事例	341	15章 VFCによる補修・補強	
3-2	護岸構造物再構築への適用事例	343		
3-3	床版増厚工法への適用事例	345		
3-4	柱部材の耐震性向上への適用事例	348		10, 15
3-5	プレキャスト床版接合部への適用事例	350	11章 VFCを用いた鉄筋コンクリート構造の前提およびVFC構造物の構造細目	11.2, 16.8
参考資料4（設計計算例）				
4-1	VFC構造によるバルブT桁単純桁橋の設計計算例	353	4, 5, 8, 9章	
4-2	VFCを用いた構造物の補強設計例	372	15章 VFCによる補修・補強	5.2

参考資料 1-1

参考資料1-1　施工方法が繊維の配向と構造性能に及ぼす影響

指針（案）4.6節　参考資料

1.　はじめに

　VFC を用いた構造物（VFC 構造物）では，打込み方法により，部材中での繊維の向き（配向）や繊維の本数（分散）が変化する．VFC のメリットである引張軟化特性を考慮した構造設計を行う上で，部材中の繊維の配向・分散の影響を把握する必要がある．そこで，本参考資料では VFC の施工方法が繊維の配向・分散に与える影響に関する既往の検討事例を紹介し，繊維の配向が構造性能に与える影響を整理した．なお，ここで紹介する事例は対象部位，流動性，使用材料，施工方法がそれぞれ異なるため，参考にする際に注意する必要がある．

2.　繊維の配向に関する検討例

（1）スラブなどの面部材に関する検討例

　スラブなどの面部材で流動性の高い VFC を打ち込むと，VFC が打込み位置から同心円状に流動し，繊維が流動方向と直交して配向する [1),2),3)]．なお，VFC の流動性が高くなると繊維の配向に偏りが生じやすい [4)]．また，面部材の製造の際に部材幅方向全長から VFC を打ち込むと，VFC の流動方向に繊維が配向しやすい [5)]．スラブなどの面部材を対象とした事例を**参 表 1-1.1** に示す．

参 表 1-1.1　スラブなどの面部材に関する事例

No.	執筆者	対象部位	流動性	使用材料	打込み方法（施工方法）と繊維の配向など	
1	周ら[1]	面部材 ※薄いスラブなど	— ※プレミックス材料 モルタルフロー 270mm	モルタル 使用繊維 φ0.2-15mm 鋼繊維 V_f2.0vol.%	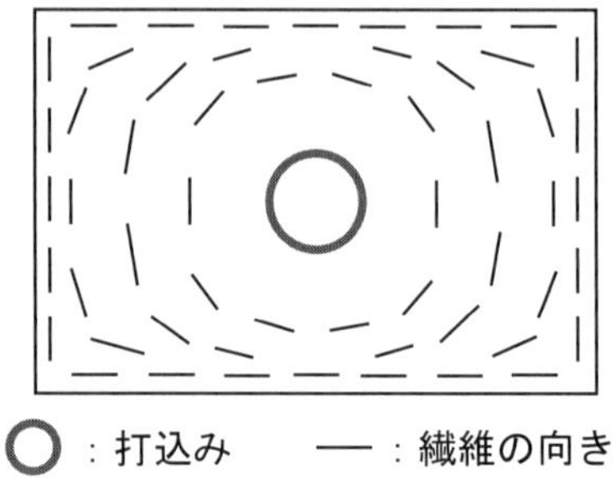 ○：打込み　——：繊維の向き	打込み中心からコンクリートが同心円状に流動し，繊維が流動方向と直交方向に配向する.（上から見た図）
2	周ら[1]	面部材 ※薄いスラブなど	— ※プレミックス材料 モルタルフロー 270mm	モルタル 使用繊維 φ0.2-15mm 鋼繊維 V_f2.0vol.%	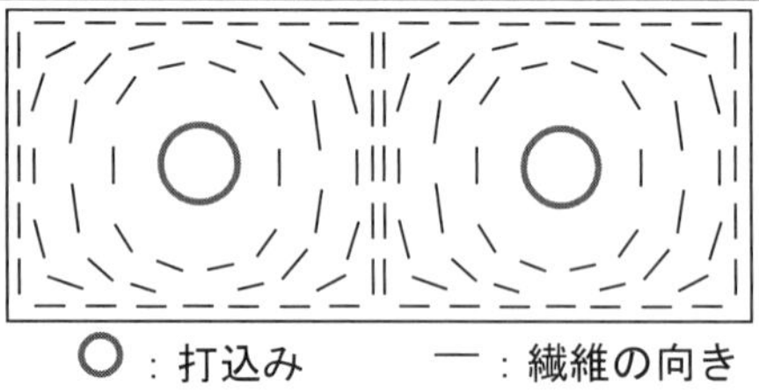 ○：打込み　——：繊維の向き	2 箇所の位置から同時に打込みを行うと，合流部で繊維が平行して配向する.（上から見た図）
3-1	河村ら[2]	面部材 ※薄いスラブなど	モルタルフロー 210〜280mm	モルタル 使用繊維 φ0.2-15mm 鋼繊維 V_f2.0vol.%	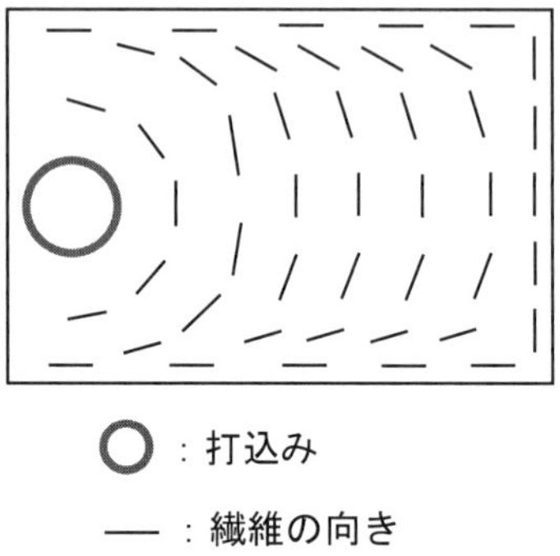 ○：打込み　——：繊維の向き	部材端部の打込み中心からコンクリートが同心円状に流動しながら繊維が流動方向と直交する.（上から見た図）
3-2	小倉ら[3]	面部材 ※薄いスラブなど	モルタルフロー 230〜250mm	モルタル 使用繊維 φ0.66-30mm PVA 繊維 V_f1.0vol.%	フローが大きくなると，繊維が上図のようになりやすい.	
4	佐々木ら[4]	面部材 ※薄いスラブなど	モルタルフロー 260mm	モルタル 使用繊維 φ0.16-13mm 鋼繊維 V_f2.0vol.%	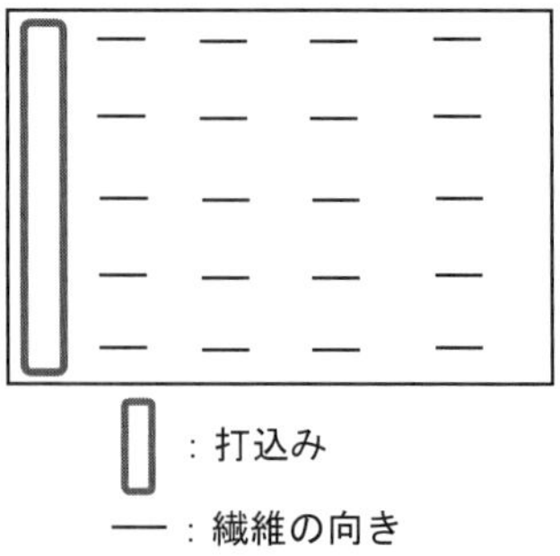 ▯：打込み　——：繊維の向き	部材幅方向全長から打込みを行うことで，繊維が流動方向に配向する.（上から見た図）

(2) 棒部材や壁部材に関する検討例

はりなどの棒部材や壁部材のように，面部材に比べて部材高の大きい部材で，VFC を部材端部から打ち込むと，繊維が斜めに浮き上がる方向へ配向しやすい．また，VFC の流動距離が長くなると，打込み位置から離れるにつれて，繊維の本数が少なくなる傾向があり，VFC の流動距離には注意をする必要がある．棒部材や壁部材に関する事例を **参 表** 1-1.2 に示す．

参 表 1-1.2 棒部材や壁部材に関する事例

No.	執筆者	対象部位	流動性	使用材料	打込み方法（施工方法）と繊維の配向など	
1	周ら [5]	棒部材 壁部材	モルタルフロー 275mm	モルタル 使用繊維 φ0.2-15mm 鋼繊維 V_f2.0vol.%	※高吸水性アクリル樹脂（透明ゲル）による可視化も有り	部材端部から打込みを行うと，繊維が浮き上がるように配向する．(横から見た図)
2	石河ら [6]	壁部材	モルタルフロー 280mm	モルタル 使用繊維 φ0.2-15mm 鋼繊維 V_f2.0vol.%		繊維が浮き上がるように配向する．(横から見た図)
3	ピーエス三菱技術資料 [7]	はり（桁）	モルタルフロー 260mm ※スランプフロー 750±10 mm	モルタル 使用繊維 φ0.16-13mm 鋼繊維 V_f0.5vol.%		打込みで端部からの流動距離が長くなると，打込み終点側の繊維本数が少なくなる．
4	蓮野ら [8]	はり（桁）	モルタルフロー	モルタル 使用繊維 φ0.2-15, 22mm 鋼繊維※混合 V_f1.75vol.%		VFC の流動距離を 10m としても全箇所で所定の繊維混入量を満足する．

（3）部材中での障害物に関する検討例

部材中の障害物の存在は，VFC の流動に影響を与え，繊維の配向に影響を及ぼしやすい．例えば，部材中に突起物があると，突起物の周りでは繊維が浮き上がり，突起物の背面では繊維が少なくなりやすい．また，セパレーターなどの障害物があると，繊維が障害物を避けるように配向しやすい．このため，障害物の配置には注意をする必要がある．部材中での障害物に関する事例を**参 表** 1-1.3 に示す.

参 表 1-1.3　部材中での障害物に関する事例

No.	執筆者	対象部位	流動性	使用材料	打込み方法（施工方法）と繊維の配向など	
1	横井ら[9]	面部材中の突起(障害物)	モルタルフロー250mm	モルタル 使用繊維 φ0.2-15mm 鋼繊維 V_f1.0vol.%		型枠などの突起の部分では繊維が浮き上がり，繊維の少ない部分などが発生する．
2	Giedrius Zirgulisら[10]	壁部材	スランプフロー540mm※自己充填タイプ	コンクリートGmax16mm 使用繊維フック付き鋼繊維φ0.75-60mm V_f0.5vol.%		打込み位置から流動して，繊維が浮き上がる．またセパレーターなどの障害物を避けるように配向する．

（4）施工方法に関する検討例

VFC を打ち重ねた場合，打重ね面を突き棒でかき乱しても，打重ねの影響を除去できない場合がある．このため，打重ね面でも VFC の引張軟化特性を考慮した構造設計を行う場合，打重ねが生じないような打込み計画としたり，補強材を配置したりする必要がある．施工方法に関する検討例を**参 表** 1-1.4 に示す.

参 表 1-1.4　施工方法に関する事例

No.	執筆者	対象部位	流動性	使用材料	打込み方法（施工方法）と繊維の配向など	
1	青山ら[11]	打重ね部分	モルタルフロー300±20mm	モルタル 使用繊維φ0.2-15,22mm 鋼繊維 ※混合 V_f1.75vol.%		仕切り板を設けて打込みをした場合，打重ね面を突き棒でかき乱しても，打重ねの影響を除去できない場合がある．

3. 構造性能に及ぼす繊維の配向の影響

ここでは，構造性能に及ぼす繊維の配向の影響に関する既往の検討事例を紹介する．

（1）X 線解析による部材中の繊維の配向の設定

X 線装置を用い，VFC 部材中における繊維を可視化して繊維の配向を考慮した VFC の引張軟化特性を定めることで，部材性能を推定することができる．松田ら[12]の検討では，繊維の配向を考慮した鋼繊維補強コンクリートの引張軟化特性を FEM 解析に用いることで，強度試験から得られる引張軟化特性を用いる場合よりも精度よく部材挙動を推定できるとしている．

（2）部材からの切出し供試体を用いた引張軟化特性の設定

VFC 部材から供試体を切り出して，切出し供試体の引張特性を把握し，部材性能を推定することができる．佐々木ら[13]は VFC 部材から供試体を切り出して，部材高さ方向の曲げ強度分布を算出し，引張軟化曲線の応力を低減し，FEM 解析に用いることで，部材挙動を精度よく評価できるとしている．

（3）施工方法を変化させて部材性能を評価する方法

VFC の打込み方法を変えて，それぞれの場合で載荷試験を行うことで部材性能を評価することができる．一宮[14]らは，プレキャスト床版の打込み方法を変えて，載荷試験を行って部材性能を評価しており，VFC の打込み方法を変えると，部材性能が変化するとしている．

4. まとめ

VFC 構造物中の繊維の配向・分散は，VFC の打込み方法や施工方法により影響を受けるため，VFC 部材の構造性能におよぼす影響を適切に考慮することが必要である．

参考文献

1) 周波，Duy Nhi HA，内田裕市：UFC パネルにおける繊維の配向と曲げ強度の関係，コンクリート工学年次論文集，Vol.36，No.1，pp.286-294，2014

2) 河村有紀，周波，石河義希，内田裕市：超高強度繊維補強コンクリートの流動性が繊維の配向に及ぼす影響，コンクリート工学年次論文集，Vol.38，No.1，pp.255-260，2016

3) 小倉大季，高橋圭一，栗田守朗，国枝稔：短繊維補強セメント系材料の繊維の配向が力学性能に及ぼす影響，コンクリート工学年次論文集，Vol.35，No.1，pp.295-300，2013

4) 佐々木一成，野村敏雄，田中翔，秋山充良：超高強度繊維補強コンクリート供試体の X 線撮影と鋼繊維の分散・配向を考慮した曲げ強度評価に関する基礎的研究，コンクリート工学年次論文集，Vol.39，No.2，pp.1093-1098，2017

5) 周波，Duy Nhi HA，内田裕市：超高強度繊維補強コンクリート曲げ供試体の繊維の配向，コンクリート工学年次論文集，Vol.34，No.1，pp.268-273，2012

6) 石河義希，伊藤穂高，内田裕市：超高強度繊維補強コンクリート中の繊維の配向と引張軟化曲線，コンクリート工学年次論文集，Vol.40，No.1，pp.273-278，2018

7) ダックスビーム技術資料，建設技術審査証明報告書 2018

8) 蓮野武志，渡邊有寿，柳井修司，栖原健太郎：場所打ちによる超高強度繊維補強コンクリート製道路橋の施工，第 23 回プレストレストコンクリートの発展に関するシンポジウム論文集，pp.391-394，2014

9) 横井晶有，田中章，矢野和輝，内田裕市：高流動繊維補強コンクリートの変断面部における繊維の配向，コンクリート工学年次論文集，Vol.42，No.1，pp.209-214，2020

10) Giedrius Zirgulis , Oldrich Svec , Mette Rica Geiker , Andrzej Cwirxen , Terje Kanstad : Variation in fibre volume and orientation in walls : experimental and numerical investigations , Structural Concrete , No.4 , 2016

11) 青山達彦，柳井修司，渡邊有寿，石橋靖亭，栖原健太郎：超高強度繊維補強コンクリートの打重ね部の一体性確保に関する基礎的実験，土木学会第69回年次学術講演会，V-245，2014

12) 松田充弘，岡本健弘，Lim Sopokhem，秋山充良：鋼繊維のX線撮影結果を用いたSFRCはりの曲げ挙動解析に関する基礎的研究，構造工学論文集，Vol.63A，pp.847-858，2017

13) 佐々木一成，野村敏雄：超高強度繊維補強コンクリート梁部材の曲げ引張強度分布に関する研究，コンクリート工学年次論文集，Vol.38，No.2，pp.1309-1314，2016

14) 一宮利通，大野俊夫，野口孝俊，南浩郎：超高強度繊維補強コンクリートを用いた床版の打設方法が構造性能に及ぼす影響に関する研究，コンクリート工学年次論文集，Vol.30，No.3，pp.1453-1458，2008

参考資料1-2　等価長さの算定例

指針（案）5.3.4項　参考資料

1. はじめに

　VFCの引張特性は，引張軟化曲線（引張応力－開口変位曲線）により定められる．この引張特性を構造設計のための構造解析に適用する場合には，以下の2方法が考えられる．
①引張応力－開口変位関係を直接用い，FEM解析を行う．
②引張応力－ひずみ関係に変換し，断面解析を行う．

　コンクリート構造物の設計においては後者が一般的な手法であり，引張応力－ひずみ関係が必要となる．コンクリートのようなひび割れの局所化を伴う材料の特性を引張応力－ひずみ関係で表す場合には，等価長さ L_{eq}（等価検長とも称される[1]）を用いて引張軟化曲線の横軸を L_{eq} で除して変換することで適切なモデル化が可能となる．

　本参考資料の内容はUFC指針の参考資料と同様ではあるが，この等価長さ L_{eq} の具体的な算定方法と算定事例について記載する．

2. 等価長さの算定方法

　等価長さ L_{eq} は部材高に応じて異なり，引張軟化曲線を直接組み込んで求めた曲げ耐力と，応力－ひずみ曲線を用いた断面計算により求めた曲げ耐力が等しくなるように算定する．具体的には**参 図 1-2.1** の手順で求める．

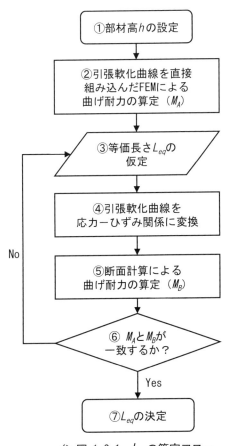

参 図 1-2.1　L_{eq} の算定フロー

②における，引張軟化曲線を直接組み込んだ FEM によって曲げ耐力 M_A を求める際には，**参 図 1-2.2** のようなメッシュを用いるのがよい．④における引張軟化曲線を③で仮定した等価長さ L_{eq} で除して応力－ひずみ曲線に変換する際には，本編「**5.3.4.2　引張応力－ひずみ曲線**」と同様に求めるが，配向係数と安全係数は考慮しないもの（ともに 1.0）とする．⑤において断面計算を実施する際は，ファイバーモデルの手法により曲げ耐力を求めればよい．例えば，断面高さの分割数を 100 程度として曲率 ϕ（あるいは圧縮縁ひずみ）を少しずつ増大させて逐次力のつり合い計算（収束計算）を行い，数値積分によりモーメント M を求めて M-ϕ 曲線を得る．この M-ϕ 曲線のピークが曲げ耐力 M_B となる．

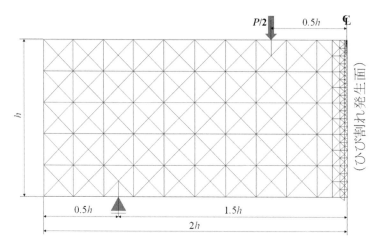

参 図 1-2.2　有限要素モデルの例

等価長さの算出事例を**参 図 1-2.3** に示す．**参 図 1-2.3(a)** のような引張軟化曲線が得られている場合，まず FEM の結果から**参 図 1-2.3(b)** のような曲げ強度の寸法効果が求められる．なお，理論的には断面高さが 0 に近づくと曲げ強度と引張強度の比は 3 となる．これは，寸法が極限まで小さくなった場合には応力－ひずみ曲線が鋼材のような完全弾塑性の形状（正確には，ポストピークにおいて引張軟化曲線の形状が横方向に無限に引き延ばされる）となり，曲げ耐力時では引張側のみ全塑性状態で中立軸位置が圧縮縁と等しくなるためである．反対に，寸法が無限大となれば，引張軟化曲線は意味はなさなくなり脆性的な応力－ひずみ曲線となり，強度比は 1（曲げ作用時に引張縁が引張強度に到達したら破壊）となる．

参 図 1-2.3(b) の曲げ強度と等しくなるように L_{eq} を求めると**参 図 1-2.3(c), (d)** のようになる．この事例の場合は桁高 h に対して L_{eq} は比例関係に近く，L_{eq}/h は 0.8 に漸近するような形状となっているが，引張軟化曲線の形状によってこれらの曲線形状は変化するので参考程度にするのがよい．

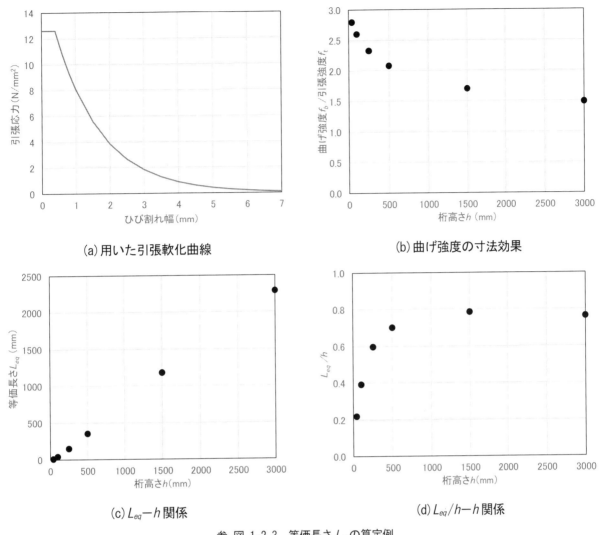

参 図 1-2.3 等価長さ L_{eq} の算定例

3. おわりに

　VFC の引張軟化曲線から等価長さ L_{eq} を求めるための具体的な手法と事例について紹介した．ただし，ひび割れ発生時に急激に引張応力が低下するような引張軟化曲線の場合等は FEM でのメッシュを細かくする等の工夫や，断面解析時においては寸法が大きい際に応力－ひずみ曲線がスナップバック形状になっていないかの確認等の注意をするのがよい．

参考文献

1) 内田裕市，六郷恵哲，小柳洽：コンクリートの曲げ強度の寸法効果に関する破壊力学的検討，土木学会論文集，No.442/V-16，pp.101-107，1992.2

参考資料 1-3　収縮および膨張に与える繊維の影響

指針（案）5.3.8項　参考資料

1. はじめに

　VFC の収縮は，ひび割れの要因となるため，収縮特性を把握することは重要である．本資料では，繊維の混入による収縮への影響や繊維補強コンクリートの収縮低減例について紹介する．なお，本資料における繊維補強コンクリートの事例は，VFC の適用範囲外のものも含まれている．

2. 繊維補強コンクリートの自己収縮特性

　繊維無混入（0），鋼繊維（S），アラミド繊維（A），ビニロン繊維（V）をそれぞれ 2.0vol.%混入した水セメント比 30%および 20%のモルタルの自己収縮ひずみを**参 図 1-3.1** に，各繊維のヤング係数と繊維無混入に対する繊維混入モルタルの自己収縮ひずみの比の関係を**参 図 1-3.2** に示す[1]．いずれの繊維を混入した場合でも繊維無混入に対して自己収縮ひずみが小さくなっており，特に鋼繊維では自己収縮の低減効果が大きい．また，繊維のヤング係数が大きいほど自己収縮の低減効果が大きいことが分かる．水結合材比 21%で，膨張材および鋼繊維を混入した繊維補強モルタルの初期の自己収縮ひずみを**参 図 1-3.3** に示す[2]．本結果でも，鋼繊維の混入率が上がるにつれ自己収縮が低減できると報告されている．

　このように，一般的に，繊維の混入により自己収縮は低減され，繊維混入率の増加にともなってその低減効果は大きくなる．したがって，比較的水結合材比が小さく自己収縮が大きい傾向にある VFC において，繊維は自己収縮の低減に有効である．

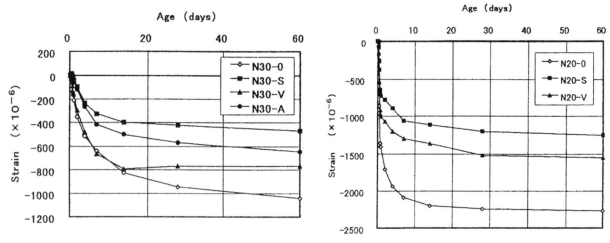

参 図 1-3.1　繊維補強モルタルの自己収縮ひずみ（左図：W/C=30%，右図：W/C=20%）[1]

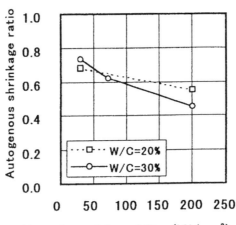

参 図 1-3.2　繊維のヤング係数と繊維無混入に対する繊維混入モルタルの自己収縮ひずみの比の関係[1]

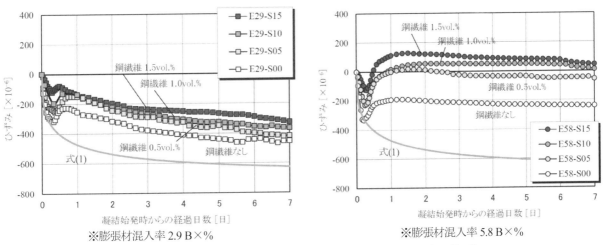

参 図 1-3.3　鋼繊維を混入した繊維補強モルタルの自己収縮ひずみ[2]

3. 繊維補強コンクリートの乾燥収縮特性

繊維補強コンクリートの乾燥収縮特性については，これまでの研究によると，鋼繊維の混入により乾燥収縮が低減されるとした報告[3),4)]もあるが，ほとんど影響を与えないという報告[5),6)]もある．

鋼繊維を 0.5〜2.0vol.%混入した水セメント比が 50〜60%程度のモルタルの乾燥収縮ひずみを参 図 1-3.4 に示す[4)]．本結果によると，繊維混入率の増加にともなって乾燥収縮ひずみが小さくなっている．一方，参 図 1-3.5 に示す，水セメント比が 50%のコンクリートにおいて，繊維無混入（PL），PL に鋼繊維を 1.0vol.%混入したもの（SF）および SF に膨張材を 30kg/m³ 添加したもの（EF）の乾燥収縮ひずみを測定した結果では，PL と SF の収縮ひずみにほとんど差はみられず，鋼繊維を 1.0vol.%混入した程度では乾燥収縮にほとんど影響を与えないという報告もある[5)]．前者はモルタルで，後者はコンクリートであることから，コンクリートの場合では粗骨材による収縮抑制が支配的であり，繊維による収縮抑制の効果が確認できなかったという可能性もある．

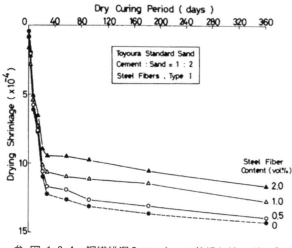
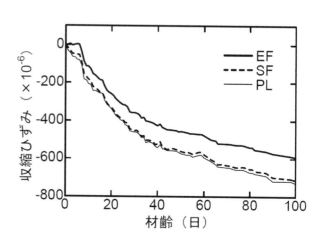

参 図 1-3.4 鋼繊維混入モルタルの乾燥収縮ひずみ[4]　　参 図 1-3.5 鋼繊維混入コンクリートの乾燥収縮ひずみ[5]

4. 膨張材の使用による繊維補強コンクリートの収縮低減例

　自己収縮および乾燥収縮はコンクリートのひび割れの要因となるため，VFC の収縮特性を踏まえ，膨張材や収縮低減剤により収縮抑制をはかるなど，適切に取り扱うことが重要である．膨張材や収縮低減剤の使用は，一般的なコンクリートと同様に VFC に対しても効果的である．ここでは，膨張材の使用による繊維補強コンクリートの収縮低減例について紹介する．なお，収縮低減剤の使用による収縮特性への影響は，「**参考資料 1-21 繊維補強コンクリートにおける収縮低減剤の効果**」を参考にするとよい．

　水結合材比 21%，鋼繊維混入率 1.5vol.%の繊維補強モルタルにおいて，膨張材を 0，2.9 および 5.8 B×%混和した場合の自己収縮ひずみを**参 図 1-3.6**に示す[2]．膨張材の混和率が上がるにつれ，自己収縮ひずみが小さくなっていることが分かる．同様に，**参 図 1-3.7**に示すように，水結合材比 20%，鋼繊維混入率 1.0vol.%の繊維補強コンクリートにおいて，膨張材を 20 および 30kg/m³ 混和した場合，膨張材の混入量が多くなるにつれ，自己収縮ひずみが低減されることが確認されている[7]．

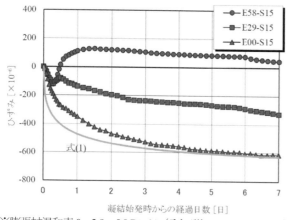
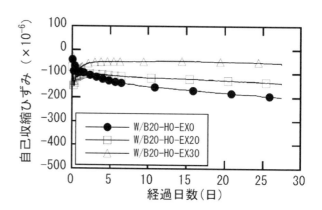

※膨張材混和率 0, 2.9, 5.8 B×%（それぞれ E00, E29, E58）　　※膨張材混入量 0, 20, 30kg/m³（それぞれ EX0, EX20, EX30）

参 図 1-3.6　膨張材を添加した鋼繊維補強モルタルの　　参 図 1-3.7　膨張材を添加した鋼繊維補強コンクリートの
　　　　　　自己収縮ひずみ[2]　　　　　　　　　　　　　　　　　　　　自己収縮ひずみ[7]

5. おわりに

繊維の混入により，自己収縮および乾燥収縮の低減に効果があったという報告は複数あり，繊維の混入は収縮低減にある一定の効果があると考えられる．また，膨張材の使用は，収縮を低減するための有効な手段のひとつである．

参考文献

1) 宮澤伸吾，黒井登起雄，下村弥：繊維補強モルタルの自己収縮応力に関する研究，セメント・コンクリート論文集，No.51，pp.560-565，1997

2) 塩永亮介，佐藤靖彦：圧縮強度 100N/mm² 程度の高性能繊維補強モルタルにおける初期ひずみ挙動および引張軟化特性，コンクリート工学論文集，第 27 巻，pp.33-42，2016

3) 小林一輔，魚本健人，峰松敏和：鋼繊維補強コンクリートの乾燥収縮に関する研究，第 2 回コンクリート工学年次講演会講演論文集，pp.209-212，1980

4) 福地利夫，大浜嘉彦，西村正，菅原鉄治：モルタルの乾燥収縮に及ぼす鋼繊維混入効果：鋼繊維補強コンクリートの乾燥収縮に関する研究，第 2 回コンクリート工学年次講演会講演論文集，pp.213-216，1980

5) 内田裕市，矢島秀治，六郷恵哲：鋼繊維補強コンクリートの乾燥収縮特性と RC 部材の挙動，コンクリート工学年次論文集，Vol.26，No.2，pp.1519-1524，2004

6) 桜田道博，森拓也，大山博明，関博：高強度繊維補強モルタルの PC 構造物への適用に関する実験的研究，土木学会論文集 E2，Vol.67，No.3，pp.411-429，2011

7) 田中博一，栗田守朗：高性能鋼繊維補強コンクリートの自己収縮特性，土木学会第 59 回年次学術講演会，V-289，pp.575-576，2004

参考資料1-4　引張クリープに関する検討事例

指針（案）5.3.9項　参考資料

1. はじめに

VFCはひび割れ後の繊維架橋による引張抵抗を設計に見込むことができる．ひび割れを許容し，引張の作用を継続的に受ける場合には引張クリープに留意する必要があり，ひび割れが発生しているVFCの引張クリープ特性は実験に基づいて定めることとしている．一方で，引張クリープに関する試験方法は規定がない．そこで，本項ではVFCに該当する繊維補強セメント系複合材料のほか，VFCに該当しない繊維補強コンクリートの引張クリープについて検討された事例を紹介する．

2. VFCの拘束状態における応力緩和に関する事例 [1]

VFCによる既設構造物の補修・補強などVFCの収縮が拘束された状態を再現した実験が実施されている．試験機を参 図 1-4.1に示す．供試体の断面寸法は150×150mmである．拘束試験装置では一軸方向の拘束条件を変えることが可能となっている．

実験結果を参 図 1-4.2に示す．無拘束状態では注水から15日間（361時間）で670μm/mの収縮ひずみが発生している．一方，拘束試験体に発生した引張応力は注水から15日目で2.9N/mm²にとどまっており，試験期間を通じてひび割れ発生強度を上回ることなく，拘束状態においてもひび割れが発生しないことが確認されている．

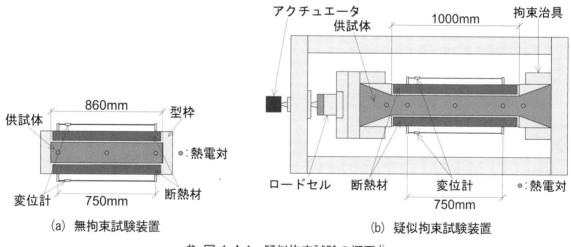

参 図 1-4.1　疑似拘束試験の概要 [1]

参考資料 1-4　177

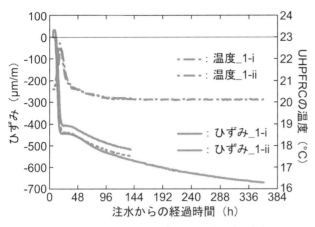
(a) 無拘束試験体のひずみと温度の経時変化

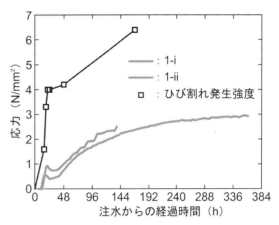
(b) 拘束試験体における応力の経時変化

参 図 1-4.2　疑似拘束試験の結果[1]

3. FRC の引張クリープに関する事例
3.1　フック付き鋼繊維を用いた FRC の引張クリープ[2]

フック付き鋼繊維を用いた FRC で，参 図 1-4.3 に示す 100×100mm の断面の一軸引張クリープ実験が実施されている．実験結果を参 図 1-4-4 に示す．フック付き鋼繊維を用いた FRC では荷重比 50%を超えると引張クリープが見られている．

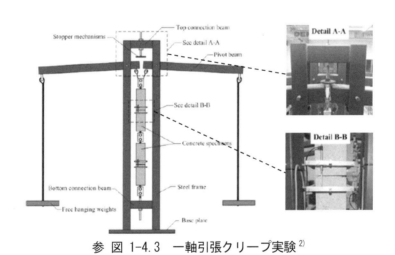

参 図 1-4.3　一軸引張クリープ実験[2]

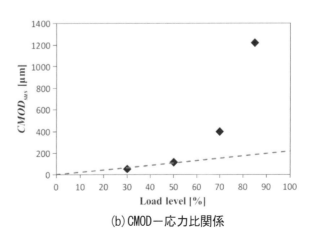

(a) CMOD－時間関係　　　　　　　(b) CMOD－応力比関係

参 図 1-4.4　一軸引張クリープ実験結果[2]

3.2 合成繊維を用いた FRC の引張クリープ[3]

種類が異なる合成繊維を用いた FRC はりの曲げクリープ試験結果を参 図 1-4.5 に示す（繊維の種類，諸元は不明）．いずれも応力比 60%で載荷されており，いずれもクリープ破壊している．繊維の種類により，継続的に変位が増加して破壊に至るケース（type B）や，変位の増加がなく破壊に至るケース（type F）がみられる．

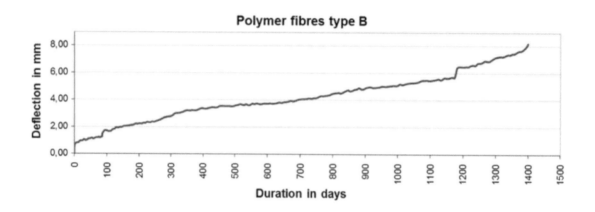

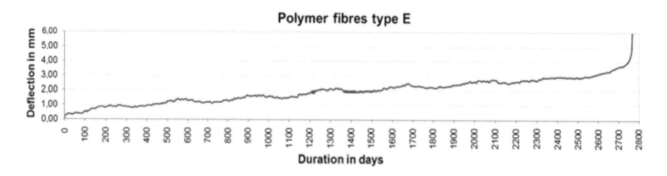

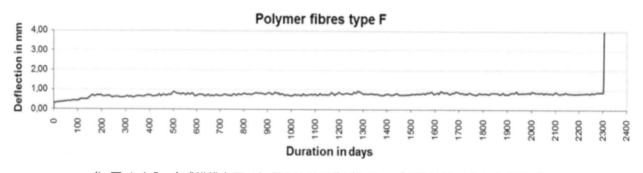

参 図 1-4.5 合成繊維を用いた FRC はりの曲げクリープ試験結果（応力比 60%）[3]

3.3 鉄筋で補強された FRC の引張クリープ[4]

鋼繊維を混入した RC はりの曲げ引張クリープ試験の事例を示す．試験体の概要を参 図 1-4.6 に示す．断面寸法 150×280mm，長さ 3m の梁である．使用しているコンクリートは 30N/mm²(C30/37)，使用している繊維は直径 1mm，長さ 50mm，引張強度 1100N/mm² の両端にフックがついた鋼繊維である．

繊維量は 30kg/m³ と 60kg/m³ の 2 種類，載荷履歴は参 図 1-4.7 に示すように一定荷重を材齢 40 日から 360 日間載荷したケース，材齢 40 日から 360 日間 8 時間の負荷，16 時間の除荷を繰り返したケースで実験している．参 図 1-4.7 における載荷荷重 F_g，F_{g+q} はそれぞれ曲げ耐力の 39%，58%となっている．

実験の結果を参 図 1-4.8～10 に示す．繊維を混入することによりクリープたわみが抑制され，繊維量を増やす

ことでひび割れ幅の拡大が抑制されていることがわかる．

なお，この実験では鉄筋のひずみに関する情報がなく，繊維と鉄筋の応力のやりとりは明確になっていない．

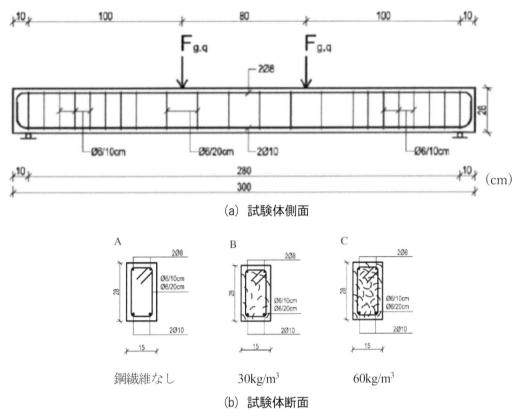

(a) 試験体側面

(b) 試験体断面

参 図 1-4.6　鉄筋で補強された FRC はり試験体[4]

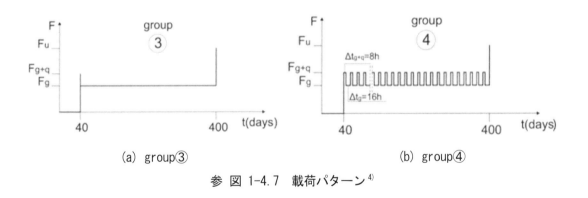

(a) group③　　　　　　　　　(b) group④

参 図 1-4.7　載荷パターン[4]

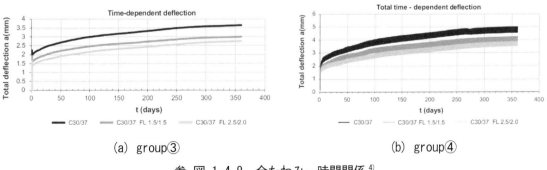

(a) group③　　　　　　　　　(b) group④

参 図 1-4.8　全たわみ－時間関係[4]

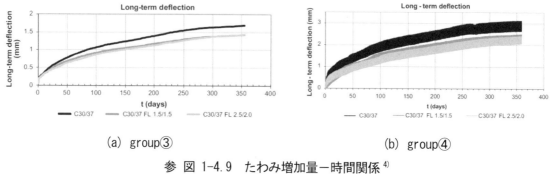

(a) group③　　　　　　　　　　　　(b) group④

参 図 1-4.9　たわみ増加量－時間関係 [4]

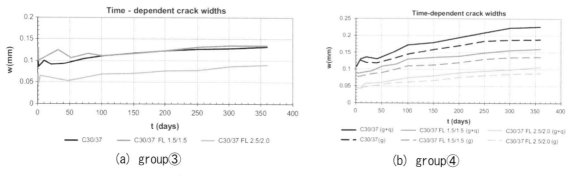

(a) group③　　　　　　　　　　　　(b) group④

参 図 1-4.10　ひび割れ幅－時間関係 [4]

4. おわりに

VFC に該当する繊維補強セメント系複合材料のほか，VFC に該当しない繊維補強コンクリートの引張クリープについて検討された事例を紹介した．

拘束状態における応力緩和の検討など，目的に適した試験方法を選択するうえで参考とされたい．また，合成繊維を用いた FRC においては応力比 60%程度でクリープ破壊に至る結果があり，VFC においても実験により検討することが必要である．

参考文献

1) 牧田通，渡邊有寿：既設部材の補修・補強に用いる場所打ち UHPFRC の引張特性および拘束条件下における挙動に関する研究，土木学会論文集 E2，Vol.77，No.3，pp.92-107，2021

2) W.P. Boshoff and P.D. Nieuwoudt: Tensile Creep of Cracked Steel Fibre Reinforced Concrete: Mechanisms on the Single Fibre and at the Macro Level, Creep Behaviour in Cracked Sections of Fibre Reinforced Concrete, pp.63-75, 2016

3) Wolfgang Kusterle: Flexural Creep tests on Beams-8 Years of Experience with Steel and Synthetic Fiber, Creep Behaviour in Cracked Sections of Fibre Reinforced Concrete, pp.27-39, 2016

4) Darko Nakov, Goran Markovski, Toni Arangjelovski and Peter Mark: Creeping Effect of SFRC Elements Under Specific Type of Long Term Loading, Creep Behaviour in Cracked Sections of Fibre Reinforced Concrete, pp.211-222, 2016

参考資料 1-5　　高温度の影響

指針（案）5.3.10 項　参考資料

1.　はじめに

　高温度が FRCC の力学的特性に及ぼす影響に関する研究は FRC や UFC を対象としたものが多く，VFC の強度
範囲における研究事例はわずかしかない．VFC は道路や鉄道のトンネルならびに高架橋に使用されることが想定
されるため，火災など高温環境が力学的特性に及ぼす影響を把握することは重要である．また，給熱養生や断面が
大きな部材への使用などで高温度の履歴を受ける場合は，100℃近傍の温度環境の影響を考慮する必要がある．本
資料では，高温度が VFC に及ぼす影響に関する既往の研究について紹介する．

2.　高温度が VFC の強度特性に及ぼす影響

2.1　繊維に及ぼす影響

　VFC に用いられる繊維の熱的特性の例を**参 表** 1-5.1 に示す．一般的に，合成繊維の熱的特性の測定は，融点や
ガラス転移温度は JIS K 7121「プラスチックの転移温度測定方法」に示されている示差走査熱量測定（DSC:
Differential Scanning Calorimetry）によって，分解開始温度は JIS K 7120「プラスチックの熱重量測定方法」に示さ
れている熱重量測定（TG: Thermogravimetry）によって行われる．ガラス転移温度，分解開始温度は原材料である
高分子化合物に由来するため，加工して得られた合成繊維においても著しい値の変化は少ないことから，原材料の
高分子化合物を用いた測定値で代表することができる．一方，融点は高分子結晶に由来し，合成繊維の製造・加工
工程によって生成する高次構造が異なるため，合成繊維を用いて測定する必要がある．

参 表 1-5.1　各種繊維の代表的な熱的性質

繊維種類	融点	分解開始温度	ガラス転移温度*
鋼繊維	1400℃以上	—	—
炭素繊維	3600℃以上	600℃以上	—
アラミド繊維	溶融しない	500℃以上	190℃近辺
ポリアミド繊維(ナイロン)	230℃近辺	320℃以上	50℃近辺
ポリエステル繊維	250℃近辺	400℃近辺	50℃近辺
ポリエチレン繊維	120℃近辺	180℃近辺	-120℃近辺
ポリビニルアルコール繊維(ビニロン)	240℃近辺	240℃近辺	80℃近辺
ポリプロピレン繊維	160℃近辺	180℃近辺	-20℃近辺
ガラス繊維	800℃以上	—	—
バサルト繊維	1500℃以上	—	—

＊ ガラス転移温度：高分子固体を加熱していくと，ある温度から拘束の比較的少ない高分子鎖がミクロ
　ブラウン運動を始める．この温度以下では高分子がガラス状に固化していることから，これをガラス転
　移温度と称する．高分子材料はガラス転移温度を境に物性が変化するが，微細な分子運動に由来する物
　性変化のため物性変化は可逆的である．なお，結晶の融解が生じる融点をまたぐ温度履歴においては不
　可逆な物性変化となる場合が多い．

2.2 200℃以上の温度環境の影響

髙野ら[1]は，鋼繊維，ポリプロピレン繊維およびその両方を使用したVFCの高温加熱実験を行っている．なお，ポリプロピレン繊維は高温時の爆裂防止目的で使用されている．加熱条件は温度を200℃，400℃および600℃まで昇温後，2時間温度を保持した後に徐冷している．これらの熱履歴を与えたVFCについて，各種実験を実施し，Sun, W ら[2]の鋼繊維を用いたVFCの研究結果（既往[14]と表記）と比較している．当該研究での配合を参表1-5.2，加熱前の圧縮強度と静弾性係数を参表1-5.3，加熱前後の残存圧縮強度比を参図1-5.1に示す．これらの研究結果では，200℃までは圧縮強度比が若干増加したものの，400℃を超えると低下が顕著となり，600℃では30%以上減少していることが報告されている．

参表1-5.2　実験に用いたVFCの配合[1]

供試体名	W (kg/m³)	C (kg/m³)	W/C	s/a (%)	繊維混入量(vol.%) PPF	繊維混入量(vol.%) SF	空気量 (%)
HSC	170	680	0.3	40	0	0	4
PFRHSC1					0.25	0	9
PFRHSC2					0.5	0	5.5
SFRHSC1	175	700		50	0	0.5	4.5
HYRHSC1					0.25	0.25	6.1
HYRHSC2	170	486	0.4	60	0.25	0.25	4.4

参表1-5.3　加熱前の物性値[1]

	圧縮強度 (MPa)	静弾性係数 (GPa)
HSC	106.6	61.8
HSC-既往[14]	85.5	44.5
PFRHSC1	63.5	41.2
SFRHSC-既往[14]	105.6	45.7
HYRHSC2	72.5	48.0

※ HSC1，HSC-既往[14]：高強度コンクリート

※ PFRHSC：ポリプロピレン繊維を用いたVFC

※ SFRHSC，SFRHSC-既往[14]：鋼繊維を用いたVFC．HYRHSC：鋼繊維とポリプロピレン繊維両種併用したVFC

参表1-5.4　実験に用いたVFCの配合[1]

供試体名	W	C	S	粗骨材 10 mm	粗骨材 20 mm	シリカフューム	フライアッシュ	鋼繊維 (kg)
HSC-既往[14]	176	357.5	542.7	385.9	767.4	55	137.5	0
SFRHSC-既往[14]								78

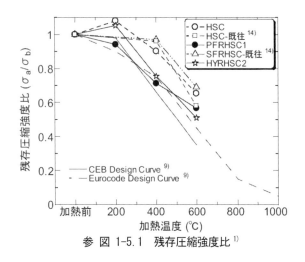

参図1-5.1　残存圧縮強度比[1]

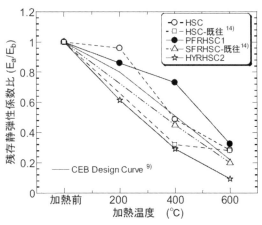

参図1-5.2　残存静弾性係数比[1]

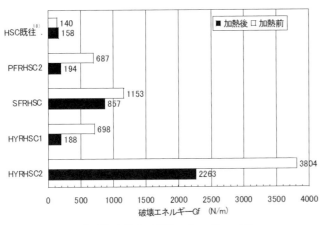

参 図 1-5.3 破壊エネルギー G_f [1]

参 表 1-5.5 残存圧縮強度比 [3]

試験体 No.	試験体記号	圧縮強度（N/mm²）加熱前	加熱後	圧縮強度残存比
1	N+	72.5	36.9	0.51
2	PP+SF	75.5	33.9	0.45
3	N+PP	75.3	31.2	0.41
4	CH1+PP	64.1	41.1	0.64
5		67.4	43.6	0.65
6	CH2+PP	57.8	40.8	0.71
7		58.1	41.7	0.72

※：N：普通セメント；CH：Ca(OH)$_2$生成抑制型セメント

参 図 1-5.2 に VFC の静弾性係数に及ぼす温度の影響を示す．ポリプロピレンを用いた VFC の静弾性係数の低下は鋼繊維を用いた VFC より小さくなっているが，600℃まで加熱すると，その差異が小さくなり，残存静弾性係数比は 0.4 を下回って，急激に低下することが示されている．参 図 1-5.3 に VFC の破壊エネルギー G_f に及ぼす温度の影響を示す．600℃まで加熱すると，ポリプロピレン繊維が消失しているため，ポリプロピレン繊維を用いた VFC の G_f は約 70％低下している．鋼繊維は融点が高く融解，消失することがないため，鋼繊維を用いた VFC の G_f は約 25％の低下にとどまり，大きな破壊じん性を保つ結果となっている．

また，石田ら[3]も，鋼繊維，ポリプロピレン繊維およびその両方を使用した VFC の高温加熱実験を行っている．当該研究においても，ポリプロピレン繊維は高温時の爆裂防止目的で使用されている．加熱前後の圧縮強度試験結果を参 表 1-5.5 に示す．600℃まで加熱すると，いずれも圧縮強度が低下し，残存圧縮強度比が 0.4〜0.5 であることが報告されている．

鋼繊維補強コンクリートが 800℃, 900℃といった高温の履歴を経た際の材料特性について研究した事例[4]では，参 表 1-5.6, 1-5.7 および参 図 1-5.4〜1-5.7 に示すように，鋼繊維の種類，繊維混入量にかかわらず，高温になるにしたがって，圧縮強度，曲げ強度，曲げじん性，破壊エネルギーが低下することが報告されている．

参 表 1-5.6 実験に用いた鋼繊維 [4]を和訳

タイプ	長さ (mm)	直径 (mm)	引張強度 (MPa)	本数/kg	断面形状
A. 端部フック	35	0.55	1,200	15,000	円形
B. 端部フック	30	0.50	1,000	24,000	円形
C. 波形	32	0.64 (換算値)	650	12,000	矩形

参 表 1-5.7 コンクリート配合とスランプおよび圧縮強度試験結果 [4]を和訳

供試体名	W/B (%)	W	C	FA	S	G	鋼繊維タイプ	kg/m³	スランプ (mm)	圧縮強度 4週 (MPa)
HPC	37.0	222	500	100	764	764	−	−	68	66
SFA40							A	40	66	64
SFA55							A	55	65	65
SFA70							A	70	67	67
SFB55							B	55	63	63
SFC55							C	55	64	64

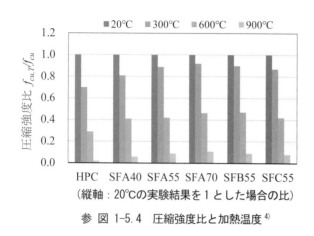

参 図 1-5.4 圧縮強度比と加熱温度 [4]

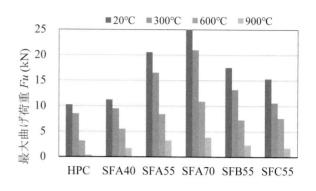

参 図 1-5.5 最大曲げ荷重と加熱温度 [4]を元に作成

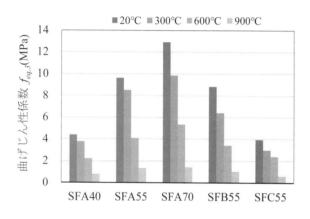

参 図 1-5.6 曲げじん性係数と加熱温度 [4]を元に作成

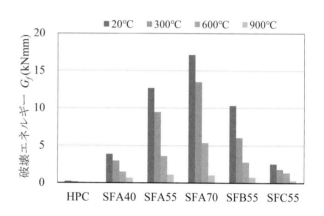

参 図 1-5.7 破壊エネルギーと加熱温度 [4]を元に作成

2.3 100℃近傍までの温度環境の影響

合成繊維は有機化合物を原料としており熱の影響を受けることから，高温環境下での合成繊維を用いたUHPFRCの研究事例が報告されている．

仲野ら[5]の研究では，UHPFRC（圧縮強度約 250N/mm²）および VFC（圧縮強度約 100N/mm²）を用い，100℃および60℃の環境下に1年間暴露したのちに室温で切欠きはりによる曲げ試験を実施している．その結果を**参 図 1-5.8**に示す．ポリビニルアルコール繊維またはポリプロピレン繊維を用いた超高強度モルタルの曲げ特性は，ばらつきを考慮するとほとんど変化がない，もしくはごくわずかの変化であるとしている．

また，渡邊ら[6]の研究では，105℃の環境下に暴露した供試体を用いて室温で曲げ試験を行っている．その結果を**参 図 1-5.9**に示す．アラミド繊維を用いたUHPFRCは5年間の暴露後も初期ひび割れ後の最大荷重とたわみを維持しているが，ポリプロピレン繊維では強度を維持するもののタフネスが低下する傾向であることが報告されている．さらに，105℃環境に1か月間存置した供試体をシートヒーターで70℃に加熱した状態での曲げ試験を実施した結果，アラミド繊維では常温での曲げ試験結果と同等であった一方，ポリプロピレン繊維では強度，タフネスともに低下したことが報告されている．これはポリプロピレン繊維自体の強度低下および伸度増加のためと考察されている．

参考資料 1-5

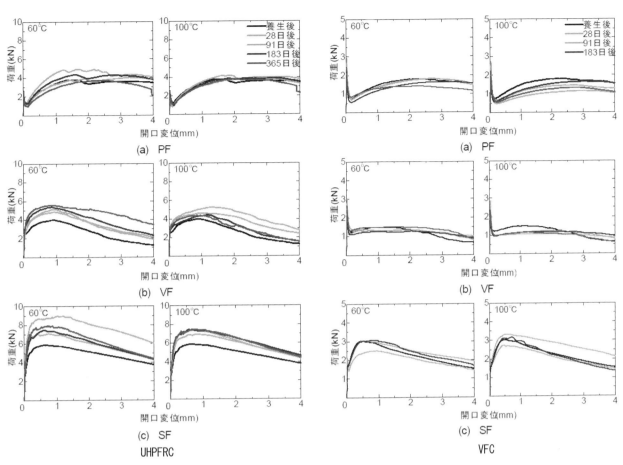

PF：ポリプロピレン繊維，VF：ポリビニルアルコール繊維，SF：鋼繊維

参 図 1-5.8 高温環境下に暴露された UHPFRC, VFC の切欠きはり曲げ試験結果[5]

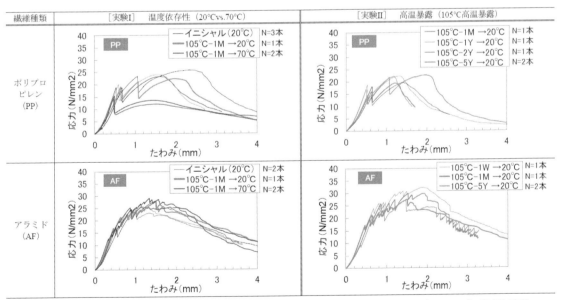

左：20℃および70℃環境下での曲げ試験結果，右：105℃長期暴露後の20℃環境下での曲げ試験結果

参 図 1-5.9 105℃環境下に暴露された UHPFRC の曲げ試験結果[6]

温水の影響について検討した酒井ら[7]は，60℃の温水中，および60℃の乾燥機中に静置したVFCの曲げ試験を行っている．その結果を参 図 1-5.10に示す．ポリビニルアルコール繊維を用いたVFCにおいて，ひび割れ開口後の最大荷重はほとんど差が無く，むしろ乾燥状態で強度が増大することが報告されている．

また，保倉ら[8]によって，アラミド繊維で補強された普通コンクリートにおける，暴露温度と暴露期間が力学特性に与える影響について報告されている．その結果を参 図 1-5.11に示す．水中では暴露温度が高いほど経時的な力学性能の低下がみられる一方，気中では暴露温度に関わらず力学性能が保持されている．

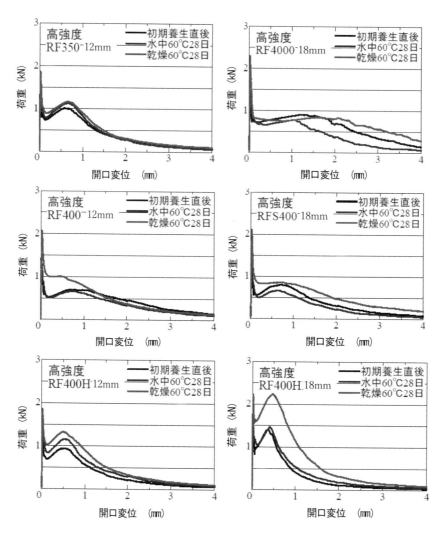

参 図　1-5.10　ポリビニルアルコール繊維を用いたVFCの曲げ試験[7]

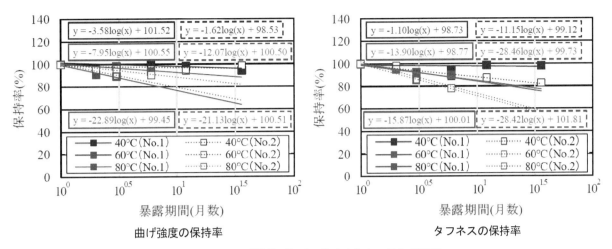

No.1：アラミド繊維, No.2：集束されたアラミド繊維

参 図 1-5.11 アラミド繊維で補強された普通コンクリートの水中環境暴露による力学特性保持率[8]

3. まとめ

VFCで使用される繊維が高温度によって受ける影響は原材料によって異なることから，想定される環境温度を考慮して使用する繊維を選定するのがよい．例えば，繊維の融点や分解開始温度が環境温度を下回らないように選定することが適当と考えられる（ただし火災などの爆裂防止目的での用途を除く）．火災などを想定した高温度での鋼繊維を用いたVFCでは，おおむね400℃を超えると圧縮強度などの強度特性が低下する傾向が報告されているが，これは通常のコンクリートと同様の傾向である．一方，給熱養生やマスコンクリートでの発熱の範囲である100℃近傍では，合成繊維を用いる場合，使用する繊維の熱特性によっては曲げ強度やタフネスが低下する場合があることが報告されており，注意が必要である．

参考文献

1) 髙野智宏，堀口敬，佐伯昇：高温加熱を受ける高強度繊維補強コンクリートの耐火性能について，土木学会論文集E，Vol.63，No.3，pp.424-436，2007
2) Sun, W, and Luo, X. and Chan, S. Y. N: Properties of High-Performance concrete Subjected to High Temperature Attack, Proceeding Third International Conference on Concrete Under Severe Conditions, pp.472-479, 2001
3) 石田知子，川西貴士，嶋英信，田中善広：トンネル覆工用耐火コンクリートの開発—セメント材料の検討と実物大規模の耐火試験による検証—，大林組技術研究所報，No.70，2006
4) Dong Xiangjun, Ding Yining: Experimental study on the mechanical properties of SFHPC after exposure to high temperatures, Collections of the 11th China Academic Conference on Fiber-reinforced Concrete, pp.69-75, 2006
5) 仲野弘識，末森寿志，守田貴昭，内田裕市：高温下における短繊維補強コンクリートの曲げ特性に関する研究：土木学会第71回年次学術講演会講演概要集，V-106，2016
6) 渡邊有寿，一宮利通，柳井修司：合成繊維を用いたUHPFRCの高温環境下における力学特性：土木学会第77回年次学術講演会講演概要集，V-227，2022
7) 酒井天河，守田貴昭，末森寿志，内田裕市：PVA繊維補強コンクリートにおける温度と水分状態が力学特性に及ぼす影響：土木学会第73回年次学術講演会講演概要集，V-432，2018
8) 保倉篤，宮里心一，岡村脩平，吉本大士，倉方裕史：異なる温度の水中と気中に暴露されたアラミド短繊維補強コンクリートの曲げ性能の経時変化：土木学会論文集E2，Vol.76，No.4，pp.374-385，2020

参考資料 1-6　低温度の影響

指針（案）5.3.11項　参考資料

1. はじめに

　VFC等の繊維補強コンクリートの力学的な特性に関する既往の研究の多くは通常の環境温度下で行われたが，気温が氷点下数十℃まで下がる寒冷地の低温環境で供用される繊維補強コンクリート構造物もある．氷点下の環境では，繊維やコンクリートの物理的な特性，例えば脆性等は温度により変化し，繊維補強コンクリートに影響を及ぼす可能性がある．

　低温環境がVFC等の繊維補強コンクリートに及ぼす影響に関する既往の研究は少なく，特に繊維の低温時の物理特性の変化に関する研究はほとんど行われていない．本資料では，低温環境がVFCに及ぼす影響に関する検討事例を紹介する．

2. 強度特性に与える影響

　Guo[1]らは環境温度がVFCの強度特性に与える影響を検討するため，試験環境温度を-30℃，0℃，30℃，60℃および90℃とし，圧縮強度，曲げ強度・曲げタフネスおよび一軸引張強度を評価している．また，圧縮強度試験を行った後の供試体について，SEM（走査電子顕微鏡）を用いて微細形態観察も行っている．

　検討に使用したVFCの配合を参表 1-6.1に示す．供試体は気中で材齢120日まで養生したのち，所定の環境温度に2日間静置して取り出し，供試体温度が室温に戻ったあとに強度試験が行われている．曲げ試験は100mm角，長さ400mmの供試体にて支点間300mm，載荷点間100mmの3等分点載荷，一軸引張試験は参図 1-6.1に示す供試体にて行われた．強度試験結果を参表 1-6.2に，一軸引張応力－ひずみ曲線を参図 1-6.2に，SEMによる断面観察写真を参図 1-6.3に示す．

参 表 1-6.1　VFC配合表（質量比 wt%）[1]

Cement	Silica fume	Sand	Water	Superplasticizers	Steel fiber
35.4	7.1	42.5	7.8	0.2	7.0

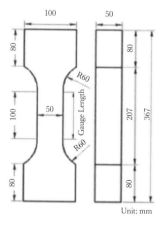

参 図 1-6.1　一軸引張試験[1]

参表 1-6.2および参図 1-6.2より，-30～90℃の環境温度は，VFCの圧縮強度，曲げ強度および一軸引張強度に及ぼす影響が小さいと結論づけられている．また，参図 1-6.3に示す断面観察写真より，30℃および-30℃のいずれも同様の緻密さであるとみられることから，-30℃程度の低温度がVFCに与える影響はほとんどないとされている．

参表 1-6.2 強度特性試験結果[1]

温度 (℃)	-30	0	30	60	90
圧縮強度 (MPa)	132.8	130.8	130.7	129.6	121.5
曲げ強度 (MPa)	15.9	15.9	16.3	15.1	13.8
一軸引張強度 (MPa)	6.8	6.9	7.0	6.7	6.6

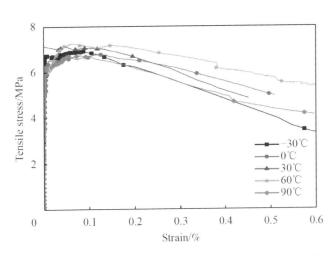

参図 1-6.2 VFCの異なる温度での一軸引張応力 - ひずみ曲線[1]

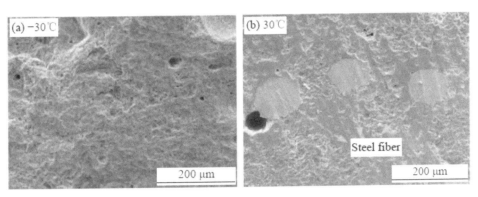

参図 1-6.3 異なる環境温度におけるVFCの断面観察[1]

またPigeonら[2]は，低温度が鋼繊維補強コンクリートの曲げ特性に及ぼす影響を検討するため，ASTM C1018に準拠して，曲げタフネス試験を実施し評価している．対象の鋼繊維補強コンクリートは，結合材にポルトランドセメントとシリカフュームセメントを用いた材料であり，水結合材比は 30, 35, 40%である．鋼繊維補強コンクリートの曲げタフネスは，参図 1-6.4に示すように，温度低下と共に増加することが報告されている．この現象は環境温度-10℃の場合では小さいが，-30℃では大きくなる傾向を示し，低温におけるマトリクスの毛細管水の凍結によってマトリクスの強度が増加し，鋼繊維の引抜き抵抗に必要なエネルギーが増加したと推測されている．

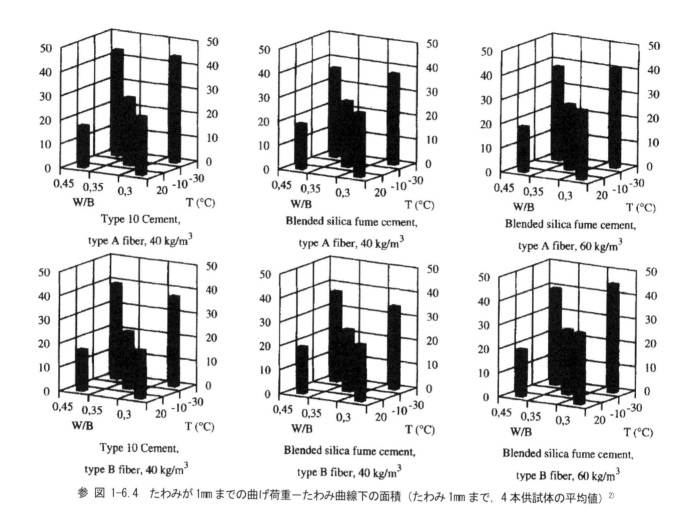

参 図 1-6.4 たわみが1mmまでの曲げ荷重－たわみ曲線下の面積（たわみ1mmまで，4本供試体の平均値）[2]

3. まとめ

低温度が鋼繊維を用いるVFCの強度特性に与える影響は，-30℃程度までの温度であれば小さいとの知見が報告されている．

参考文献

1) Guo Zhenwen, Liu Xiaofang, Duan Xinzhi, LU Jiwei, Wang Fei, Kan Lili: Experiment study on mechanical of Ultra-high-performance concrete under ambient temperature change, Acta Material Compositae Sinica, Vol. 38, No.10, pp.3495-3503, Oct. 2021

2) M. Pigeon, R. Cantin: Flexural preparties of steel fiber reinforced concrete at low temperatures, Cement and Concrete Composites, Volume 20, Issue 5, pp.365-375, Oct. 1998

参考資料 1-7　VFC 中の鉄筋腐食

指針（案）7.3 節，7.4 節　参考資料

1. はじめに

VFC は，構造物の曲げ耐力，せん断耐力およびじん性などの力学的性能の向上効果だけでなく，脆性破壊の抑制効果やひび割れ分散性などの特性も有しており，幅広い適用が期待される．VFC の構造利用にあたっては，ひび割れ後の軟化特性まで想定することが肝要であるが，一方でひび割れ発生を許容すると劣化因子の侵入を許し，内部鉄筋の腐食につながるおそれがある．VFC における内部鉄筋の腐食についての研究事例は少ないため，本資料では SFRC での事例を交えて紹介する．

2. SFRC での事例

鋼繊維を用いた繊維補強コンクリートの耐久性に関する研究は古くから行われており，ここでは，塩害環境に着目して，鋼繊維による鉄筋腐食抑制効果を取りまとめる．

下澤[1] らは，鋼繊維補強モルタル中の鉄筋腐食メカニズムを電気化学的に解釈することを目的に，鋼繊維補強モルタル（W/C=60%）中の埋設鉄筋近傍にミニセンサを設置し，暴露期間約 2000 日の連続モニタリングによって得られた電気化学的特性値の測定結果などに基づき，鋼繊維補強モルタル中の鉄筋腐食状態について検討を行っている．その結果，電気化学的特性（自然電位・分極抵抗・液抵抗）などから，鋼繊維補強モルタルによる内部鉄筋の腐食抑制効果が高いことを確認している．また，埋設鉄筋を取り出し暴露材齢 1600 日目における埋設鉄筋の腐食状況確認を行った結果が参表 1-7.1 である．腐食面積に大差はなかったが，腐食減量には明瞭な違いがあり，普通モルタル供試体は鋼繊維補強モルタル供試体の約 6 倍であった．このことからも鋼繊維補強モルタルによる内部鉄筋の腐食抑制効果が確認されている．さらに溶液実験の結果から，鉄筋腐食には酸素濃度が大きく関与し，酸素濃度依存性があるとしている．以上のことから，鋼繊維補強モルタル内部の酸素を鋼繊維が消費することにより，酸素濃度が低下し鉄筋腐食を抑制している可能性が高いと報告している．

参表 1-7.1　試験鉄筋の腐食面積および腐食減量[1]

供試体	鉄筋腐食状況		腐食面積 (mm^2：%)	腐食減量 (mg：%)
普通モルタル ($Cl^- = 3\,kg/m^3$)		上面 下面	3671：90.0 （孔食：327）	572：0.58
鋼繊維補強 モルタル ($Cl^- = 3\,kg/m^3$)		上面 下面	2882：70.6 （孔食：46）	94：0.09

■：孔食　　▩：表面腐食

阪下らは[2]，腐食抑制メカニズムを明らかにするために塩水浸漬試験を実施している．報告では，VFC に該当する配合であるか不明であるが，鋼繊維による内部鉄筋の腐食抑制効果の一例として紹介する．

供試体は鉄筋をかぶり 2cm，6cm 位置に設置したモルタルで，鋼繊維を 0〜2%混入した．また，鉄筋の腐食促

進のため，3wt%NaCl水溶液を練混ぜ水とした．

塩水浸漬試験後（363日間浸漬）の供試体中の鉄筋の腐食面積率を**参図1-7.1**に示す．鉄筋は比較的軽微な発錆が認められるが，その程度は鋼繊維を混入した方がやや小さい傾向にあった．これを電気化学的に明らかにするために，交流インピーダンス法による鉄筋腐食診断を試みたところ，**参図1-7.2**に示すように，鋼繊維混入量が多くなるにつれ1/Rctが小さくなる傾向にあった．この結果からも鋼繊維混入により鉄筋の腐食速度は抑制されていることが分かる．これらを踏まえて，鋼繊維添加によるコンクリート内部鋼材の腐食抑制は，外部から侵入した酸素O_2が表面近傍の鋼繊維の腐食で消費され，鉄筋位置では酸素が欠乏状態となっているものと推察している．

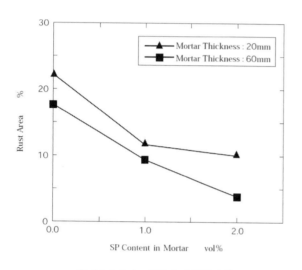

参 図 1-7.1 鉄筋腐食面積率[2)]

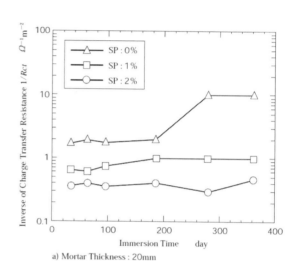

参 図 1-7.2 交流インピーダンス法による鉄筋腐食診断[2)]

また小林らは[3)]，鋼繊維補強コンクリートの鉄筋防食効果を明らかにするために，海水飛沫部における海洋暴露実験を実施している．本文献に使用されたコンクリートの水セメント比はW/C=40~60%である．

参図 1-7.3に暴露5年後の供試体の外観を示す．手前の3本の供試体が鋼繊維混入コンクリート供試体，上側2本の供試体が普通コンクリート供試体であるが，鋼繊維混入コンクリート供試体の表面には，表層部分の鋼繊維の腐食によって生じた腐食生成物が斑点状および棒状に形成されている様子がわかる．一方，**参図 1-7.4**に示すかぶり20mm鉄筋の腐食面積率の経時変化を見ると，海洋飛沫帯のようなきわめて厳しい腐食環境下に暴露した場合でも，鋼繊維混入コンクリート供試体中の鉄筋の腐食面積はわずかしか増加していない結果であった．

参 図 1-7.3 暴露5年後の供試体の外観[3)]

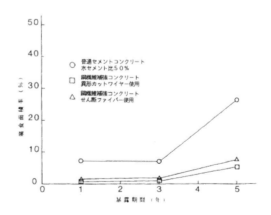

参 図 1-7.4 鉄筋腐食面積率の経時変化（20mm）[3)]

本文献では鋼繊維補強コンクリートが優れた耐久性を示す理由として，鋼繊維の混入によって生じた膨大な鋼の表面積の存在が腐食反応を制御する電気化学的防食機構であろうとしている．参図1-7.5に示すように鉄筋を取り囲む電場がランダムに配向された鋼繊維の界面効果によって不連続となり，マクロセルの形成やその維持が行われにくくなるため，腐食の進行が抑制されるものと考えられるとしている．

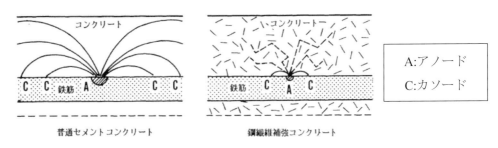

参 図 1-7.5　鉄筋腐食電流の流れ[3]

　松元らは[4]，鋼繊維量や鋼繊維の混入範囲を変化させたコンクリート供試体を用いて，塩水による乾湿繰返し促進試験を実施している．供試体形状は10×10×40cmとし，かぶり25mm位置に鉄筋を配置．鋼繊維をコンクリート全面とかぶり部分のみにそれぞれ外割1.0%で混入したケースにて実験を行っている．実験は，塩水浸漬3日と気中乾燥4日の繰返しを1サイクルとし，95サイクルまで実施している．また，鉄筋ならびに鋼繊維の自然電位の測定も行っている．

　促進後の供試体の外観として，コンクリート表層部分の鋼繊維の腐食に伴う錆汁が表面に認められ，一部で0.1〜0.5mmのひび割れが鉄筋方向ならびに直角方向で確認された．鋼繊維を全断面に混入した供試体中の鉄筋の腐食面積率は約8%であり，普通コンクリートの場合が約10%であったのに比べ2%程度小さく，若干の防食効果が認められた．これにより，少なくとも鋼繊維の全断面混入に伴う鉄筋腐食の促進は認められていないことから，通常の鉄筋コンクリート構造物と同様の塩害照査に適するものと考えられると述べている．

　参図1-7.6に鋼繊維をコンクリート全断面に混入したコンクリート中の鋼繊維の腐食状況を示す．これによれば，鉄筋に腐食が認められた位置の直上にある鋼繊維の腐食は少ない一方で，鉄筋に腐食が認められなかった位置の直上にある鋼繊維の腐食は顕著であった．鋼繊維の腐食は全面に渡って大きく腐食しているものもあれば，腐食が生じていないものもあり1本の鋼繊維もしくは鋼繊維近傍にある鋼繊維同士の間でマクロセル回路が形成されているものと考えられる．

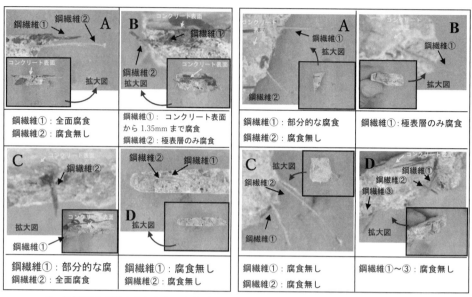

| A) 鉄筋腐食が認められなかった領域 | B) 鉄筋腐食が認められた領域 |

参 図 1-7.6　鋼繊維をコンクリート全断面に混入したコンクリート中の鋼繊維の腐食状況[4]

3. 合成繊維を用いた VFC での事例

小林ら[5]は，合成繊維（PVA 繊維）を用いた VFC と鉄筋を組み合わせた R-VFC 部材について塩水浸漬による腐食促進試験を行っている．供試体製作後，載荷試験機により曲げひび割れを与え，塩水浸漬（鉄筋中心高さまで浸漬）させて腐食促進を行い，自然電位と分極抵抗，分極曲線を計測することで内部鉄筋の腐食状況の評価を行っている．コンクリート材料は合成繊維を配合した VFC（150N/mm^2 クラス,100N/mm^2 クラス）と普通コンクリート（30N/mm^2 クラス）を比較検討している．

本試験で使用された VFC の配合を**参 表 1-7.2** に示す．表に示す通り，補強繊維として PVA 繊維が 1.7vol.%内割添加された材料である．

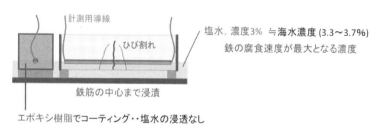

参 図 1-7.7　試験概略図[5]

参 表 1-7.2　使用した VFC の配合[5]

圧縮強度 N/mm^2	W/B (%)	単位量（kg/m^3）					PVA 繊維
		水	結合材	骨材	混和剤	混和材	
150	15.0	186	1500	750	39.0	―	1.7vol.%
100	21.7	191	1000	940	25.5	200	

※W/B の水分量には混和剤量を含む

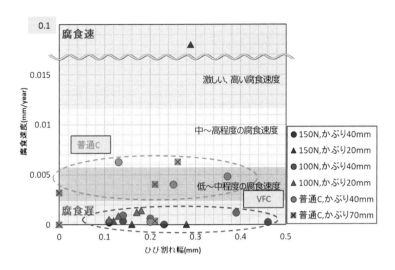

参 図 1-7.8 分極抵抗から算出した腐食速度とひび割れ幅の関係[5]

　VFC の自然電位の計測結果は，ひび割れ幅が大きいほどマイナス側に推移し，ひび割れ幅の増大に応じて鉄筋腐食の可能性が高まる傾向であった．また，分極抵抗より算出される内部鉄筋の腐食速度は，参 図 1-7.8 に示すようにVFCでは，ひび割れ幅に関係なく腐食速度は極めて遅い傾向にある結果であった．

　以上の結果より，VFC ではひび割れ幅が大きくなると劣化因子の侵入により鉄筋腐食の可能性が高まるが，緻密な組織構造であることから，劣化因子の侵入はひび割れ部のみに限定され，またひび割れ部の鉄筋付着も強固なことから鉄筋に沿った劣化因子の侵入もないことから腐食が限定的となり，腐食速度が遅くなるのではないかとの報告がなされている．

4. おわりに

　ここでは，緻密な組織を有するVFCを用いることで一般的なコンクリートと比較し，内部鉄筋の腐食速度を抑えられた事例を示した．鋼繊維を用いたVFCでは緻密な組織に加えて，鋼繊維が酸素を消費することや電気化学的防食機構として働くことにより，内部鉄筋の腐食を抑制する効果も期待される．

参考文献

1) 下澤和幸，田村博，永山勝：鋼繊維補強モルタル中の鉄筋腐食モニタリング，コンクリート工学年次論文集，Vol.24, No.1, pp.801-806, 2002

2) 阪下真司，中山武典，杉井謙一，濱崎義弘，杉本克久：鋼片添加によるコンクリート中鋼材の腐食抑制，神戸製鋼技報，Vol.49, No.2, pp.61-64, 1999

3) 小林一輔，星野富夫，辻恒平：海洋環境下における鋼繊維補強コンクリートの鉄筋防食効果，土木学会論文集，第414号/V-12, pp.195-203, 1990

4) 松元淳一，丸屋剛：鋼繊維を用いた鉄筋コンクリート塩害環境における耐久性に関する実験的検討，コンクリート工学年次論文集，Vol.32, No.1, pp.1013-1018, 2010

5) 小林裕貴，野澤忠明，濱田秀則，佐川康貴，櫨原弘貴，山本大介，Loke Yen Theng：ESCON製RC部材の腐食促進試験，ESCON協会技術講演会資料，2019

参考資料1-8　VFCの透水係数の測定例

指針（案）5.3.12項, 7.3.2項　参考資料

1. はじめに

　コンクリートの水の浸透に伴う鋼材腐食や劣化因子の侵入に対する抵抗性を評価する方法として，水分浸透速度係数を評価する方法が挙げられる．通常のコンクリートでは，JSCE-G 582-2018「短期の水掛かりを受けるコンクリート中の水分浸透速度係数試験方法（案）」で規定されている方法により水分浸透速度係数を測定することができる．しかし，VFC は強度が高く，硬化体組織が緻密であると考えられるため，通常のコンクリートと同一の方法では，水分浸透速度係数を適切に測定することは困難と考えられる．JSCE-G 582-2018 に規定される水分浸透速度係数試験は，圧力勾配がない状態で行われるため，毛細管浸透による水の浸透速度を測定する方法といえる[1]．越川らは，毛細管浸透による水の浸透と圧力勾配により水を浸透させる透水試験方法とは，水の浸透機構が異なるものの，それぞれの方法で測定したコンクリートの水密性は同様の傾向を示すとしている[2]．このことから VFC の水の浸透速度は，実際の施工と同一の材料，配合および養生方法により作製した試験体を用いて，圧力を加えるなど強制的に水を浸透する方法によって，傾向を捉えることができると考える．これまでに，放射性廃棄物の地層処分に使用することを想定した高強度高緻密モルタルの水の浸透性を評価した事例が数件報告されている[例えば3),4)]．これらの高強度高緻密モルタルは，UFC 指針に準拠した水の浸透性が極めて小さい材料であるため，これらの検討事例は VFC の透水性測定方法の参考になりうるものである．以下では，これらの測定例について概要を紹介する．

2. 高強度高緻密モルタルの水分浸透速度係数

2.1 静水圧加圧装置による測定事例について

　坂本ら[5]は，高強度高緻密モルタルの水の浸透性についてインプット法により検討しており，圧力 1MPa の水圧で 30 日間加圧しても明らかな水の浸透が観察されなかったとしている．このことから，さらに圧力を高めた方法による検討として，セラミックス粉末の成型に用いられている静水圧加圧装置を使用し，最大 350MPa の高圧で注水している．静水圧加圧装置の概要を**参 図 1-8.1** に，試験パラメータと水準を**参 表 1-8.1** に示す．試験では，供試体を所定の圧力と期間で加圧して供試体における水の浸透深さを測定している．拡散係数の経時変化を**参 図 1-8.2** に示す．試験結果によると，水の拡散係数は時間の経過にともなって小さくなり，2 週間後の拡散係数の最大値（2×10^{-12}m^2/s）から算出した透水係数は 4×10^{-19}m/s であったとしている[5]．

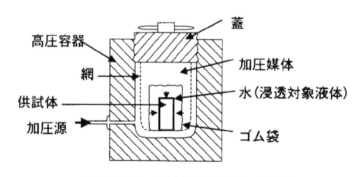

参 図 1-8.1　静水圧加圧装置の概要[5]

参 表 1-8.1 試験パラメータと水準[5]

試験パラメータ	水準
モルタル圧縮強度(N/mm^2)	100, 150, 200
加圧圧力(N/mm^2)	150, 200, 250, 300, 350
加圧時間(日)	1, 2, 4, 7, 14

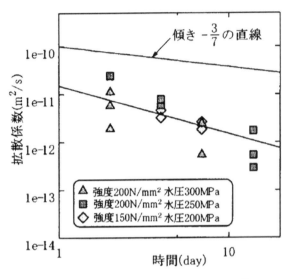

参 図 1-8.2 拡散係数の経時変化[5]

2.2 トランジェントパルス法による測定事例について

トランジェントパルス法は，透水性が低い岩石の水理特性を評価するための室内試験に適しているとされており，透水係数として10^{-14}～10^{-8}m/s の材料の透水係数測定に有効であるとされている[6),7]．また，トランジェントパルス法は，試料両端に貯留槽を設置して，片側の貯留槽に反対側の貯留槽の間隙水圧より高いパルス圧を与えて，両貯留槽の間隙水圧の時間変動曲線から透水係数を求める方法とされている[8]．

加藤ら[6]は，UFC 指針に従って作製された高強度高緻密モルタルの水の浸透性についてトランジェントパルス法により測定を行っている．試験では，封圧を最大で10MPaとして測定を行い，データの解析には，Braceら[9]の近似式に基づき，加藤ら[6]により提案された以下の式を用いて行っている．

$$\frac{\Delta h(t)}{H} = \exp\left\{-\frac{KAt}{l}\left(\frac{1}{S_u} + \frac{1}{S_d}\right)\right\}$$

ここに，t : パルス負荷後の時間 (s)

Δh : 上流と下流の水頭差 (m)

H : 水頭パルスの大きさ (m)

l : 供試体の高さ (m)

A : 供試体の断面積 (m^2)

K : 供試体の透水係数 (m/s)

S_dおよびS_u : 下流側および上流側の貯留系の圧縮貯留量 (m^2)

加藤らの検討の結果，高強度高緻密モルタルの透水係数は，10^{-13}～10^{-12}m/sのオーダーであるとされている．

3. おわりに

　本資料では，VFC の透水係数測定方法について，既往の研究に示されている事例を紹介した．VFC のような材料においては，力学特性以外にもその緻密な組織構造により，水をはじめとする劣化因子の侵入に対して高い抵抗性を有することが特長の一つとして挙げられる．しかし，このような材料の透水性を定量的に評価するには，圧力を加えて強制的に水を浸透させる方法で行う必要があり，本資料で紹介したように測定方法によって結果が異なることが考えられる．したがって，現段階で VFC の透水性は，評価可能な試験方法を選定したうえで，基準となる材料に対して相対的に評価を行うことになる．今後，VFC の透水性を定量的に評価していくためには，今回紹介した方法以外の様々な評価方法についても調査し，可能な限り簡便で，かつ安定的な評価が行える方法を確立し，規準化することが望まれる．

参考文献

1) 沼尾達弥，福沢公夫，陳燠宇，堀辺忍：硬化モルタルの細孔径分布と水の浸透特性の関係，コンクリート工学年次論文報告集，Vol.14，No.1，pp.637-642，1992

2) 越川茂雄，荻原能男：コンクリートの毛管浸透試験方法に関する研究，土木学会論文集，第 426 号/V-14，pp.183-191，1990

3) 加藤昌治，奈良禎太，渋谷和彦：温度を制御した環境下での高強度高緻密コンクリートの高精度透水係数測定，材料，69（3），pp.263-268，2020

4) 酒本琴音，加藤昌治，石井祐輔，胡桃澤清文：繊維入り高強度高緻密コンクリートの透水性評価，資源・素材学会　北海道支部　春季講演会，2022

5) 坂本浩幸，武井明彦，川嵜透，片桐誠，名和豊春，魚本健人：高強度高緻密モルタルを用いた放射性廃棄物処分廃棄体の開発（1），土木学会第 57 回年次学術講演概要集，共通セッション，pp.487-488，2002

6) 加藤昌治，高橋学，金子勝比古：トランジェントパルス法を用いた低透水性岩石の水理定数の高精度評価，Journal of MMIJ，vol.129，No.7，pp.472-478，2013

7) 加藤昌治，奈良禎太，岡崎勇樹，河野勝宣，佐藤稔紀，佐藤努，高橋学：粘土の透水係数測定へのトランジェントパルス法の適用，材料，67 巻，3 号，pp.318-323，2018

8) 谷川亘，坂口真澄：透水係数の測定時間短縮を目的としたトランジェント・パルス法の改良と考察，応用地質，第 49 巻，第 2 号，pp.105-110，2008

9) W. F. Brace，J. B. Walsh and W. T. Frangos：J. Geophys. Res.，73，pp.2225-2236，1968

参考資料 1-9

参考資料 1-9　鋼繊維を用いた VFC の劣化

指針（案）7.1 節，7.2 節　参考資料

1. はじめに

　本指針で対象とする VFC は，繊維の架橋効果すなわちひび割れ面において繊維が引張力を伝達する効果を期待している．そのため，ひび割れに架橋する繊維の健全性に着目した検討が必要であり，国内でも鋼繊維を用いたVFCを主に様々な検討がなされている．また，海外では鋼繊維補強コンクリート（SFRC）を対象に，鋼繊維の腐食により使用性が損なわれないよう，環境条件区分に応じて許容ひび割れを設定している事例もある．ここでは，これらの研究事例や海外基準などについて紹介する．

2. 塩害環境における検討事例（曲げ特性と鋼繊維の腐食に着目した検討）

　ここでは，マトリクスが UFC と同様のものである VFC（水結合材比 13～22%）を中心とした事例を示す．いずれの事例も，温海水乾湿繰返し，塩水浸漬，海洋環境での暴露など，塩化物イオンによって鋼繊維が腐食する可能性を想定した検討である．なお，ひび割れのない状態すなわち鋼繊維がマトリクスに保護されている環境においては，一般的な水結合材比 30～55% の SFRC でも鋼繊維の腐食は部材の表層部分（点錆など）に止まり，内部の繊維は健全であることが報告され[例えば1)]，VFC についても同様の知見であるため[例えば2)]，ここでは割愛する．

2.1　温海水乾湿繰返し環境下における鋼繊維の腐食[3)]

　兵頭ら[3)]は，水結合材比が 22%，鋼繊維混入率が 2.0vol.% の VFC について，曲げ載荷によって引張縁残留ひずみ 200μ 程度（W1 シリーズ），残留ひび割れ 0.2～0.33mm（W2 シリーズ）とした供試体 2 水準にて，「60℃の海水に 3.5 日浸漬，送風乾燥 3.5 日」を 1 サイクルとした促進試験を 15，30，55 サイクル行い，再び曲げ載荷を行った結果を報告している．

　曲げ強度試験による荷重－たわみ関係を参 図 1-9.1 に，ひび割れ幅と曲げ強度比の関係を参 図 1-9.2 に示す．これらの図より，W1 シリーズではひび割れ導入や促進試験を行っていない基準供試体と同様の傾向を示し，ひび割れ部に水和物が生成され塩化物イオンの浸透を阻害したという報告がなされている．一方，W2 シリーズではひび割れ幅が大きくなるとともに曲げ耐力・曲げ強度比が低下する傾向が示され（0.2～0.33mm のひび割れ幅で曲げ強度比 15～30%程度低下），少なくとも 0.2mm 以上の残留ひび割れを有する場合，厳しい腐食環境では引張性能が低下する恐れがあり，適切な対策を施す必要があるとしている．

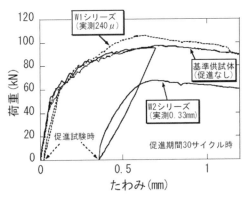

参 図 1-9.1　促進試験後の荷重－たわみ関係[3)]

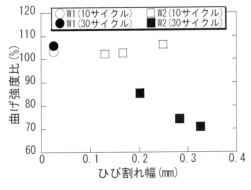

参 図 1-9.2　ひび割れ幅と曲げ強度比の関係[3)]

2.2 海洋環境下における鋼繊維の腐食 [4)][5)]

後藤ら[4)]は，水結合材比が 22.5％，鋼繊維混入率が 2.0vol.％である VFC について，曲げ載荷にて残留ひび割れ幅 0.01mm，0.5mm，1.5mm および 3.0mm を導入した供試体を日本海沿岸に 5 年間暴露した結果を報告している．**参 図 1-9.3** は，暴露後の曲げ載荷での荷重－CMOD 曲線および同曲線から算出した破壊エネルギーである．図より，残留ひび割れ幅が 0.5mm 以上になるとピーク荷重および曲げ剛性の低下が顕著に見られ，鋼繊維の引抜けまたは腐食の影響があるとしている．ひび割れを架橋する鋼繊維の腐食については，ひび割れ幅が 0.5mm までは発錆面積率が 2％程度であるが，ひび割れ幅が 1.5mm を超えると腐食が著しい（発錆面積率 50％程度）という結果が報告されている．

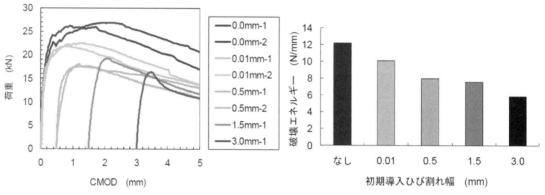

参 図 1-9.3 荷重－CMOD 曲線および破壊エネルギー（海洋環境暴露 5 年後）[4)]

渡邊ら[5)]は，水結合材比が 15.2％，鋼繊維混入率が 1.75vol.％である VFC について，曲げ載荷にて引張縁残留ひずみ 200μ，残留ひび割れ幅 0.16mm を導入した供試体を海水シャワー暴露試験場に 4 年間設置した結果を報告している．前述の検討と同様に，残留ひずみやひび割れを有していても力学特性は低下せず，ひび割れ幅 0.1〜0.2mm 程度の場合にはピーク強度の増加が認められる一方，**参 図 1-9.4** に示すように暴露後の曲げ疲労試験では早期に破壊する結果となっている．また，**参 図 1-9.5** に示すひび割れ幅の進展と繰返し載荷回数の関係から，ひび割れ幅 0.3〜0.4mm 程度に変曲点があり，ひび割れ幅 0.4mm を超えると急激にひび割れが増大し破壊（繊維の引抜けモードから破断モード）に至ったと考察している．ひび割れが導入された供試体において，塩分や酸素の供給のない水中疲労では破壊が生じていないことから，疲労耐力を期待する VFC 部材がひび割れ発生後も腐食環境下に置かれる場合には，鋼繊維の腐食防止の観点からひび割れ面に対して劣化因子の侵入を遮断する処置の必要性を提唱している．

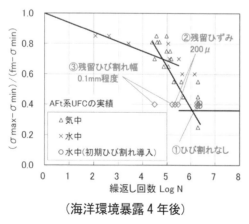

（海洋環境暴露 4 年後）

参 図 1-9.4 曲げ疲労試験での S-N 曲線 [5)]

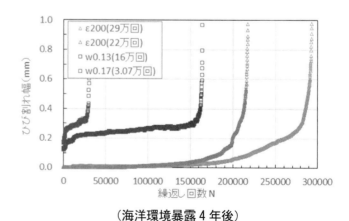

（海洋環境暴露 4 年後）

参 図 1-9.5 繰返し載荷によるひび割れ幅の進展 [5)]

3. 海外での基準・研究事例

M.M.Victor ら[6]は SFRC の中性化と塩化物イオンの侵入による鋼繊維の腐食に関して，1975 年から 2015 年まで約 40 年間の既往研究をレビューしている．引用している ACI や RILEM をなど欧米主要国や国際機構に定められたひび割れ幅制限値等の設計推奨事項を**参 表 1-9.1** に示す．コンクリート構造物の供用環境を想定した環境条件区分は，欧州規格：BS EN 206-1: 2000，Concrete - Part 1: Specification, performance, production and conformity[7] に基づくものであり，詳細は**参 表 1-9.2** に示すとおりである．これらのレビューにおける過去 40 年間の既往研究事例の中，塩化物イオンの侵入に伴う鋼繊維の腐食に関するものを**参 表 1-9.3** に示すが，このうち VFC の強度水準に近い水結合材比 30%以下の SFRC の許容ひび割れ幅は 0.10～0.20mm としている．なお，中性化の影響に関する許容ひび割れ幅は 0～0.20mm としている．

参 表 1-9.1 塩化物イオンや中性化にさらされる鋼繊維補強コンクリート許容ひび割れ幅（mm）[6]

基準	耐用年数/鋼繊維種類	中性化環境条件			塩化物イオン環境条件			
		XC2[1]	XC3	XC4	XS2	XS3	XD2	XD3
ACI 544-1R-96	50年	0.30	0.30	0.30	0.10	0.10	0.10	0.10
	鋼繊維種類	—	—	—	—	—	—	—
RILEM TC 162-TDF(EU)	50年	0.30	0.30	0.30	制限値有	制限値有	制限値有	制限値有
	鋼繊維種類	C-G-S[2]	C-G-S	C-G-S	—	—	—	—
DBV-Merkblatt Stahfaserbeton(DE)	50年	0.30	0.30	0.20	0.20	0.20	0.20	0.20
	鋼繊維種類	—	—	—	—	—	—	—
UNI/CSI/SC4:2004(IT)	50年	0.30	0.30	0.30	0.30	0.30	0.30	0.30
	鋼繊維種類	C-G-S	C-G-S	G-S	C-G-S	G-S	C-G-S	G-S
CNR-DT 204/2006(IT)	50年	0.30	0.30	0.30	0.30	0.30	0.30	0.30
	鋼繊維種類	C-G-S	C-G-S	G-S	G-S	S	C-G-S	G-S
NZS 3101-2:2006(NZ)	50年	0.30	0.30	0.30	0.30	0.30	0.30	0.30
	鋼繊維種類	—	—	—	—	—	—	—
TR-63(UK)	50年	0.30	0.30	0.30	0.30	0.30	0.30	0.30
	鋼繊維種類	—	—	—	—	—	—	—
EHE 2008(ES)	50年	0.30	0.30	0.30	実験検証	実験検証	実験検証	実験検証
	鋼繊維種類	C-G-S	C-G-S	C-G-S	G-S	G-S	G-S	G-S
DA/Stb Stahfaserbeton(DE)	50年	0.30	0.30	0.30	該当なし	該当なし	該当なし	該当なし
	鋼繊維種類	C-G-S	C-G-S	C-G-S	—	—	—	—
Design guideline for structural applications of SFRC(DK)	50年	0.30	0.30	0.20	該当なし	該当なし	該当なし	該当なし
	鋼繊維種類	C-G-S	C-G-S	C-G-S	—	—	—	—
AFTES-GT38R1A1(FR)	50年	0.20	0.20	0.20	0.15	0	0.15	0
	鋼繊維種類	C-G-S	C-G-S	C-G-S	C-G-S	G-S	C-G-S	G-S
SS-812310:2014(SE)	50年	0.50	0.50	0.40	0.30	0.20	0.30	0.20
	鋼繊維種類	—	—	—	—	—	—	—
NB-Publication no.7. Sprayed concrete for rock support:2014(NO)	50年	C-G-S	C-G-S	C-G-S	G-S[3]	G-S[3]	G-S[3]	G-S[3]
	鋼繊維種類	—	—	—	—	—	—	—

注：1)XC，XS，XD は BS EN 206 に定めた環境条件の略字であり，詳細は以下の**参 表 1-9.2** に示す．

　　2)C-G-S は鋼繊維種類の略字．C：炭素鋼繊維，G：炭素鋼亜鉛メッキ鋼繊維，S：ステンレス鋼繊維

　　3)炭素鋼亜鉛メッキ鋼繊維は，水素発生反応を抑制する製品を指す．

参 表 1-9.2 BS EN 206-1 に定められた鋼繊維補強コンクリートの環境暴露条件[7]

腐食等級		環境条件	環境条件参考例
中性化環境	XC1	乾燥又は常時湿潤	湿度の低い建物内のコンクリート 常時水中にあるコンクリート
	XC2	湿潤，まれに乾燥	長期間に水と接触するコンクリート表面 多くの構造物基礎
	XC3	適当な湿度	中・高湿度の建物内コンクリート 雨にさらされない屋外コンクリート
	XC4	乾湿繰り返し	等級 XC2 の含まれない水と接触するコンクリート表面
海水環境以外の塩化物イオン腐食	XD1	適当な湿度	気中に含まれる塩化物イオンにさらされるコンクリート表面
	XD2	湿潤，まれに乾燥	水泳プール 塩化物イオンを含む工業用水にさらされるコンクリート
	XD3	乾湿繰り返し	塩化物イオンを含む飛沫にさらされる橋梁部. 舗装. 駐車場の床板
海水環境塩化物イオン腐食	XS1	海水と接しないが，気中の塩分にさらされる	海岸付近または海岸にある構造物
	XS2	海水に常時浸漬	海洋コンクリート構造物の一部
	XS3	潮せき，飛沫帯	海洋コンクリート構造物の一部
凍結融解環境	XF1	適度な飽和水量、除氷剤無し	雨や凍結にさらされる鉛直面コンクリート
	XF2	適度な飽和水量、除氷剤有り	凍結および気中の除氷剤にさらされる道路構造物コンクリートの鉛直な表面
	XF3	除氷剤無しでの高水分飽和状態	雨や凍結にさらされるコンクリート水平面
	XF4	除氷剤または海水による高水分飽和状態	除氷剤にさらされる道路や橋梁のデッキ。 除氷剤等の直接噴霧にさらされるコンクリート表面 凍結にさらされる海洋コンクリート構造物の飛沫部

注：1) XF は凍結融解環境を指す.

参 表 1-9-3 塩化物イオンにさらされる鋼繊維補強コンクリートの耐久性を検証した既往研究例[6]

筆頭著者	水結合材比 W/B (%)	結合材 B (kg/m³)	鋼繊維 種類	鋼繊維 混入量(kg/m³)	暴露環境条件と期間 等級	暴露環境条件と期間 環境	暴露環境条件と期間 期間(月)	ひび割れ幅(mm) 試験前	ひび割れ幅(mm) 限界値	発表年
Hannant	49	393	低炭素	94	XS3	屋外	11	ひび割れ無し	0.10-0.30	1975
Bastson	59	386	低炭素	62	XS3	室内	2	0.10-0.20	0.10-0.20	1977
Morse	50	446	低炭素	119	XS3	室内	2	ひび割れ無し	0.25	1977
Mangat	40	590	低炭素/亜鉛メッキ/ステンレス	130	XS3	室内	20	ひび割れ無し	0.10-0.25	1987
Kosa	42	530	低炭素	153	XS3	室内	9	ひび割れ無し	0	1990
Weydert	40	350	低炭素/亜鉛メッキ	30	XS3	室内	14	0.10-0.40	0-0.10	1998
Hansen	38	305	低炭素	30	XS3	室内	7	0.10-0.20	0.20	1999
Balouch	36	250	低炭素	40	XS3	室内	3	ひび割れ無し	0.10	1999
Nemegeer	45	350	低炭素/亜鉛メッキ	78	XS3	室内	18	0.20-0.50	0.50	2000
Mantegazza	55	320	低炭素	39	XS3	室内	2	0.20	0.20	2004
Bernard	42	420	低炭素	50	XS2	屋外	24	0.10-1.00	0.10	2004
Nordstrom	30	510	低/中炭素	65	XD3	屋外	60	ひび割れ無し	0.10-0.20	2005
Rogue	37	362	低炭素	71	XS2	室内	27	ひび割れ無し	0.10-0.20	2009
Buratti	50	350	低炭素	25	XS3	室内	8	0.50	0.50	2011
Abbas	29	647	低炭素	60	XS3	室内	16	ひび割れ無し	0.20	2014
Bernard	29	586	低炭素	40	XS1	屋外	37	0.10-0.30	0-0.10	2015

4. おわりに

本資料で紹介したように，環境作用によりひび割れ面に架橋する鋼繊維が腐食劣化し，VFC の性能が低下する懸念がある．海外では，各環境作用についてひび割れ幅の制限値を設けている場合もある．このように高腐食環境下にてひび割れを許容するような場合，海外事例のように繊維の腐食劣化に注意を払うことで，より良い VFC 構造物の建設につなげることができる．

参考文献

1) 土木学会：鋼繊維補強コンクリート設計施工指針（案），コンクリートライブラリー50，1983

2) 田中敏嗣，新藤竹文，横田弘，下村匠：超高強度繊維補強コンクリート中における鋼繊維の腐食に関する実験的検討，コンクリート工学年次論文集，Vol.26，No.1，pp.267-272，2004

3) 兵頭彦次，新藤竹文，横田弘，下村匠：乾湿繰返し促進腐食試験による超高強度繊維補強コンクリートの耐久性能評価，土木学会第60回年次学術講演会，5-318，pp.635-636，2005

4) 後藤隼一郎，横田弘，橋本勝文，河野克哉：ひび割れた超高強度繊維補強コンクリートはりの海洋環境暴露試験，コンクリート工学年次論文集，Vol.37，No.1，pp.301-306，2015

5) 渡邊有寿，柳井修司，宮口克一，藤原浩巳：超高強度繊維補強コンクリートの海洋環境暴露後の疲労特性に関する実験的検討，コンクリート工学年次論文集，Vol.39，No.1，pp.217-222，2017

6) M.M.Victor, M.Alexander, S.Anders, F. Gregor, E. Carola, L.S.Torben: Corrosion resistance of steel fiber reinforced concrete – A literature review, Cement and Concrete Research, 103, pp.1-20, 2018

7) BS EN 206-1: 2000, Concrete - Part 1: Specification, performance, production and conformity

参考資料 1-10　合成繊維の変質・劣化

指針（案）7.2.5項　参考資料

1.　はじめに

　VFC は，セメント系材料および骨材（マトリクス）と繊維からなる複合材料である．繊維はマトリクス中に分散し，補強効果を果たしているため，外的環境作用に直接さらされていない状態になっているものの，合成繊維の場合，高アルカリ性による変質・劣化の可能性が考えられる．

　合成繊維の供用期間にわたる変質・劣化に関する国内外の既往研究について VFC の強度範囲に限った研究は少ないが，以下 VFC でも同様の結果になると考えられる事例について紹介する．

2.　水中と気中に暴露された合成繊維補強コンクリートの曲げ性能の経時変化評価

2.1　実験概要

　保倉ら[1]は水中と気中に暴露された合成繊維補強コンクリートの曲げ性能の経時変化を検討している．アラミド繊維を用いた繊維補強コンクリートを対象として，28 日間の初期養生後に 40℃，60℃および 80℃の高温環境下において，1 か月間〜9 か月間の気中暴露と，1 か月間〜36 か月間の水中暴露を行い曲げ強度の変化を調べている．

　使用材料およびコンクリートの配合を**参 表　1-10.1** および**参 表　1-10.2** に示す．繊維は，繊維径が 500 μm，繊維長が 30mm の集束タイプのアラミド繊維と，繊維径が 12 μm，繊維長が 6mm の非集束タイプのアラミド繊維を使用している．

参 表　1-10.1　使用材料 [1]

材料	種類	特性
セメント	普通ポルトランドセメント	密度:3.16g/cm³，比表面積:3340cm²/g
細骨材	陸砂	表乾密度:2.58g/cm³，吸水率:2.49%，粗粒率:2.79
粗骨材	砕石	表乾密度:2.57g/cm³，吸水率:2.10%，最大寸法:25mm，粗粒率:6.67
短繊維	アラミド	
混和剤	AE 減水剤(Ad)	リグニンスルホン酸塩，オキシカルボン酸塩
	高機能型 AE 減水剤(SP)	リグニンスルホン酸塩，オキシカルボン酸塩，ポリカルボン酸系化合物
	消泡剤(AE)	ポリアルキレングリコール誘導体

参 表　1-10.2　コンクリートの配合 [1]

No.	W/C (%)	s/a (%)	単位量(kg/m³) W	C	S	G	短繊維	Ad	SP	AE	スランプ (cm)	空気量 (%)	圧縮強度 (N/mm²)
1	55	51	185	336	860	823	14	0.000	3.364	0.013	10.5	0.9	36.1
2		51	185	336	860	823	14	0.000	3.364	0.013	0.5	4.7	35.7
3		46	175	318	806	943	0	1.591	0.000	0.000	13.0	1.7	34.9

W/C：水セメント比，s/a：細骨材率，W：水，C：セメント，S：細骨材，G：粗骨材

Ad：AE 減水剤，SP：高機能型 AE 減水剤，AE：消泡剤

2.2 実験結果

暴露期間と曲げ強度の関係の一例を**参 図 1-10.1**に示す．水中では暴露温度が高いほど経時的な力学性能の低下がみられるが，気中では暴露温度に関わらず力学性能が保持されており，曲げ強度に対して水と高温の複合作用による影響を受けることが示されている．

また，水中環境での長期間における耐久性について，各温度において所定の保持率となる暴露期間を求めた後に，アレニウス則を用いて20℃の水中環境における変化が予測されている．アレニウス則を用いて20℃の水中環境における変化予測の結果の一例を**参 図 1-10.2**に示す．

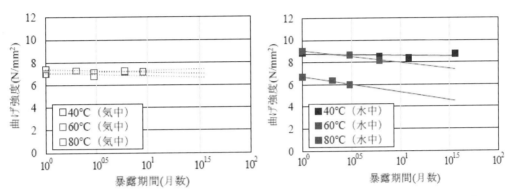

参 図 1-10.1　暴露期間と曲げ強度の関係（集束タイプ）（左：気中暴露，右：水中暴露）[1]

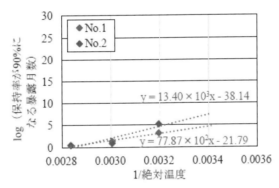

（No.1：樹脂で集束されたアラミド短繊維，No.2：非集束アラミド短繊維）
参 図 1-10.2　曲げ強度の保持率が90%になる暴露月数と絶対温度の逆数の関係[1]

3. 合成繊維を用いた UHPFRC の高温環境下における力学特性
3.1 実験概要

渡邊ら[2]はポリプロピレン繊維とアラミド繊維を用いたUHPFRCの曲げ特性に対する高温暴露と試験時の雰囲気温度の影響について検討している．105℃環境下で0～5年間存置した後に20℃あるいは70℃で曲げ試験を行っている．使用材料およびコンクリート配合を**参 表 1-10.3**に示す．結合材はシリカフュームを混入したプレミックス結合材を使用している．繊維は，繊維径が400μm，繊維長が20mmのポリプロピレン繊維と，繊維径が400μm，繊維長が30mmの収束タイプのアラミド繊維を使用している．

参 表 1-10. 3　コンクリートの配合[2]

W/B (%)	Air (%)	単位量 (kg/m³)					繊維 (kg/m³) ①PP／②AF
		W 水	B 結合材	S 細骨材	SP 減水剤	DA 消泡剤	
14.9	3.0	195	1,309	914	28.8	0.65	①31.9 (3.5vol.%)
							②27.8 (2.0vol.%)

W：高性能減水剤の水分を含む　　　　　　　①ポリプロピレン繊維
B：シリカフュームセメント，密度3.08g/cm³　　φ0.4mm, L20mm, 密度0.91g/cm³
S：山砂，表乾密度2.62g/cm³　　　　　　　　②アラミド繊維（収束タイプ）
SP：高性能減水剤，ポリカルボン酸系　　　　φ0.4mm, L30mm, 密度1.39g/cm³

参 表 1-10. 4　暴露条件[2]

暴露期間	暴露温度 (℃)	試験時温度 (℃)	
		PP	AF
0 日		20	20
1 週間(1W)		―	20
1 ヶ月(1M)	105	20, 70*	20, 70*
1 年(1Y)		20	―
2 年(2Y)		20	―
5 年(5Y)		20	20

＊：シートヒータによる加温・温度保持

3.2 実験結果

　105℃で1か月存置した後に20℃あるいは70℃で曲げ試験を行った際の結果を**参 図 1-10.4**（左側）に示す．ポリプロピレン繊維では試験時温度が70℃の場合，試験時温度が20℃の場合と比較して，曲げ強度，タフネスともに低下している．一方，アラミド繊維では試験時温度による差は見られない．繊維の種類と供用時の温度に影響を受けることが分かる．

　105℃で異なる期間存置した後に供試体温度を20℃まで冷ましてから曲げ試験を行った際の結果を**参 図 1-10.4**（右側）に示す．ポリプロピレン繊維では強度を維持するものの残置期間が長いほどタフネスが低下している．一方，アラミド繊維では力学特性に明確な変化は確認されていない．

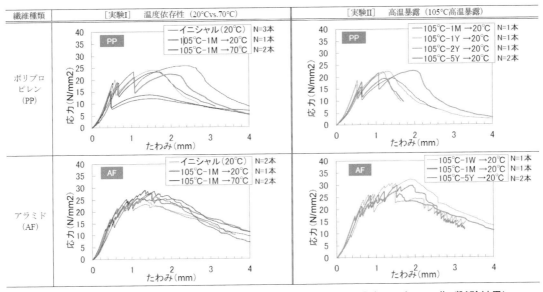

(左：20℃または70℃環境下での曲げ試験結果，右：105℃長期暴露後の20℃での曲げ試験結果)

参 図 1-10.4　105℃環境下に暴露された繊維補強UHPFRCの曲げ試験[2]

4. おわりに

既往の研究では，曲げ強度に対して水と高温の複合作用が影響を与えることが示されている．また，繊維の種類によって劣化の度合いは異なることが示されている．

1) 保倉篤，宮里心一，岡村脩平，吉本大士，倉本裕史：異なる温度の水中と気中に暴露されたアラミド短繊維補強コンクリートの曲げ性能の経時変化，土木学会論文集，vol.76，No.4，374-385，2020
2) 渡邊有寿，一宮利通，柳井修司：合成繊維を用いたUHPFRCの高温環境下における力学特性，土木学会全国大会第77回年次学術講演会，V227，2022

参考資料 1-11　棒部材の設計せん断耐力

指針（案）8.2.5.1　参考資料

1. はじめに

　VFC では，ひび割れ面を架橋する繊維が引張力を伝達できることから，部材のせん断耐力は通常の RC 部材に比べて向上することが期待される．一方，VFC のマトリクスの種類，繊維の種類ならびに混入率によってその繊維補強効果には差が生じること，せん断補強用鋼材の使用の可否などから，その設計手法は VFC の種類で異なるものが提案されている．

　棒部材のせん断耐力における繊維の貢献分を考慮する方法には，①せん断耐力にその繊維分担分 V_f を加算する方法，②せん断耐力増加係数κによりせん断耐力のコンクリート分担分 V_c に繊維補強の効果を内包する方法の 2 種類があり，2004 年刊行の UFC 指針[1]以降においては，V_fを考慮する方法が主流となってきている．本項では，これらの繊維のせん断耐力貢献分を設計に取り込む方法をそれぞれ示すとともに，それぞれの方法を設計に適用する際に留意すべきと考えられる事柄についても併せて記述する．

2. 指針における設計せん断耐力

2.1　せん断耐力に繊維のせん断耐力分担分 V_f を加算する方法

　繊維補強された棒部材の斜め引張破壊に対する耐力は，参 図 1-11.1 に示すように，繊維が斜めひび割れ面を架橋することによって発生する引張応力分担を考慮し，せん断耐力にその繊維のせん断耐力分担分 V_f を加算することで算出できると考えられる．UFC ならびに HPFRCC 部材に関しては，それぞれ UFC 指針[1]ならびに HPFRCC 指針[2]において式(参 1-11.1)により繊維のせん断耐力分担分 V_f が規定されている．

$$V_{fd} = \frac{f_{vd}}{\tan\beta_u} \cdot b_w \cdot z / \gamma_b \tag{参 1-11.1}$$

ここに，

　　f_{vd}　：斜めひび割れ直角方向の設計平均引張強度（UFC 指針）あるいは設計引張降伏強度（HPFRCC 指針）

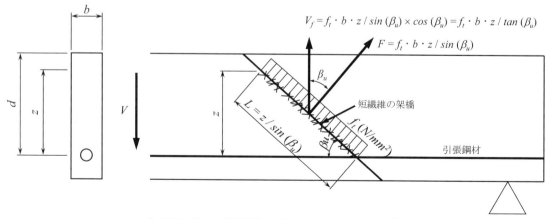

参 図 1-11.1　繊維が負担するせん断力 V_f の概念[1]

β_u ： 部材軸と斜めひび割れのなす角度（ただし UFC の場合は 30°以上，HPFRCC の

場合は 45°）

b_w ： ウェブ幅

z ： 断面の圧縮合力作用位置から引張鋼材図心までの距離（アーム長）で，一般に $d/1.15$

γ_b ： 一般に 1.3

なお，UFC 指針[1]における斜めひび割れ直角方向の設計平均引張強度は以下の式(参 1-11.2)で与えられる．

$$f_{vd} = \frac{1}{w_{lim}} \int_0^{w_{lim}} \frac{\sigma_k(w)}{\gamma_c} \cdot dw = \frac{1}{w_{lim}} \int_0^{w_{lim}} \sigma_d(w) \cdot dw = f_{td} \qquad (参 \ 1\text{-}11.2)$$

ここに，

w_{lim} ： 一般に 0.3mm

$\sigma_k(w)$ ： UFC の引張軟化曲線における設計引張応力度

γ_c ： 材料係数で一般に 1.3

β_u ： 部材軸と斜めひび割れのなす角度（ただし 30°以上）

であり，以下の式(参 1-11.3)で与えられる．

$$\beta_u = \frac{1}{2} \cdot \tan^{-1} \left(\frac{2 \cdot \tau}{\sigma'_{xu} - \sigma'_{yu}} \right) - \beta_0 \qquad (参 \ 1\text{-}11.3)$$

ここに，

τ ： 設計断面力による平均せん断応力度

$\sigma'_{xu}, \ \sigma'_{yu}$ ：それぞれ軸方向および軸直角方向の平均圧縮応力度

β_0 ： 軸力を受けない場合の斜めひび割れが部材軸から 45°傾いた直線となす角度

　UFC 指針[1]および HPFRCC 指針[2]では，以上のように算出された繊維のせん断耐力分担分 V_f を，繊維を除くマトリクスが受け持つせん断力 V_{cd}，軸方向緊張材の有効緊張力の鉛直成分 V_{ped}，せん断補強鋼材が受け持つせん断力 V_{sd} 等に加算することで，斜め引張破壊に対する耐力を算出してよいこととされている．ただし，UFC 指針ではせん断補強鋼材を使用しない前提となっていることからせん断補強鋼材が受け持つせん断力 V_{sd} は考慮されておらず，またマトリクスが受け持つせん断力 V_{cd} においても HPFRCC 指針の算出方法とは異なっている．UFC の繊維を除いたマトリクスが受け持つせん断力 V_{rpcd} は以下の式(参 1-11.4)で与えられる．

$$V_{rpcd} = 0.18 \cdot \sqrt{f'_{cd}} \cdot b_w \cdot d / \gamma_b \qquad (参 \ 1\text{-}11.4)$$

ここに，

f'_{cd} ： UFC の設計圧縮強度

b_w ： ウェブ幅

d ： 有効高さ

γ_b ： 一般に 1.3

式(参 1-11.4)は，UFC はりに関する既往の実験結果をもとに，UFC の V_{rpcd} に与える圧縮強度の影響が通常の RC 部材の V_c における圧縮強度の影響より大きいと推察されることを考慮して規定されたものである．一方，HPFRCC の繊維を除いたマトリクスが受け持つせん断力 V_{cd} は以下の式(参 1-11.5)で与えられる．

$$V_{cd} = \beta_d \cdot \beta_p \cdot \beta_n \cdot f_{vcd} \cdot b_w \cdot d / \gamma_b \qquad (参 \ 1\text{-}11.5)$$

$$f_{vcd} = 0.7 \cdot 0.2 \cdot \sqrt[3]{f'_{cd}} \quad (\text{N/mm}^2) \qquad ただし，f_{vcd} \leqq 0.50 \text{N/mm}^2 \qquad (参 \ 1\text{-}11.6)$$

ここに，

$$\beta_d = \sqrt[4]{1/d} \quad (d:\mathrm{m}) \qquad\qquad \text{ただし，} \beta_d > 1.5 \text{ となる場合は 1.5 とする.}$$

$$\beta_p = \sqrt[3]{100 \cdot p_w} \qquad\qquad\qquad \text{ただし，} \beta_p > 1.5 \text{ となる場合は 1.5 とする.}$$

$$\beta_n = 1 + M_0/M_d \quad (N'_d \geqq 0 \text{ の場合}) \qquad \text{ただし，} \beta_n > 2 \text{ となる場合は 2 とする.}$$

$$\beta_n = 1 + 2 \cdot M_0/M_d \quad (N'_d < 0 \text{ の場合}) \qquad \text{ただし，} \beta_n > 0 \text{ となる場合は 0 とする.}$$

式(参 1-11.5)は通常のコンクリートと同様にコンクリート標準示方書[3]に規定される V_c の式となっているが，HPFRCC には粗骨材が使用されないため，斜めひび割れ面のかみ合わせの効果が小さくなる可能性を考慮し，マトリクスが負担するせん断応力度は式(参 1-11.6)のようにプレーンコンクリートの70%とされている.

軸方向緊張材の有効緊張力の鉛直方向分力 V_{ped} に関しては，繊維の有無が影響するものではないため，コンクリート標準示方書［設計編］[3]に準拠して求めることとされている. これは UFC 指針[1]と HPFRCC 指針[2]で同様であり，式(参 1-11.7)で与えられる.

$$V_{ped} = P_{ed} \cdot \sin \alpha_p / \gamma_b \tag{参 1-11.7}$$

ここに，

P_{ed} ：軸方向緊張材の有効引張力

α_p ：軸方向緊張材が部材軸となす角度

γ_b ：一般に 1.1

また，HPFRCC 指針[2]ではせん断補強鋼材が分担するせん断力 V_{sd} が規定されており，式(参 1-11.8)で与えられる.

$$V_{sd} = \left[A_w \cdot f_{wyd} \cdot (\sin \alpha_s + \cos \alpha_s)/s_s \right] \cdot z / \gamma_b \tag{参 1-11.8}$$

ここに，

A_w ：区間 s_s におけるせん断補強鉄筋の総断面積

f_{wyd} ：せん断補強鉄筋の設計降伏強度 （ただし 400N/mm² 以下）

α_s ：せん断補強鉄筋が部材軸となす角度

s_s ：せん断補強鉄筋の配置間隔

z ：圧縮合力の作用位置から引張鋼材図心までの距離 （アーム長）で一般に $d/1.15$

γ_b ：一般に 1.1

繊維のせん断耐力分担分 V_f に関しては，以下のことに留意する必要がある. HPFRCC 指針[2]において，繊維が受け持つせん断耐力分担分については，部材軸と斜めひび割れのなす角度 β_u が 45°と規定されているため，式(参 1-11.1)により直接算出することができる. 一方，UFC 指針[1]においては β_u が 30°以上と規定されているため，繊維が受け持つせん断耐力分担分 V_f の算出において，式(参 1-11.3)のように β_u の決定が必要となる. これは，軸方向プレストレスが導入されることで UFC はり部材の斜めひび割れ角度が 45°より緩くなり耐力が増加するという既往の実験結果にもとづいて UFC 指針に規定されたものである. また，軸圧縮力のない場合にも斜めひび割れ角度が 45°より緩くなる傾向にあることから，この角度変化分を β_0 とし，断面に作用する平均せん断応力と平均圧縮応力の組合せ下での最小主応力の傾斜角から β_0 を減じることで，斜めひび割れ角度 β_u を算出することとされている.

2.2 せん断耐力増加係数 κ を考慮しせん断耐力コンクリート分担分 V_c を割り増しする方法

粗骨材を有する繊維補強コンクリートの場合，部材のせん断耐力はコンクリート分担分 V_c，せん断補強筋の分担分 V_s ならびにプレストレスの鉛直成分 V_{pe} の和で表されるものと考えられるが，コンクリートの分担分 V_c に繊維による補強効果を含める場合，繊維によるせん断耐力の増加を考慮する係数 κ を用いて V_c に $(1+\kappa)$ を乗じることで，繊維によるせん断耐力の増加を考慮できると考えられる. この方法は RSF 柱指針[4]で初めて導入されており，

そこでは係数κは鋼繊維混入率が1.0〜1.5vol.%の場合に1.0とされているため，その場合にはRSF柱部材のV_cはプレーンコンクリートの場合の2倍となる．なお，繊維によるせん断耐力の増加を考慮する係数κは，本指針における配向係数κ_fとは異なる．

本方法に関して，せん断補強鉄筋と鋼繊維を併用したVFCはり部材の場合には，RSF柱指針[4]にしたがって求めたせん断耐力の計算値がせん断耐力を安全側に評価することが確認されている[5]．以下にその概要を示す．

参 図 1-11.2に作製されたVFCはりの概要を示す．使用された繊維は，両端がフック加工された繊維長30mmならびに直径0.6mmの鋼繊維であり，繊維混入率は0.3，0.5，0.75，1.0 vol.%の4水準である．せん断補強鉄筋比(r_w)は0.12，0.18，0.24，0.30 vol.%の4水準とされ，計9体のVFCはり試験体が作製された．試験体はいずれもせん断スパン(a)が700mm，有効高さ(d)が250mmならびに幅(b)が150mmの矩形断面はりであり，せん断スパン有効高さ比(a/d)は2.8とされた．

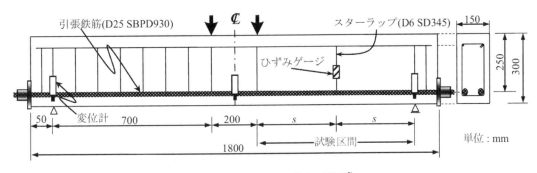

参 図 1-11.2 VFCはりの概要[5]

試験体のせん断耐力の算定値(V_{cal})は，RSF柱指針[4]にしたがって算出された．以下にそれらの式を示す．

$$V_{cal} = (1 + \kappa)V_c + V_s \qquad (参 \ 1\text{-}11.9)$$

$$V_c = f_{vcd} \cdot \sqrt[4]{1000/d} \cdot \sqrt[3]{100\, p_w} \cdot b_w \cdot d \qquad (参 \ 1\text{-}11.10)$$

$$f_{vcd} = 0.2 \cdot \sqrt[3]{f_c'} \leq 0.67 \qquad (参 \ 1\text{-}11.11)$$

$$V_s = A_w \cdot f_{wy} \cdot (z/s) \qquad (参 \ 1\text{-}11.12)$$

ここに，

- κ : 鋼繊維によるせん断強度の増加を考慮する係数 (=1.0)
- f_c' : コンクリートの圧縮強度(N/mm²)
- d : 有効高さ(mm)
- p_w : 引張鉄筋比
- b_w : 断面幅(mm)
- A_w : 1組のせん断補強鉄筋の断面積(mm²)
- f_{wy} : せん断補強鉄筋の降伏強度(N/mm²)
- $z = (7/8)d$
- s : せん断補強鉄筋の配置間隔(mm)

また，鋼繊維によるせん断補強効果を検討するため，せん断耐力の増加を考慮する係数κの実験値が試算されている．その算出には，以下の式(参 1-11.13)が用いられた．

$$\kappa_{exp} = \frac{V_{exp} - V_c - V_s}{V_c} \qquad (参 1\text{-}11.13)$$

参 図 1-11.3 にκの実験値と鋼繊維混入率の関係を示している．なお，図中にはせん断補強筋を用いていない既往の研究成果も併せて示されている．せん断補強鉄筋が無い場合には係数κの値が 1.0 を下回る場合があるため，RSF 柱指針[4]に従う際にはせん断補強鉄筋を使用することが前提となることがわかる．また，鋼繊維の混入率が 0.3～1.0vol.%と，RSF 柱指針の適用範囲外あるいは下限値の繊維混入率となる場合であっても，せん断強度の増加を考慮する係数κの値は 1.0 を十分に上回る結果となっている．

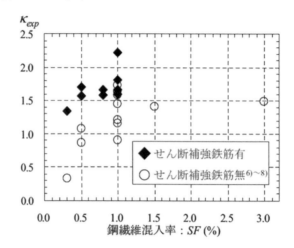

参 図 1-11.3　せん断強度増加係数の実験値と繊維混入率およびせん断補強鉄筋の有無の関係[5]

すなわち，指針に規定されている鋼繊維混入率を下回る場合であっても，せん断補強鉄筋を配置することで，鋼繊維による補強効果を十分に期待できることが示されている．

3. 繊維が受け持つせん断力に関する研究

RSF 柱指針[4]では，前述のようにせん断耐力増加係数κを考慮しせん断耐力コンクリート分担分V_cを割り増しする方法が規定されている．一方で近年，VFC 部材に関する種々の曲げせん断載荷実験が実施されており，国内外の研究データをもとに VFC 部材の繊維が受け持つせん断力V_fの実験式が提案され，それによりせん断耐力を精度よく推定できることが確認されている．以下にその概要を示す．

Jongvivatsakul らは，鋼繊維，合成繊維を含む様々な繊維を用いた VFC はり部材の曲げせん断載荷実験を行い，VFC はりのせん断耐力算定式を提案している[6]．その際，VFC はりの繊維が受け持つせん断耐力貢献分は，主たる斜めひび割れの長さ，角度，ならびに開口幅に依存して変化することに着目し，画像解析を用いて載荷試験中に観察された斜めひび割れの開口幅，ならびにすべり変位を斜めひび割れの全長にわたって測定している．これにより，引張軟化曲線を用いて斜めひび割れの主ひずみ方向の変位uの分布を架橋応力分布に変換し（参 図 1-11.4），その応力に斜めひび割れ面積（斜めひび割れ長さ×部材幅）を乗じた値の鉛直成分を部材高さ方向に積分することで，式(参 1-11.14)のように繊維の分担するせん断耐力V_fとして評価している．

$$V_f = \sigma \cdot b_w \cdot L \cdot \cos(\beta + \theta - 90) \cdot \sin\beta \qquad (参 1\text{-}11.14)$$

ここに，

V_f ：斜めひび割れ面の繊維が受け持つ分担せん断力（N）

σ ：斜めひび割れの平均引張応力（N/mm²）

b_w ：部材幅（mm）

L : 斜めひび割れの長さ (mm)
β : 主引張ひずみの平均角度 (°)
θ : 斜めひび割れの平均角度 (°)

また，式(参 1-11.14)に示した平均引張応力 σ，斜めひび割れ長さ L，主引張ひずみの平均角度 β，斜めひび割れの平均角度 θ に対する破壊エネルギー G_F，せん断補強鉄筋比 r_w および有効高さ d の影響を実験および既往の実験データをもとに検討し（参 図 1-11.5〜参 図 1-11.8），その影響を考慮した式(参 1-11.15)〜(参 1-11.18)に示すせん断耐力算定式を提案している．提案された算定式に対しては国内外の研究データ（はり試験体：43 体）を対象に算定精度の検証がなされ，RSF 指針よりも精度よくせん断耐力を推定できることが確認されている（参 図 1-11.9）[7]．

$$V_f = 0.89 \sigma \cdot b_w \cdot L \cdot \cos(\theta - 27) \qquad \text{(参 1-11.15)}$$
$$\sigma = G_F^{0.8}(8.2 + 3.1 r_w) \cdot d^{-0.58} \qquad \text{(参 1-11.16)}$$
$$L = G_F^{-0.25}(1.0 - 0.9 r_w) \cdot d^{1.2} \qquad \text{(参 1-11.17)}$$
$$\theta = G_F^{0.35}(6.6 + 1.95 r_w) \cdot d^{0.2} \qquad \text{(参 1-11.18)}$$

ただし，このせん断耐力算定式の適用範囲は以下の通りである．

1.5N/mm ≤ G_F ≤ 8.8N/mm, 0.0% ≤ r_w ≤ 0.3%, 187.5mm ≤ d ≤ 400mm, 24.7MPa ≤ f_c' ≤ 85.5MPa.

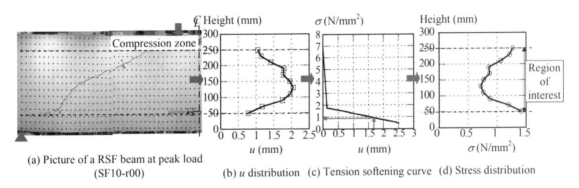

参 図 1-11.4 VFC はりに生じた斜めひび割れ変位分布の架橋応力分布への変換[6]

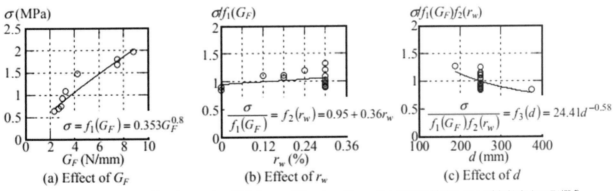

参 図 1-11.5 斜めひび割れ部の平均引張応力への破壊エネルギー，せん断補強鉄筋比および有効高さの影響[6]

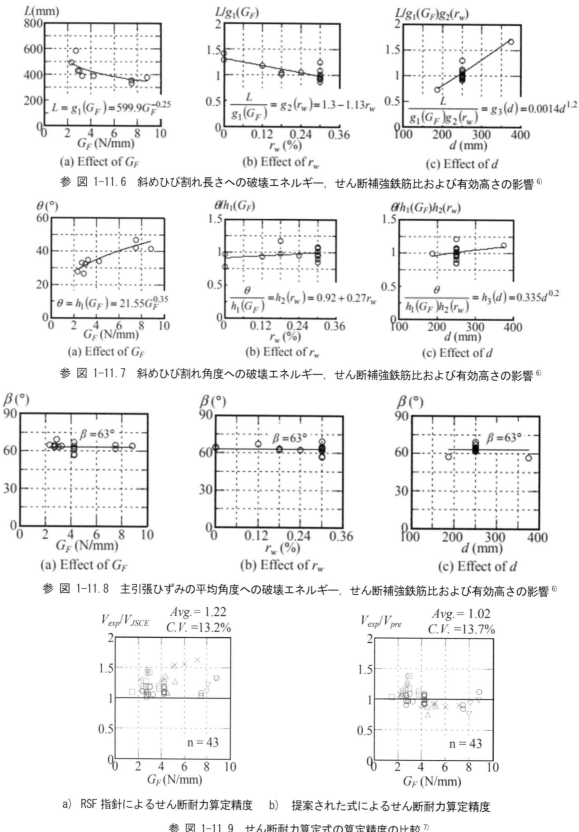

参 図 1-11.6 斜めひび割れ長さへの破壊エネルギー，せん断補強鉄筋比および有効高さの影響 [6]

参 図 1-11.7 斜めひび割れ角度への破壊エネルギー，せん断補強鉄筋比および有効高さの影響 [6]

参 図 1-11.8 主引張ひずみの平均角度への破壊エネルギー，せん断補強鉄筋比および有効高さの影響 [6]

a) RSF指針によるせん断耐力算定精度   b) 提案された式によるせん断耐力算定精度

参 図 1-11.9 せん断耐力算定式の算定精度の比較 [7]

4. おわりに

上述のように，ひび割れ面を架橋する繊維が引張力を伝達できる場合，UFC 部材，HPFRCC 部材および RSF 柱部材に対して繊維のせん断耐力貢献分を考慮することが各種指針 [1),2),4)] で規定されている．RSF 柱指針 [4)] では，適用範囲を鋼繊維混入率 1.0vol.%以上としているが，適用範囲外となる 1.0vol.%未満の鋼繊維混入率であっても繊維が十分なせん断補強効果を発揮する場合があり，その設計に際してせん断強度増加係数 κ を用いて繊維のせん断耐力貢献分を考慮すると，不経済な設計となり得ると考えられる．このため，UFC 指針や Jongvivatsakul らが提案した実験式 [6)] のように，使用する VFC のマトリクスの種類や繊維の違いによって異なる引張特性を考慮し，斜めひび割れにおいて引張力を伝達する繊維の平均引張応力を適切に定め，繊維が受け持つせん断力 V_f を算定するのがよいと考えられる．

参考文献

1) 土木学会：超高強度繊維補強コンクリートの設計・施工指針（案），コンクリートライブラリー113，2004.9

2) 土木学会：複数微細ひび割れ型繊維補強セメント複合材料設計・施工指針（案），コンクリートライブラリー127，2007.3

3) 土木学会：2012 年制定　コンクリート標準示方書　設計編，2013.3

4) 土木学会：鋼繊維補強鉄筋コンクリート柱部材の設計指針（案），コンクリートライブラリー97，1999.7

5) 渡辺健，木村利秀，児玉 亘，喜多 俊介，大寺 一清，二羽 淳一郎：鋼繊維とせん断補強鉄筋の併用による RC 棒部材のせん断補強効果，土木学会論文集 E，Vol.65，No.3，pp.322-331，2009. 7

6) Pitcha JONGVIVATSAKUL, Ken WATANABE, Koji MATSUMOTO, Junichiro NIWA : EVALUATION OF SHEAR CARRIED BY STEEL FIBERS OF REINFORCED CONCRETE BEAMS USING TENSION SOFTENING CURVES, Journal of Japan Society of Civil Engineers, Ser. E2 (Materials and Concrete Structures), Vol. 67, No.4, pp. 493-507, 2011

7) Pitcha JONGVIVATSAKUL, Koji MATSUMOTO, Junichiro NIWA: SHEAR CAPACITY OF FIBER REINFORCED CONCRETE BEAMS WITH VARIOUS TYPES AND COMBINATIONS OF FIBERS, Journal of JSCE, Vol. 1, No.1, pp. 228-241, 2013

参考資料 1-12　VFC 部材の疲労破壊

指針（案）8.3 節　参考資料

1. はじめに

VFC を用いた部材では，繊維の補強効果により断面破壊に対する耐荷力が向上するだけでなく，疲労破壊に対する耐荷力も向上すると考えられる．ここでは，VFC 部材の疲労破壊に対する実験例について紹介する．

2. 定点疲労実験

水口ら[1]は，PVA 繊維(3vol.%)を使用した VFC の無筋はりを用いて疲労実験を実施している．実験は参 図 1-12.1 に示されるはり供試体の曲げ載荷で実施されている．参 図 1-12.2 に示される疲労寿命式を示したうえで，土木学会に規定される通常のコンクリート部材の疲労特性に関する評価式と比較し，通常のコンクリートより優れた耐疲労性を示している．

ダックスビーム技術資料[2]には，鋼繊維(1vol.%)を使用した VFC の圧縮疲労に着目した実験が示されている．実験は参 図 1-12.3 に示す P-VFC はり供試体へ曲げ疲労載荷であり，圧縮強度 154N/mm^2 に対して最大応力度 90N/mm^2，変動応力度 45N/mm^2 の曲げ圧縮応力度が 200 万回載荷されている．実験の結果，参 図 1-12.4 のとおり圧縮ひずみの増加はあったものの，200 万回載荷によって疲労破壊しないことが確認されている．さらに，疲労実験後の試験体を用いて静的載荷実験を実施ししたところ，曲げ破壊荷重の計算値以上の耐力を確保できたとしている．

原ら[3]は，PVA 繊維(1.7vol.%)を使用した VFC を高強度鉄筋で補強した R-VFC はりを用いて疲労実験を実施している．供試体は，参 図 1-12.5 に示すプレキャストの接合部を模擬したケースと接合部のない 2 体であり，接合部の鉄筋は重ね継手で接合されている．実験の結果，参 図 1-12.6 のとおり接合部の有無の違いによりたわみなどに若干の差が生じたものの，200 万回の載荷においてたわみの急激な増加や補強筋の塑性は確認されなかったとしている．

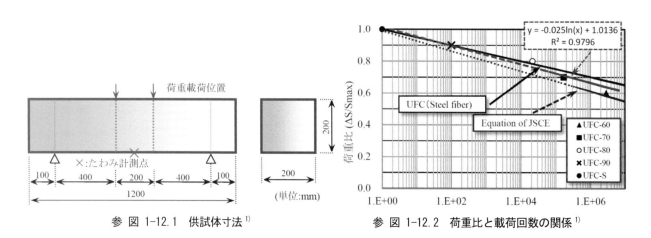

参 図 1-12.1　供試体寸法[1]

参 図 1-12.2　荷重比と載荷回数の関係[1]

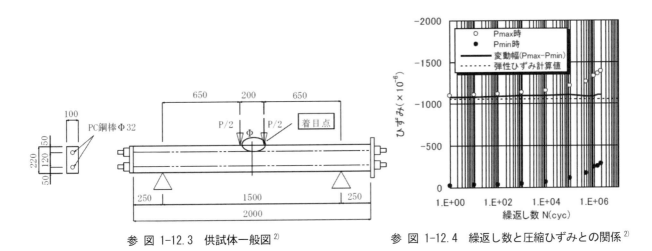

参 図 1-12.3　供試体一般図[2)]　　　　　　　参 図 1-12.4　繰返し数と圧縮ひずみとの関係[2)]

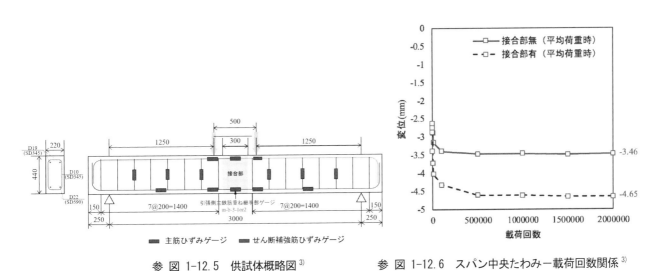

参 図 1-12.5　供試体概略図[3)]　　　　　　　参 図 1-12.6　スパン中央たわみ－載荷回数関係[3)]

3. 床版の輪荷重走行実験

　道路橋床版は輪荷重が移動載荷されるため通常の部材の疲労破壊とは破壊過程が異なる．輪荷重の移動載荷の影響を考慮するため，輪荷重走行試験による疲労試験が行われることが多い．

　野澤ら[4)]は，PVA 繊維(1.7vol.%)を使用した VFC と高強度鉄筋の組合せにより，通常の RC 床版の 1/2 である床版厚(120mm)とした床版を用いて輪荷重走行試験を実施している．試験体は，参 図 1-12.7 に示す形状であり，主鉄筋量，単鉄筋と複鉄筋，接合部の有り無しをパラメーターとして，参 図 1-12.8 に示す載荷プログラムで実施している．実験の結果の例として，Type-B(単鉄筋)と Type-C(複鉄筋)の比較を参 図 1-12.9，参 図 1-12.10 に示す．パラメーターによって挙動に差があるものの，全ての試験体で荷重走行 24 万回終了後においても外観的に著しい損傷は無く，十分な耐荷力・耐久性を残して試験を終了したとされている．さらに，疲労実験後の試験体を用いて押し抜きせん断実験を行ったところ，疲労載荷をしていない試験体と同等の耐力であったとされている．

　橋本・越川[5)]は，古い基準で設計された RC 床版に対して VFC によって上面を打ち替えた床版の輪荷重走行試験を実施している．供試体は，参 図 1-12.11 に示す通りで，予備載荷により二方向ひび割れを生じさせた厚さ 210mm の床版に対して，上面 50mm を鋼繊維(2.0vol.%)を使用した VFC で打ち替えている．鋼繊維が架橋しておらず耐久性上の弱点となることが想定される施工目地は，参 図 1-12.12 のように模擬している．輪荷重載荷時には，輪荷重走行下における防水性を検証する目的で，供試体上面に水を張った条件としている．実験の結果の一部を，参 図 1-12.13，参 図 1-12.14 に示すが，100 年相当とされる走行下では漏水やたわみの急増を伴わないこと

や，VFC によって上面を打ち替えることでたわみ抑制効果が確認されたとしている．

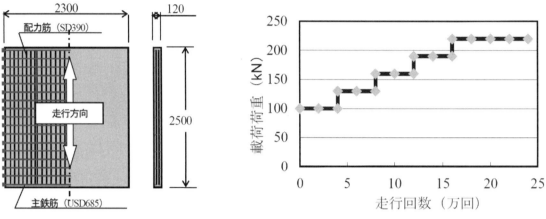

参 図 1-12.7　輪荷重走行試験の試験体概略図[4]　　参 図 1-12.8　輪荷重走行試験の載荷プログラム[4]

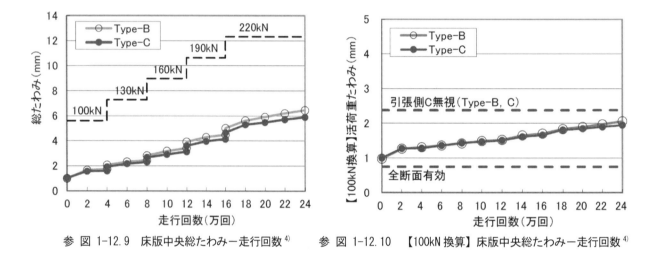

参 図 1-12.9　床版中央総たわみ－走行回数[4]　　参 図 1-12.10　【100kN換算】床版中央総たわみ－走行回数[4]

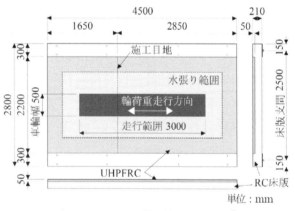
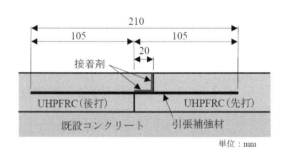

参 図 1-12.11　供試体形状と寸法[5]　　　　　　参 図 1-12.12　VFC 施工目地の処理[5]

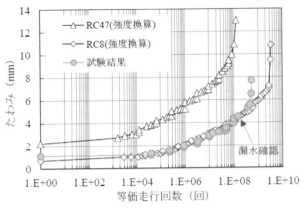
参 図 1-12.13 たわみと走行回数の関係（強度換算後）[5]

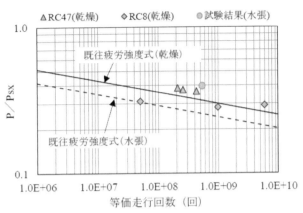
参 図 1-12.14 RC床版のS-N曲線[5]

4. おわりに

「8.3 疲労破壊に対する照査」解説に示すとおり VFC の疲労破壊に対する照査はひび割れ発生の有無や補強鋼材の有無によって考え方が変わるが，いずれのケースであっても小規模な要素試験結果のみで照査しようとすると，過度に安全側とせざるを得ない場合がある．また，床版ははり・柱等と同様に照査することが困難である．したがって，実験により疲労に対する安全性を確認することは有効な手段である．

参考文献

1) 水口和彦，阿部忠，川口哲生，河野克哉：有機繊維を用いた超高強度繊維補強コンクリート部材の曲げ耐疲労性，土木学会全国大会第69回年次学術講演会，V-257, 2014.9.

2) 株式会社ピーエス三菱：高強度繊維補強モルタルを使用した低桁高PC桁ダックスビーム技術資料，2018.9.

3) 原紘一朗，園田佳巨，野澤忠明，玉井宏樹：超高強度合成繊維補強コンクリートを用いたRC梁の疲労耐荷性に関する研究，構造工学論文集，pp.619-627, 2021.3.

4) 野澤忠明，濱口祥輝，大石裕介，松井繁之：超高強度材料を用いた薄型ＲＣ床版の開発，構造工学論文集，pp.1214-1225, 2016.3.

5) 橋本理，越川喜孝：UHPFRCで上面を打ち替えたRC床版の耐疲労性の評価，第12回道路橋床版シンポジウム論文報告集，pp.279-284, 2022.10.

参考資料 1-13　VFC 部材の耐衝撃性

指針（案）8.4 節　参考資料

1. はじめに

VFC を用いた部材では，繊維の補強効果によりエネルギー吸収性能が向上し，爆発や飛来物の衝突等のような衝撃的な作用に対する耐衝撃性が向上する．ここでは，VFC 部材の耐衝撃性に関する研究例について紹介する．

2. 耐衝撃性の研究例

2.1 VFC 部材の研究例

竹本らは，鉄筋を用いた繊維補強コンクリートはりに重錘を落下させる実験を実施している[1]．繊維補強コンクリートは，軽量コンクリートに PVA 繊維を混入している．試験体が著しく損傷するか累積残留変位がスパン長の 2%に達するまで衝突速度を 1m/s ずつ増加させながら 300kg の重錘を繰返し落下させる漸増繰返し載荷が実施されている．PVA 繊維を混入しない RC はり（F0 梁）が破壊に至った最終衝突速度が 4m/s であったのに対し，PVA 繊維を 1.5vol.%混入したはり（F3 梁）では，破壊時の最終衝突速度が 7m/s となっている．

村田らは，SFRC を用いて製作した切欠きはりに鋼球落下による衝撃載荷実験を実施して耐衝撃性能を評価している[2]．鋼繊維混入率が実験パラメータとされており，混入率が大きいほど破壊までの落下回数が増加し，耐衝撃性が向上していることが確認されている[2]．

(a) F0 梁（最終衝突速度 4 m/s）

(d) F3 梁（最終衝突速度 7 m/s）

参 図 1-13.1　実験終了後におけるひび割れ分布性状[1]

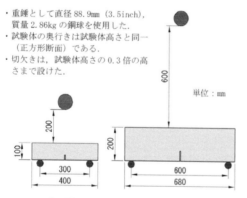

参 図 1-13.2　衝撃載荷実験概要[2]

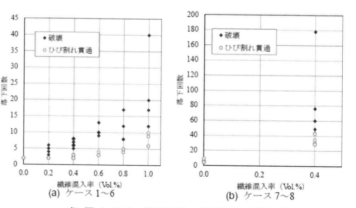

参 図 1-13.3　落下回数－繊維混入率関係[2]

2.2 UFC部材の研究例

武者らは，RC版およびUFCパネルを用いて，破壊に至るまで重錘の速度を漸増させながら繰返し落下させる実験を行っている[3]．厚さ180mmのRC版と厚さ60mmのUFCパネルでは，同じ衝突速度11.0m/sで破壊に至っており，UFCパネルを用いることによってRC版に比べて厚さが1/3で同等以上の耐衝撃性を有することが確認されている．

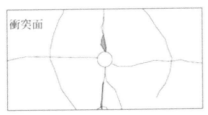
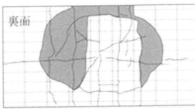

RC版の破壊状況（衝突速度：11.0m/s）

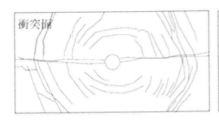
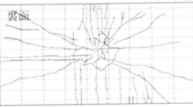
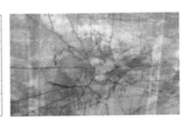

UFCパネルの破壊状況（衝突速度：11.0m/s）

参 図 1-13.4　実験終了後における破壊状況 [3]

3. おわりに

繊維の補強効果による耐衝撃性の向上については，定式化や解析による定量的な評価が難しい．そのため，本資料に示した実験例のほか，様々な実験が行われている．

参考文献

1) 竹本伸一，岸徳光，三上浩，栗橋祐介：ビニロン短繊維混入軽量コンクリートを用いたRC梁の耐衝撃性に関する検討，構造物の衝撃問題に関するシンポジウム講演論文集，pp.17-22，2004.11
2) 村田裕志，福浦尚之，山仲俊一朗，西田与志雄：切欠きはりによるSFRCの耐衝撃性能の評価，土木学会第67回年次学術講演会，V-211，2012.9
3) 武者浩透，別府万寿博，岡本修一：重錘落下実験によるUFCパネルの耐衝撃性に関する実験的研究，コンクリート工学年次論文集，Vol.35,No.2，pp.1273-1278，2013.7

参考資料1-14　曲げひび割れ幅の算定

指針（案）9章　参考資料

1.　はじめに

R-VFC（VFC を用いた鉄筋コンクリート）部材では繊維の効果により，通常の RC 部材と比較しひび割れ幅の低減が期待できる．ひび割れ幅の低減分を適切に見込むことで，VFC の特性を活かした合理的な設計とできる場合がある．ひび割れ幅は繊維の種類，混入量，配向性等の影響を受けることが知られているが，現段階において R-VFC 部材のひび割れ幅を一元的に定式化する方法は確立されていない．しかし，繊維補強コンクリートを用いた RC 部材についてひび割れ幅を算定する試みはなされており，これらは設計において有用な情報である．そこで，本参考資料ではそれら既往の検討事例について紹介し，さらにひび割れ幅を算定する際の主要な因子であるひび割れ間隔，鉄筋の平均ひずみ，コンクリート表面ひずみに繊維が与える効果について，知見を整理した．

2.　ひび割れ幅算定に関する検討例

2.1　鋼繊維補強コンクリート製 RC 部材を用いたひび割れ幅提案式 [1]

余らは，鉄筋比の異なる鋼繊維（長さ 30mm，直径 0.6mm，混入率 1.0vol.%）を用いた RC はり供試体の曲げ試験におけるひび割れ観察結果 [2] をもとに，コンクリート標準示方書 [3]（※2002 年度版［構造性能照査編］）のひび割れ幅算定式を改良する形で，鋼繊維を用いた RC 部材のひび割れ幅算定式を式（参 1-14.1）のように提案している．

$$w_{av} = \alpha \frac{1}{1.3} k_1 k_2 (4c + 0.7e) \left(\frac{\sigma_{s,max}}{E_s} - \frac{\sigma_{cm}}{E_s p_e} - \varepsilon_\phi \right)$$

（参 1-14.1）

ここに，　α　：鋼繊維の架橋効果影響係数（0.8～1.0）

　　　　　k_1　：鉄筋の付着形状係数で，異形鉄筋の場合 1.0，丸鋼や PC 鋼材の場合 1.3

　　　　　k_2　：多段鉄筋影響係数で，$k_2 = 5(n + 2)/(7n + 8)$

　　　　　n　：引張鋼材の段数

　　　　　c　：鉄筋かぶり

　　　　　e　：鉄筋純間隔

　　　　　$\sigma_{s,max}$　：鉄筋の最大応力

　　　　　σ_{cm}　：ひび割れ間の付着による鉄筋応力の減少量をコンクリート有効面積の平均引張応力に換算

　　　　　E_s　：鉄筋のヤング係数

　　　　　p_e　：有効鉄筋比

　　　　　ε_ϕ　：コンクリートの収縮およびクリープによるひび割れ幅の増加を考慮する数値

本提案式では，繊維の効果によりひび割れ間隔が減少するといった実験結果をもとに，ひび割れ間隔lに対する影響係数αを 0.8～1.0 の範囲で用いるとしている．また，繊維の効果による鉄筋の平均応力の減少量に関しては，鉄筋の最大応力$\sigma_{s,max}$を算出するうえで考慮している．ここでは，繊維補強コンクリートの引張軟化曲線（Drop

Constant モデル）を考慮し，照査面を層状化した上で断面計算（約 2000 層に分割）を行っている．一方，収縮やクリープの影響値であるε_ϕについては繊維補強コンクリートでは一般的なコンクリートに比べて小さくなることが知られているものの，安全側の評価とするために一般的なコンクリートの規定値をそのまま使用するとしている．

2.2　RILEM TC162 における鋼繊維補強コンクリートのひび割れ幅提案式 [4)]

国外（欧州）では，RILEM の鋼繊維補強コンクリートに関する専門技術委員会（TC 162-TDF）において，Vandewalle ら [5)] によって実施されたはり曲げ試験に基づく半経験式として，式（参 1-14.2）～（参 1-14.4）で表される鋼繊維補強コンクリートのひび割れ幅算定式が提案されている．

$$w_m = \varepsilon_{sm} \cdot s_m \tag{参 1-14.2}$$

$$\varepsilon_{sm} = \frac{\sigma_s}{E_s}\left(1 - \beta_1\beta_2\left(\frac{\sigma_{sr}}{\sigma_s}\right)^2\right) \tag{参 1-14.3}$$

$$s_m = \left(50 + 0.25k_1k_2\frac{\phi_b}{\rho_r}\right)\left(\frac{50}{L_f/\phi_f}\right) \tag{参 1-14.4}$$

ここに，　w_m　　：平均ひび割れ幅（mm）

ε_{sm}　　：鉄筋の平均ひずみ

s_m　　：平均ひび割れ間隔（mm）

σ_s　　：ひび割れ断面での引張鉄筋の引張応力度（N/mm^2）

E_s　　：鉄筋の弾性係数（N/mm^2）

σ_{sr}　　：引張縁の応力度がコンクリート引張強度に等しくなる時の鉄筋応力度増加量（N/mm^2）

β_1　　：鉄筋の付着特性に関する係数（異形鉄筋 1.0，丸鋼 0.5）

β_2　　：荷重の特性に関する係数（短期荷重 1.0，持続荷重，繰返し荷重 0.5）

ϕ_b　　：鉄筋径（mm）

ρ_r　　：有効鉄筋比（$\rho_r = A_s/A_{ce}$）

A_s　　：鉄筋の断面積（mm^2）

A_{ce}　　：有効コンクリート断面積（mm^2）（引張縁から鉄筋位置の距離の 2.5 倍）

k_1　　：鉄筋の付着特性に関する係数（異形鉄筋 0.8，丸鋼 1.6）

k_2　　：ひずみ分布形状に関する係数（純引張 1.0，曲げ 0.5）

L_f　　：鋼繊維の長さ（mm）

ϕ_f　：鋼繊維の直径（mm）

本式も基本的には式（参 1-14.1）と同様に，平均ひび割れ幅と鉄筋の平均ひずみ（付着や収縮，クリープの影響を除去したもの）との積で示される形としている．特徴として，本実験では種々の鋼繊維タイプを扱っていることから，ひび割れ間隔の算出において繊維長や繊維径の諸元も考慮できる算出式となっている．また，ひび割れ面における鋼繊維の負担分については，繊維未混入のケースから低減する形で表現しており，式（参 1-14.3）のσ_s，σ_{sr}を計算する上で RILEM にて実施した切欠きはりの曲げ載荷試験で得られる引張応力－ひずみ曲線を用いることとしている．本式は鋼繊維のアスペクト比に応じて，平均ひび割れ幅を低減させるような算定式となっている．一方，繊維の混入量の効果が反映できない点が課題といえる．

2.3 PVA 繊維を用いた RC 部材のひび割れ幅提案式 [6]

伊藤らは，合成繊維を混入した RC 部材の一軸引張試験から，繊維補強コンクリートのひび割れ分散性やひび割れ幅について実験的に検討している．使用した合成繊維は PVA 繊維（繊維長 30mm，繊維径 0.66mm）であり，圧縮強度 40N/mm^2 程度のコンクリートに 0〜1.0vol.%の範囲で混入した繊維補強コンクリートを用いている．一軸引張試験では繊維混入によってひび割れ間隔が小さくなるとともに，最大ひび割れ幅も低減し，その効果は繊維混入率の増加により大きくなった．

また実験で得られた平均ひび割れ間隔を引張軟化曲線の折曲がり点応力で整理し，一軸引張応力状態における繊維混入によるひび割れ幅の減少効果を低減係数 k_f として表現している．式（参 1-14.5）に k_f の算定式を示す．この低減係数を式（参 1-14.6），（参 1-14.7）で示される角田らのひび割れ幅評価式 [7] に直接乗じることで，一軸応力状態だけでなく曲げ応力状態におけるひび割れ幅も概ね評価できることを，別途実施した RC はりの曲げ実験により示している．

$$k_f = 1 - 0.3(\sigma_{BP} - \sigma_{BP0}) \tag{参 1-14.5}$$

ここに，　σ_{BP}　　：引張軟化曲線の折曲がり点応力（N/mm^2）

　　　　　σ_{BP0}　　：繊維混入量 0.0%における折曲がり点応力（N/mm^2）（≒0.1N/mm^2）

$$w_{max} = L_{max}\left(\frac{\sigma_{se}}{E_s} + \varepsilon'_{csd}\right) \tag{参 1-14.6}$$

$$L_{max} = 5.4c \tag{参 1-14.7}$$

ここに，　w_{max}　　：最大ひび割れ幅（mm）

　　　　　L_{max}　　：最大ひび割れ間隔（mm）

　　　　　c　　　　：かぶり（mm）

　　　　　σ_{se}　　：鉄筋応力度（N/mm^2）

　　　　　E_s　　　：鉄筋のヤング係数（N/mm^2）

　　　　　ε'_{csd}　　：コンクリートの収縮・クリープ等によるひずみ（＝150×10^{-6}）

2.4 アラミド繊維，および鋼繊維で補強した RC はりの曲げひび割れ幅検討 [8]

鈴木らは，アラミド繊維，および鋼繊維（いずれも繊維長 30mm，繊維径 0.6mm）を 0.5vol.%で混入した繊維補強コンクリート（圧縮強度 45N/mm^2 程度）を用いた RC はりの曲げ載荷試験を行い，等曲げモーメント区間に発生する曲げひび割れ幅の観察から繊維混入の効果を評価した．実験では繊維を混入した RC はりの平均ひび割れ間隔が通常の RC はりの 7〜8 割程度まで小さくなり，同時にひび割れ幅についても低減が見られた．また，その低減率は，作用荷重の増加に伴って大きくなった．本実験ではひび割れ幅算定式の提案まで至っていないが，繊維補強コンクリートのひび割れ幅低減の主要因はひび割れ間隔低減にあり，これをひび割れ幅算定式に適切に反映することで繊維補強コンクリートのひび割れ幅が算定可能になると推察している．

2.5 鋼繊維および PVA 繊維を用いた R-VFC 部材のひび割れ幅提案式 [9]

川口らは，R-VFC 部材のひび割れ発生荷重やひび割れ幅を検討するため，R-VFC 部材の両引き試験を実施した．ここでは，UFC 標準配合粉体に鋼繊維（長さ 15mm，径 0.2mm）を混入する FM タイプと，PVA 繊維（長さ 15mm，

径 0.3mm）を混入する FO タイプを対象とし，それぞれ繊維混入量をV_f =1.0, 2.0, 3.0vol.％としてその効果を検証している．その結果，いずれのタイプとも繊維混入量の増加に伴って発生するひび割れ幅は小さくなり，また，FO に比べて FM の方がひび割れ幅が小さくなる傾向が見られた．さらに角田らのひび割れ幅評価式[7]に低減係数を乗じる形で，R-VFC 部材のひび割れ幅推定式を実験的に定めている．ここで，低減係数は圧縮強度で補正した破壊エネルギーをパラメータとして，式（参 1-14.8）～（参 1-14.10）により算出している．

$$\alpha_{FM} = (-0.7G_{F0} + 0.9) \qquad\qquad\qquad （参 \ 1\text{-}14.8）$$

$$\alpha_{FO} = (-7.8G_{F0} + 1.2) \qquad\qquad\qquad （参 \ 1\text{-}14.9）$$

$$G_{F0} = G_F / f_c'^{0.7} \qquad\qquad\qquad （参 \ 1\text{-}14.10）$$

ここに，　α_{FM} 　：FM（鋼繊維）における低減係数

$\quad\quad\quad\ \alpha_{FO}$ 　：FO（PVA 繊維）における低減係数

$\quad\quad\quad\ G_{F0}$ 　：圧縮強度で補正した破壊エネルギー

$\quad\quad\quad\ G_F$ 　：VFC の破壊エネルギー

$\quad\quad\quad\ f_c'$ 　：VFC の圧縮強度

2.6　繊維補強コンクリート製 RC 部材の両引き試験によるひび割れ特性の検討 [10) 11) 12)]

竹山らはコンクリートの圧縮強度および引張軟化特性を変化させた場合の繊維補強コンクリートのひび割れ特性について，RC 部材の両引き試験により検討している．圧縮強度は 40N/mm², 80N/mm² の 2 水準，引張軟化特性は繊維混入量を調整することで 40N/mm² については 2 水準，80N/mm² については 3 水準をパラメータとして設定している．その結果，ひび割れが複数発生する傾向は引張軟化特性が高くなるにつれて強くなるものの，複数本のひび割れを 1 本のひび割れとしてまとめると，通常のコンクリートと比較し発生位置に大きな差が見られなかった．このことから，圧縮強度と引張軟化特性がひび割れ間隔に与える影響は小さく，繊維補強コンクリート製 RC 部材についても通常のコンクリートと同様，ひび割れ面における鉄筋ひずみを把握する事ができればひび割れ幅の算定が可能になるとしている．また，繊維の種類を鋼繊維から PVA 繊維に替えた場合でも同様の結論を得ている．なお，コンクリートの圧縮強度を 120N/mm² とした場合については，前述の結果と比較しひび割れ間隔の低減が確認された．ただし，この要因について引張軟化特性よりも圧縮強度の影響が大きいと推察している．これらの検討は全て両引き試験によるものであるが，曲げを受ける状態ではひずみ軟化型の繊維補強コンクリートでもひび割れが分散し，ひび割れ間隔が小さくなる可能性があり，今後の検討課題として挙げている．

3.　ひび割れ幅算定に関する整理

参 表 1-14.1 に 2. の各検討事例において①ひび割れ間隔，②鉄筋の平均ひずみ，③コンクリート表面ひずみの 3 項目について得られている知見を整理する．また，各検討事例において対象としているコンクリートの圧縮強度，および繊維の種類・混入量を併記する．

ひび割れ間隔について，川口ら，竹山らの研究を除き，低減される傾向が得られている．繊維補強コンクリートでは繊維がひび割れ発生後にひび割れの開口を抑制することで，ひび割れに挟まれたコンクリートに引張ひずみが蓄積し，新たなひび割れが発生する．ひび割れ発生後のひび割れ面における引張応力の保持性能によって，ひび割れ間隔の低減効果が変化すると考えられる．なお，竹山らの研究では両引き試験でのみ検討しており，曲げでは低減される可能性があることが言及されている．

鉄筋の平均ひずみについて，余ら，RILEM，川口らの研究のように，鋼繊維を用いた場合において低減が見られ

た．一方，合成繊維を用いた伊藤らの研究や，繊維量が0.5vol.％と少量であった鈴木らの研究では明確な低減傾向は見られなかった．

コンクリート表面ひずみについて，繊維の効果によって収縮ひずみやクリープの影響が軽減されると思われるものの，いずれの研究においても通常のコンクリートと同程度として扱っているのが現状である．

以上，繊維の種類や混入量によって違いはあるものの，R-VFC部材を含む繊維補強コンクリートでは繊維の効果によって通常のコンクリートと比較しひび割れ幅の低減が期待できる．また，既往の研究において限定的ではあるものの，その低減効果を定量的に評価する手法が提案されている．一方，環境条件や使用条件，低減効果を期待する年数によっては，ひび割れ幅の長期的な低減効果，ひび割れ断面における繊維自体の耐久性，ひび割れ断面への引張クリープの影響等についても検討した上で適用することが望まれる．

参 表 1-14.1 ひび割れ幅算定の各項についての整理

参考文献	執筆者	コンクリートの圧縮強度	繊維の種類混入量	①ひび割れ間隔	②鉄筋の平均ひずみ	③コンクリート表面ひずみ
1)	余ら	50 N/mm² 程度	鋼繊維1.0vol.%	低減される（影響係数α：0.8〜1.0）	低減される（断面計算において鋼繊維の抵抗を考慮）	同程度（小さくなる知見あり）
4)	RILEM	—	鋼繊維—	低減される（繊維アスペクト比の関数）	低減される（繊維の応力負担分を考慮）	—
6)	伊藤ら	40 N/mm² 程度	PVA 繊維0〜1.0vol.%	低減される（残存引張強度の関数）	同程度（低減の傾向が見られる）	—
8)	鈴木ら	40〜50 N/mm²	鋼繊維アラミド繊維0.5vol.%	低減される（7〜8 割程度）	同程度（繊維が少量のため）	同程度
9)	川口ら	200〜220 N/mm²（鋼繊維）160〜170 N/mm²（PVA 繊維）	鋼繊維PVA 繊維1.0〜3.0vol.%	明確でない	低減される（破壊エネルギーの関数）	—
10)〜12)	竹山ら	40〜120 N/mm²	鋼繊維PVA 繊維0〜1.5vol.%	ひずみ軟化特性による影響は小さい（曲げでは低減される可能性）		

参考文献

1) 余国雄，大城壮司，阿部浩幸，二羽淳一郎：鋼繊維補強コンクリート部材の曲げひび割れ幅の評価に関する研究，第13回プレストレストコンクリートの発展に関するシンポジウム，pp.165-170，2004.10

2) 阿部浩幸，大城壮司，余国雄，二羽淳一郎：鋼繊維補強コンクリートの曲げひび割れに関する研究，第13回プレストレストコンクリートの発展に関するシンポジウム，pp.159-164，2004.10

3) 土木学会：2022 年制定 コンクリート標準示方書 構造性能照査編，2002.4

4) RILEM Publications S.A.R.L : Test and Design Methods for Steel Fibre Reinforced Concrete -Background and Experiences-, Proceedings of the RILEM TC 162-TDF Workshop (Proceedings PRO 31), 2003

5) Vandewalle, L. : Cracking behavior of concrete beams reinforced with a combination of ordinary reinforcement and steel fibers, Materials and Structures, Vol.33, pp.164-170, 2000

6) 伊藤始，岩波光保，横田弘：PVA 短繊維で補強したコンクリートのひび割れ分散性に関する研究，コンクリート工学年次論文集，Vol26，No.2，pp1549-1554，2004.7

7) 角田与史雄：鉄筋コンクリートの最大ひび割れ幅，コンクリートジャーナル，Vol.8，No.9，pp.1-10，1970

8) 鈴木幸憲，下村匠，田中康司：繊維補強コンクリートはり部材の曲げひび割れ幅，コンクリート工学年次論文集，Vol.28，No.2，pp.1369-1374，2006.7

9) 川口哲生，河野克哉，橋本勝文，横田弘：内部に補強用鋼材を配置した超高強度繊維補強コンクリートのひび割れ幅に関する研究，コンクリート工学年次論文集，Vol.35，No.2，pp.1255-1260，2013.7

10) 竹山忠臣，佐々木亘，篠崎裕生，内田裕市：鉄筋と短繊維補強コンクリートのひび割れ特性に関する基礎的検討，コンクリート工学年次論文集，Vol.40，No.2，pp.1207-1212，2018

11) 竹山忠臣，磯部岳，佐々木亘，内田裕市：鉄筋と短繊維補強コンクリートのひび割れ間隔に関する検討，第27回プレストレストコンクリートの発展に関するシンポジウム，pp.461-464，2018

12) 竹山忠臣，磯部岳，佐々木亘，内田裕市：各種短繊維が短繊維補強鉄筋コンクリート部材のひび割れ間隔に与える影響，コンクリート工学年次論文集，Vol.41，No.2，pp.1165-1170，2019

228 C.L.166 高強度繊維補強セメント系複合材料の設計・施工指針（案）

参考資料 1-15　VFC 部材の耐震性照査

指針（案）10 章　参考資料

1.　はじめに

　VFC 部材の耐震性照査に関する具体的な方法は，未だ検討途上であり統一的な方法は確立されてはいない．そのため，材料毎かつ構造毎に実験などを行い，耐震性を明らかにしたうえで設計することが必要となる．本参考資料では，耐震性照査を行うにあたって参考とできる既往の研究について，VFC に限らず通常強度の FRCC 材料やHPFRCC 材料，UFC 材料を用いた構造も含めて示す．

2.　応答値の算定

　VFC などの繊維補強材料を用いた構造の履歴やエネルギー吸収特性は通常の RC 構造と異なるが，ほとんど検討されていないのが実情である．耐震構造を目的とした RSF 柱指針[1]においても，応答特性に関する記述はなく当時のコンクリート標準示方書に準拠するとされており，付属資料の設計計算例においてはエネルギー一定則が用いられている．

　このように，現状においては，RC 構造物としての構造細目を満たすとともにエネルギー吸収のほとんどが鉄筋によるものであれば，通常 RC 構造の応答特性を準用するという対応がとられているものと考えられる．

　一方で，ファイバーモデルなど構成則ベースの解析を行うために，材料の繰返し特性を検討した研究はある．Zafra，川島らのグループでは，ポリプロピレン繊維を用いた HPFRCC 材料に対して圧縮および引張における繰返し特性を考慮した構成則を提案している[2,3]．また，詳細な構成則は示されていないものの，山野辺らは UFC 材料をプレキャスト型枠として用いた構造に関して，ファイバーモデル解析を実施し実験を再現可能なことを示している[4,5]．

3.　変形性能

　本指針（案）10 章に示すように VFC 部材は一般に変形性能が向上する．しかし，その変形性能が規準化されている指針は RSF 柱指針[1]のみであり，その他の材料・構造で設計を行うためには実験が必要となる．本章では，RSF 柱指針[1]の変形性能の評価手法を示すとともに，VFC などの繊維補強材料を用いた構造の変形性能に関する研究事例を紹介する．

3.1　RSF 柱指針[1]に示される変形性能

　RSF 柱指針は鋼繊維混入率（容積百分率）が 1.0～1.5vol.%の鋼繊維補強コンクリートによる柱部材を対象としたものである．RSF 柱指針においては，繊維の影響を**参 図　1-15.1** に示す圧縮の応力ひずみ曲線に取り込み，この応力ひずみ関係を用いて断面解析を行い，終局曲率を算定する．さらに，**参 図　1-15.2** に示す曲率分布を仮定したうえで，曲率を 2 回積分して基部が終局に達した際の躯体終局変形を求めるとしている．本手法は，柱の正負交番載荷実験をベースとして，変形性能が実験結果に合うように終局ひずみ ε'_{cu} を定めたものであり，鉄道高架橋の設計に利用される．しかし，例えば，高橋脚にこの手法を用いると，非常に大きな塑性ヒンジ長となってしまうことや，かぶりやせん断補強筋の影響が考慮されないことから，適用する際には注意が必要である．また，繊維の種類や混入量を変化させた場合にもそのまま用いることはできないため，必ずしも汎用的であるとは言えない．

また，変形性能をコンクリートの最大ひずみで規定する方法は，指針全体として成立させているものであって，他の指針の中にこの部分だけを組み込むことは危険である．特に，RSF柱指針範囲外のVFCに関して圧縮軟化領域までのコンクリート圧縮試験を行い，その結果から変形性能を計算する方法は全く合理性がない．

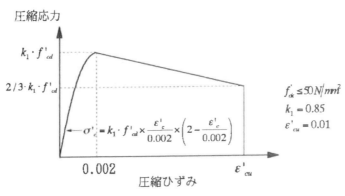

参 図 1-15.1　圧縮の応力－ひずみ関係[1]

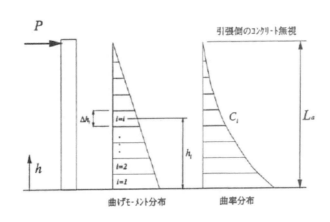

参 図 1-15.2　曲率分布の仮定[1]

3.2　既往の研究にみられる変形性能の評価

VFCなどの繊維補強材料を対象とした変形性能に関する検討は，様々な材料を用いて行われている．参 表 1-15.1に紹介する．

参表 1-15.1 FRCC を対象とした変形性能に関する既往の研究

No.	執筆者	材料※	対象構造物	検討手法	概要	文献番号
1	益田ら	鋼繊維補強コンクリート	高架橋柱	実験	柱試験体の正負交番載荷実験. RSF 柱指針のもととなる実験.	6)
2	内野ら	鋼繊維補強コンクリート, UFC	橋脚	実験	柱試験体の正負交番載荷実験. 断面全体が FRCC の試験体と, 外周のみ FRCC の試験体. 道示 V の変形性能との比較.	7)
3	鈴木ら	鋼繊維補強コンクリート	橋脚	実験	柱試験体の二方向繰返し載荷実験.	8)
4	山野辺ら	UFC	橋脚	実験・解析	柱試験体の正負交番載荷実験. アンボンド高強度鉄筋を用いるとともに, UFC 製プレキャスト型枠に普通コンを充填した構造. ファイバーモデルによる再現解析.	4)
5	山野辺ら	UFC	橋脚	実験・解析	柱試験体の二方向繰返し載荷実験. UFC 製プレキャスト型枠に普通コンを充填した構造. ファイバーモデルによる再現解析と動的解析.	5)
6	市川ら	UFC	橋脚	実験	柱試験体の二方向繰り返し載荷実験. UFC 製プレキャスト型枠に普通コンを充填した構造.	9)
7	市川ら	UFC	橋脚	実験	柱試験体の二方向ハイブリッド載荷実験. UFC 製プレキャスト型枠に普通コンを充填した構造.	10)
8	村上ら	UFC	建築柱	実験	柱試験体の正負交番載荷実験. UFC プレキャスト外殻に普通コンを充填した構造.	11)
9	崔ら	PVA-UFC	柱部材	実験	柱試験体の正負交番載荷実験.	12)
10	古川ら	PVA 補強コンクリート	建築柱	実験	柱試験体の正負交番載荷実験.	13)
11	幸左ら	高靭性セメント系材料(PVA)	橋脚	実験	柱試験体の正負交番載荷実験. 高靭性セメント系材料は外周のみ, または全断面.	14)
12	清水ら	高靭性セメント系材料(PVA)	橋脚	実験	柱試験体の正負交番載荷実験. 高靭性セメント系材料は外周のみ, または全断面.	15)
13	脇田ら	高靭性セメント材料(PVA 繊維)	橋脚	実験	柱試験体の正負交番載荷実験. 外周のみ FRCC または断面全体が FRCC の構造.	16)
14	脇田ら	高靭性セメント材料(PVA 繊維)	橋脚	実験	柱試験体の正負交番載荷実験. 外周のみ FRCC または断面全体が FRCC の構造.	17)
15	佐々木ら	繊維補強セメント系複合材料（PP 繊維）	橋脚	実験	柱試験体の正負交番載荷実験および地震応答載荷.	18)
16	Kawashima, et al	SHCC(PP 繊維)	橋脚	実験	実大振動台実験.	19)
17	張ら	繊維補強セメント系複合材料(PP 繊維)	橋脚	実験	柱試験体の二方向ハイブリッド載荷実験.	20)
18	中村ら	ハイブリッド型繊維補強セメント系複合材料（鋼繊維＋合成繊維）	ピロティ柱	実験・解析	柱試験体の正負交番載荷実験および MS モデルによる再現解析と号的解析.	21)
19	田邊ら	ハイブリッド型繊維補強セメント系複合材料（鋼繊維＋合成繊維）	建築柱, ピロティ柱	実験	柱試験体の正負交番載荷実験. 外殻のみ FRCC または断面全体が FRCC の構造.	22)
20	八十島	DFRCC(PVA 繊維)	建築梁	実験	梁試験体の正負交番載荷実験. DFRCC と格子状 CFRP を組み合わせたパネルによる耐震補強.	23)

※材料は, 論文中の名称を用いた

3.3 VFCにより耐震補強された部材の変形性能評価

前節では，VFCなどの繊維補強材料により構築された部材を対象にした研究事例を示したが，本節では，VFCにより耐震補強された事例を示す．

佐々木らは，RC高架橋柱部材のせん断補強として，参 図 1-15.3に示すVFCによる巻立て工法を検討している[24)25)]．また，岩本らは，RC橋脚の曲げ補強，じん性補強として，参 図 1-15.4に示すVFCによる巻立て工法を検討している[26)27)]．これらは，VFCの引張性能に期待して，施工性の向上，補強厚の薄肉化を図ったものである．

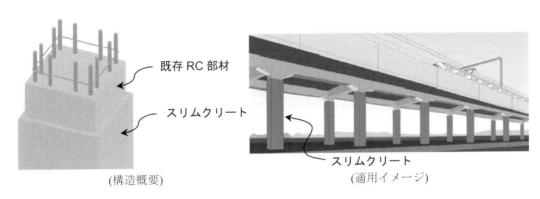

参 図 1-15.3 佐々木らの補強工法[25)]

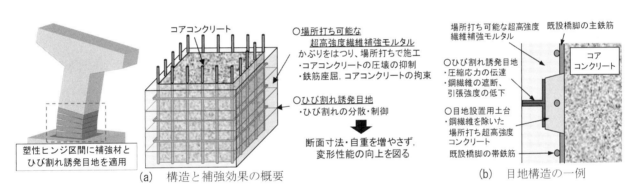

参 図 1-15.4 岩本らの補強工法[27)]

4. まとめ

VFCを橋脚の基部などの塑性ヒンジ個所に用いて耐震設計を行うためには，応答値と限界値のそれぞれに対する計算方法が必須となるが，これらは使用するVFCに即して決めなければならないこともあり，既往の研究が設計するのに十分なレベルには達していない．しかし，VFCを用いることで変形性能を大きくすることは可能である．

VFCを塑性ヒンジ個所に用いる場合は，既往の研究を参考にしつつ，構造物に用いるVFCや鉄筋量などの構造諸元を考慮した試験体により，正負交番載荷実験などを行って適切に評価することが必須となる．

参考文献

1) 鋼繊維補強鉄筋コンクリート柱部材の設計指針（案），コンクリートライブラリー97，1999.7

2) Zafra, R., Kawashima, K., Sasaki, T., Kajiwara, K., and Nakayama, M. : Cyclic stressstrain response of polypropylene fiber reinforced cement composites, Journal of Earthquake Engineering, JSCE 66(1), pp.162–171, 2010

3) 山田真司，佐々木智大，Richelle Zafra，川島一彦：耐震解析に用いるポリプロピレン繊維補強セメント系複合材料の応力－ひずみ関係の定式化，第 14 回性能に基づく橋梁等の耐震設計に関するシンポジウム講演論文集，2011.7

4) 山野辺慎一，曽我部直樹，家村浩和，高橋良和：高性能塑性ヒンジ構造を適用した高耐震性 RC 橋脚の開発，土木学会論文集 A Vol.64，No.2，pp317-332，2008.4

5) 山野辺慎一，曽我部直樹，河野哲也：超高強度繊維補強コンクリートを用いた RC 橋脚の二方向地震動に対する耐震性能，土木学会論文集 A Vol.6，No.3，pp.435-450，2010.7

6) 益田彰久，松岡茂，松尾庄二，武田康司：鋼繊維補強コンクリート柱の交番載荷試験，コンクリート工学年次論文報告集，Vol.19，No.2，pp.1521-1526，1997

7) 内野裕士，幸左賢二，合田寛基，森暁一，：鋼繊維を用いた RC 橋脚の変形性能改善に関する実験的評価，コンクリート工学年次論文集，Vol.27，No.2，pp.1351-1356，2005

8) 鈴木森晶，水野英二：二方向曲げを受ける鋼繊維補強鉄筋コンクリート柱の繰り返し耐荷特性に関する実験的研究，コンクリート工学年次論文集，Vol.34，No.2，pp.175-180，2012

9) 市川翔太，張鋭，佐々木智大，川島一彦，Mohamed Elgawady，松崎裕，山野辺慎一：UFC セグメントを用いた橋脚の耐震性，土木学会論文集 A1(構造・地震工学)，Vol.68，No.4(地震工学論文集第 31-b 巻)，pp.1533-1542，2012

10) 市川翔太，中村香央里，松崎裕，Mohamed Elgawady，金光嘉久，山野辺慎一，川島一彦：超高強度繊維補強コンクリート製プレキャストセグメントを用いた橋脚の耐震性に関する実験的研究，土木学会論文集 A1(構造・地震工学)，Vol.69，No.4(地震工学論文集第 32 巻)，pp.1839-1851，2013

11) 村上裕貴，菅野俊介，和泉信之，白井一樹：200N／mm2 級繊維補強コンクリートを用いた外殻プレキャスト柱の復元力特性に関する実験的研究，コンクリート工学年次論文集，Vol.28，No.2，pp.655-660，2006

12) 崔準祜，牟田諒平，野澤忠明，大塚久哲：超高強度材料を使用した RC 柱部材の耐力および変形性能確認実験，コンクリート工学年次論文集，Vol.37，No.2，pp.451-456，2015

13) 古川淳，荒川玄，村上秀夫，駿河良司：高軸力下における繊維補強コンクリートを用いた鉄筋コンクリート柱の実験，コンクリート工学年次論文集，Vol.25，No.2，pp.1729-1734，2003

14) 幸左賢二，小川敦久，合田寛基，脇田和也：高靭性セメント巻き立て厚に着目した耐震補強実験，構造工学論文集 Vol.55A，pp.1024-1035,2009.3

15) 清水英樹，幸左賢二，合田寛基，小川敦久：柱外周面にのみ高靭性セメントを使用した耐震補強効果の検証，構造工学論文集 Vol.57A，pp.405-417，2011.3

16) 脇田和也，幸左賢二，合田寛基，小川敦久：高靭性セメント材料の部分的使用による耐震補強効果実験，コンクリート工学年次論文集，Vol.29，No.3，pp.1441-1446，2007

17) 脇田和也，幸左賢二，合田寛基，小川敦久：高靭性セメント巻き立て工法による既設構造物の補強効果確認実験，コンクリート工学年次論文集，Vol.30，No.3，pp.1447-1452，2008

18) 佐々木智大，川島一彦，Richelle Zafra，山田真司：ポリプロピレン繊維補強セメント系複合材料を用いた高じん性橋脚の開発に関する研究，第 14 回性能に基づく橋梁等の耐震設計に関するシンポジウム講演論文集，pp.1-

8，2011.7

19) KAZUHIKO KAWASHIMA, RICHELLE G. ZAFRA, TOMOHIRO SASAKI, KOICHI KAJIWARA, MANABU NAKAYAMA, SHIGEKI UNJOH, JUNICHI SAKAI, KENJI KOSA, YOSHIKAZU TAKAHASHI, MASAAKI YABE : Seismic Performance of a Full-Size Polypropylene Fiber-Reinforced Cement Composite Bridge Column Based on E-Defense Shake Table Experiments, Journal of Earthquake Engineering, 16, pp.463-495, 2012

20) 張文進，川島一彦，松崎裕：ポリプロピレン繊惟補強セメントを用いた高じん性橋脚における帯鉄筋量の影響に関する検討，第 15 回性能に基づく橋梁等の耐震設計に関するシンポジウム講演論文集，pp.275-282，2012.7

21) 中村匠，迫田丈志，前田匡樹，三橋博三：HFRCC 柱による損傷低減型ピロティ構造に関する研究，コンクリート工学年次論文集，Vol.31，No.2，pp.1297-1302，2009

22) 田邊裕介，中村匠，前田匡樹，三橋博三：ハイブリッド型繊維補強セメント系複合材料を用いた柱及び耐震壁の構造性能に関する実験的研究，コンクリート工学年次論文集，Vol.30，No.3，pp.1411-1416，2008

23) 八十島章：DFRCC パネルで補強した RC 梁の耐震性能に関する実験的研究，コンクリート工学年次論文集，Vol.32，No.2，pp.1375-1380，2010

24) 大野了，佐々木一成，石関嘉一，吉田浩一郎：せん断破壊した RC 構造物の常温硬化型 UFC による補強に関する検討，第 14 回性能に基づく橋梁等の耐震設計に関するシンポジウム講演論文集，pp.195-198，2011.7

25) 佐々木一成，野村敏夫，大野了，橋本学：スリムクリートによる耐震補強工法，大林組技術研究所報，No.76，2012

26) 岩本拓也，小林聖，曽我部直樹，山野辺慎一：場所打ち可能な UFC で耐震補強した RC 橋脚模型試験体の正負交番載荷試験，コンクリート工学年次論文集，Vol.42，No.2，pp.811-816，2020.

27) 岩本拓也，小林聖，曽我部直樹，山野辺慎一：場所打ち可能な超高強度繊維補強モルタルで耐震補強した RC 橋脚の変形性能，第 23 回橋梁等の耐震設計シンポジウム　講演論文集，pp.307-312，2021.1

参考資料1-16　VFC部材における鉄筋の重ね継手

指針（案）11.2.6節　参考資料

1. はじめに

　VFC を用いることで，鉄筋の重ね継手であれば鉄筋の節周りのひび割れ進展に対する抵抗性が向上するため，鉄筋と VFC の付着特性が通常のコンクリートを用いた場合よりも向上する．これにより，通常のコンクリートを用いた場合よりも重ね継手長を短くすることも可能となる．一方で，継手部は配筋量が過密になりがちなため，VFC の充填性を確保するために VFC に使用する繊維の長さに配慮する必要がある．本参考資料では VFC を用いた鉄筋の重ね継手に関する既往の検討事例を紹介する．

2. VFC を用いた鉄筋の重ね継手に関する検討例

(1) 熊崎らの事例

　熊崎ら[1]は，プレキャスト床版接合部に圧縮強度が 180N/mm² 程度，鋼繊維の体積混入率を 2.0vol.%の VFC を用いる場合の継手長の算定式を提案している．この中で，**参 図 1-16.**1 に示すような引抜き試験を実施して，**参 図 1-16.**2 に示すように耐力と埋込長の関係を示している．

　検討範囲：圧縮強度 180N/mm² 以上，ϕ0.16-13mm 鋼繊維，体積混入率 2.0vol.%，鉄筋径 D16〜D22，継手長 5d 以下，かぶり 20〜50mm，あき 40.5〜68.5mm（鉄筋間隔 125〜175mm）

$$P_u = \min(P_1, P_2, P_3) \qquad (0° < \theta_b < 47°) \tag{参 1-16.1}$$

$$P_u = \min(P_2, P_3) \qquad (\theta_b \geq 47°) \tag{参 1-16.2}$$

$$P_1 = \frac{t \cdot x^2}{3 \cdot c} \cdot \sigma_m \leq 2c \cdot t \cdot \sigma_t \tag{参 1-16.3}$$

$$P_2 = \phi \cdot \pi \cdot (\alpha \cdot \tau) \cdot (\beta \cdot x) \tag{参 1-16.4}$$

$$P_3 = \frac{\pi \cdot \phi^2}{4} \cdot \sigma_u \tag{参 1-16.5}$$

　ここに，P_u：鉄筋の引抜き耐力(N)，P_1：表層曲げ破壊耐力(N)，P_2：付着破壊耐力(N)，P_3：鉄筋引張破壊耐力(N)，θ_b：あき重ね継手を形成する鉄筋同士の先端を結ぶ角度，b：継手長(mm)，c：鉄筋間隔(mm)，x：埋込長(mm)，ϕ：鉄筋径(mm)，t：部材厚(mm)（床版の場合は床版厚の 1/2），σ_m：曲げ強度(N/mm²)，σ_t：引張強度(N/mm²)，τ：付着強度(N/mm²)（普通鉄筋の場合 55.5N/mm²，エポキシ鉄筋 52.7N/mm²），α：付着強度の低減係数（端部の鉄筋の場合 0.9，その他の鉄筋の場合 1.0），β：鉄筋埋め込み長の低減係数（0.5），σ_u：鉄筋の引張強度(N/mm²)

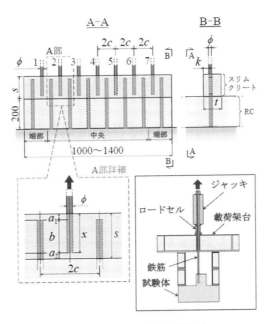

参 図 1-16.1 引抜き試験[1]

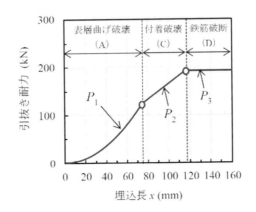

参 図 1-16.2 引抜き耐力と埋込長の関係[1]

(2) 齋藤らの事例

齋藤ら[2]は参 図 1-16.3 に示すように，UFC 床版同士の橋軸方向継手を検討しており，2 種類の繊維長の鋼繊維を 1.75vol.%混入した VFC を継手部分に用いることで継手長を 5.0d とすることができるとしており，参 図 1-16.4，参 図 1-16.5 に示すように継手部の疲労試験を実施している．

適用範囲：φ0.2-15，22mm 鋼繊維，体積混入率 1.75vol.%，鉄筋径 D16〜D22，かぶり 20mm，あき不明（D16 の場合，鉄筋間隔 125mm）

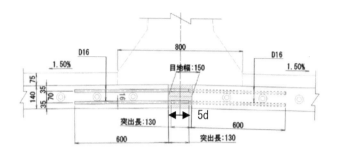

参 図 1-16.3　UFC床版同士の継手[2]

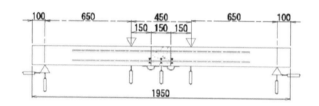

参 図 1-16.4　UFC床版同士の継手[2]

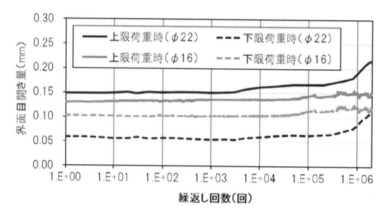

参 図 1-16.5　継手部の疲労試験結果[2]

(3) 吉武らの事例

吉武ら[3]は参 図 1-16.6に示す試験体を用い，参 図 1-16.7に示すような継手部の曲げ試験により，プレキャスト床版の継手部のコンクリートに用いるVFCを検討している．参 図 1-16.8に示すように圧縮強度67.5N/mm^2，φ0.6-30mm鋼繊維（フック付き），体積混入率1.0vol.%のVFCを用いることで継手長を15d程度とすることができるとしている．また，圧縮強度128N/mm^2，φ0.4-12mm鋼繊維，体積混入率3.0vol.%のVFCを用いることで継手長を10d程度とすることができるとしている．

　検討範囲：圧縮強度65N/mm^{2}程度，φ0.6-30mm鋼繊維（フック付き），体積混入率1.0vol.%,

　　圧縮強度130N/mm^{2}程度，φ0.4-12mm鋼繊維，体積混入率3.0，6.0vol.%

　　鉄筋径D13，かぶり30mm，あき39.5mm（鉄筋間隔105mm）

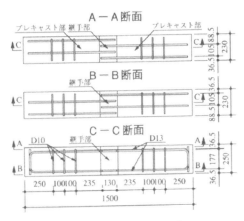

参 図 1-16.6 試験体[3]

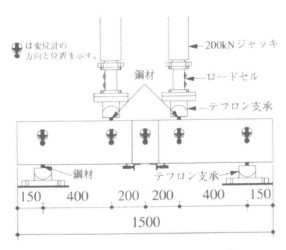

参 図 1-16.7 継手部の曲げ試験[3]

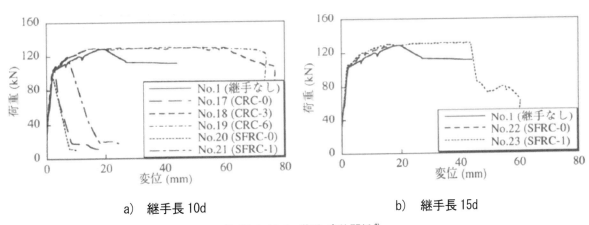

a) 継手長 10d

b) 継手長 15d

参 図 1-16.8 荷重-変位関係[3]

(4) 滝本らの事例

滝本ら[4]は参 図 1-16.9 に示す試験体を用い，参 図 1-16.10 に示すような継手部の曲げ試験により，プレキャスト床版同士の継手部に VFC を用いた場合の重ね継手とあき重ね継手とした場合の影響を検討している．その結果，参 図 1-16.11 に示すように重ね継手とあき重ね継手の継手耐力にほとんど差はないとしている．

適用範囲：圧縮強度 69.3N/mm^2，φ0.6-30mm 鋼繊維（フック付き），体積混入率 1.0vol.%，継手長 15d，鉄筋径

D25，かぶり 52mm，重ね継手の場合のあき 125mm，あき重ね継手の場合のあき 50mm，（鉄筋間隔 150mm）

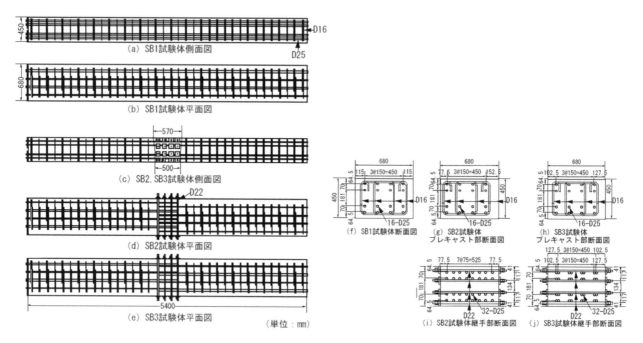

参 図 1-16.9　試験体[4]

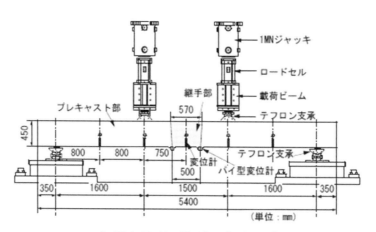

参 図 1-16.10　継手部の曲げ試験[4]

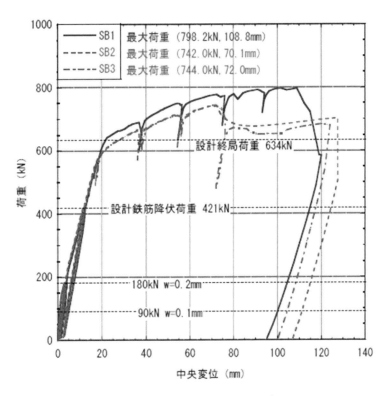

参 図 1-16.11 荷重-変位関係[4]

(5) 牧田らの事例

牧田ら[5]は床版の上面増厚に圧縮強度が 160N/mm² 程度，鋼繊維の体積混入率を 3.0vol.%とした VFC を用いることを検討しており，参 図 1-16.12 に示すような試験体を用いて VFC 中での鉄筋の重ね継手長を検討している．この中で，参 図 1-16.13 に示すように継手長を 5d 以上とすることで SD345 の規格降伏強度以上の継手強度が得られるとしている．

検討範囲：圧縮強度 160N/mm²，φ0.2-15，22mm 鋼繊維，体積混入率 3.0vol.%，鉄筋径 D16-D32，継手長 2.0-5.0d，かぶり 32mm（D16）54mm（D32），あき 68mm（D16）36mm（D32），文献中あき重ね継手の事例も有

$$F_s = 105.9 \cdot \ln L_s - 222.6 \tag{参 1-16.6}$$

ここに，L_s：継手長(mm)，F_s：継手耐力(N)

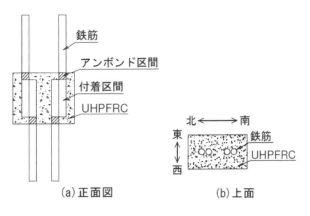

参 図 1-16.12 D32 鉄筋の試験体[5]

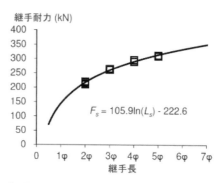

参 図 1-16.13 D32 鉄筋の重ね継手耐力[5]

(6) 竹山らの事例

竹山ら[6]は**参 図 1-16.14**に示すような試験体を用いて，VFC の圧縮強度と引張軟化特性（**参 図 1-16.15**）が重ね継手の強度，すなわち継手の耐力に与える影響を検討している．その結果，**参 図 1-16.16**に示すように圧縮強度と引張軟化特性（開口変位が 0.5mm 程度までの引張応力）を高くすることで重ね継手の耐力が高くなるとしている．また，VFC に使用する繊維の種類を変えても，引張軟化特性を同程度にすることで重ね継手の耐力を同程度にすることができるとしている．

検討範囲：目標圧縮強度 40(52)〜200(224)N/mm^2，鉄筋径 D19，かぶり 40mm，あき 40mm

使用繊維：φ0.6-30mm 鋼繊維（フック付き），φ0.2-15 or 22mm 鋼繊維，φ0.66-30mmPVA 繊維

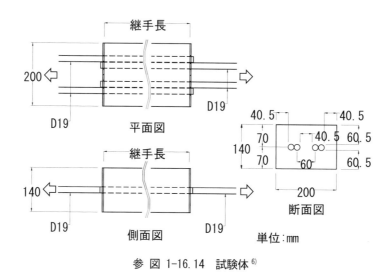

参 図 1-16.14 試験体[6]

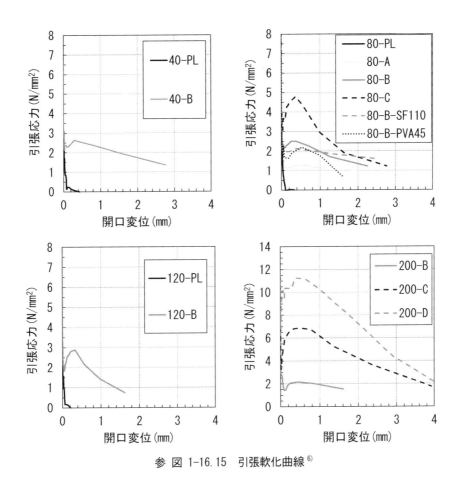

参 図 1-16.15 引張軟化曲線[6]

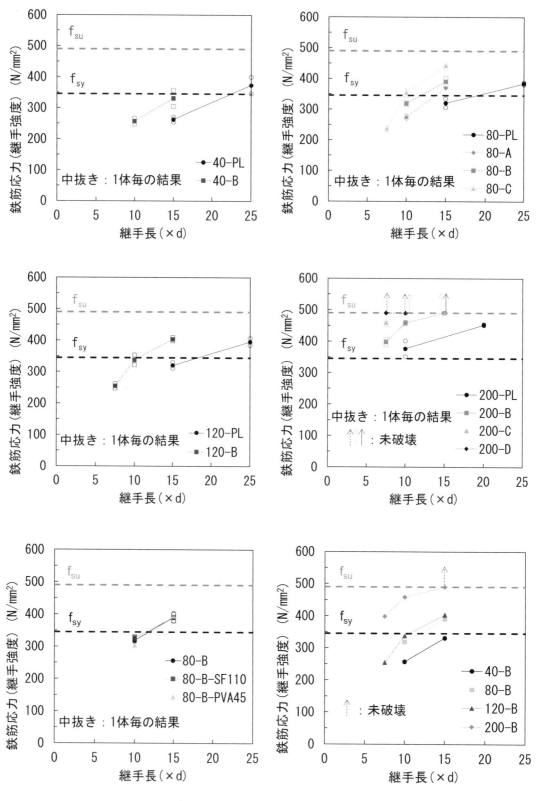

参 図 1-16.16 継手強度と継手長[6]

参 表 1-16.1 に継手部分に VFC を用いて鉄筋の重ね継手を検討している研究事例を示す.

参 表 1-16.1 VFC を用いた鉄筋の重ね継手に関する検討例

No.	執筆者	引張強度 (N/mm²)	繊維の種類と体積混入率	圧縮強度 (N/mm²)	検討している継手構造					
					対象構造	継手長 (d) 鉄筋径	かぶり (mm)	あき (mm)	備考
1	熊崎ら[1]	14.8	φ0.16-13mm 鋼繊維 2.0vol.%	198	床版	0 2.5 5	あき重ね継手	20～50	40.5～68.5 ※鉄筋間隔125～175	プレキャスト床版同士のVFCによる接合
2	齋藤ら[2]	-	φ0.2-15, 22mm 鋼繊維 1.75vol.%	-	床版	5		20	- ※鉄筋間隔125	UFC床版同士の接合 (UHPFRC)
3	吉武ら[3]	-	φ0.4-12mm 鋼繊維 3.0vol.%	128	床版	10		30	39.5 ※鉄筋間隔105	プレキャスト床版同士のVFCによる接合
			φ0.6-30mm 鋼繊維 (フック) 1.0vol.%	67.5		15				
4	滝本ら[4]	-	φ0.6-30mm 鋼繊維 (フック) 1.0vol.%	69.3	PCa	15	重ね継手 + あき重ね継手	52	重ね継手125 あき重ね継手50 ※鉄筋間隔150	プレキャスト部材の接合部
5	牧田ら[5]	-	φ0.2-15, 22mm 鋼繊維 3.0vol.%	160	床版	2～5		32 54	68 36	UHPFRCの継手
6	竹山ら[6]	1.0～11.0	φ0.6-30mm 鋼繊維 (フック) φ0.2-15 or 22mm 鋼繊維 φ0.66-30mm PVA 繊維	40～200		-	重ね継手	-	40	40	圧縮強度と引張軟化特性が重ね継手に与える影響

3. まとめ

2.の各検討事例から，鉄筋の重ね継手部分に VFC を用いることで，通常のコンクリートを用いる場合よりも鉄筋の継手性能が向上する．このため，VFC を用いることで通常のコンクリートを用いる場合よりも鉄筋の重ね継手長を短くすることができると考えられる．また，これらの検討事例では，重ね継手を形成する鉄筋同士にあきを設ける，あき重ね継手に関する事例が多い．VFC を重ね継手に用いる上で，鉄筋同士のあきを 1.0d（d：鉄筋径）以上設けるあき重ね継手とすることとしている知見[7]もあるが，この知見の中では，繊維の充填性（材料分離等）から鉄筋同士のあきを 1.5d 以上とすることが規定されている．一方で，鉄筋の重ね継手をあき重ね継手とする場合に，鉄筋同士のあきを大きくしていくと鉄筋の節からのストラットの形成が部分的となるため，あき重ね継手により伝達できる力が低下する知見もある[8]．

これより，VFC を用いる場合の鉄筋とコンクリートの継手の耐力は，鉄筋同士のあき，VFC に使用する繊維の種類，VFC の引張強度と引張軟化特性だけではなく圧縮強度などにも依存することが考えられるため，適切な検討を行って VFC を用いる場合の鉄筋の重ね継手長を設定するのが望ましい．

参考文献

1) 熊崎達郎，佐々木一成，田中浩一：プレキャスト床版接合工法「スリムファスナー」の曲げ耐力評価に関する研究，大林組技術研究所報，2021

2) 齋藤公生，藤代勝，一宮利通，山名宗之，鈴木英之，越野まやか：UHPFRC を間詰とした UFC 床版の接合構造に関する検討，第 76 回土木学会年次学術講演会，CS8-04

3) 吉武謙二，田中博一，栗田守明，塩屋俊幸：高強度鋼繊維補強材料で接合されたプレキャストコンクリートはりの曲げ挙動，コンクリート工学年次論文集，Vol.23，No.3，pp.859-864，2001

4) 滝本和志，吉武謙二，興石正巳，三島英将：高強度繊維補強コンクリートで接合されたプレキャストコンクリートはりの曲げ挙動について，コンクリート工学年次論文集，Vol.29，No.3，pp.637-642，2007

5) 牧田通，松田有加，渡邊有寿，一宮利通：UHPFRC に配置された鉄筋の重ね継手長に関する実験的検討，第 29 回プレストレスコンクリートの発展に関するシンポジウム論文集，pp.81-84，2020

6) 竹山忠臣，篠崎裕生，横井晶有，内田裕市：各種 FRCC を用いた鉄筋の重ね継手に関する検討，コンクリート工学年次論文集，Vol.43，No.2，pp.769-774，2021

7) Federal Highway Administration : Design and Construction of Field-Cast UHPC connections, TECHNOTE, FHWA-HRT-14-084, 2014

8) 上田尚史，山下夢来生：引張力を受ける重ね継手の耐荷機構に関する解析的研究，構造工学論文集 Vol.69A，pp.812-823，2023

参考資料 1-17　部材接合部の検討事例

指針（案）11.3 節　参考資料

1.　はじめに

　VFC を部材接合部に用いることで，通常のコンクリートを用いた場合よりも過密配筋の解消や断面寸法の縮小ができ，部材接合部をより合理的な構造にすることができると考えられる．本参考資料では部材接合部への VFC や FRC の適用事例を示す．

2.　検討事例

　参 表 1-17.1 に部材接合部に関する検討事例をまとめる．

参 表 1-17.1　部材接合部の検討事例

No.	執筆者	引張強度 (N/mm²)	繊維の種類と体積混入率	圧縮強度 (N/mm²)	キーワード
1	村田ら [1]	2.0 程度	φ0.9mm-60mm 鋼繊維 0.4vol.%	41.1	隅角部 鋼繊維補強コンクリート 配筋合理化
2	村田ら [2]	2.0〜4.0 程度	φ0.9mm-60 mm 鋼繊維 0.4vol.% or 1.0 vol.%	39.1〜58.4	隅角部，配筋合理化 鋼繊維補強コンクリート ヒンジリロケーション
3	石川ら [3]	-	φ0.6mm-30 mm 鋼繊維 0.5vol.% or 1.0 vol.%	33.6〜83.3	プレキャスト，柱梁接合部 鋼繊維補強コンクリート 機械式定着鉄筋
4	掛ら [4]	-	φ0.6mm-30 mm 鋼繊維 1.0vol.%	60	プレキャスト，柱梁接合部 鋼繊維補強コンクリート 機械式定着鉄筋，FEM 解析
5	佐野ら [5]	-	φ0.1mm-12 mm PVA 繊維 1.0vol.%	40	プレキャスト，柱梁接合部 高靭性繊維補強セメント

(1) RCボックスカルバートの部材接合部における配筋の合理化

村田ら[1]は，RCボックスカルバートのハンチを有するL形部材接合部（隅角部）を想定して，SFRCの適用の有無や補強鉄筋の仕様を変更して，実験的検討を行い，配筋の合理化についての検討を行っている．実験結果より，部材接合部にプレート定着型鉄筋やSFRCを適用することで，鉄筋のあきを拡大させて単位体積鉄筋量を大幅に低減し，最大耐力は同等のまま，部材接合部がほぼ損傷せずに側壁基部に損傷が集中することが確認されている．

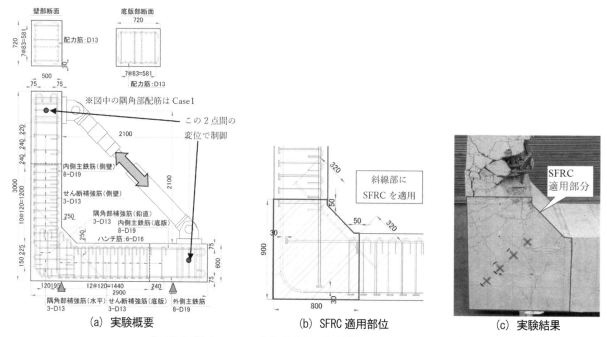

参 図 1-17.1 ハンチを有するL形部材接合部へのSFRC適用[1]

(2) RCボックスカルバートの部材接合部におけるハンチの省略

村田ら[2]は，(1)の研究に続いて，建築分野でのヒンジリロケーションと呼ばれる手法をL形部材接合部に適用し，構造性能を低下させずにハンチを省略することを試みている．ハンチを省略するため，部材接合部の配筋や鉄筋強度の変更，SFRCの適用等の条件を変化させて実験を実施している．その結果，部分的な多段配筋化や高強度鉄筋化とSFRCの適用を組み合わせた方法により，構造性能を保持したままハンチを省略できるとしている．

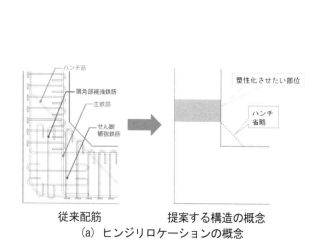

参 図 1-17.2 L形部材接合部へのSFRC適用によるヒンジリロケーション適用[2]

(3) 柱梁接合部における配筋の合理化

石川ら[3]は，鉄筋コンクリート構造の柱梁接合部について，SFRCを用いて省力化及び省人化が図れる接合方法を提案している．具体的には梁主筋に機械式定着鉄筋を採用し，接合部のコンクリートには鋼繊維補強コンクリートを用いることで，接合部せん断補強筋を省略している．この構造に対して，コンクリート強度や鋼繊維の混入量を変数とした機械式定着鉄筋の引抜き定着試験を行い，掻き出し定着耐力の算定式を提案している．また，梁曲げ降伏先行型，接合部破壊型の柱梁接合部の1/2の縮小モデルにて実験を行い，接合部のせん断強度式の提案及びその妥当性の確認を行っている．本工法は実構造にも適用している．

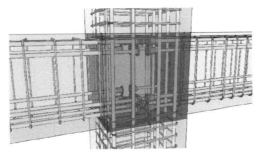

(c) 提案工法の接合部拡大図（藍色エリア：SFRC）

参 図 1-17.3　SFRCを用いた省人化型接合部工法[3]

(4) 機械式定着とSFRCの定着構造のモデル化

掛ら[4]は，(3)の研究に続いて，梁の曲げ試験及び機械式定着鉄筋の引抜き定着試験を模擬した3次元非線形FEM解析を行い，材料構成則やモデル化手法の確認を行っている．さらに，これらの結果を踏まえて十字形接合部のFEM解析を実施し，過年度の研究にて接合部の応力伝達機構として提案した「分割ストラットモデル」の妥当性を確認している．

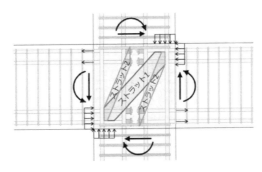

参 図 1-17.4　接合部における分割ストラットモデル[4]

(5) 柱梁接合部における補強鉄筋の省略

佐野ら[5]は，プレキャスト柱梁接合部のみに高靭性繊維補強セメント複合材料を用いて接合部の合理化を検討している．接合部のせん断破壊が先行する試験体を製作し，繊維の混入の有無をパラメータとして加力実験を行い，接合部のせん断強度の評価を行っている．実験結果より，繊維を混入させた場合はひび割れに架橋した繊維が有効に働き，接合部のせん断強度が上がることを確認している．また，画像計測を用いて接合部のひび割れ性状を検討し，DFRCC の架橋則から算出した繊維の負担する接合部のせん断力が繊維混入の有無により生じたせん断力の差と最大耐力時まで良好に対応していたことから，ひび割れ評価により繊維負担せん断力を算出できることが示されたとしている．

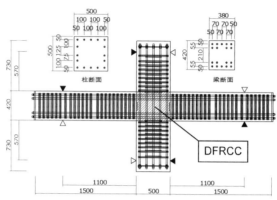

参 図 1-17.5　柱梁接合部の試験体概要図[5]

3. まとめ

本参考資料で取り上げた事例では VFC よりも強度が低い材料を適用しているものがあるが，それでも部材接合部の配筋合理化に寄与している．これより，VFC を部材接合部へ用いることで，部材接合部の鉄筋量が低減され，さらにはハンチの省略といった構造の合理化や施工性の向上が可能となる．

参考文献

1) 村田裕志, 武田均：RC ボックスカルバート隅角部の配筋合理化に関する実験的研究，第 70 回土木学会年次学術講演会，V-198，pp.395-396，2015

2) 村田裕志, 畑明仁：ヒンジリロケーションの導入によりハンチを省略した RC 隅角部の構造性能，コンクリート工学年次論文集，Vol.44，No.2，pp.1069-1074，2022

3) 石川裕次, 西之園一樹, 飯田正憲, 平林聖尊：鋼繊維補強コンクリートを用いた省人化型接合部工法の実用化，コンクリート工学，Vol.54，No.7，pp.694-701，2016.7

4) 掛悟史, 石川裕次：梁主筋を接合部内で機械式定着した SFRC 十字形接合部における応力伝達機構，コンクリート工学論文集，第 28 巻，pp.79-91，2017

5) 佐野直哉, 八十島章, 山田大, 金久保利之：接合部に DFRCC を用いた PCa 柱接合部の構造性能，コンクリート工学年次論文集，Vol.37，No.2，pp.1105-1110，2015

参考資料 1-18　PCa 部材の接合

指針（案）13.9.3 項　参考資料

1. はじめに

VFC を PCa 部材の接合部に用いることで，通常のコンクリートを用いた場合よりも，例えば接合部の間詰め幅を小さくできたり，接合部の補強材を省略できたりと PCa 部材の接合部の構造を合理化することができると考えられる．本参考資料では PCa 部材の接合に関連する検討事例を示す．なお，本資料においては，UFC を使用した PCa 部材の接合部についても紹介し，鉄筋の重ね継手を用いた接合に関しては「**参考資料 1-16　VFC 部材における鉄筋の重ね継手**」に示す．

2. 検討事例

PCa 桁同士の接合，PCa 床版同士および PCa 床版と主桁の接合それぞれに分けて検討事例を示す．

2.1　PCa 桁の接合

武者ら[1),2)]は UFC 橋梁のプレキャストブロックの接合部について，圧縮強度 120 N/mm^2 の VFC を用い，接合部幅を 150mm とした接合構造の検討を行っている．接合部のせん断特性を把握するために，せん断キー有り・無しのそれぞれの試験体を製作し，せん断伝達力のプレストレスによる摩擦の負担分と，せん断キーの負担分を把握している．それを UFC 指針の設計例と比較することでその妥当性を検証している．さらに，各部材寸法を実橋桁の 1/2 とした，接合部を含む縮小梁モデルを用いて，設計上の要求性能の確認及びジョイント構造の耐荷性能の確認を目的として載荷実験を行っている．その結果，UFC 指針に準じて算出した接合部のせん断耐力と比較して十分なせん断伝達耐力を有し，UFC 指針に準ずることにより十分に安全側の設計が可能であるとしている．

 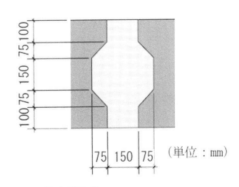

参 図 1-18.1　PCa 桁同士の接合構造[1)]

2.2　PCa 床版の接合および PCa 床版と主桁の接合

参 表 1-18.1 に PCa 床版同士の接合及び PCa 床版と主桁の接合に関する検討事例をまとめる．

参表 1-18.1 PCa床版の接合およびPCa床版と主桁の接合に関する検討事例

No.	執筆者	引張強度 (N/mm²)	繊維の種類と体積混入率	圧縮強度 (N/mm²)	キーワード
1	齋藤ら[3]	8.8	15mm 鋼繊維 0.75vol.%	180	PCa床版同士の接合 床版と鋼桁の接合 UFCより鋼繊維量を減じたVFC 頭付きスタッド 孔あき鋼板ジベル
2	越野ら[4]	7.0	-	138	UFC床版と鋼桁の接合 頭付きスタッド
3	川口ら[5]	-	高強度：鋼繊維 2.3 vol.% 中強度：鋼繊維 1.0 vol.%	高強度：$\sigma_{28}=100$ 中強度：$\sigma_3=24$ 　　　　$\sigma_{28}=60$	PCa床版同士の接合 プレート定着型鉄筋

(1) ワッフル型UFC床版の接合

齋藤ら[3]は，新設橋に適用するワッフル型UFC床版について，床版と鋼桁の接合と床版パネル間の接合に通常のUFCよりも鋼繊維量を減じたVFCを用いた接合構造の検討を実施している．前者の接合については，スタッドの押抜きせん断試験で性能を確認したうえで，水平せん断力に対して抵抗するように頭付きスタッドを用いている．後者の接合には孔あき鋼板ジベルを設置の上，さらに接合部に引張応力が発生しないようにプレストレスを導入している．また，用いた材料の充填性ついては，実物大の接合部模型を用いた試験によって確認している．

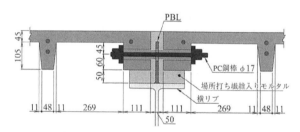

参図 1-18.2　床版接合部縦断面図[3]

(2) UFC床版と鋼桁の接合

越野ら[4]は，UFC床版と鋼桁の接合部について，鋼桁に配置した一般的な頭付きスタッド，短い頭付きスタッドとUFC床版側に配置したボルトとインサートを併用して，間詰め部（高さ80mm）にVFCを充填した接合構造の検討を実施している．検討では使用するボルトの疲労試験並びに接合部の一面せん断試験を実施し，ボルトの疲労強度及び接合部の耐力を確認している．いずれの試験においても各種指針から算出した耐力よりも大きな耐力を有していることを確認している．

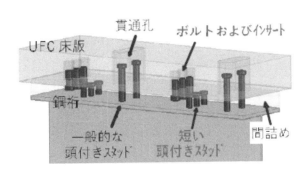

参 図 1-18.3　床版と鋼桁の接合構造[4]

(3) PCa床版同士の接合

川口ら[5]はPCa床版同士の接合にプレート定着型鉄筋と鋼繊維補強モルタルの組合せを採用することにより現場作業の省力化を図っている．本接合構造は従来のループ継手と比較して，間詰部内の橋軸直角方向の異形鉄筋の配置を省略できること，及び間詰幅を小さくできることが特徴である．本稿では，間詰幅，間詰材の強度及び繊維の混入量を変化させた静的曲げ試験を行い，従来のループ継手と性能を比較している．さらに，プレート形状を変化させた引抜き試験及び定着性能試験を行い，プレート形状による影響を確認している．それらの結果を踏まえて，最終的には輪荷重走行試験を実施し，性能を確認した上で実橋に適用している．

参 図 1-18.4　プレート定着型鉄筋を用いたPCa床版同士の接合[5]

3. まとめ

　PCa桁同士の接合部にVFCを用いた構造について，せん断キーを用いた接合方法が提案されている．この構造に対して要素実験，縮小梁モデルに対する各種実験を行い，その安全性を確認している．一方，PCa床版同士及びPCa床版と主桁の接合にはスタッドやPC鋼材の使用を併用することで合理的な構造が種々提案されている．

参考文献

1) 武者浩透，渡辺典男，竹田康雄，松川文彦：東京国際空港GSE橋梁桁間ジョイントの実験，コンクリート工学年次論文集，Vol.30，No.3，pp.1477-1482，2008
2) 武者浩透，渡辺典男，福原哲，一戸秀久：東京国際空港ＧＳＥ橋梁 縮小梁モデル実験，プレストレストコンクリート技術協会　第17回シンポジウム論文集，pp.175-178，2008
3) 齋藤公生，藤代勝，谷口祥基，福岡純一：新設橋に適用するワッフル型UFC床版の設計 -阪神高速道路 信濃橋入路橋 架替え工事-，プレストレストコンクリート 第61巻 第5号，pp.11-16，2019
4) 越野まやか，山名宗之，鈴木英之，永井勇輔，一宮利通，齋藤公生：間詰め内部に収まるずれ止めを用いたUFC

床版と鋼桁の接合部の試験による検討，第76回土木学会年次学術講演会，CS8-03，2021

5) 川口哲生，渡部孝彦，島﨑利孝，武田均，細谷学，大島邦裕，高嶋光俊，趙唯堅：プレート定着型鉄筋によるプレキャスト床版接合構造の開発と適用，土木建設技術発表会 2021

参考資料 1-19　高度な数値解析を用いた評価

指針（案）14 章　参考資料

1. はじめに

本参考資料では，有限要素法（FEM）や剛体ばねモデル（RBSM）等の高度な数値解析を用いて VFC 部材の力学挙動を評価した事例について紹介する．ただし，VFC 部材を対象とした数値解析については必ずしも多くの事例があるわけではないため，ここでは VFC に限らず HPFRCC や UFC を用いた事例についても含めた．

2. 高度な数値解析の事例
2.1 有限要素法（FEM）を用いた評価例

FEM 解析による評価事例としては，設計基準強度 80N/mm² の鋼繊維補強コンクリートを用いた桁供試体（参図 1-19.1）の載荷実験を対象としたものがある[1]．実験供試体は，曲げ耐力を確保するためにφ36mm の異形 PC 鋼棒が 3 本断面下縁側に配置されており，せん断破壊先行型となるように設定されている．コンクリートに起因するせん断耐力を明確にするため，せん断補強鉄筋は配置されていない．さらに，斜め圧縮破壊が先行しないように，せん断スパン桁高比は 2.5 とされている．

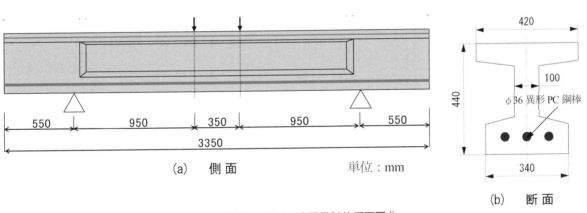

参 図 1-19.1　実験供試体概要図[1]

解析は，汎用非線形 FEM 解析プログラム DIANA が用いられた．解析モデルは実験供試体の対称性を考慮して 1/4 モデルとしている．なお，コンクリートと軸方向の補強材とは完全付着が仮定されている．コンクリートの圧縮応力度とひずみ曲線は，圧縮強度試験の結果を参考としており，ヤング係数 $4.0 \times 10^4 \text{N/mm}^2$ とし，参 図 1-19.2 のように完全弾塑性としてモデル化されている．引張応力度とひずみの関係は，直接引張試験の結果より参 図 1-19.3 のようにモデル化されている．引張補強鋼材についても材料非線形を考慮し，参 図 1-19.4 のようにモデル化されている．なお，コンクリートのひび割れモデルは回転ひび割れモデルが用いられている．

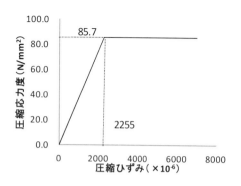

参 図 1-19.2 コンクリートの圧縮応力-ひずみ曲線[1)]

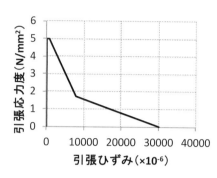

参 図 1-19.3 引張軟化曲線[1)]

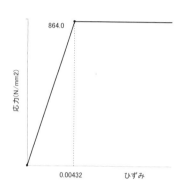

参 図 1-19.4 引張鋼材の応力-ひずみ曲線[1)]

VFC供試体に対する解析により得られた荷重－変位曲線を**参 図 1-19.5**に示す．載荷初期から変位量7mmまでは解析値の載荷荷重が実験値より大きい傾向が現れているが，終局耐力や終局変位など，全体的な挙動はほぼ同様といえる．また，**参 図 1-19.6**に載荷荷重600kNの時の最大主応力分布図を示す．この結果と**参 図 1-19.7**に示す実験における破壊時のひび割れ状況を比較すると，載荷の終局時に斜め引張破壊により破壊していることが本解析で再現されていることが分かる．

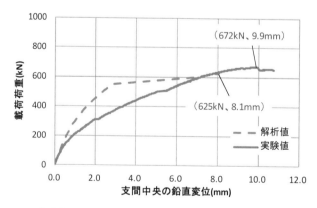

参 図 1-19.5 VFC供試体の荷重－変位曲線の比較[1)]

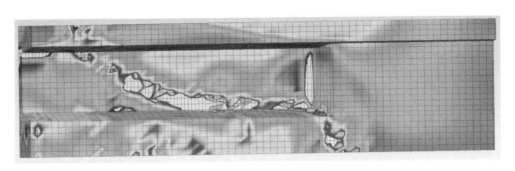

参 図 1-19.6　解析結果（600kN，中央部斜めの白色部分：破壊部）[1]

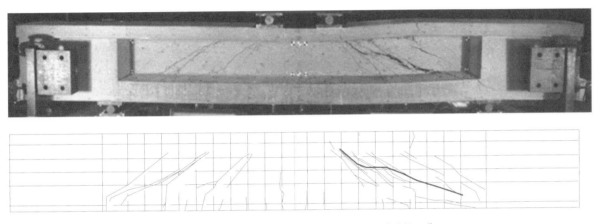

参 図 1-19.7　実験供試体のせん断破壊状況 [1]

2.2　剛体バネモデル（RBSM）を用いた解析例

　VFCはり部材の曲げ破壊挙動を3次元RBSMにより評価した事例[2]を示す．この解析例では繊維を直接離散的にモデル化はせず，ひび割れ発生後に繊維とマトリクスの付着特性を考慮することで繊維の架橋効果を表現している．RBSMによりVFCの構造部材を解析した数少ない解析例の1つである．

　解析の対象は，鋼繊維補強コンクリートを用いたはり部材の曲げ載荷実験[2]である．供試体の断面寸法は，幅100mm，高さ300mmである．載荷は，せん断スパン長1000mm，等曲げ区間長1200mmの4点曲げにより行われている．実験では，体積混入率と引張鉄筋比が実験要因であり，体積混入率は0vol.%と1.0vol.%，引張鉄筋比は0.5%と1.0%であり，計4通りの実験が行われている．なお，引張鉄筋比0.5%の場合には有効高さ269mmの位置にD13の鉄筋が，引張鉄筋1.0%の場合には有効高さ266mmの位置にD19の鉄筋が配置されている．

　参 図 1-19.8に示すように，解析モデルは，マトリクスは平均要素サイズ20mmのヴォロノイ分割によりモデル化し，鉄筋ははり要素を用いて離散的にモデル化している．マトリクスの材料特性値は，材料試験の挙動を評価できるように同定したパラメータを用いている．一方，鉄筋の機械的性質は材料試験の結果を用いている．また，鋼繊維は，参 図 1-19.9に示すように，所定の体積混入率となるように供試体中にランダムに分散させることでモデル化している．ただし，繊維の分布状態による挙動の違いを把握するため，均一な分布と偏りのある分布をモデル化している．繊維とマトリクス間の付着特性は，実験で得られた引張軟化曲線を評価できるようパラメータを同定している（参 図 1-19.10）．

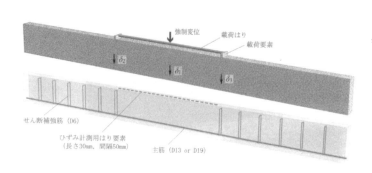
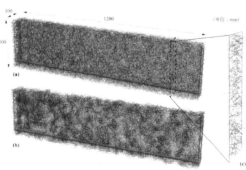

参 図 1-19.8　解析モデル[2]　　　　　　　　　参 図 1-19.9　等曲げ区間における繊維分布[2]

（上：均一な分布，下：偏りのある分布）

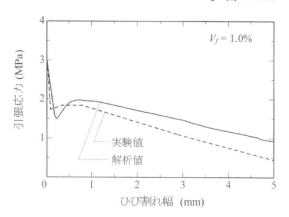

参 図 1-19.10　引張応力－ひび割れ幅関係[2]

解析より得られた曲げモーメントと曲率の関係を**参 図 1-19.11**に示す．図より，解析は曲げひび割れの発生やその後の曲げ剛性，部材の降伏挙動を鉄筋比によらず精度良く評価できていることが確認できる．一方，変形性能に着目すると，解析では繊維の分布状態の違いにより変形性能に違いが表れる結果が得られている．すなわち，一様な場合と比較して偏りのある場合の方が早期に荷重が低下する傾向にある．偏りのある繊維分布を仮定した方が実験値との対応が良いと結論付けている．また，ひび割れ状態から，破壊の進展に伴いひび割れが局所化しており，実験と同様の挙動を再現できているとしている（**参 図 1-19.12**）．

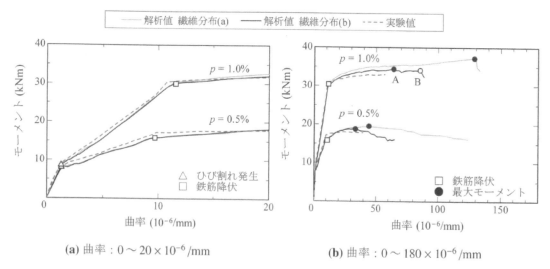

(a) 曲率：$0 \sim 20 \times 10^{-6}$/mm　　　　　　(b) 曲率：$0 \sim 180 \times 10^{-6}$/mm

（凡例の繊維分布(a)は均一な繊維分布，繊維分布(b)は偏りのある繊維分布）

参 図 1-19.11　VFC の曲げモーメントと曲率の関係[2]

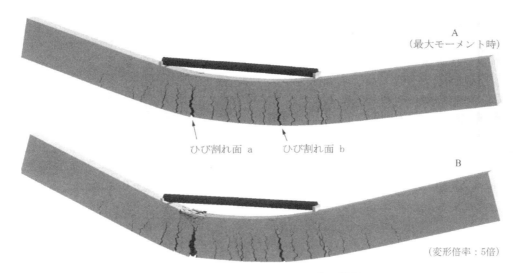

(A, Bは参 図 1-19.11(b)中の点に対応)
参 図 1-19.12 破壊進展の様子[2]

3. VFCを対象とした解析における構成則の考え方と注意点

3.1 設計への利用を前提とした解析

　実務における設計への利用を前提とした解析の場合，曲げ耐力やせん断耐力を予測できることが重要となる．はり部材や柱部材といった単純な部材でこれらの耐力を予測できる解析モデルについてまとめる．

　ひずみ軟化型を前提としたVFCについては，2.1で紹介したように汎用的なFEMで十分にシミュレーションが可能であるものと考えられる．コンクリート構造を対象としたFEMにおいては，分布ひび割れモデルと離散鉄筋要素の組み合わせが最も一般的であると考えられるが，VFCにおいても同様であると考える．ただし，モデル化においては以下のような点に注意が必要である．

- 要素の変位関数（1次要素 or 2次要素）
- 要素寸法（要素分割の細かさ）
- ひび割れモデル（回転ひび割れモデル or 固定ひび割れモデル）
- 鉄筋要素のモデル化（トラス要素 or ビーム要素）
- 付着のモデル化（完全付着 or 付着－すべりを考慮）
- 等価長さの考え方

　VFC部材の耐力予測に重点を置くことを考えれば，「2次要素」，「要素分割は部材高方向に4〜6段程度」，「回転ひび割れモデル」，「等価長さは要素幅（要素面積の平方根または体積の立方根）」，「鉄筋はトラス要素」，「鉄筋とコンクリート完全付着」で十分にシミュレーションが可能であることが示されている[3), 4)]．

　なお，1次要素を用いた場合でも，VFCのシミュレーションは十分可能である．ただし，多くの汎用ソフトの場合，1次要素ではせん断ロッキングを防止するために低減積分がデフォルトで選択されることが多い．1次の低減積分要素はひび割れ現象のような脆性的な非線形解析で不安定になることがあるため注意を要する．

　また，固定ひび割れモデルは，ひび割れ面での複雑なせん断伝達モデルを考慮する必要があるため，その必要性のない回転ひび割れモデルは，簡便に耐力を予測できるモデルとしては有用である．ただし，一般のRC部材の解析においては山谷らの研究[5)]のように，回転ひび割れモデルはひび割れ進展挙動の再現が困難であるとされている．VFCを対象とした解析例では，児玉らの研究[3)]のように，回転ひび割れモデルにより斜めひび割れの角度を概

ね評価できる結果も得られている．ひび割れモデルの選択においては，解析の目的を明確にするとともにモデルの妥当性を十分に確認しておく必要がある．

　鉄筋と繊維補強コンクリートを完全付着とさせる考え方は RC 部材の解析でも一般的であり，鋼繊維補強鉄筋コンクリート柱部材の設計指針（案）[6]でも提示されている方法である．

　なお，ひずみ硬化型の SHCC については，一定ひずみまでひび割れが局所化せずに応力を保持する材料であるので，ひび割れが局所化する応力低下域前までは応力－ひずみ関係を材料特性とし，応力低下域には等価長さを考慮したモデルを構成則として用いれば良いと考えられる．

3.2　VFC 部材の力学挙動評価のための解析

　前述のように，現在は FEM 解析を用いることで VFC 部材のマクロな力学挙動をある程度評価可能な状況にあるといえる．一方，それらの解析は，主として単純支持条件下のはり部材を対象としたものであり，また，使用材料ごとに解析方法の考え方も異なっており，汎用性のある手法は必ずしも確立されていないのが現状である．したがって，限定された載荷条件や破壊モードに対する安全性の評価は可能であるが，部材に想定されるあらゆる破壊挙動を評価可能であるとは言い難い．

　VFC の構造利用を考えた場合は，単純支持条件下のはり部材のみならず，様々な力学的ならびに幾何学的な境界条件下における種々の構造部材（柱部材や面部材等）の力学挙動を，その破壊進展挙動まで含めて評価できることが望ましい．そのためには，FEM 解析においては以下に示すモデル化に対して，その妥当性を十分に確認する必要がある．

・ひび割れモデル

・主軸に対する応力－ひずみ関係

・ひび割れ面のせん断伝達モデル

ひび割れモデルについては，従来の FEM 解析における固定ひび割れモデル（多方向ひび割れを含む）と回転ひび割れモデルのどちらを選択するのかという点が重要となる．とりわけ，VFC はひび割れ発生後においても繊維の架橋力により応力を負担するため，ひび割れ後の応力場は従来のコンクリートとは異なる可能性がある．その傾向は，SHCC のような複数ひび割れを生じる場合において，より顕著となるものと思われる．

　これまでの研究事例においては，固定ひび割れモデルが使用されたケースもあれば，回転ひび割れモデルが使用されたケースもある．固定ひび割れモデルが用いられた事例としては，福浦ら[7]の解析の他，米澤ら[8]，Suryanto ら[9]，Zhang ら[10]の解析が挙げられる．一方，回転ひび割れモデルが用いられた事例としては，Ashizuka ら[11]の解析の他，Suwada ら[12]，古城ら[13]の解析が挙げられる．ここで，**参 表** 1-19.1 にそれらの解析事例におけるひび割れモデルと解析対象となる FRCC の特徴を一覧としてまとめる．表より FRCC の特徴によりひび割れモデルは選定されているわけではないことがわかる．なお，固定ひび割れモデルを用いた場合は，後述するひび割れ面のせん断伝達モデルに対しても適切なモデル化が求められるのに対して，回転ひび割れモデルを用いた場合はその必要性はないことを付記する．

参 表 1-19.1　ひび割れモデルと解析対象となる FRCC

解析事例	ひび割れモデル	解析対象のFRCC	FRCCの特徴
福浦ら[7]	固定	UFC	超高強度
米澤ら[8]	固定	HPFRCC	複数微細ひび割れ
Suryantoら[9]	固定	ECC	複数微細ひび割れ
Zhangら[10]	固定	UHP-SHCC	複数微細ひび割れ
Ashizukaら[11]	回転	高強度FRC	ひずみ軟化
Suwadaら[12]	回転	HPFRCC	複数微細ひび割れ
古城ら[13]	回転	HFRCC	ひずみ軟化

主軸に対する応力－ひずみ関係のモデル化については，FEM 解析では一般的には材料の強度試験から得られる応力－ひずみ関係を直接考慮することとなる．ただし，多軸応力場における圧縮ならびに引張挙動の変化については，十分な検討を要する．例えば，ひび割れたコンクリートのひび割れ平行方向の圧縮強度は，一軸圧縮強度よりも低下することが知られている．従来のコンクリートにおいては，ひび割れ直交方向のひずみを用いて圧縮強度を低減させる圧縮強度低減モデル[14), 15)]が定義されているが，各種の VFC に対してはどのような低減係数を考慮するのかは必ずしも明らかではない．対象とする VFC における圧縮強度の低減がどのようになるのかが不明な場合は，福浦ら[7]や米澤ら[8]のようにコンクリートに対する圧縮低減係数を使用することとなる．一方，対象とする VFC の圧縮強度低減係数が実験的に求められている場合は，Suryantoら[9]や Suwadaら[12]のように，VFC 特有の圧縮強度低減係数を考慮したモデルを用いる場合もある（**参 図 1-19.13** および**参 図 1-19.14**）．

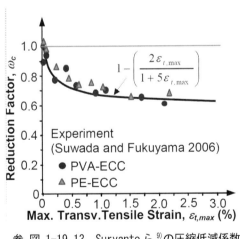

参 図 1-19.13　Suryantoら[9]の圧縮低減係数

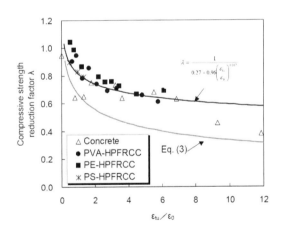

参 図 1-19.14　Suwadaら[12]の圧縮低減係数

ひび割れ面のせん断伝達モデルについては，ひび割れ面の形状に着目したモデル化が行わる場合が多い．例えば，米澤ら[8]は，HPFRCC はりのせん断挙動を再現可能なせん断伝達モデルについて検討している．米澤らの解析によれば，**参 図 1-19.15** に示すように，せん断補強筋がない場合は，ひび割れ面のせん断伝達がないと仮定することで実験結果を良好に再現でき，また，せん断補強筋がある場合は，そのダボ効果を考慮する必要があるとしている．

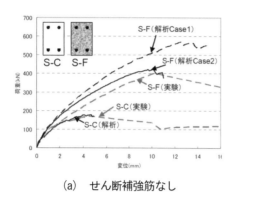
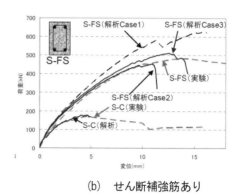

(a) せん断補強筋なし　　　　　　　　　　　(b) せん断補強筋あり

(case1：普通コンクリートと同様のせん断伝達，case2：せん断伝達なし，case3：ダボ効果のみを考慮)

参 図 1-19.15　HPFRCC のせん断挙動評価解析[8]

Suryanto ら[9]は，参 図 1-19.16 に示すように，せん断強度を普通コンクリートの 0.25 倍とするとともにせん断応力－ひずみ関係において軟化挙動をモデル化することで，ECC のひび割れ面が平滑になることとひび割れ面における繊維の引張抵抗を考慮している．提案したモデルを用いることで，純せん断を受ける R/ECC パネルの主ひずみ，主応力方向を適切に評価できていることを示している（参 図 1-19.17）．

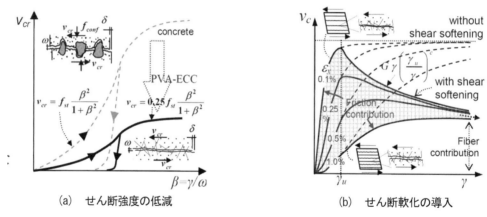

(a) せん断強度の低減　　　　　　　　　　　(b) せん断軟化の導入

参 図 1-19.16　Suryanto らのせん断伝達モデル[9]

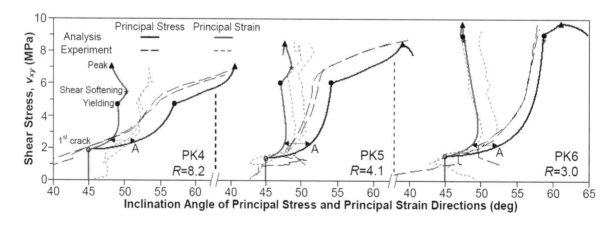

参 図 1-19.17　せん断応力作用時の主応力，主ひずみ方向の変化[9]

Zhangら[10]は，ひび割れ面の幾何性状を平滑にモデル化するとともに，参図1-19.18に示すように，ひび割れの分散と局所化を考慮したひび割れ幅の関数を提案し，ひび割れ幅が開口することで急激にせん断伝達が低下する減少をモデル化している．その結果，提案したモデルを用いることで，参図1-19.19に示すように，UHP-SHCCはりのせん断破壊挙動に対して，荷重－変位関係のみならずひび割れの局所化性状も評価できることを示している．

なお，VFCのひび割れ面のせん断伝達特性については，実験的にも明らかにしようとする試み[16),17),18)]が行われているものの，必ずしも定量的な評価には至っていないことから，今後より詳細な現象の解明が望まれる．

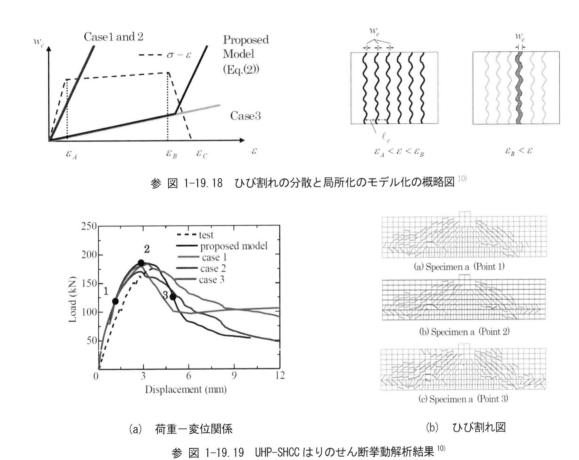

参 図 1-19.18　ひび割れの分散と局所化のモデル化の概略図[10]

(a) 荷重－変位関係　　　　　　　　(b) ひび割れ図

参 図 1-19.19　UHP-SHCCはりのせん断挙動解析結果[10]

さて，上述のFEM解析においては，要素に仮定する材料特性は材料の強度試験から得られる応力－ひずみ関係であり，そこで対象とする寸法においては，たとえVFCであっても連続体であり均質材料を仮定していることが基本的な認識である．一方，VFCの力学挙動をより微視的なスケールに基づいて評価しようとする試みもある．その一つが2.2節で紹介したRBSMによる解析である．

RBSMは，不連続体力学に基づいた解析手法の1つであり，剛体間に配置したバネの特性を適切に与えることにより，コンクリートに生じるひび割れ等の不連続挙動を直接表現することのできる解析手法である．VFCはマトリクスと繊維の複合材料であること，ならびにVFCの力学挙動はマトリクスに生じるひび割れ進展と繊維の架橋効果に大きく影響を受けることから，構成材料の力学性能およびそれらの相互作用を比較的容易に取り扱うことが可能なRBSMは，VFCの力学性能を評価する上で有用な手法であるといえる．

RBSMを用いたVFCの力学性能評価はBolanderら[19]により古くから試みられている．Bolanderらは，マトリク

ス中にランダムに配置された繊維を離散的に考慮するとともに，繊維とマトリクスの付着特性を考慮した解析を行っている．近年ではSHCCを対象とした解析[20]も試みている（**参 図 1-19.20**および**参 図 1-19.21**参照）．

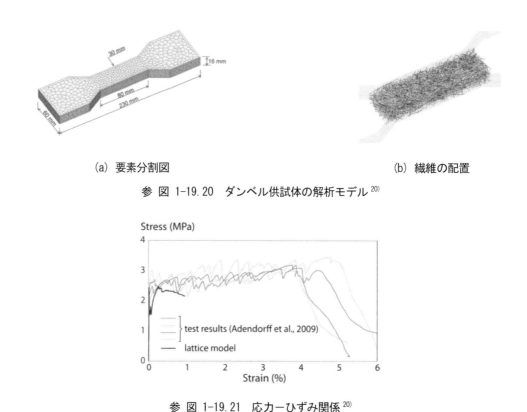

参 図 1-19.20　ダンベル供試体の解析モデル[20]

参 図 1-19.21　応力－ひずみ関係[20]

同様に，国枝ら[21]は，3次元RBSMを用いてSHCCの力学性能の評価を試みている．解析は，PVA繊維を使用したECCとPE繊維を使用したUHP-SHCCを対象としており，マトリクス強度，繊維の力学特性，およびマトリクスと繊維の付着特性が異なるSHCCに対する解析手法の適用性が検討されている．国枝らの手法では，繊維そのものはモデル化していないものの，個々の繊維に対して配置情報を付与するとともに**参 図 1-19.22**の付着応力－すべり関係を適用することで繊維の架橋力をモデル化している．また，スナビング係数を考慮することで繊維の配向性の影響を考慮している．なお，付着特性は逆解析により求められたものである．

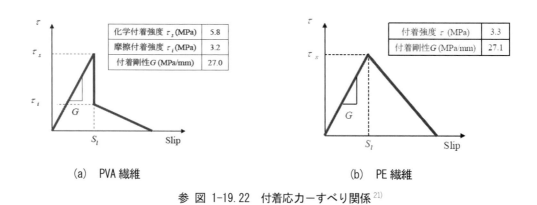

参 図 1-19.22　付着応力－すべり関係[21]

参図 1-19.23 に ECC を対象とした解析の結果を示す．ECC を対象とした場合は，マトリクスの引張強度が不明であったため，強度をパラメータとした解析が行われている．その結果，ひずみ硬化挙動や引張強度時のひずみの大きさはマトリクスの引張強度の影響を受けることを示している．また，材料の強度自体はマトリクスの強度の影響を受けておらず，初期ひび割れ強度と引張強度を結ぶ直線の傾きも同程度となることを示している．解析の結果から，マトリクスの引張強度が 3.5MPa とした場合に，応力－ひずみ関係の観点から ECC の引張挙動がおおよそ推定されているとしている．

一方，参図 1-19.24 に UHP-SHCC を対象とした解析の結果を示す．UHP-SHCC を対象とした場合は，実験結果よりマトリクスの引張強度が明らかとなっているため，実験値を用いた解析が行われている．その結果，強度を一様に与えた解析では，UHP-SHCC の引張挙動を適切に評価できないことが確認されている．この問題に対しては，マトリクス強度の空間的なばらつきを考慮することで，ひずみ硬化挙動も含めて妥当に評価することができることを示している．

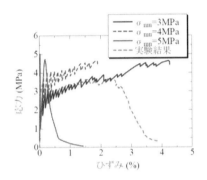
(a) マトリクスの引張強度の違いによる比較

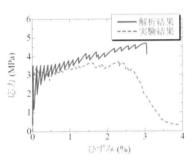
(b) マトリクスの引張強度 3.5MPa の結果

参 図 1-19.23　応力－ひずみ関係の比較（ECC）[21]

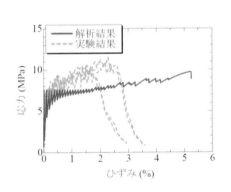
(a) マトリクスの引張強度が一様

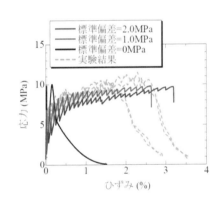
(b) マトリクスの引張強度のばらつきを考慮

参 図 1-19.24　応力－ひずみ関係の比較（UHP-SHCC）[21]

その他，塩永ら[22]は，繊維の架橋効果をマトリクスの引張軟化特性に考慮することで，HPFRM を適用した RC 部材のテンションスティフニング効果を検討している．繊維の混入率や配向性の影響を考慮した引張軟化特性をモデル化することで，RC 部材の荷重－変位関係だけでなく，ひび割れ幅やひび割れ間隔についても精度良く再現できることを示している（参 図 1-19.25）．

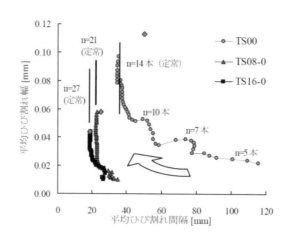

参 図 1-19.25　平均ひび割れ間隔と平均ひび割れ幅[22]

4. おわりに

本参考資料では，FEM や RBSM による高度な数値解析を用いて VFC の力学挙動を評価した事例を紹介するとともに，VFC を対象とした解析において配慮すべき点について言及した．どちらの解析法においても，VFC の材料特性を適切にモデル化することが，構造挙動を評価する上で重要であることは既に述べたとおりである．

一般に FEM で用いられる材料の応力－ひずみ曲線は，実験結果を参考としてモデル化されるが，どのような条件で実験が行われたのかを十分に認識する必要がある．すなわち，繊維の配向性や実験結果のばらつきが明示されているものを同定することが望ましい．また，VFC では，材料の力学特性に関する知見として，繰返し荷重下の履歴則（応力－ひずみ曲線）や，鉄筋と VFC の付着特性や VFC 部材中における鉄筋の座屈挙動，多軸応力下の力学特性等，未だ不明な点が多い．今後はこれらの知見が蓄積されていくことで，解析の妥当性や信頼性がより高まっていくことが期待される．

また，RBSM を用いた解析では，マトリクスの特性，繊維の特性，マトリクスと繊維の付着特性等を解析上考慮できるため，繊維やマトリクスなどの材料の組合せと材料の破壊を結びつける有力なツールになり得る．このように，微視的なスケールから VFC の力学性能を評価することは，VFC そのものの性能評価や新たな材料設計の一助となるとともに，VFC を用いた RC 部材のより合理的な設計法へとつながるものであると考えられる．

参考文献

1) 土木学会:繊維補強コンクリートの構造利用研究小委員会成果報告書, コンクリート技術シリーズ 106, 2015.8.
2) 小倉大季：繊維を離散化したメゾスケール解析手法による繊維補強セメント系複合材料の破壊挙動評価に関する研究，名古屋大学博士論文，2016.
3) 児玉亘, 大寺一清, 二羽淳一郎：短繊維補強された RC はりの斜めひび割れ特性の評価, コンクリート工学年次論文集, Vol.27, No.2, pp.1327-1332, 2005.7.
4) 河野克哉, 二羽淳一郎, 大滝晶生, 村田裕志：高強度軽量骨材コンクリートはりのせん断特性に及ぼす合成短繊維と収縮低減材料の併用効果, 土木学会論文集 E, Vol.63, No.4, pp.575-589, 2007.10.
5) 山谷敦, 中村光, 檜貝勇：回転ひび割れモデルによる RC 梁のせん断挙動解析, 土木学会論文集, No.620/V-43, pp.187-199, 1999.5.
6) 土木学会：鋼繊維補強鉄筋コンクリート柱部材の設計指針（案），1999.11
7) 福浦尚之, 田中良弘, 加納宏一：非線形有限要素解析による超高強度繊維補強コンクリートはり部材の挙動

シミュレーション，土木学会論文集，No.795／V-68，pp.81-93，2005.8.

8) 米澤健次，平田隆祥，渡辺哲，岡野素之：HPFRCC を用いた構造部材の非線形挙動に対する FEM 解析，コンクリート工学年次論文集，Vol.31，No.2，pp.1255-1260，2009.

9) Suryanto, B., Nagai, K. and Maekawa, K.: Smeared-Crack Modeling of R/ECC Membranes Incorporating an Explicit Shear Transfer Model, Journal of Advanced Concrete Technology, Vol.8, No.3, pp.315-326, 2010.

10) Zhang, Y.X., Ueda, N., Umeda, Y., Nakamura H. and Kunieda, M.: Evaluation of Shear Failure of Strain Hardening Cementitious Composite Beams, Journal of Structural Engineering, Vol.57A, pp.908-915, 2011.

11) Ashizuka, K., Kasuga, A., Asai, H. Higuchi, M. and Nagamoto, N. : Development of the High Strength Fiber Reinforced Concrete for Butterfly Web Bridge, Proceedings of fib Symposium TEL-AVIV 2013, 2013.

12) Suwada, H. and Fukuyama, H. : Nonlinear Finite Element Analysis on Shear Failure of Structural Elements Using High Performance Fiber Reinforced Cement Composite, Journal of Advanced Concrete Technology, Vol.4, No.1, pp.45-57, 2006.

13) 古城拓哉，佐藤裕一，金子佳生：HFRCCの材料構成モデルの構築と一面せん断実験に対する数値解析による検証，コンクリート工学年次論文集，Vol.33，No.2，pp.1237-1242，2011.

14) Vecchio, F.J・Collins, M.P. : The Response of Reinforced to In-Plane Shear and Normal Stresses，University of Toronto Publication, 1982.

15) 岡村甫，前川宏一：鉄筋コンクリートの非線形解析と構成則，技報堂出版，1991.

16) 松永たかこ,脇坂文恵，鈴木士郎，牧剛史：ひび割れ面のせん断伝達特性に基づく PVA 短繊維補強コンクリート梁のせん断耐力評価，pp.1465-1470，コンクリート工学年次論文集，Vol.30，No.3，2008.

17) 清水克将，金久保利之，閑田徹志，永井覚：PVA-ECC のひび割れ面でのせん断伝達機構と部材のせん断耐力評価，日本建築学会構造系論文集，Vol.619，pp.133-139，2007.

18) 藤村将治，上田尚史：FRCC のひび割れ面におけるせん断伝達特性に関する研究，コンクリート工学年次論文集，Vol.38，No.2，pp.1333-1338，2008.

19) J. E. Bolander and S. Saito: Discrete Modeling of Short-Fiber Reinforcement in Cementitious Composites, Advanced Cement Based Materials, Vol.6, pp.76-86, 1997.

20) J. Kang and J. E. Bolander: Simulating Crack Width Distributions in SHCC under Tensile Loading, International Conference on Fracture Mechanics of Concrete and Concrete Structures(FraMCoS-8), 2008.

21) 国枝稔，小澤国大，小倉大季，上田尚史，中村光：短繊維を離散化した 3 次元メゾスケール解析手法によるひずみ硬化型モルタルの引張破壊解析，土木学会論文集 E，Vol.66，No.2，pp.193-206，2010.

22) 塩永亮介，佐藤靖彦，Joost C.Walraven：高性能繊維補強モルタルを適用した RC 部材の一軸引張挙動に関する研究，土木学会論文集 E，Vol.66，No.4，pp.366-379，2010.

参考資料 1-20 VFC を用いた補修・補強による構造性能の向上

指針（案）15 章 参考資料

1. はじめに

VFC を補修・補強に用いることにより，耐久性が向上するだけでなく力学的な性能も向上すると考えられる．VFC 部材の補修・補強に対する研究は数が少ないが，以下に示す研究などが行われている．

2. 構造性能の向上に関する研究例

牧田ら[1]は，鋼繊維を用いた VFC を用いて RC 中空床版橋の表面 100mm を打ち替えることを想定し，FEM 解析で検討した結果，床版片持部の曲げモーメントによる上縁鉄筋の引張応力が RC 構造より約 84%小さくなることが報告されている．

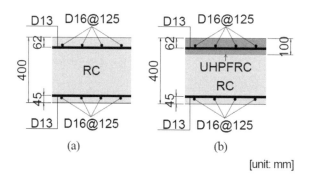

参 図 1-20.1 床版片持部の(a)RC 構造と(b)R-VFC 構造の比較[1]

参 表 1-20.1 床版片持部設計荷重作用時の曲げモーメントによる応力[1]

荷重の種類	構造	σ_{st} [MPa]	σ_{cc} [MPa]
死荷重＋活荷重	RC	<u>149.4</u>	4.0
	RU-RC	23.5	2.6
	対 RC 比増減率	-84.3%	-35.0%
死荷重＋活荷重＋風荷重	RC	157.8	4.3
	RU-RC	24.5	2.7
	対 RC 比増減率	-84.5%	-37.2%
死荷重＋活荷重＋衝突荷重	RC	157.8	4.3
	RU-RC	24.8	2.8
	対 RC 比増減率	-84.3%	-34.9%

※下線付きの値は許容応力を超過

新井ら[2]は，鋼繊維を用いた VFC を用いて PC 橋の表面を 100mm 打替える場合および 10mm はつって 40mm 厚の VFC を打ち込んだ場合（30mm の増厚）を想定し，PC 部材の載荷実験によりひび割れ発生荷重が健全な PC 部材と同等以上になることが報告されている．なお，試験体製作時は VFC が上面となり，試験時には，天地逆転し載荷を行った．

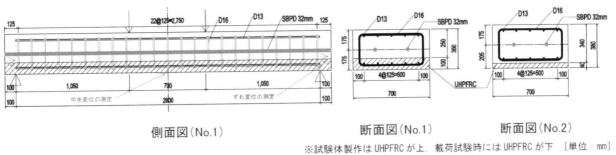

参 図 1-20.2　試験体の概要[2]

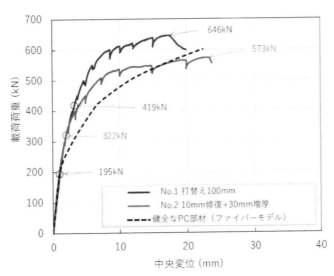

参 図 1-20.3　載荷荷重－中央変位関係[2]

3. おわりに

VFCを用いた補修・補強による曲げモーメントに対する構造性能の評価は，既設コンクリート構造とVFCの一体性が確保されていれば平面保持の仮定が成り立つため「**8章　安全性に関する照査**」によってよいと考えられる．しかし，せん断力に対する構造性能については，部分的に用いられたVFCの補強効果が明確ではないため，実験等によって検討するのがよいと考えられる．ここでは，構造性能の向上に関する研究例を示したが，補強設計例については「**参考資料4-2　VFCを用いた構造物の補強設計例**」に示されている．

参考文献

1) 牧田通，熊谷紳一郎，立松秀之，北川寛和：UHPFRCにより床版上面を打替えたRC中空床版橋の構造特性に関する検討，構造工学論文集，Vol.65A，pp.674-687，2019.3
2) 新井崇裕，永井勇輔，小嶋進太郎，一宮利通，平陽兵：UHPFRCで打替えやオーバーレイをしたPC梁部材の曲げ特性に関する検討，土木学会全国大会第75回年次学術講演会，pp.Ⅰ-382-Ⅰ-383，2020.9

参考資料 1-21　繊維補強コンクリートにおける収縮低減剤の効果

指針（案）16.3.8 項　参考資料

1.　はじめに

　UFC は，水結合材比を極めて低くすることや高温での熱養生などにより，力学的特性や耐久性などにおいて極めて優れた性能を実現したセメント系材料である．UFC はその優れた性能を有する反面，自己収縮が増大することが課題であり，UFC 指針では，収縮による拘束ひび割れ発生の抑制を目的として，UFC 内部に異形鋼材を原則として使用しないことを規定している．ただし，UFC 指針の解説において，ひび割れの防止に効果のある適切な対策を講じることによってはその限りではないとも記載されている．このことから，河野ら[1]は，UFC に適合する混合粉体材料に PVA 繊維を混入した超高強度繊維補強セメント系複合材料の材料特性および RC はり部材のせん断特性について，収縮低減剤（以下，SRA）の添加による性能向上・改善効果を評価および検証している．

　VFC でも UFC と同様に低水セメント比で使用されることが多いため，自己収縮が大きくなることが想定される．ここでは，VFC の収縮低減に向けて，超高強度繊維補強セメント系複合材料に SRA を使用した既往の研究事例について紹介する．

2.　SRA を使用した超高強度繊維補強セメント系複合材料および RC はり性能について

2.1　実験概要

　河野ら[1]の検討における使用材料を**参 表 1-21.1** に示す．検討では，市販の UFC 用標準配合粉体および PVA 繊維を使用した超高強度繊維補強セメント系複合材料が対象となっている．また検討では，SRA として低級アルコール系（炭素数 4 個）のものと高級アルコール系（炭素数 8 個）のものの 2 種類を使用している．

　配合およびフレッシュ性状を**参 表 1-21.2** に示す．検討は，PVA 繊維の混合率を 0vol.%および 3vol.%の 2 水準とし，低級アルコール系および高級アルコール系の SRA をそれぞれ 15kg/m³ 使用している．なお，SRA の混入方法は，低級アルコール系の場合は練混ぜ水の一部として内割置換したのに対して，高級アルコール系の場合は外割で使用している．

　検討項目は，材料特性として圧縮強度，ひび割れ発生強度，破壊力学特性および収縮ひずみの試験を行い，また，すべての水準について**参 図 1-21.1** に示すような RC はりのせん断性能について試験を行っている．

参 表 1-21.1　UFC の使用材料[1]

材料	種類	略号	成分ならびに物性
標準配合粉体	結合材	B	市販のプレミックス粉体
	骨材	S	市販のプレミックス粉体
補強用繊維	PVA 繊維	F	市販の専用繊維，長さ 15mm，直径 0.3mm，密度 1.30g/cm³
混和剤	高性能減水剤	SP	市販の専用減水剤
	収縮低減剤	SRA1	低級アルコールアルキレンオキシド付加物（炭素数 4 個），易溶性，密度 1.02g/cm³，表面張力 37.4mN/m
		SRA2	高級アルコールアルキレンオキシド付加物（炭素数 8 個），難溶性，密度 0.98g/cm³，表面張力 32.8mN/m
	消泡剤	DFA1	ポリエーテル系（ポリアルキレングリコール誘導体）
		DFA2	シリコーン系（ジメチルシリコーン）

参 表 1-21.2 UFC の配合ならびにフレッシュ性状[1]

| No. | V_f (%) | V_{sra} (kg/m³) | 単位量 (kg/m³) ||||||| フロー[*3] (mm) | 空気量[*4] (%) | 始発[*5] (h-m) |
			W	SRA1[*1]	SRA2[*2]	B	S	F	SP	DFA1	DFA2			
1	3	15	178	15	—	1309	922	39	32.0	B×0.02%	—	278	3.0	15-40
2		15		—	15					—	SRA2×5%	267	3.0	13-45
3		0		—	—					—	—	276	3.2	11-50
4	0	15		15	—			0	22.5	B×0.02%	—	275	3.0	14-25
5		15		—	15					—	SRA2×5%	263	3.2	12-10
6		0		—	—					—	—	268	2.8	10-20

[*1] W の一部として内割置換。 [*2] W に対して外割置換。 [*3] 練上がりから 180 秒経過後(無振動)。 [*4] 質量法にて算出。
[*5] プロクター貫入抵抗値 3.5N/mm²(PVA 繊維を混入せずに測定)。

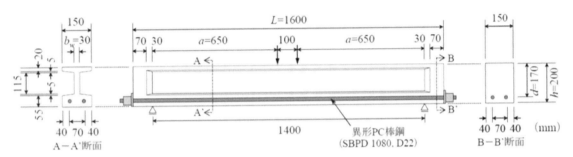

参 図 1-21.1 RC はりの断面諸元[1]

2.2 実験結果

流動性については，参 表 1-21.2 に示すように SRA を使用した場合においても未使用の場合と同一の SP 添加量で目標とするフロー値 (270±10mm) が得られている．凝結始発時間は SRA の使用により長くなり，低アルコール系の SRA 使用時に顕著であった．

強度特性の結果を参 表 1-21.3 に示す．V_f=3%とした場合，圧縮強度 f'_c は SRA を添加していない場合と比較して 6〜12%程度低下するものの，ひび割れ発生強度 f_{cr} はいずれの SRA を添加した場合も向上している．なお，V_f=0%とした場合の f_{cr} は SRA 添加の影響は小さいため，f_{cr} の向上は SRA と PVA 繊維を併用することで発揮されるものと考察している．

破壊力学特性として，V_f=3%とした場合の破壊エネルギーG_F は，いずれも SRA を使用した場合は未使用の場合よりも向上し，高級アルコール系 SRA を使用した場合，低級アルコール系の場合よりも高い値が示されている．V_f=3%とした場合の引張軟化曲線を参 図 1-21.2 に示す．SRA を使用した場合の引張軟化曲線は，軟化開始応力（仮想ひび割れ幅 0mm）ならびにひび割れ発生後に最大となる結合応力（仮想ひび割れ幅 0.75mm 程度）が向上しており，特に高級アルコール系 SRA を用いた場合に顕著なひび割れ後の引張応力の伝達性能改善効果が認められるとしている．

参 表 1-21.3 UFC の強度特性[1]

No.	V_f (%)	V_{sra} (kg/m³)	SRA 種類	f'_c (N/mm²)	f_{cr} (N/mm²)	G_F (N/mm)
1	3	15	SRA1	179	11.9	7.12
2		15	SRA2	169	9.40	7.70
3		0	—	191	8.84	6.55
4	0	15	SRA1	220	9.08	0.027
5		15	SRA2	200	8.81	0.026
6		0	—	221	8.92	0.025

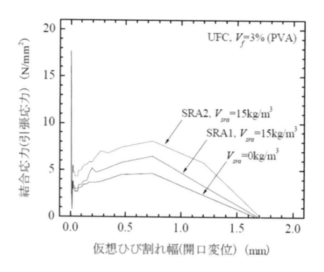

参 図 1-21.2 SRA を添加した UFC の引張軟化曲線[1]

　超高強度繊維補強セメント系複合材料の養生中に生じた収縮ひずみの測定結果を参 図 1-21.3 に示す．収縮ひずみは，SRA の使用によって低減し，その効果は高級アルコール系 SRA を使用した場合に大きい．なお，$V_f=3\%$ の場合は $V_f=0\%$ の場合よりも収縮ひずみが小さく，その効果は SRA を併用した場合の方が顕著である．

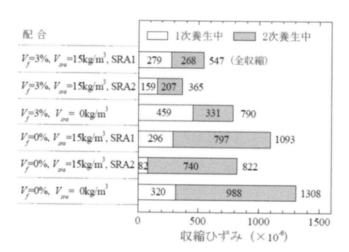

参 図 1-21.3 養生中における UFC の収縮ひずみ[1]

　超高強度繊維補強セメント系材料の f_{cr} や G_F が向上した原因として，i) 母材（マトリクス）の収縮を PVA 繊維が拘束することで母材に生じる引張応力を抑制できること，ii) 収縮応力が低減した母材は PVA 繊維との界面付着性状が向上して PVA 繊維の架橋効果が増大できること，などが関与している可能性を挙げている．なお，鋼繊維を使用した UFC においても SRA の使用により f_{cr} や G_F が向上することが確認されており，同様の効果が得られるものと推察されている．

　超高強度繊維補強セメント系複合材料を使用した RC はりのせん断性能試験結果を参 表 1-21.4 に，はりの荷重－たわみ曲線を参 図 1-21.4 に示す．$V_f=3\%$ の場合は，SRA を添加することによって曲げひび割れ発生荷重 P_c および終局荷重 P_u が増大した．その効果は低級アルコール系 SRA を使用した場合と高級アルコール系 SRA を使用した場合で差は認められず，ほぼ同様に耐力が向上しているが，ピーク後の下降域の勾配は高級アルコール系 SRA を使用した場合の方が緩やかである．

参 表 1-21.4　UFC を用いた RC はりの載荷試験結果[1]

No.	V_f (%)	V_{sra} (kg/m³)	SRA 種類	ε_s (×10⁻⁶)	P_c (kN)	P_u (kN)	破壊形式
1	3	15	SRA1	558	21.1	96.8	斜め引張
2	3	15	SRA2	497	29.5	97.5	斜め引張
3	3	0	—	782	17.5	85.6	斜め引張
4	0	15	SRA1	—	養生中	37.7	斜め引張
5	0	15	SRA2	433	22.0	32.9	斜め引張
6	0	0	—	—	養生中	32.9	斜め引張

ε_s：載荷直前まで（養生中）に生じた主鉄筋の初期ひずみ，
P_c：(曲げ)ひび割れ発生荷重，P_u：終局荷重(最大荷重)

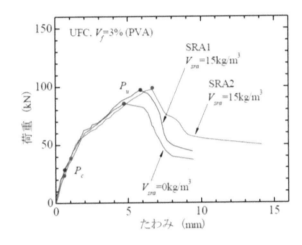

参 図 1-21.4　PVA 繊維を混入した UFC はりの荷重-たわみ曲線[1]

3. おわりに

　VFC の自己収縮ひずみ低減に関する参考資料として，PVA 繊維を使用した超高強度繊維補強セメント系複合材料に収縮低減剤を使用した事例を紹介した．今回紹介した事例では，超高強度繊維補強セメント系複合材料に収縮低減剤を使用することで収縮ひずみを低減することが可能であるだけでなく，破壊力学特性や RC はりのせん断特性の向上につながる可能性を示している．これらの結果は VFC においても同様の効果が得られる可能性があると考えることができ，収縮低減剤の使用によって，VFC の破壊力学特性および VFC を使用した構造物のせん断特性を向上できる可能性がある．また，収縮低減剤の効果は，その主成分，使用量，VFC の材料特性などによっても異なることが考えられるため，対象となる VFC の使用材料や配合条件に応じて，適切な収縮低減剤の種類および使用量を選定することが必要である．現在，VFC や UFC などのような高強度から超高強度域の繊維補強セメント系材料への収縮低減剤の作用メカニズムは明らかになっていないため，これらの作用メカニズムを解明し，VFC に適した収縮低減剤の開発・実用化されることが期待される．

参考文献

1) 河野克哉，川口哲生，森香奈子，川村禎昭：ポリビニルアルコール系繊維を混入した超高強度繊維補強 RC はりにおける収縮低減剤の添加によるせん断性能の改善，コンクリート工学年次論文集，vol.35，No.2，pp.1267-1272，2013

参考資料1-22　繊維かさ容積とスランプ・スランプフローの関係

指針（案）16.4節　参考資料

1.　はじめに

　VFC のような繊維補強セメント系複合材料においては，流動性や力学的性能などの要求性能を満足するように繊維の仕様（種類，寸法等）や混入量を設定することが極めて重要な要件となる．一般に繊維補強セメント系複合材料では，繊維径が小さいほど，繊維長が長いほど，繊維混入量が多いほど，それぞれ流動性が低下することが知られている．このため，VFC の配合設計においては，施工に適した流動性を確保できるよう繊維の仕様と混入量を設定する必要があり，適切な評価指標の確立が望まれる．佐々木ら[1]は，VFC の流動性を評価する指標として，繊維かさ容積を用いることで繊維の種類や寸法によらず，繊維の混入によるコンクリートのスランプやスランプフローの変化を推定できることを報告している．以下に研究内容を紹介する．

2.　繊維のかさ容積による高強度繊維補強コンクリートの流動性評価

2.1　実験概要

　佐々木ら[1]の検討における使用材料を**参 表 1-22.1**に示す．結合材は普通ポルトランドセメントまたは低熱ポルトランドセメントに対してシリカフュームを 10%内割置換して使用しており，水結合材比が 25%では普通ポルトランドセメントを，25%未満では低熱ポルトランドセメントを使用している．繊維は，形状や寸法が異なる 3 種類の鋼繊維および 1 種類の集束アラミド繊維を使用している．

参 表 1-22.1　使用材料[1]

材料	種類	産地, 物性, 成分	密度 (g/cm³)	記号		
結合材	セメント	普通ポルトランドセメント, 比表面積 3300 cm²/g	3.15	N	C	B
		低熱ポルトランドセメント, 比表面積 3740 cm²/g	3.24	L		
	混和材	エジプト産シリカフューム, BET 比表面積 15.8 m²/g	2.25	SF		
細骨材	砕砂	茨城県岩瀬産硬質砂岩, 吸水率 1.44%, 実積率 66.2%	2.61	S1		S
	山砂	千葉県富津産, 吸水率 1.70%, 実積率 62.3%	2.63	S2		
粗骨材	砕石 2005	茨城県岩瀬産硬質砂岩, 最大寸法 20 mm, 吸水率 0.67%, 実積率 63.8%	2.66	G		
化学混和剤	高性能 AE 減水剤	ポリカルボン酸エーテル系化合物	－	SPA		SP
	高性能減水剤	ポリカルボン酸エーテル系化合物	－	SPB		
	消泡剤	ポリアルキレングリコール誘導体	－	Ad		
短繊維	アラミド繊維	集束タイプ, 繊維径 0.5 mm, 繊維長 30 mm	1.39	AF		
	鋼繊維	繊維径 0.2 mm, 繊維長 22 mm	7.85	SWA		
		繊維径 0.2 mm, 繊維長 15 mm		SWB		
		両端フック, 繊維径 0.62 mm, 繊維長 30 mm	7.85	SFA		

注）骨材の密度は表乾密度である。

ベースコンクリートの配合を参 表 1-22.2 に示す．単位水量は 175kg/m³，水結合材比は 25, 22, 19 および 16%，単位粗骨材絶対容積を 0.200m³/m³ とし，所定量の短繊維を混入している．

参 表 1-22.2 ベースコンクリートの配合 [1]

W/B (%)	単位粗骨材絶対容積 V_G (m³/m³)	s/a (%)	空気量 (%)	単位量 (kg/m³)				
				W	B 計	C	SF	S	G
16.0	0.200	55.4	2.0	175	1094	985	109	660	528
19.0	0.200	60.0	2.0	175	921	829	92	804	528
22.0	0.200	62.9	2.0	175	795	715	80	911	528
25.0	0.200	64.2	3.5	175	700	630	70	938	528

2.2 実験結果

短繊維混入率とスランプフローの関係を参 図 1-22.1 に，短繊維混入率とスランプの関係を参 図 1-22.2 に示す．短繊維混入率の増加にともない，スランプフローおよびスランプが小さくなり，水結合材比が小さいほどその影響が小さい結果となった．

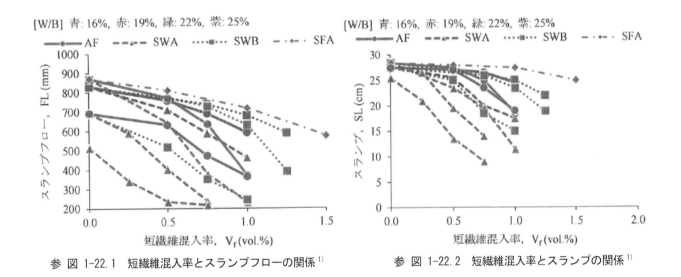

参 図 1-22.1 短繊維混入率とスランプフローの関係 [1]　　参 図 1-22.2 短繊維混入率とスランプの関係 [1]

繊維補強セメント系複合材料の短繊維かさ容積とスランプフローおよびスランプの関係を参 図 1-22.3 および参 図 1-22.4 に示す．スランプフローおよびスランプは短繊維かさ容積で整理することで短繊維の種類の影響が小さくなることが分かる．また，図中には水結合材比ごとに近似式が示されているが，水結合材比が 25%未満の場合はスランプフローおよびスランプが低下し始める短繊維かさ容積 0.05～0.10m³/m³ 程度を境に 2 直線で示されている．この 2 つの近似直線は短繊維かさ容積とスランプフローの関係をよく表していることが分かる．また，佐々木らは，過去のデータを近似式により評価し，その結果が妥当であることを示している．

これらの結果より，短繊維の実積率および短繊維かさ容積を用いることで，短繊維の種類や寸法によらず，短繊維混入によるコンクリートのスランプやスランプフローの変化を推定できる可能性があるとしている．

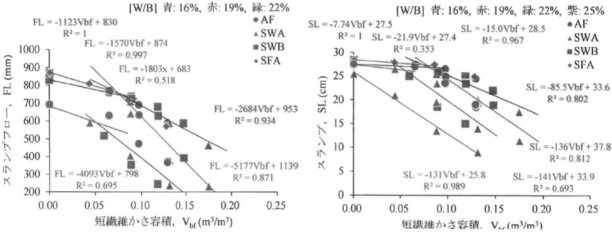

参 図 1-22.3　短繊維かさ容積とスランプフローの関係[1]　　　参 図 1-22.4　短繊維かさ容積とスランプの関係[1]

3. おわりに

VFC では，施工性ならびに繊維の配向と分散の観点からコンシステンシーを考慮した配合設計が重要となる．本報告は，繊維の実積率および繊維かさ容積を用いることで，繊維の種類や寸法によらず，繊維混入によるコンクリートのスランプやスランプフローの変化を推定する方法を紹介しており，配合設計の一助になるものと期待される．

参考文献

1) 佐々木亘，谷口秀明，樋口正典，宮川豊章：短繊維のかさ容積による高強度繊維補強コンクリートの流動性の評価，コンクリート工学年次論文集，Vol.37，No.1，pp.307-312，2015

参考資料 1-23

参考資料 1-23　VFC の練混ぜ

指針（案）16.5 節　参考資料

1.　はじめに

　VFC には，高い耐久性と引張強度を付与するため様々な混和材料や繊維が用いられる．所定の品質が確保できるように，コンクリート中の繊維を一様に分散させる必要があることから，練混ぜ方法を事前に十分に検討することが大切である．既往の研究では，VFC の練混ぜについて多くの検討が行われている．以下では，VFC 以外にも UFC などの練混ぜ事例も同様の知見ととらえ，あわせて紹介する．

2.　VFC の配合計画書

　VFC の配合計画書の例を**参 表 1-23.1** に示す．VFC の配合計画書には，レディーミクストコンクリートの配合計画書に記載される事項に加えて，この例では使用する繊維の情報等を記載している．

参 表 1-23.1　VFC の配合計画書の例

VFC の配合計画書		No.
殿		年　月　日

製造会社・工場名

配合計画者名

工　事　名　称	
所　在　地	
納　入　予　定　時　期	
本　配　合　の　適　用　期　間	
V F C　の　打　込　み　箇　所	

配 合 の 設 計 条 件

呼び方	VFC の名称	特性値 N/mm²			スランプ又はスランプフロー又はモルタルフロー cm or mm	粗骨材の最大寸法 mm	セメントの種類による記号
		圧縮強度	ひび割れ発生強度	繊維架橋強度			

指定事項（必須）	セメントの種類	呼び方欄に記載	粗骨材の最大寸法	呼び方欄に記載
	骨材の種類	使用材料欄に記載	アルカリシリカ反応抑制対策の方法	
	繊維の種類及び使用量	使用材料欄及び配合表欄に記載		

指定事項（任意）	骨材のアルカリシリカ反応性による区分	使用材料欄に記載	塩化物含有量	kg/m³ 以下
	水の区分	使用材料欄に記載	空気量	％
	混和材の種類及び使用量	使用材料欄及び配合表欄に記載	コンクリートの温度	最高・最低　℃
	特性値を保証する材齢		日	

使 用 材 料

セメント	生産者名			密度 g/cm³		Na₂Oₑq ％	
混和材①※1	製品名		種類	密度 g/cm³		Na₂Oₑq ％	
混和材②※2	製品名		種類	密度 g/cm³		Na₂Oₑq ％	
繊維①	種類		径 mm	長さ mm		密度 g/cm³	
繊維②	種類		径 mm	長さ mm		密度 g/cm³	

骨材	種類	産地又は品名	アルカリシリカ反応性による区分		粒の大きさの範囲	粗粒率又は実積率	密度 g/cm³		微粒分量の範囲 ％
			区 分	試験方法			絶乾	表乾	
細骨材									
粗骨材									

混和剤①	製品名		種類	Na₂Oₑq ％
混和剤②				

細骨材の塩化物量	％	水の区分

配合表

	kg/m³							kg	
セメント	混和材①※1	混和材②※2	水	細骨材	粗骨材	混和剤①	混和剤②	繊維①	繊維②

水セメント比	％	水結合材比	％	細骨材率	％

備考　・アルカリ総量；●●kg/m³
　　　→アルカリ総量が 3.0kg/m³ より多かったため，JCI-S-010-2017「コンクリートのアルカリシリカ反応性試験方法」
　　　　によりアルカリ反応性による異常膨張が生じないことを確認した．
　　　・繊維の配合方法；外割り
　　　※1 結合材に含まれる混和材　※2 結合材に含まれない混和材

3. VFC の練混ぜ事例

既往の文献に示された VFC の練混ぜ手順について**参 表 1-23.2** に示す．練混ぜ時間に多少の違いはあるが，空練り→水（混和剤を含む）投入→一次練り→繊維投入→二次練りの練混ぜにて均一なコンクリートを製造できるとしている（**参 図 1-23.1**）．汎用的な大型ミキサにおいては，練混ぜ容量80%での製造が可能であり，その必要練混ぜ時間は12分以下という報告もある[1]．また，実機プラントで練混ぜ後にトラックアジテータで運搬した後も均一性が確保でき品質が変わらないことが確認されている（**参 図 1-23.1～3**，**参 表 1-23.3**）[2,4]．

計量装置に表面水率を計測できる装置を設置し，細骨材の表面水率が8%以下で±0.5%の範囲に入るように管理し，適切な頻度で表面水を測定することによって得られたモルタルフローや圧縮強度を**参 図 1-23.4**に示す．フレッシュ性状や硬化特性は目標範囲内であることが確認されている[2]．

参 表 1-23.2 VFC の練混ぜ手順[1,2,3,4]

項目			文献1)	文献2)	文献3)	文献4)
配合諸元	W/B	%	15.1	15.1	14.8	12.6
	設計基準強度	N/mm²	180	180	120	180
	目標モルタルフロー mm		270～290	250	600（スランプフロー）	260
	使用繊維	種類	鋼繊維	鋼繊維	合成繊維・鋼繊維	鋼繊維
		径	0.2mm	0.2mm	− ・0.62mm	0.16mm
		長さ	15mm	記述無し	10mm・30mm	13mm
練混ぜ方法	使用ミキサ	種類	二軸強制練りミキサ			
		公称容量	2.5m³	1.0m³	0.055m³	3.3m³
		練混ぜ量	2.0m³	0.8m³	0.05m³	1.7m³
	練混ぜ手順		①空練り 30秒 ②水・混和剤投入 ③1次練り 420秒 ④繊維投入 ⑤2次練り 300秒	①空練り 記述無し ②水・混和剤投入 ③1次練り 420秒 ④繊維投入 ⑤2次練り 300秒	①空練り 10秒 ②水・混和剤投入 ③1次練り 360秒 ④粗骨材投入 ⑤2次練り 120秒 ⑥静置 300秒 ⑦合成繊維投入 ⑧3次練り 30秒 ⑨鋼繊維投入 ⑩4次練り 10~180秒	①空練り 30秒 ②水・混和剤投入 ③1次練り 480秒 ④繊維投入（アジテータートラックへ投入） ⑤低速攪拌（繊維投入中） 600秒 ⑥高速攪拌（繊維投入後） 60秒

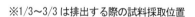

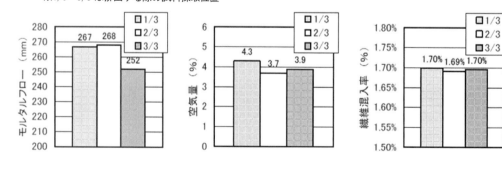

参 図 1-23.1 ミキサ排出後の試験結果[2]

参考資料 1-23

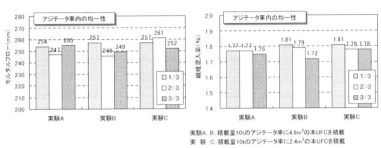
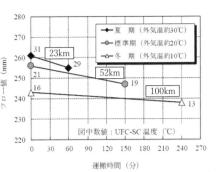

参 図 1-23.2 アジテータトラックから排出した試料の試験結果[2]　　参 図 1-23.3 運搬時間とフロー値の関係[4]

参 表 1-23.3 運搬前後の強度[4]

運搬時期 運搬距離	圧縮強度 (N/mm²) 運搬前	圧縮強度 (N/mm²) 運搬後	曲げ強度 (N/mm²) 運搬前	曲げ強度 (N/mm²) 運搬後
夏 期 23km	190	184	33.2	32.5
標準期 52km	188	192	34.1	32.7
冬 期 100km	183	188	30.9	33.1

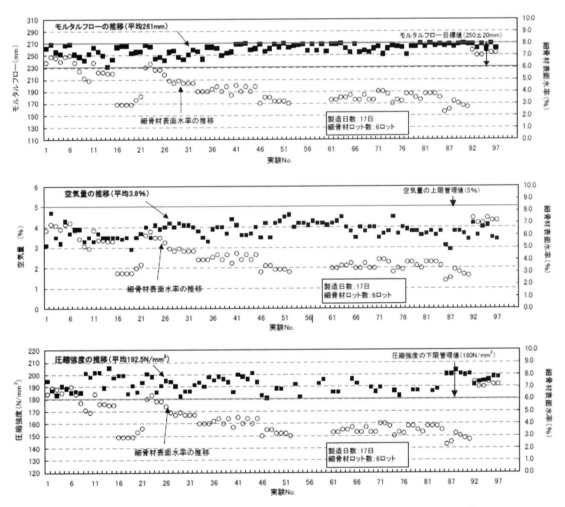

参 図 1-23.4 細骨材の表面水率とモルタルフロー，空気量，圧縮強度の関係[2]

4. 車載ミキサによる練混ぜ事例

現場打ちで打込み計画数量が少ない場合，最大練混ぜ量が小さい強制練り車載式ミキサを用いると供給ロスが低減できる．UFCの実施工において，車載式ミキサ（**参 写真 1-23.1**）にて練混ぜ量 0.5m³ とし，通常のレディーミクストコンクリート工場のミキサと同等の回転数である「高速」で撹拌した場合，スラリー化までの練混ぜ時間は 13 分程度であった（**参 図 1-23.6**）[5]．なお，プレミックス材と細骨材を投入し，スラリー化後に鋼繊維を投入する車載式ミキサによる UFC の製造時間は約 25 分であったと報告されている．

参 写真 1-23.1 製造に使用した車載式ミキサ[5]

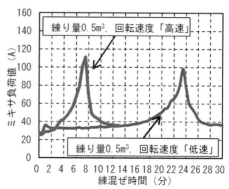

参 図 1-23.6 練混ぜ時間とミキサ負荷値との関係[5]

5. おわりに

本参考資料では VFC の練混ぜの事例について紹介した．VFC は汎用的な大型ミキサや少量であれば車載式ミキサで製造できることが確認されている．また，それをトラックアジテータで運搬した後も均一性を確保できることが報告されている．細骨材の表面水率についても，適切に管理し単位水量に反映することで，安定した品質が確保できることが報告されている．

参考文献

1) 柳井修司，坂井吾郎，大野俊夫，芦田公伸：超高強度繊維補強コンクリートの大量製造性に関する検討，コンクリート工学年次論文集，Vol.29，No.2，pp145-150，2007

2) 大野俊夫，坂井吾郎，保利彰宏，樋口正典：超高強度繊維補強コンクリートの品質安定性に関する検討，コンクリート工学年次論文集，Vol.28，No.1，pp1265-1270，2006

3) 菊地俊文，黒田泰弘，髙橋圭一：鋼繊維の分散性が超高強度繊維補強コンクリートの力学的特性に及ぼす影響，コンクリート工学年次論文集，Vol.43，No.1，pp197-202，2021

4) 吉田浩一郎，玉滝浩司，松永篤，石関嘉一：超高強度繊維補強コンクリートのレディーミクストコンクリート工場での製造に関する検討，コンクリート工学年次論文集，Vol.34，No.1，pp286-291，2012

5) 石関嘉一，相良光利，玉滝浩司，西平宣嗣：常温硬化型超高強度繊維補強コンクリートの水流摩耗防止部材への適用，コンクリート工学年次論文集，Vol.36，No.1，pp1966-1971，2014

参考資料 1-24　VFC の圧送実験事例

指針（案）16.6 節　参考資料

1. はじめに

　合理的な施工を行う上でコンクリートポンプを用いた圧送による施工が求められることがある．通常のコンクリートの圧送技術については，コンクリート標準示方書［施工編］やコンクリートポンプ施工指針[1]に材料および配合や施工計画など，これまでに得られた知見がまとめられている．しかし，VFC のように，高粘性で，多量の短繊維が混入されるコンクリートについては，知見が少ない．

　本資料では，これらの材料について，吐出量と管内圧力損失の関係や施工上留意すべき点など，圧送事例について紹介する．

2. 圧送負荷

　VFC は，高強度でかつ繊維量が多いため，粉体量が多い富配合のコンクリートとなりやすい．通常のコンクリートと比べて粘性が増大するため，配管内の圧力損失が発生し，吐出量が低下しやすい．繊維を含まない高流動コンクリートおよび高強度コンクリートの管内圧力損失の事例を参 図 1-24.1 および参 図 1-24.2 に示す．粉体量が増加するほど，水結合材比が小さくなるほど，管内圧力損失も増大する傾向が示されている．繊維を有する UFC を使用した場合の圧力損失の測定事例を参 図 1-24.3 に示す．水粉体比 12.6%で鋼繊維の混入率 2vol.%の UFC の事例である．2 インチの輸送管を使用した場合の吐出量と管内圧力損失の関係が確認されている．

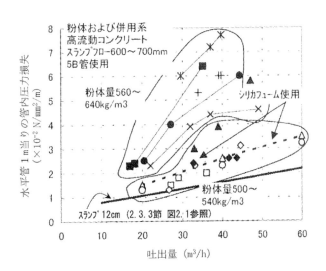

参 図 1-24.1　高流動コンクリートにおける吐出量と管内圧力損失の測定事例[1]

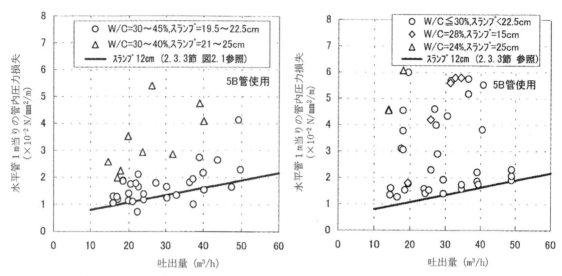

参 図 1-24.2 高強度コンクリートにおける吐出量と管内圧力損失の測定事例[1]

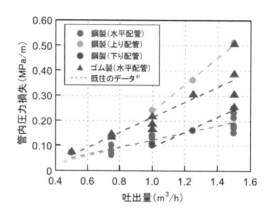

参 図 1-24.3 UFCにおける吐出量と管内圧力損失の測定事例（2B管）[2]

3. 材料分離および閉塞

VFCは繊維が多量に混入されるため，材料が分離して繊維が集中するとファイバーボールが発生しやすい．鋼繊維補強コンクリートを使用した場合のファイバーボールの事例を**参 写真 1-24.1**に，UFCを使用した場合のファイバーボールの事例を**参 写真 1-24.2**に示す．ファイバーボールが発生すると閉塞しやすくなるため，ファイバーボールが生じないよう材料分離しにくい配合とする必要がある．

参 写真 1-24.1 ファイバーボールの例（鋼繊維補強コンクリート）[1]

参 写真 1-24.2 ファイバーボールの例（UFC）[2]

4. おわりに

　本資料では，比較的富配合である高流動コンクリートおよび高強度コンクリート，さらに，繊維を混入する鋼繊維補強コンクリートおよびUFCの圧送事例について紹介した．VFCは通常のコンクリートに比べて高粘性で多量の繊維が混入されることが多く，圧送負荷の増大やファイバーボールによる閉塞のリスクが高いことが示されている．

参考文献

1) 土木学会：コンクリートポンプ施工指針［2012年版］，コンクリートライブラリー135，2012.6
2) 川西貴士，岩城孝之，仲田宇史，村上隆弘：超高強度繊維補強コンクリートの圧送性に関する研究，コンクリート工学年次論文集，Vol.43，No.1，pp.179-184，2021.7

参考資料1-25　VFCの打継目処理方法

指針（案）16.8節　参考資料

1.　はじめに

　VFCを用いた施工を行う上で，打継目を設けることがある．VFC自体は，高い強度と物質移動抵抗性を有するが，打継目を設ける場合は弱点となりやすく，打継目の界面の処理方法によっては，構造物の強度や耐久性などの性能を損なう恐れがあるため，界面の処理方法やその性能を事前に十分に確認しておく必要がある．

　近年では，床版の補修・補強工法として，高い力学性能と優れた耐久性を有するVFCを用いた上面増厚工法の開発が進められている[1]．この工法は，比較的薄い増厚で下部工への影響を増やすことなく，床版の耐久性や耐荷性能を向上させることができる．しかし，打継目から水が浸入した場合，床版の保護機能が損失したり，浸入した水と輪荷重の作用によって床版との一体性の低下を招く恐れがある．そこで，打継部の構造や処理方法についての研究が進められている．ここでは，VFCの打継目に関する研究事例について紹介する．

2.　打継部の構造

　渡邊ら[1]は，床版の上面増厚への適用を目的として，VFC同士の打継部の構造について検討を行っており，**参図 1-25.1**に示すとおり，凹凸やかぎ型を設けた試験体や鉄筋を配置した試験体を作製し，曲げ強度特性を確認している．その結果，**参図 1-25.2**に示すとおり，打継界面には鋼繊維が架橋しないため，継目がないケースと比べて曲げ強度が大きく低下すること，打継界面に凹凸やかぎ型を設置することで曲げ強度および曲げ靱性が向上すること，打継部に異形鉄筋を設置することで，大幅に曲げ靱性を改善できることなどを確認している．

　また，この打継部を設けた試験体を用いて温海水乾湿繰返し試験を実施した後，**参表 1-25.1**に示すとおり，EPMA分析を行っている．劣化因子の進入経路を長くし，界面の付着面積を大きくすることや打継目の界面に接着剤を塗布したり，鉄筋を配置することが，打継部の耐久性や力学特性を著しく低下させない手法として有効であることを確認している．

　また，渡邊ら[1]は，厚さ40mmのVFCで増厚した試験体を用いて輪荷重走行試験（乾燥状態で往復25万回後に水張状態で往復25万回（タイヤを2軸で載荷したため，載荷回数は100万回））を実施し，打継部の一体性の検討を行っている．打継の形状は安全側の評価として，**参図 1-25.1**に示す鉛直方向の打継（U-1）で実験されている．輪荷重走行試験の概要を**参図 1-25.3**に示す．試験後に削孔を行い，引張付着試験を行っており，一般部と打継部で同等の付着強度が得られることを確認している．引張付着試験の結果を**参図 1-25.4**に示す．輪荷重走行の有無により差異はなく，打継部を起点に剥離など一体性が低下する事象は認められないことを確認している．

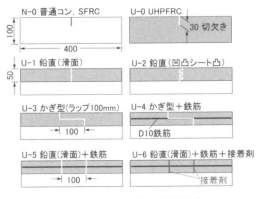

参 図 1-25.1 打継供試体[1]

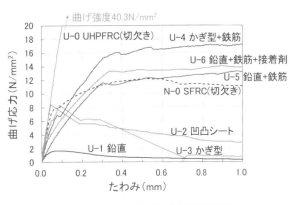

参 図 1-25.2 曲げ強度試験結果[1]

参 表 1-25.1 打継供試体の EPMA 分析結果[1]

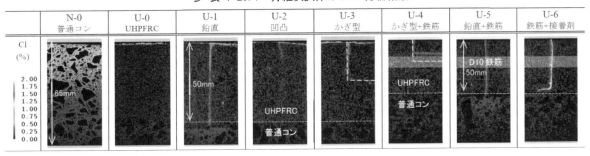

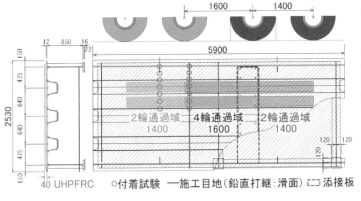

参 図 1-25.3 輪荷重走行試験の概要[1]

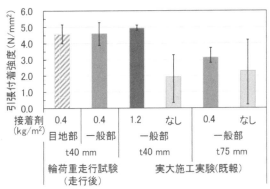

参 図 1-25.4 引張付着試験結果[1]

　佐々木ら[2]は，UFCを用いる場合の打継目の処理方法に着目して検討を行っている．打継目の処理方法として，せん断キーの設置（**参 図 1-25.5**）と遅延剤の塗布による薄層除去について実験を行っており，打継処理をしない場合や打継目を設けない場合と比較している．また，水平方向および鉛直方向と打継処理の方向についても併せて検討を行っている．UFC同士の打継目やUFCと普通コンクリートとの打継目について，これらの打継目の処理方法を変えた試験体を作製し，**参 図 1-25.6**に示す簡易一面せん断試験によりせん断強度について検証している．

　実験の結果，UFC同士を打ち継ぐ場合には，打継目の方向によらず，せん断キーを設ける方が遅延剤を塗布して薄層処理する場合よりもせん断強度が高くなることを報告している．また，せん断キーの凸部の面積によりせん断強度が支配されることを示している．また，UFCと普通コンクリートを打ち継ぐ場合には，いずれの打継処理方法においても普通コンクリート側で破壊するため，打継目のせん断強度は普通コンクリート同士のせん断強度と同等であり，打継処理方法が与える影響は小さいことを報告している．

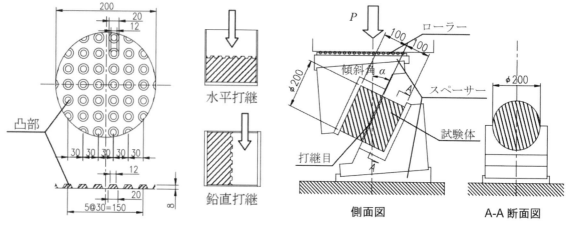

参 図 1-25.5 せん断キー[2]　　　　　参 図 1-25.6 簡易一面せん断試験の概要[2]

参 写真 1-25.1 せん断キーの成形状況[2]

参 写真 1-25.2 UFCの薄層除去後[2]

参 写真 1-25.3 最大荷重直後の凸部の状況[2]

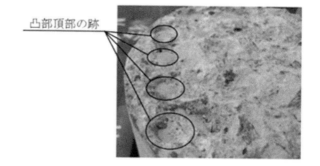

参 写真 1-25.4 普通コンクリート側の破壊面[2]

3. 打継目の目粗し

吉田ら[3]は，UFCの打継目の処理方法として，オキシカルボン酸塩を主成分とした遅延剤による目粗し方法について検討を行っている．遅延剤の塗布量，塗布後の養生方法，打継処理の時期を変えた実験により打継目処理方法の違いによる性能比較を実施している．実験の結果，**参 表 1-25.2** に示すとおり，遅延剤の塗布量は標準使用量の1.3～1.7倍程度とし，塗布後はシート養生を行うことが良いとしている．また，圧縮強度の特性値180N/mm^{2}に対して，目粗しは60～100N/mm^{2}程度で行うことが望ましいとの例が示されている．

参 表 1-25.2　目粗しの実施結果 [3]

No.	圧縮強度(N/mm²)	遅延剤塗布量※	塗布面へのシート使用	良否判定	目粗し後の状況
1	36	1.3	有	△	強度が低く，深く削れる部分有り
2	58	1.3	有	◎	斑部分がなく良好な仕上り
3	80	1.0	無	×	打込み面が乾燥し，目粗しできない
4	80	1.0	有	△	部分的に目粗しできない箇所有り
5	80	1.0	有	○	仕上りは良好だが，作業に時間を要する
6	80	1.7	無	×	打込み面が乾燥し，目粗しできない
7	80	1.7	有	◎	斑部分がなく良好な仕上り
8	91	1.7	有	◎	斑部分がなく良好な仕上り
9	108	1.7	有	○	仕上りは良好だが，作業に時間を要する
10	120	1.7	有	△	硬化が進み，目粗しできない部分有り

※：標準使用量を 1.0 とした場合の割合

4.　おわりに

　本資料では，VFC を用いた施工を行う上で，打継目を設ける場合の打継部の構造や処理方法について，これまでの研究事例を紹介した．VFC は通常のコンクリートよりも高強度であり，繊維の混入により引張強度および引張軟化特性を向上させた材料であるが，打継目を設ける場合は弱点となりやすいため，その位置，方向および構造について十分に検討する必要がある．

参考文献

1) 渡邊有寿，向俊成，牧田通，服部雅史：UHPFRC を用いた橋梁床版の補修・補強工法における目地部の耐久性，プレストレストコンクリート工学会，第 29 回シンポジウム論文集，pp.693-698，2020.10

2) 佐々木一成，野村敏雄，武田篤史，吉田浩一郎：常温硬化型超高強度繊維補強コンクリートの打継目せん断性能に関する実験的研究，コンクリート工学年次論文集，Vol.34，No.2，pp.1297-1302，2012.7

3) 吉田浩一郎：超高強度繊維補強コンクリートの目粗し方法について，土木学会第 70 回年次学術講演会，pp.1275-1276，2015.9

参考資料 1-26　VFC の寒中の施工

指針（案）16.11 節　参考資料

1. はじめに

寒中に施工する VFC では，通常のコンクリートと同様に，VFC が凍結しないように，また，寒冷下においても VFC の所要の品質が得られるように適切な処置を行う必要がある．ここでは，積雪厳冬期における VFC の施工事例を紹介する．

2. VFC の寒中の施工の事例 [1]

積雪のある寒冷地での橋梁の建設において，VFC の現場打ち施工および給熱養生がなされた施工事例を示す．本事例に用いた VFC の配合を参表 1-26.1 に示す．ここで，繊維は鋼繊維を使用している．

2.1　VFC の運搬

VFC の運搬状況を参写真 1-26.1 に示す．VFC の製造は市中のレディーミクストコンクリート工場で行った．トラックアジテータにより約 40 分で山間部の現場まで運搬した後，VFC をバケットに移してクレーンにて打込み箇所まで場内運搬されている．

参表 1-26.1　VFC の配合 [1]

水結合材比 (%)	単位量(kg/m³)						補強繊維 (kg)
	水※	結合材（収縮低減タイプ）	細骨材	収縮低減剤	高性能減水剤	消泡剤	
15.2	195	1287	905	12.9	36.0	6.4	137.4 (1.75vol.%)

※高性能減水剤中の水分を含む

参写真 1-26.1　VFC の運搬状況 [1]

2.2　低温環境下の給熱養生

VFC の寒中の施工における給熱養生の状況を参写真 1-26.2 に，現場養生供試体の圧縮強度試験結果を参図 1-26.1 に示す．積雪厳冬期における施工であり，VFC の強度発現とともに内外温度差による温度ひび割れ抑制を考慮した給熱養生を行う必要があった．そのため，ユニット式養生パネルと二重の防炎シートで施工エリア全体を覆うとともに，複数台の熱交換式温風機を用いて打込み後の雰囲気温度が 30℃となるよう給熱している．また，自己発熱の小さい薄肉部の強度発現を確実にするため，打込みから 48 時間までは部材温度が 30℃を下回らないように管理されている．参図 1-26.1 に示すように，打込みから材齢 22 日で VFC の目標強度 150N/mm² に到達したことを確認した後に，外ケーブルの緊張が実施された．

参 写真 1-26.2 寒中の施工における給熱養生の状況[1]

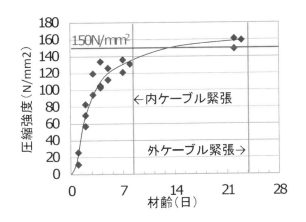

参 図 1-26.1 現場養生におけるVFCの強度発現 [1]

3. おわりに

　寒中に施工するVFCでは，用いるVFCの特性や環境条件および施工方法等に応じて，低温環境がVFCの特性に及ぼす影響や，養生方法および養生期間とVFCの強度発現の関係等を実験や既往の知見により事前に確認し，適切な施工計画を立案した上で施工することが望ましい．

参考文献

1) 蓮野武志, 渡邊有寿, 柳井修司, 栖原健太郎：場所打ちによる超高強度繊維補強コンクリート製道路橋の施工, プレストレストコンクリート工学会 第23回シンポジウム論文集, pp.391-394, 2014

参考資料1-27　VFCの圧縮強度特性に及ぼす供試体寸法の影響

指針（案）16.14節, 17.5節　参考資料

1. はじめに

　本指針において，VFCの圧縮強度およびヤング係数の特性値を定める強度試験では，繊維の長さによって，直径100mmや直径150mmなどの円柱供試体を用いることとしている．また，日常管理試験では，VFCの圧縮強度特性に及ぼす供試体寸法の影響を試験により事前に確認し，相関を求めて換算するなど適切に取り扱うことにより，供試体寸法を変更してもよいとしている．供試体寸法の変更例として，繊維の長さが20mm以下の粗骨材を用いないVFCでは直径50mmの円柱供試体を日常管理試験に用いた事例がある．本資料では，VFCにおける供試体寸法の違いよる圧縮強度およびヤング係数の比較を行った研究事例および海外における指針および試験方法をUFCも含めて紹介する．

2. UFC指針における供試体寸法の違いによる圧縮強度の比較

　UFC指針では，直径100mmの円柱供試体による圧縮強度に基づいて特性値を決定することが望ましいとされているが，あらかじめ供試体寸法の違いによる強度比を求めておき，試験結果を適切に換算することで直径50mm以上の円柱供試体であれば圧縮強度試験に用いることができると解説に記されている．UFC指針では，**参 図 1-27.1**の供試体寸法の違いによる圧縮強度の比較が示されており，供試体寸法の違いによらず圧縮強度はほぼ同等であったことを示している．

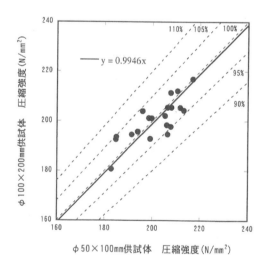

参 図 1-27.1　UFC指針における供試体寸法の違いによる圧縮強度の比較

3. 繊維の長さが60mmの鋼繊維を混入したVFCにおける研究事例[1]

　村田ら[1]は，繊維の長さが60mmの鋼繊維を混入したVFCにおける供試体寸法の違いによる圧縮強度とヤング係数を比較している．その結果を**参 図 1-27.2**に示す．なお，**参 図 1-27.2 (b)**には，コンクリート標準示方書［設計編］により算出した圧縮強度80N/mm^{2}でのヤング係数の計算値を点線で示されている．この研究では，鋼繊維混入率をパラメータとして，直径100mmと直径150mmの円柱供試体による圧縮強度とヤング係数が比較さ

れている．

参 図 1-27.2 により，試験に用いた VFC では，圧縮強度およびヤング係数は試験体寸法による有意差は認められないため，繊維の長さが 60mm の鋼繊維を混入した VFC でも直径 100mm の円柱供試体で試験が可能であると報告されている．

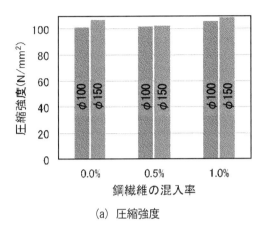 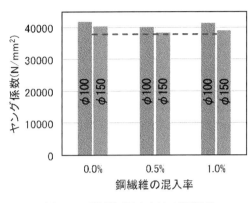

(a) 圧縮強度　　　　　　　　　　　　　　(b) ヤング係数（図中点線は計算値）

※VFC の配合：圧縮強度の特性値 80N/mm^2，鋼繊維，繊維の長さ 60mm，繊維混入率 0.5 および 1.0%

参 図 1-27.2　繊維の長さが 60mm の鋼繊維を混入した VFC における供試体寸法の違いによる強度性状の比較[1]

4. 海外における指針および試験方法

欧州においてはフランス，ドイツ，オランダ，スイスなどで UHPFRC(Ultra High Performance Fiber-Reinforced Concrete)の研究開発が盛んに行われており，中でも世界に先駆けて UHPFRC を開発し適用を進めているフランスでは，「Ultra High Performance Fibre-Reinforced Concretes Recommendations」（以降，UHPFRC 指針案[2]と称する）を刊行し実用化の推進を図っている．UHPFRC 指針案における圧縮強度試験は，原則として φ11×22cm の円柱供試体を用いることになっているが，より小さな供試体も変換係数を用いることにより使用が認められている．その際の規定は以下のとおりであり，供試体の最小径を繊維の長さの 5 倍以上と規定している．

供試体の最小直径　$\phi \geq 5 \times l_f$，もしくは　$\phi \geq 6 \times D_{max}$

ここで，l_f　：繊維の長さ

　　　　D_{max}：骨材径

5. おわりに

VFC に用いられる繊維は，その使用目的に応じて，繊維の種類や品質，繊維の長さおよび混入量などが多岐に渡る．そのため，供試体寸法を変更する場合には，供試体寸法が圧縮強度およびヤング係数に及ぼす影響を実験や既往の知見により確認し，VFC 毎に適切な供試体寸法を定めることが望ましい．

参考文献

1) 村田裕志，川端康平，畑明仁：設計基準強度 80N/mm^2 級の高強度 SFRC の材料強度特性，土木学会第 76 回年次学術講演会，V-493，2021
2) AFGC：Ultra High Performance Fibre-Reinforced Concretes Recommendations，2013

参考資料 1-28　繊維規格値

指針（案）3.2節，17.3節　参考資料

1. 材質・メーカー別の規格値

　使用する繊維は材質・メーカーなどにより期待される性能は様々である．ここでは一部の市販品を代表例として一覧表にまとめた．

参 表 1-28.1　繊維の代表的な寸法と主なメーカー

分類	材料	繊維の直径 (mm)	繊維の長さ (mm)	引張強度 (N/mm²)	主なメーカー
無機繊維	鋼繊維(一般強度)	0.50〜1.00	30〜60	〜1,700	ベカルトジャパン㈱，安田工業㈱　他
	鋼繊維(高強度)	0.10〜0.90	5〜60	1,700〜	住友電気工業㈱，東京製綱㈱，ベカルトジャパン㈱　他
	炭素繊維(ピッチ)	0.01	3〜30	2,000〜	㈱クレハ，三菱ケミカル㈱　他
	炭素繊維(PAN)	0.01	3〜50	2,000〜	帝人㈱，東レ㈱　他
	ガラス繊維	0.01〜0.02	20〜40	1,500〜	旭ビルウォール㈱，日本電気硝子㈱　他
合成繊維	アラミド繊維(非収束)	0.01〜0.02	6〜12	3,200〜	帝人㈱
	アラミド繊維(収束)	0.20〜0.50	15〜40	2,400〜	帝人㈱
	ポリエチレン繊維	0.01	6〜12	2,600〜	東洋紡エムシー㈱
	PBO 繊維(非収束)	0.01	1〜12	5,800	東洋紡エムシー㈱
	PBO 繊維(収束)	0.23	15	3,500	東洋紡エムシー㈱
	PVA 繊維	0.04〜0.70	8〜30	〜1,500	㈱クラレ
	ポリプロピレン繊維	0.02〜1.00	6〜50	390〜	大日製罐㈱，バルチップ㈱，渡辺化成㈱　他

なお，上記以外の規格，許容値などの詳細情報については「**参 表 1-28.2 鋼繊維 規格値の一例**」，「**参 表 1-28.3 合成繊維 規格値の一例**」に示す．

参 表 1-28.2 鋼繊維 規格値の一例

一般名称	製品名「メーカー名」	繊維の直径（線径）	繊維の長さ	引張強度	密度	アスペクト比（参考値）	繊維形状	標準梱包重量
鋼繊維	コンクリート補強用鋼繊維「住友電気工業(株)」	φ0.20mm ±0.03mm	15.0～22.0mm ±1.5mm	2,000N/mm²以上（ステンレス：1,700N/mm²以上）	—	75.0～110.0	ストレートもしくは緩い螺旋形状	80kg
	タフミックファイバーⅢ（通称：カットワイヤ）「東京製鋼(株)」	φ0.16mm ±0.01mm	13.0mm ±0.35mm	2000N/mm²以上	—	81.3	ストレートもしくは緩い螺旋形状	18kg
		φ0.22mm ±0.03mm	15.0mm -0.45mm～+2.3mm		7.85g/cm³（標準値）	68.2		15kg
	タフミックファイバーⅢ「東京製鋼(株)」	φ0.16mm ±0.01mm				12.5～		—
		φ0.22mm ±0.03mm	2.0mm(min)～0.5mmピッチで設定可能	2,000N/mm²以上	—	9.1～	ストレートもしくは緩い螺旋形状	—
		φ0.34mm ±0.03mm				5.9～		—
	ドラミックスOL13/.20「ベカルトジャパン(株)」	φ0.20mm ±10%	13mm ±10%	2,750N/mm² ±15%	—	65	ストレート	15kg
	ドラミックス4D6535BG「ベカルトジャパン(株)」	φ0.55mm ±5%	36mm ±2	1,850N/mm² ±15%	—	65	端部フック	20kg
	ドラミックス3D8030BGP「ベカルトジャパン(株)」	φ0.38mm ±5%	30mm ±2	3,070N/mm² ±15%	—	80	端部フック	20kg
	ドラミックス5D6560BG「ベカルトジャパン(株)」	φ0.90mm ±5%	60mm ±2	2,300N/mm² ±15%	—	65	端部フック	20kg

参表 1-28.3 合成繊維 規格値の一例

一般名称	製品名「メーカー名」	繊維の直径（呼び径）	繊維の長さ（呼び長さ）	引張強度	引張弾性率	密度	付着水分率	標準梱包重量
ビニロン	クラテック®「(株)クラレ」	0.04mm	8mm±1.0mm	1,200N/mm²以上	35kN/mm²以上	1.30g/cm³	-	18kg
		0.1mm	12mm±2.0mm	900N/mm²以上	20kN/mm²以上			10kg
		0.2mm	12mm±2.0mm	1000N/mm²以上	20kN/mm²以上			10kg
		0.67mm	30mm±1.5mm	800N/mm²以上	18kN/mm²以上			10kg
アラミド	テクノーラ®HSF T320NW「帝人(株)」	φ0.012mm	6.0mm±1.5mm	3,200N/mm²以上	69kN/mm²以上	1.39g/cm³	20%	20kg
ポリエチレン	イザナス®「東洋紡エムシー(株)」	φ0.012mm	6.0mm±0.5mm / 9.0mm±1.0mm / 12.0mm±1.0mm	2,600N/mm²以上	79kN/mm²以上	0.97g/cm³	-	10kg
ポリプロピレン	バルチップF「バルチップ(株)」	0.043mm	6±0.5mm	475N/mm²以上	—	0.91g/cm³	-	4.00kg/300kg
			12±0.5mm					5.00kg
	バルチップリンク「バルチップ(株)」	0.043mm	12±0.5mm	390N/mm²以上	5.0kN/mm²以上			455g
	バルチップPW・Jr「バルチップ(株)」	0.065mm	12±0.5mm	480N/mm²以上	5.0kN/mm²以上			455g
		0.53mm	18±2mm	500N/mm²以上	8.0kN/mm²以上			4.55kg
			30±2mm	500N/mm²以上	8.0kN/mm²以上			4.55kg
	バルチップMK「バルチップ(株)」	0.70mm	30±2mm	500N/mm²以上	8.0kN/mm²以上			3.64kg/4.55kg
		1.00mm	30±2mm	500N/mm²以上	7.0kN/mm²以上			4.55kg
	バルチップJK「バルチップ(株)」	0.70mm	48±2mm	450N/mm²以上	8.0kN/mm²以上			2.73kg
	ワタナベW「渡辺化成(株)」	0.38mm	20±2mm	550N/mm²以上	8.0kN/mm²以上	0.91g/cm³	-	7.32kg

参考資料 1-29　各種非破壊試験による VFC の調査

指針（案）18 章　参考資料

1. 概要

VFC は一般的な繊維補強コンクリートよりも多量に繊維が混入されていることが特徴である．そのため，VFC そのもので構築された構造物や部材はもとより，コンクリートと VFC が複合となっている構造物で，表面（外側）が VFC で覆われている場合，ひび割れや内部状況を非破壊試験器で調査する際に繊維が影響する可能性がある．

ここでは，鋼繊維および合成繊維を用いた VFC について，各種非破壊試験器で調査を行った検討事例を示す．

2. VFC のひび割れ調査 [1]

弾性波を利用したコンクリートの非破壊試験には，超音波法，衝撃弾性波法，打音法および AE 法の 4 つがある．渡邊ら[1]は，このうち，ひび割れ深さの推定方法として最も一般的な超音波法を選定している．実験に用いた超音波試験器は**参 表 1-29.1** のとおり，「直接回折法」による計測・算出を行う機種 A，「修正 BS 法」による機種 B の 2 機種である．

調査対象の VFC は，水結合材比が 15.2%で，鋼繊維を 3.0vol.%混入したものであり，100×100×400mm の曲げ強度試験用の角柱供試体に所定のひび割れを導入させている（計 4 ケース）．

参 表 1-29.1　VFC のひび割れ調査に用いた超音波試験器 [1]

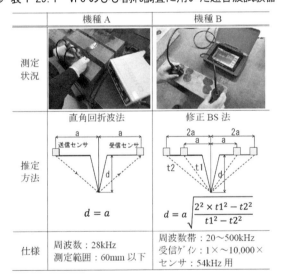

超音波法によるひび割れ深さの調査結果を**参 表 1-29.2** に示す．まず，機種 A ではひび割れ幅の大小によらずひび割れ深さを検出することができていない．鋼繊維の影響かを検証するために合繊繊維を用いた VFC[2]（ひび割れ幅 0.3mm）でも測定してみたが同様に検出できなかったと報告されている．

一方，機種 B ではひび割れ深さを検出ができたが，供試体の切断・目視による実測値に対して 8～17mm 程度大きい結果であった．また，ひび割れをエポキシで充填しても結果は変わらなかったため，弾性係数がマトリクスよりも大幅に小さい樹脂材料では，ひび割れのままと判定されてしまった可能性があることが報告されている．さらに，端子間に 2 本のひび割れが入っている場合は，ひび割れ深さが大きい方を検知していることが分かったが，ひ

び割れ分散によって複数本のひび割れが発生している場合には，個別にひび割れ深さを調査するには課題があることも報告されている．

参 表1-29.2　超音波法によるひび割れ深さの調査結果（推定および実測値）[1]

（ケース）ひび割れ幅	① 0.1mm未満	② 0.1以上 0.2mm未満	③ 0.2以上 0.3mm未満	④ 0.3mm以上
検査位置（引張縁）およびひび割れ幅	0.05mm	0.10mm	0.25mm	0.30mm
推定深さ　機種A	検出できず	−	−	検出できず
機種B	34mm	75mm	55mm	40mm
切断面および実測深さ	17mm	67mm	42mm	25mm
誤差（実測−推定）	−17mm	−8mm	−13mm	−15mm

3. VFCで覆われた内部コンクリートの調査[2)3)]

光山，渡邊ら[2)3)]は，VFC製のプレキャストパネルでRC部材が覆われていることを想定した調査で，現場打ちコンクリートの初期欠陥の検知や鉄筋かぶりの計測可否を検討している．外殻となっているパネルは，圧縮強度100N/mm^{2}で，合成繊維（ポリプロピレン）を2.5vol.%程度混入した曲げ強度15N/mm^{2}程度のVFCからなる．

実験に用いた部材は，参 図1-29.1に示すとおり，四方をパネルで覆われた内部に普通コンクリートを打込んでいるが，鉄筋を配置するとともに，場所打ちコンクリートの豆板，空洞，コールドジョイントおよびパネルの縁切れが模擬されている．

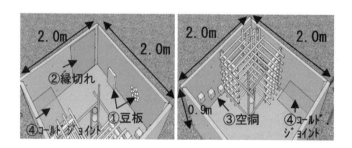

参 図1-29.1　VFC製プレキャストパネルの内部（鉄筋と模擬初期欠陥）[2)]

各種非破壊機器による調査結果は，参 図1-29.2および参 表1-29.3に示すとおりである．また，本実験で得られた知見を以下の（1）～（6）に記す．なお，本実験で用いたVFC製パネルは合成繊維を混入しているが，繊維素材（特に金属繊維）によっては今回得られた結果と異なり検知できなくなる恐れがあることにも留意が必要であるとされている．

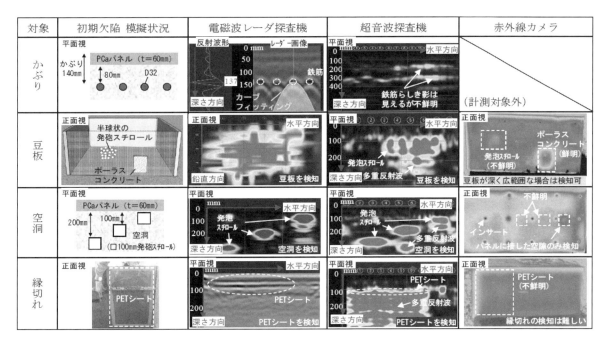

（合成繊維を用いたVFC製パネルを介した調査）
参 図1-29.2 各種非破壊検査技術による現場打ちコンクリートの調査結果[2]

参 表1-29.3 各種非破壊検査技術による計測結果一覧[3]

非破壊検査技術	機種	検査方式	初期欠陥 豆板	初期欠陥 空洞	初期欠陥 コールドジョイント	初期欠陥 縁切れ	点検項目 かぶり(鉄筋)	点検項目 圧縮強度	材齢※
コンクリートテストハンマ	K社製	反発硬度式	×	×	×	○	—	△ パネルのみ	47日
電磁波レーダ探査機	(1)H社製	電磁波レーダ式	○	○	×	×	○	—	64日
	(2)P社製		○	○	×	△	◎	—	194日
超音波探査機	P社製	超音波トモグラフィ	○	○	×	△	×	—	244日
赤外線カメラ	F社製(A) F社製(B)	赤外線サーモグラフィ	△	△	×	—	—	—	

※：現場打ちコンクリートの検査時点での材齢
※※：◎高精度で検知可能，○検知可能，△条件によっては検知可能，×検知不可能

(1) 豆板および空洞

電磁波レーダ探査機または超音波探査機で検知できた．ただし，超音波探査については多重反射波によって奥行方向の空洞厚さを判断するのは困難であった．

(2) コールドジョイント

本検討で用いた非破壊検査技術では探査・判別が困難であった．

(3) パネルとの縁切れ

電磁波レーダ探査機および超音波探査機で検知できる可能性が示されたが，テストハンマ等の打撃系の検査手法の方が容易に検知できた．日常的な検査では，打音による簡易的な手法で縁切れの有無は把握できる．

（4）鉄筋探査（かぶり）

電磁波レーダ探査機で検知できたが，比誘電率補正機能を有した機器が望ましい．ただし，より内部の第二，第三鉄筋を探査するのは困難であった．

（5）強度推定

テストハンマの反発度による内部コンクリートの強度推定は困難であった．VFC の場合，パネルについても一般的には内部コンクリートよりも高強度レベルであることが多いため，個別の推定式を用意する必要がある．

（6）その他留意点

赤外線カメラは，豆板や空洞などを検知できる可能性は示されたが，天候に左右されやすく原位置での調査という観点では，埋設型枠工法など外殻が VFC で覆われる構造物とは相性がよくない．

4. おわりに

ここでは，鋼繊維および合成繊維を用いた VFC を対象に，VFC のひび割れ調査や VFC で覆われた内部コンクリートの状態を各種非破壊試験器で調査した事例を紹介した．VFC は一般的な繊維補強コンクリートよりも多量に繊維が混入されていることが特徴であるため，その種類や量によっては調査する際に影響を受ける可能性があることに留意が必要である．そのため，あらかじめ各種試験機器の適用可否を検討しておくことが望ましい．

参考文献

1) 渡邊有寿，高木智子，荒川遥，柳井修司，一宮利通：超音波による UHPFRC のひび割れ深さ測定に関する基礎的実験，土木学会第 78 回年次学術講演会，V-758，2023

2) 光山恵生，渡邊有寿，柳井修司，小山一夫，前山篤史：埋設型枠工法における内部コンクリートの初期欠陥の検知方法に関する実験的検討，土木学会第 75 回年次学術講演会，V-377，2020

3) 渡邊有寿，柳井修司，渡邉賢三，光山恵生：埋設型枠で構築される鉄筋コンクリート構造物の初期欠陥に対する非破壊検査手法に関する実験的検討，日本非破壊検査協会，第 7 回コンクリート構造物の非破壊検査シンポジウム，pp.281-286，2022

参考資料 1-30　VFC 構造物の補修事例

指針（案）18 章　参考資料

1.　はじめに

　VFC 構造物を補修する際には，基本的にはコンクリート標準示方書［維持管理編］に示される通常のコンクリートに対しての工法と同様なものが適用できるが，施工する際の留意点や効果は VFC の配合によって異なる場合がある．そのため，事前に試験等によって適切に確認しておく必要がある．ここでは，鋼繊維および合成繊維を用いた VFC について，各種対策工法を検討した事例を示す．

2.　ひび割れ補修

　ひび割れが発生している VFC 構造物に対して補修を行う目的は，特に供用環境が厳しい条件において浸透する劣化因子から，ひび割れを架橋している補強繊維や内部の補強材の劣化を防ぐことである．ここでは，その参考として，水結合材比が 15%，鋼繊維の混入率が 1.75vol.%である UFC にひび割れが生じた際の補修方法に関する検討事例を示す．

2.1　ひび割れ含浸工法[1]

　齋藤ら[1] は，0.1mm のひび割れを UFC 供試体に導入した後に，ひび割れ含浸工法による補修の検討を行っている．ひび割れ含浸工法には，0.1mm 程度のひび割れに含浸可能で，施工が容易（ローラー，刷毛などで施工可能）な樹脂のうち，**参 表 1-30.1** に示す市販の 5 種を選定し，0.1mm 程度のひび割れを導入した 100×100×400mm の角柱供試体に塗布している．樹脂の浸透状況および深さは，供試体を長手方向に切断後，断面に可視光および紫外光（ブラックライト）を照射して確認を行った．**参 表 1-30.2** に示す試験結果のように，各材料ともに 0.1mm 程度のひび割れ幅に対して一定の浸透状況が確認され，特に，材料③の超低粘度型エポキシ樹脂は，ひび割れ深さに対し 9 割程度まで浸透することが報告されている．

参 表 1-30.1　ひび割れ含浸工法に用いた樹脂[1]

No.	樹脂の種類	規定塗布量 (g/m^2)
①	アクリル系（低粘度型）	200
②	エポキシ系（低粘度型）	225
③	エポキシ系（超低粘度型）	200
④	アクリルシリコーン系（無溶剤型）	250
⑤	エポキシ系樹（溶剤型）	100

参 表 1-30.2　樹脂の浸透観察結果[1]

材料No.	①	②	③	④	⑤
可使時間	15分	45分	3時間以上	45分	1時間以上
塗布回数	5回	3回	7回	4回	5回
ひび割れ幅	0.1mm	0.1mm	0.1mm	0.08mm	0.15mm
最大ひび割れ深さ	81mm	78mm	80mm	83mm	85mm
浸透深さ	10mm	19mm	73mm	7mm	12mm

2.2　ひび割れ注入工法[2]

　齋藤ら[2] は，0.3mm のひび割れを導入した UFC 供試体に対して，ひび割れ注入工法による補修の検討を行っている．ひび割れ注入材料には，1 種適合注入材料の中から温度変化やたわみ等に追従可能なエポキシ系樹脂注入材料を選定し，自動式低圧注入工法によりひび割れを導入した 100×100×400mm の角柱供試体を補修している．補修

後の曲げ強度試験の結果を**参 図 1-30.1**に示すが，ひび割れ注入後の曲げ応力はひび割れなしと同等であった一方，ひび割れ発生後の剛性は回復できていない結果であった．これについては，曲げ強度はUFCに混入されている繊維の架橋効果が支配的であり，ひび割れ注入材には曲げ強度の向上や剛性を回復させる程の効果はないとしている．しかし，**参 図 1-30.2**に示すように曲げ試験後に注入材料の浸透状況を確認すると，新たに生じたひび割れは注入前に生じていたひび割れとは別の部分で発生・進展しており，また注入部分の目開きも無かったことから，マトリクスと同等以上のひび割れ結合効果と劣化因子の遮断効果が期待できると結論付けている．

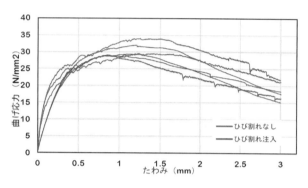

参 図 1-30.1 ひび割れ注入後の曲げ強度試験結果[2]

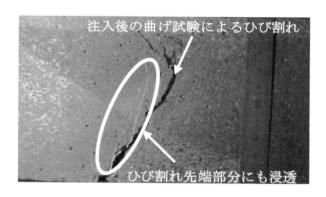

参 図 1-30.2 注入材料の浸透状況[2]

2.3 炭素繊維シート補強工法[2]

齋藤ら[2]は，0.3mmまたは0.5mmのひび割れを導入したUFC供試体に対して，炭素繊維シート補強工法による補修の検討を行っている．炭素繊維シートは，高弾性炭素繊維シート（1方向，供試体長手方向，目付量450g/m^2）を選定している．100×100×400mmの角柱供試体の引張縁に対して炭素繊維シートを貼り付け，UFCとの付着強度および補修後の曲げ強度を確認している．UFCと炭素繊維シートの付着強度試験の結果を**参 表 1-30.3**に示すが，下地処理やプライマーを省略した場合でも4.0N/mm^{2}以上の付着強度を有しており，全てのケースで治具接着部もしくは上塗り部分での破壊すなわちシートがVFCから剥離しないという良好な付着性が報告されている．また，補修後の曲げ強度試験の結果を**参 図 1-30.3**に示す．結果より，ひび割れの有無に関わらず，炭素繊維シートの接着により曲げ強度の増大および剛性の回復効果を確認するとともに，炭素繊維シートが破断した際に大きく応力が低下した後は，UFCそのものの繊維の架橋効果（タフネス）が残ることを確認している．

参 表 1-30.3 UFCと炭素繊維シートの付着性[2]

下地処理	プライマー塗布	付着応力（N/mm^2）	破壊部分
○	○	4.81	接着剤
○	−	5.16	接着剤(一部上塗り)
−	−	4.00	接着剤

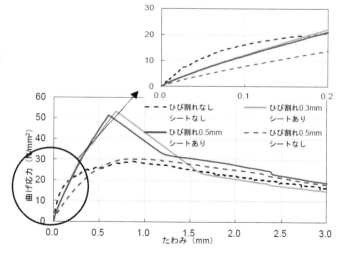

参 図 1-30.3 炭素繊維シート補強後の曲げ強度[2]

3. 部分補修（断面修復）

ここでは，UFC に対して供用後の切削・角欠けや，施工・製作時に起因する気泡といった欠損が生じた場合を想定し，VFC を用いて部分的な断面修復を行った場合の効果について検討した事例[3) 4)]を示す．

3.1 部分補修後の防水性[1)]

検討に用いた UFC は，水結合材比が 15%，鋼繊維の混入率が 1.75vol.%のものである．UFC 供試体は，参 図 1-30.4 に示すように 300×300×50mm の部材中央に 60×60mm の開口を設けたものである．UFC の補修面は，UFC が切削されたような凹凸面を模擬している．本検討では，供試体の開口部を参 表 1-30.4 に示す 5 種の断面修復材料によって補修し，補修界面の防水性を確認している．防水性は，「道路橋床版防水便覧：防水性試験 I[3)]」に準拠するとともに，ウラニン水溶液を試験水に使用することで，供試体割裂面への紫外光（ブラックライト）照射で水の浸透状況を確認している．

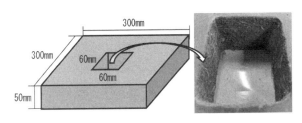

参 図 1-30.4 部分欠損を想定した供試体[1)]

参 表 1-30.4 断面修復材料[1)]

材料 No.	材料種別	圧縮強度※ (N/mm²)	接着剤
①	UHPFRC	135	高耐久エポキシ樹脂接着剤
②	超速硬ポリマーセメントモルタル	58	高耐久エポキシ樹脂接着剤
③	高強度・高弾性樹脂モルタル	124	専用プライマー
④	超速硬高強度無収縮モルタル	47	高耐久エポキシ樹脂接着剤
⑤	アクリル系樹脂モルタル	48	専用プライマー

※圧縮強度：φ50 供試体による実験値（材齢 6 日＝付着試験時）

防水性試験の結果を参 図 1-30.5 および参 図 1-30.6 に示す．防水便覧に記載の基準値（30 分間の減水量 0.2ml 以下）と比較すると，高強度・高弾性樹脂モルタル（材料③）のみが基準値を満足する結果であり，基準値外となった材料②および材料④などは UFC との境界面および断面修復材そのものへ水が浸透する結果であった．一方，材料③および材料⑤は主成分が樹脂系で，セメントを用いない材料であるために材料そのものへの浸透がなかったと推測されている．なお，材料①は VFC の一種である UHPFRC であり，マトリクスそのものは緻密であるため，材料内部への浸透は認められていないが，境界面からの水の浸透が確認されている．これは，UHPFRC の硬化過程の収縮により，境界面に縁切りが生じたためと推測されている．

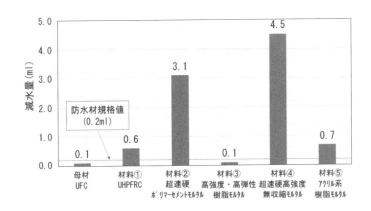

参 図 1-30.5 防水性試験結果（補修界面からの透水量）[1)]

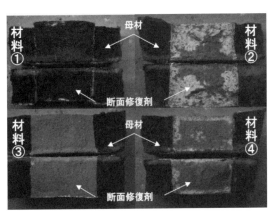

参 図 1-30.6 部分補修箇所の水の浸透状況[1)]

3.2 部分補修後の曲げ特性 [3) 4)]

ここでは，合成繊維（ポリプロピレン繊維）を用いたVFCについて，**参 図 1-30.7**に示すように軽微な「表面気泡」と構造性能に影響を与えると想定される「断面欠損」の2レベルに分け，断面補修材の剥離や部材としての強度低下の有無あるいはその度合いについて，曲げ強度試験および曲げ疲労試験にて評価している．なお，部分補修に用いた補修材料は，エポキシ樹脂に特殊な骨材を混合した高強度・高弾性樹脂モルタルであり，圧縮強度は120N/mm^2，弾性係数は20kN/mm^{2}程度でVFCにできるだけ近い圧縮特性のものを選定している．

まず，100×100×400mmのVFC製角柱供試体における曲げ強度試験の結果を**参 図 1-30.8**に示す．圧縮縁の断面補修においては，断面欠損率が40%（全断面100mmに対して欠損厚40mm）生じても，本検討で用いた断面補修材であれば強度低下は生じていないと報告されている．これは，断面修復材の圧縮強度や弾性係数が比較的母材に近いためと推察されている．引張縁側の補修においては，表面気泡レベルの欠損であれば，強度低下は生じないものの，断面欠損レベルの場合には，断面欠損率が大きくなるに従って強度が低下するとしている．これに対し，補修界面に繊維が残っていることを想定したケースでは，**参 図 1-30.9**に示すように断面補修材と母材界面の付着力だけでなく，繊維の架橋効果が加わることで強度低下が緩和される傾向も報告されている．

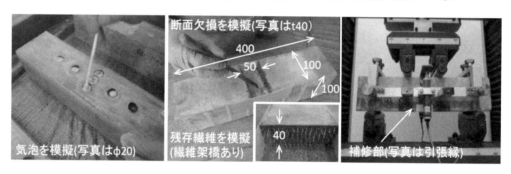

参 図 1-30.7　供試体概要（補修部模擬）[3)]

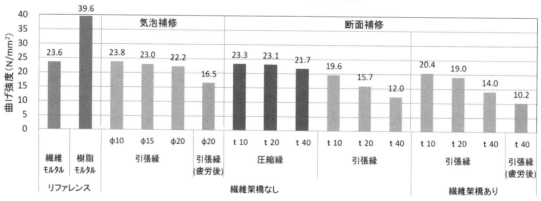

参 図 1-30.8　VFCの断面欠損に対する部分補修の検討事例 [3)]

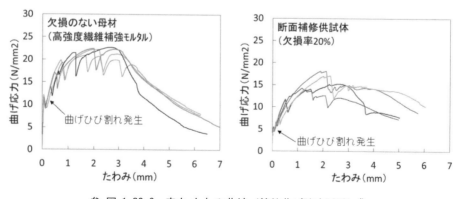

参 図 1-30.9　応力-たわみ曲線（静的曲げ強度試験）[4)]

次に，断面補修されたVFC部材が供用中に振動を受けることを想定した検討を報告する．前述の角柱供試体に対して，500kNサーボパルサを用いて速度5Hzのsin波で供試体が破壊もしくは200万回到達するまで曲げ疲労試験を実施している．試験ケースは**参表 1-30.5**に示すとおり，4水準の応力比に加え，供用中に日射などで高温に暴露されることも想定して供試体温度を50℃，70℃とした条件でも試験を行っている．曲げ疲労試験の結果を**参図 1-30.10**に示す．本検討では，考察の一つとしてUFC指針に記載のS-N曲線図上に結果をプロットしているが，「欠損率20%，繊維架橋あり」という条件で補修した場合，UFCの疲労特性と同様の評価ができる可能性が示されている．一方，供試体温度が20℃，50℃に比べ70℃では疲労強度が低下するという傾向も報告されており，VFCに用いている合成繊維（ポリプロピレン繊維）の温度依存性によるものと考察されている．

参 表 1-30.5　試験ケース（部分補修供試体）[4]

ケース※		静的強度		曲げ疲労試験条件			
温度	応力比	曲げ強度 (N/mm²)	曲げひび割れ発生強度 (N/mm²)	上限応力 (N/mm²)	上限載荷力 (kN)	下限応力 (N/mm²)	下限載荷力 (kN)
20℃	0.2	16.2	5.09	4.76	9.92	1.90	3.96
	0.4			6.48	13.50		
	0.6			9.72	20.25		
	0.8			12.96	27.00		
50℃	0.4			6.48	13.50		
70℃							

※欠損率はいずれも20%（全断面100mmに対し欠損厚20mm）
※載荷応力比＝（σmax−σmin）／（fm−σmin）

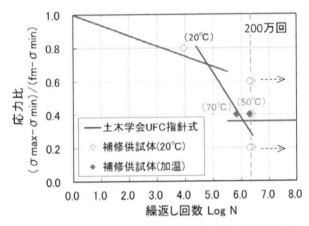

参 図 1-30.10　部分補修したVFCの曲げ疲労試験結果[4]

4．おわりに

ここでは，鋼繊維および合成繊維を用いたVFCに対して，各種対策工法を検討した事例を紹介した．VFC構造物を補修する際の留意点や効果はVFCの配合および構造物の供用環境によって異なる場合があるため，これらを想定した試験等によって適切に確認しておくことが望ましい．

参考文献

1) 齋藤佑太，森重和，小坂崇，松井章能，渡邊有寿：UFC部材の損傷に対する補修，補強に関する実験的研究，コンクリート構造物の補修，補強，アップグレード論文報告集，第22巻，pp.487-492，2022.10

2) 齋藤佑太，宇野津哲哉，松井章能，小坂崇，一宮利通，渡邊有寿：UFC 床版における補修材料の有効性に関する検討，令和 3 年度土木学会全国大会第 76 回年次学術講演会，VI-221，2021

3) 渡邊有寿，大井篤，本田智昭，柿本啓太郎，白木浩，小山一夫：高強度繊維補強モルタル製埋設型枠の断面補修に関する基礎検討，土木学会第 71 回年次学術講演会，pp.233-234，2016

4) 渡邊有寿，高木智子，一宮利通，本田智昭，白木浩：断面補修した高強度繊維補強モルタルの曲げ疲労特性に関する検討，土木学会第 72 回年次学術講演会，pp.1081-1082，2017

参考資料 2-1　強度試験用供試体の作り方（案）

試験方法（案）

1.　適用範囲

本資料は，VFC の圧縮強度試験，割裂引張強度試験，曲げ強度試験および一軸引張試験のための供試体の作り方を示す．

2.　引用規格

次に掲げる規格は，この規準に引用されることによって，この規準の一部を構成する．これらの引用規格はその最新版を適用する．

JSCE-F505　試験室におけるモルタルの作り方

JSCE-F506　モルタルまたはセメントペーストの圧縮強度試験用円柱供試体の作り方

JSCE-F551　試験室における鋼繊維補強コンクリートの作り方

JIS A 1115　フレッシュコンクリートの試料採取方法

JIS A 1132　コンクリートの強度試験用供試体の作り方

JIS A 1138　試験室におけるコンクリートの作り方

3.　VFC の試料

a) VFC の試料を試験室で作る場合には，JIS A1138，JSCE-F505 または JSCE-F551 を試験対象の VFC に適合するように準用する．

b) VFC の試料をミキサ，ホッパ，コンクリート運搬装置および打ち込んだ箇所などから採取する場合は，JIS A 1115 による．

c) 吹付け VFC の試料は，実際に吹付けた箇所あるいはパネル型枠等に吹付けた VFC から採取するか，または吹付け施工時の同材料にて直接採取する．

4.　圧縮強度試験用供試体の作り方

4.1　供試体の本数

1 回の試験に用いる供試体は 3 体以上とする．

4.2　供試体の寸法

供試体は，直径の 2 倍の高さをもつ円柱形とする．供試体の直径は，繊維長さが 40mm 以下の場合は，100mm を標準とする．繊維長さが 40mm を超え，60mm 以下の場合は原則として供試体直径を 150mm とする．繊維長さが 60mm を超える場合は，実験により適切な直径を選定する．上記によらない場合の供試体の直径は JIS A 1132 または JSCE-F506 による．

4.3　供試体の作製に用いる器具

供試体の製造用器具は，次による．

a) 型枠は金属製やプラスチック製などの非吸水性でセメントに侵されない材料で作られた円筒型のものとする.

b) 型枠は，VFCの打込み時に変形および漏水のないものでなければならない.

c) 型枠は，所定の供試体の精度が得られるものとする.

d) 型枠の内面には，適当な剥離剤または鉱物性の油などを塗布してもよい.

e) 木づちを用いて締め固める場合，木づちは対象となるVFCを十分締め固めることのできる質量および寸法のものとする.

f) 振動台式振動機によって締め固める場合，振動機は対象となるVFCを十分締め固めることのできる性能のものとする.

g) キャッピングに用いる押し板は，磨きガラスまたは磨き鋼板で厚さ6mm以上とし，大きさを型枠の直径より25mm以上大きくする.

4.4 供試体の作製

4.4.1 木づちを使用する場合

実際に供用する状態と同一の製作方法（打込み，吹付けなど）にて製作するものとし，内部振動機を用いてはならない. 打込み時は，気泡をできるだけ巻き込まないよう1層で連続的に型枠内に材料を打ち込むこととする. 気泡を低減する目的で，型枠側面を木づちにより打撃し表面の凸凹が平らになるように締め固める. なお，流動性が低いVFCの場合は，振動台を用いることを推奨する.

4.4.2 振動台を使用する場合

実際に供用する状態と同一の製作方法（打込み，吹付けなど）にて製作するものとし，内部振動機を用いてはならない. 打込み時は，気泡をできるだけ巻き込まないよう1層で連続的に型枠内に材料を打ち込むこととする. 気泡を低減する目的で，型枠を振動台に密着させて振動を与え締め固める. 振動締固め時間は，VFCの性質および振動機の性能に応じて，VFCが十分に締め固められるように決める. 長時間振動をかけると材料分離の原因となるので注意する.

4.5 載荷面の仕上げ

4.5.1 キャッピングによる場合

キャッピングは次による.

a) キャッピング用の材料は，VFCによく付着し，かつVFCに影響を与えるものであってはならない.

b) キャッピング層の圧縮強度は，VFCの予想される圧縮強度より小さくてはならない.

c) キャッピング層の厚さはできるだけ薄くする.

d) キャッピングを行う時期は，使用するVFCの凝結時間，試験目的，試験材齢などを考慮して決める. 型枠を脱型せずにキャッピングを行う場合にはVFCを詰めてから適当な時期に実施する.

4.5.2 研磨による場合

研磨によって端面を仕上げる場合は，VFCに影響を与えないように行う. 端面を平滑になるまで研磨することとする. ただし，端面研磨後の供試体高さが，標準高さの95%を下回らないように注意する. 95%を下回った場合は，JIS A 1107に従って強度試験値を補正する.

5. 割裂引張強度試験用供試体の作り方

5.1 供試体の本数

材料特性のばらつきに応じて，1回の試験に用いる供試体は4体以上とする．

5.2 供試体の寸法

供試体の直径は，繊維長さが40mm以下の場合は，100mmを標準とする．繊維長さが40mmを超え，60mm以下の場合は原則として供試体直径を150mmとする．繊維長さが60mmを超える場合は，実験により適切な直径を選定する．また，供試体の長さは，直径から直径の2倍までの範囲とし，試験機の加圧板の長さを考慮して決めるのがよい．

5.3 器具

供試体の製造に用いる器具は，4.3による．ただし，プラスチック製の型枠やテーパーの付いた金属製の押し抜き用型枠を用いて成形すると，試験時に載荷板と供試体の間に隙間が生じ，正しい試験値が得られない場合があるため，これらの型枠は使用することができない．

5.4 供試体の作製

供試体の作製は，4.4による．

5.5 供試体寸法の許容差

供試体の形状寸法の許容差はJIS A 1132による．

6. 曲げ強度試験用および切欠きはりの3点曲げ載荷試験用供試体の作り方

6.1 供試体の本数

1回の試験に用いる供試体は，曲げ強度試験用，切欠きはりの3点曲げ試験用はそれぞれ4体以上とする．

6.2 供試体の寸法

供試体は，断面が正方形の角柱体とし，その一辺の長さは，骨材の最大寸法の4倍以上かつ100mm以上とし，供試体の長さは，断面の一辺の長さの3倍より80mm以上長くする．また，繊維長さが40mm以下の場合はその一辺の長さは100mmを標準とする．繊維長さが40mmを超え，60mm以下の場合にはその一辺の長さを150mmとし，繊維長さが60mmを超える場合は，実験により適切な断面を持つ供試体を選定することとする．

6.3 器具

供試体の製造に用いる器具は，4.3による．

6.4 供試体の作製

自己充填性のあるVFCを使用する場合は，UFC指針の参考資料2「強度試験用供試体の作り方」2.2.3項を参考に型枠の片側から1層で上面まで連続的に流し込むこととする．中央から流し込んだ場合や合流部を作った場合は，ばらつきが大きくなるとともに，所定の強度が得られない可能性があるため注意が必要である．

自己充填性がなく，硬練りのVFCを使用する場合は，JIS A 1132を参考に供試体を作製する．ただし，VFCは

1層で打ち込むこととする．

6.5 供試体寸法の許容差
供試体の形状寸法の許容差はJIS A 1132による．

7. 一軸引張強度試験用供試体の作り方
7.1 供試体の本数
1回の試験に用いる供試体は5体を標準とし，別途指定がある場合はそれに従う．

7.2 供試体の寸法
一軸引張試験用供試体の寸法は，**参 図** 2-1.1 および**参 表** 2-1.1 を標準とし，別途指定がある場合はそれに従う．

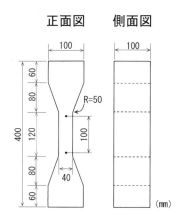

参 図 2-1.1　一軸引張試験供試体

7.3 器具
a) 型枠は金属または断面変化部で残留応力を生じさせない柔軟な材料（たとえばシリコン）で作られたものとする．たとえば金属製の型枠は，JIS A 1132に準じた曲げ強度試験用供試体の型枠に**参 写真** 2-1.1 および**参 図** 2-1.2 のような金具をはめ込み固定することで作製する．
b) 型枠は，VFCの打込み時に変形および漏水のないものでなければならない．
c) 型枠は，所定の供試体の精度が得られるものとする．
d) 型枠の内面には，適当な剥離剤または鉱物性の油などを塗布してよい．
e) 型枠は水平に設置する．
f) 木づちを用いて締め固める場合，木づちは対象となるVFCを十分締め固めることのできる質量および寸法のものとする．
g) 振動台式振動機によって締め固める場合，振動機は対象となるVFCを十分締め固めることのできる性能のものとする．

参 写真 2-1.1　一軸引張試験用供試体の金属製型枠（上），シリコン製型枠（下）（例）

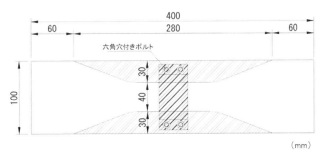

参 図 2-1.2　一軸引張試験用供試体の金属製型枠（例）

7.4　供試体の作製

　自己充填性のある VFC の場合は，型枠の端部から気泡をできるだけ巻き込まないように，一層で上面まで連続的に流し込むものとする．ただし，**参 図 2-1.3** に示すように，打込み範囲は，供試体の把持部分にあたる型枠の端部から 140mm 以内とする．また，打込みの際，合流部は標点間においての弱点となるため，型枠の両端からの打込みは行わないこととする．

　自己充填性がなく，硬練りの VFC の場合は，JIS A 1132 6.3.2 記載の方法を参考に供試体を作製する．

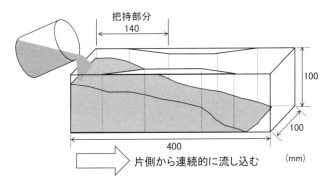

参 図 2-1.3　一軸引張試験用供試体の打込み方法（自己充填性のある VFC の場合）

7.5 供試体寸法の許容差

供試体の形状寸法の許容差は**参 表 2-1.1**による.

参 表 2-1.1 一軸引張試験用供試体寸法と許容誤差

	平行部幅	原標点距離	平行部の長さ	厚さ
寸法	40	100	120	100
許容誤差	±1	±1	±1	±1

（単位 mm）

8. 型枠の取り外しおよび養生

a) 型枠の取り外しは打込み後，適切な時期に実施する.

b) 供試体の成形後は脱型まで材料表面からの乾燥を防ぐため，供試体上面をガラス板で覆うなど適切な処置を行うこととする.

c) 成形後の供試体は，試験の目的に応じて定められた養生条件にて養生を行う.

参考資料 2-2　VFC の割裂ひび割れ発生強度試験方法（案）

試験方法（案）

1. 適用範囲
本資料は，VFC の割裂ひび割れ発生強度試験の方法を示す．

2. 引用規格
次に掲げる規格は，この試験方法(案)に引用されることによって，この試験方法(案)の一部を構成する．これらの引用規格はその最新版を適用する．

　　JIS A 1113 コンクリートの割裂引張強度試験方法

　　土木学会 コンクリートライブラリー113 超高強度繊維補強コンクリートの設計・施工指針（案）　3.2.3 ひび割れ発生強度

3. 供試体
供試体は，次のとおりとする．

a) 供試体は**参考資料 2-1「強度試験用供試体の作り方（案）」**によって作製する．また，供試体は，所定の養生が終わった直後の状態で試験が行えるようにする[1]．

b) 損傷または欠陥があり，試験結果に影響すると考えられるときは，試験を行わないか，又はその内容を記録する．

　　注1) コンクリートの強度は，供試体の乾燥状態及び温度によって変化する場合もあるので，所定の養生が終わった直後の状態で試験を行う必要がある．

4. 装置
装置は，次のとおりとする．

a) 試験機は，JIS B 7721 の箇条 7（試験機の等級）に規定する 1 等級以上のものとする．

b) 上下の加圧板は鋼製[2]とし，圧縮面は磨き仕上げとする．

　　注2) 加圧板には，JIS B 7721 附属書 B（圧縮試験機の耐圧盤の検査）に示す耐圧盤などがある．

5. 試験方法
試験方法は，次のとおりとする．

a) 供試体の直径は，供試体の荷重を加える方向における直径を 2 か所以上で 0.1mm まで測定し，その平均値を四捨五入によって小数点以下 1 桁に丸めた値とする．

b) ひび割れ発生荷重の判断が難しい場合は**参 図 2-2.1** を参考にひずみゲージを貼りつける．

c) 試験機は，試験時の最大荷重が指示範囲の 20～100%となる範囲で使用する．同一試験機で指示範囲を変えることができる場合は，それぞれの指示範囲を個別の指示範囲とみなす．

　　注記　試験時の最大荷重が指示範囲の上限に近くなると予測される場合には，指示範囲を変更する．

d) 供試体の側面および上下の加圧板の圧縮面を清掃する．

e) 供試体を試験機の加圧板の上に偏心しないように**参 図 2-2.1**のように据える[3]．この場合，加圧板と供試体との接触面のどこにも隙間[4]が認められないようにする．上下の加圧板は，荷重を加えている間，平行を保てるようにする．5.00kN 以内の荷重を加えた状態で荷重の増減を一時止め，上下加圧板の距離を 2 か所以上測って上下の加圧板の平行を確認する．平行でない場合は，球座面をもつ側の加圧板を木づちで軽くたたいて調整する．

f) 供試体に衝撃を与えないように，一様な速度で荷重を加える．荷重を加える速度は，引張応力度の増加率が毎秒 0.06 ± 0.04 N/mm^2 となるように調整する．

g) ひび割れの発生にともない荷重が低下する直前の荷重をひび割れ発生荷重とする．ひび割れ発生荷重をひずみゲージを用いて引張応力－ひずみ曲線から求める場合は，曲線の変曲点もしくは不連続点をひび割れ発生荷重とする．引張応力－ひずみ曲線の測定例を**参 図 2-2.2**に示す．ひび割れ発生荷重は，有効数字 3 桁まで読み取るようにする．

h) 供試体の長さは，供試体の割れた面における長さを 2 か所以上で 0.1mm まで計測し，その平均値を四捨五入によって小数点以下 1 桁に丸めた値とする．

 注3) 試験に先立ち，隙間ができないような接触線を選び，上下の接触線を結ぶ線を供試体側面に表示する．ひずみゲージを貼りつける場合は，この線の直角方向に貼りつけるとよい．また，上下の加圧板の中心にも接触線を表示して，表示した両者の接触線が正しく一致するように供試体を据える．

 注4) 供試体と加圧板との間に隙間があると，荷重が均等にかからず，供試体が局部的に破壊することや，両端面のひずみに差が生じ，ひび割れ発生強度が特定しにくい場合や，ひび割れ発生荷重がばらつく場合がある．供試体の型枠継目部が加圧板に接するように据えると，隙間を生じることが多い．

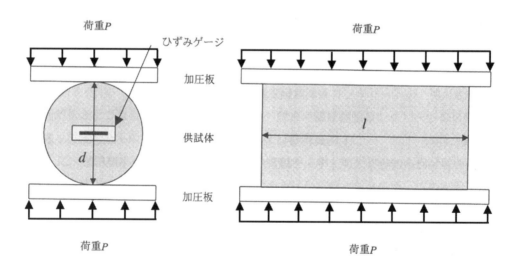

参 図 2-2.1　ひずみゲージの貼付け位置

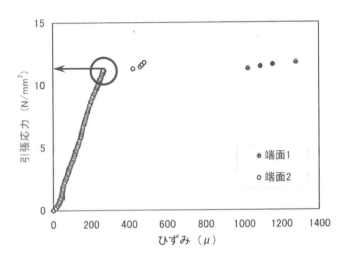

参 図 2-2.2 割裂ひび割れ発生強度試験におけるひずみの計測結果例

6. 計算

割裂ひび割れ発生強度は，次の式によって計算し，四捨五入によって有効数字3桁に丸める．

$$f_t = \frac{2 \times P}{\pi \times d \times l}$$

ここに，f_t：割裂ひび割れ発生強度（N/mm²）
　　　　P：ひび割れ発生時の荷重（N）
　　　　d：供試体の直径（mm）
　　　　l：供試体の長さ（mm）

7. 報告

報告は，次の事項について行う．

a) **必ず報告する事項**

1) 供試体の番号
2) 供試体の直径（mm）
3) 供試体の長さ（mm）
4) ひび割れ発生時の荷重（N）
5) 割裂ひび割れ発生強度（N/mm²）

b) **必要に応じて報告する事項**

1) 試験年月日
2) VFCの種類，使用材料及び配合
3) 材齢
4) 養生方法及び養生温度
5) 供試体の破壊状況

参考資料 2-3　切欠きはりを用いた VFC の荷重－変位曲線試験方法（案）と引張軟化曲線のモデル化方法（案）

試験方法（案）

1. 概要

VFC の引張軟化曲線の推定には JCI-S-002-2003 切欠きはりを用いた繊維補強コンクリートの荷重－変位曲線試験方法に従って切欠きはりの荷重－変位曲線を計測し，JCI-S-001-2003 の付属書（参考）に従って推定すればよい．同試験法を VFC に適用するにあたり，留意すべき事項を以下に示す．

2. 供試体

供試体は次のとおりとする．

2.1　供試体の寸法

供試体は**参 図 2-3.1** に示すような矩形断面を有する角柱とし，長手方向中央に断面高さの 0.3 倍まで切欠きを入れたものとする．

a) 供試体断面の高さ D は最大骨材寸法 d_a の 4 倍以上とする．
b) 供試体断面の幅 B は最大骨材寸法 d_a の 4 倍以上とする．
c) 繊維長さが 40mm を超える場合には供試体断面の高さおよび幅を 150mm 以上とし，繊維長さが 40mm 以下の場合には，供試体断面の高さおよび幅を 100mm 以上とする．
d) 載荷スパン S を $3D$ とし，供試体の全長 L は $3.5D$ 以上とする．
e) 切欠きの深さ a_0 は $0.3D$ とし，幅 n_0 は 5mm 以下とする．

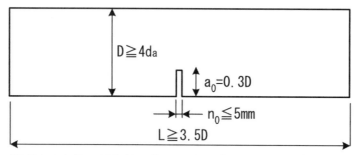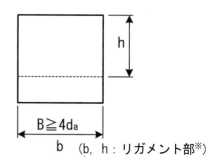

※ 切欠き上部の破断面をリガメントと呼び，その幅を b, 高さを h とする．

参 図 2-3.1　供試体寸法

2.2　供試体の作製

a) 供試体は**参考資料 2-1「強度試験用供試体の作り方（案）」**に準じて作製するものとする．
b) 切欠きは VFC の強度が十分に発現した時点でコンクリートカッターを用いて作製するものとする．切欠きは，載荷時に打設面が供試体の側面となるように打込み側面に入れる．切欠き先端の形状を特別に加工する必要はない．なお，JCI-S-002-2003 では，コンクリートカッターが使用できない場合には，打設時に所定の寸法の金属板，もしくは合成樹脂板を埋め込むことで切欠きとしてよいとしているが，試験区間の繊維配向に影響することからこの方法で切欠きを設けてはならない．

c) 供試体は所定の養生が終わった直後の状態で試験しなければならない．
d) 供試体は4個以上製作する．
e) 供試体の質量を0.05kgまで測定する．

3. 試験装置器具

試験装置器具は次のとおりとする．

3.1 試験機

ひび割れ開口変位あるいは載荷点変位によるクローズドループコントロールが可能な試験機を使用することが望ましい．しかし，一般にVFCでは不安定な破壊を生じないため，必ずしもクローズドループコントロールを必要としない．また，安定した荷重－変形関係を計測できれば良いので，クロスヘッドの変位を制御する試験機でも試験可能である．ただし，いずれの試験機を用いた場合でも不安定な破壊が生じていないことを確認する．

3.2 3点曲げ試験装置

曲げ試験装置は，供試体にねじりが作用しないよう載荷点および支点の一方を供試体の軸方向回りに回転できる構造とする．両支点はローラー・ピン構造とし，供試体が完全に破断するまで，変形を拘束することのないように両支点とも水平方向に可動な構造とする．

供試体は載荷点において水平方向の移動が拘束されるので，両支点とも可動構造にする必要がある．可動構造は**参 図 2-3.2**に示すように両支点の下に複数のローラーを挿入するのが簡便で確実な方法である．水平方向の拘束が生じないことを確認するためには，無載荷の状態において，供試体を軽く手で押し，供試体が水平方向に滑らかに動くことを確認する．

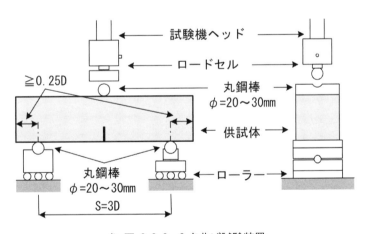

参 図 2-3.2　3点曲げ試験装置

3.3 荷重計測機器

荷重は最大荷重の1%以内の精度を有するロードセルによって計測する．また，ロードセルは試験機に取付けるものとする．

3.4 ひび割れ開口変位計測機器

ひび割れ肩口開口変位（CMOD）は，1/500mm以上の精度を有するクリップゲージにより計測する．クリップゲ

ージを取付けるナイフエッジの厚さは5mm以下とする．

　クリップゲージを切欠き部に直接取付けることができる場合には必ずしもナイフエッジを使用する必要ない．ナイフエッジは金属製とし，**参 図 2-3.3**に示すように接着剤等を用いて供試体に確実に取付ける必要がある．

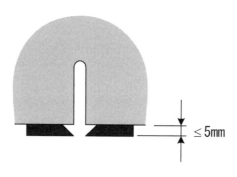

参 図 2-3.3　ナイフエッジ

3.5　荷重点変位計測機器

　荷重点変位（LPD）は，1/500mm以上の精度を有する変位計により計測する．計測には，供試体の剛体変位ならびに荷重点および支点でのめり込みによる変形を除去するために，変位計ホルダーフレームを用いなければならない．計測位置は荷重点直下，供試体側面を原則とするが，変位計の取付けが困難な場合には，供試体底部の切欠き肩口部分で計測してもよい．

4.　試験方法

　試験方法は，次のとおりとする．

　a) 供試体は，型枠の両側面が上下面となる方向に載荷する．

　b) 供試体には衝撃を与えないよう，静的に荷重を加える．CMODあるいはLPDによるクローズドループコントロールを行う場合には，制御を開始する予載荷荷重は最大荷重の20%以下とする．

　c) 載荷速度は，CMOD速度が0.0005D〜0.004D/min，あるいはLPD速度が0.0004D〜0.003D/minになるように制御することとし，これらの速度範囲内で安定した破壊が得られる載荷速度とする．なお，載荷速度は，ひび割れ発生後の荷重低下が安定した後は，荷重－変位曲線に大きな影響を与えない範囲で載荷速度を上げ，試験時間を短縮することができる．途中で載荷速度を変更する場合は，速度を急変させないように留意し，その変更方法を報告しなければならない．

　d) 荷重とCMODあるいはLPDの計測は，試験の開始から終了まで連続的に行う．静ひずみ型計測器を用いる場合の計測間隔は，最大荷重点までに20点以上計測できる間隔とする．引張軟化曲線の推定に必要な荷重－変位曲線は，荷重が最大荷重の1/10程度まで軟化する範囲であることを参考に，目的に応じて試験の打ち切り時期を定めるのがよい．

　e) 試験中，荷重とCMODあるいはLPDが急激に変化することなく連続的にゆっくりと変化する場合を安定した試験とみなし，不安定な現象が生じた場合にはその試験結果を除外する．

　f) リガメント部の幅bを2か所において0.2mmまで測定し，その平均値の有効数字4桁まで求める．

　g) リガメント部の高さhを2か所において0.2mmまで測定し，その平均値の有効数字4桁まで求める．

　h) 荷重－CMOD曲線あるいは荷重－LPD曲線は4個以上の供試体の平均値で示す．曲線の平均化は，任意の同一変位に対する各供試体の荷重の平均値とする．平均化する場合の変位の間隔はd)の計測間隔と同程度

とする.

　JCI-S-001-2003 の付属書（参考）に基づいて引張軟化曲線を推定するにあたり，試験から得られた荷重－LPD 変位曲線を用い，初期のなじみの影響がある場合はプログラムを用いた逆解析が困難となる場合がある．この場合，初期のなじみを参図 2-3.4 のように補正するとよい．また，参図 2-3.5 のように荷重ピーク以降の計測された曲線に振動が見られる場合はデータの間引きや移動平均等により平滑化するとよい．

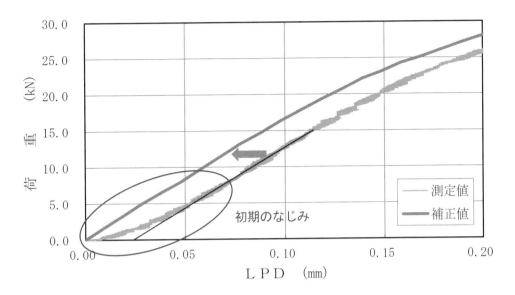

参 図 2-3.4　荷重-LPD 曲線（初期）の補正の例

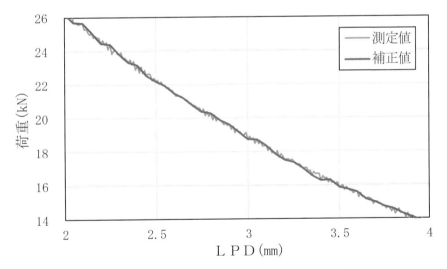

参 図 2-3.5　荷重-LPD 曲線（軟化域）の平滑化の例

5. 引張軟化曲線の推定

引張軟化曲線は JCI-S-001-2003 の付属書（参考）により推定する．

VFC では開口変位が大きくなることから，JCI のプログラムを用いる場合には圧縮縁近傍の要素分割を細かくするとよい．

6. 報告

報告には，次の事項のうち必要なものを記載する．

a) 供試体の個数
b) 養生条件および試験材齢
c) 供試体の寸法
d) リガメントの高さと幅
e) 供試体の質量
f) 試験機の種類
g) 載荷治具の質量
h) 載荷速度
i) 荷重－CMOD 曲線
j) 荷重－LPD 曲線
k) 引張軟化曲線

7. 引張軟化曲線のモデル化の例

JCI-S-001-2003 の付属書（参考）に基づいて荷重－CMOD 曲線から引張軟化曲線を推定した一例を参 図 2-3.6 に示す．軟化域に入る前の引張応力が一定になっている部分の引張応力を繊維架橋強度とし，表に示している．試験数が少ないことから，繊維架橋強度の分布を t 分布と仮定し，超過確率 5%となる値として繊維架橋強度の特性値を算出し，軟化開始点は平均値を用いている．

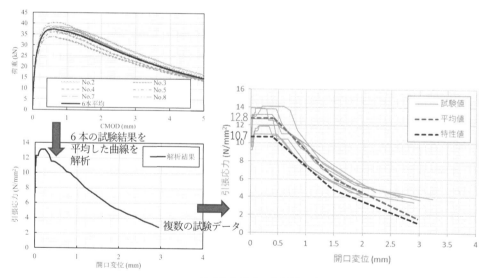

参 図 2-3.6　各試験における引張軟化曲線の例

参考資料 2-4 　一軸引張試験方法（案）

試験方法（案）

1. はじめに

　コンクリートや VFC 等のセメント系複合材料の引張特性を評価する試験方法には，一軸引張試験，曲げ試験および割裂引張試験がある．一般に一軸引張試験を完全に制御し，プレピーク領域における応力－ひずみ曲線，ポストピーク領域における応力－ひび割れ幅曲線を安定的に測定することは容易ではない．一方で，ひずみ硬化型 VFC で複数の微細ひび割れが発生し，ひずみ硬化する挙動を曲げ試験結果の逆解析により評価することは難しく，一軸引張試験以外の方法では適切な評価が得られない場合もある．そこで，本資料では，VFC の一軸引張試験の実施にあたり留意すべき点を解説するとともに，ひずみ硬化の特性を示す VFC を対象として開発された一軸引張試験の方法を示す．

2. 留意点

　VFC の一軸引張試験では，供試体の寸法を適切に選定する必要がある．その理由は，VFC の引張特性は繊維の形状・種類や骨材の大きさに影響を受けるためである．VFC の構成材料の寸法を考慮して，供試体の厚さおよび幅を決定するのがよい．

　供試体の形状としては，試験区間での供試体の破壊を誘導するために，供試体を把持する箇所での断面積を試験区間の断面積より大きくするドックボーン型とするのがよい．断面積を一定とした供試体を用いる場合には，試験区間での供試体の破壊を誘導するために，試験区間以外の箇所を鋼材等で補強するのがよい．ドックボーン型の供試体では，断面積の急変が応力の集中を引き起こし，想定通りに試験区間内で供試体を破壊させることができない可能性もあることから，断面積の変化区間は滑らかな曲線形状とするのがよい．

　供試体の形状・寸法の精度，把持方法および試験機への取付け精度に起因して荷重の偏心が生じ，供試体に二次曲げが発生する場合がある．そのため，供試体の作製にあたっては，形状・寸法の許容誤差を定めておくのがよい．また，供試体の把持方法は，把持具から供試体の引き抜けが生じないことや，試験区間に一様な引張応力を発生させることに留意して定めるのがよい．試験機への取付けでは，精度管理の容易な方法を採用することや，供試体の支持条件を両端ピン構造とすることが荷重の偏心を防止する上で重要である．

　ひずみ硬化型 VFC では，引張応力－ひずみ曲線においてひび割れ発生点が明確に現れずその決定が困難となる場合があり，現状では試験実施者の主観に基づき決定されている状況である．既往の研究[1]で，これまでに提案された UHPFRC のひび割れ発生強度の決定方法が比較・検討されているが，ひび割れ発生強度の統一的な決定方法は確立されていない．

3. VFCの一軸引張試験方法（案）

3.1 適用範囲

本試験方法(案)は，VFCのひび割れ発生強度，ひび割れ発生強度到達ひずみ，繊維架橋強度，繊維架橋強度到達ひずみを一軸引張試験により評価する方法について示す．

3.2 引用規格

次に掲げる規格は，本試験方法(案)に引用されることによって，本試験方法(案)の一部を構成する．これらの引用規格は，その最新版を適用する．

　　試験方法　参考資料2-1　強度試験用供試体の作り方(案)

　　JIS B 7721　引張試験機・圧縮試験機－力計測系の校正方法及び検証方法

3.3 装置

試験機および試験装置は，次による．

a) 本引張試験に用いる試験機は，JIS B 7721による等級1級以上とし，変位制御による載荷が可能な試験機とする．

b) 試験機は供試体把持装置の取付部を結ぶ直線を正しく鉛直に置いて使用する．

c) 標点間の変位を測定する装置は，変位計の感度が1/1000mm以下の性能を有するものとし，標点間の変形を妨げる構造であってはならない．

d) 供試体の形状および試験荷重に適した把持装置を使用し，把持装置は試験片の中心軸上に沿って引張荷重を載荷可能な構造とする．両端の把持装置で，両端ピン構造の条件で載荷が可能となるよう試験装置に装着する．把持装置の例として，つかみ治具を用いた例を参 図2-4.1に示す．

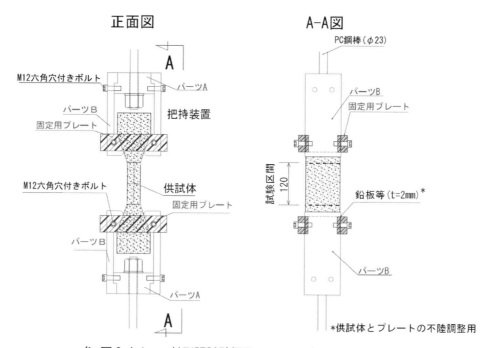

参 図2-4.1　一軸引張試験概要（つかみ治具による把持装置）

参 写真 2-4.1　試験状況の例（500kN 万能試験機を使用）

3.4　供試体

供試体の形状，寸法および作製方法は，**参考資料 2-1「強度試験用供試体の作り方（案）」**による．

3.5　試験方法

試験方法は以下とする．

a) 載荷方法は，供試体の形状に適した把持装置を用いて供試体に載荷を行うものとする．

　　参 写真 2-4.1 に把持装置を用いた試験状況の例を示す．

b) 載荷速度は，ピーク荷重までは供試体の変形増加速度が 0.02mm/分となる一様な速度とし，ピーク荷重後は 0.2mm/分とする．

c) 試験を行う供試体の材齢は 28 日を標準とし，別途指定がある場合はそれに従う．

d) 試験を行う供試体の数は 5 体を標準とし，別途指定がある場合はそれに従う．

e) 測定頻度は 1Hz 以上とする（微細ひび割れ発生点および最大荷重を正確に定めるために，ピーク荷重までは測定頻度を可能な限り高くする）．

3.6　計算

供試体試験区間の原断面積，標点間距離，ひび割れ発生強度，ひび割れ発生強度到達ひずみ，繊維架橋強度および繊維架橋強度到達ひずみ（**参 図 2-4.2**）の求め方は，次による．

a) 供試体の試験区間の原断面積は，標点間の両端部および中央部の 3 か所の断面積の平均値とする．

b) 標点間距離は適切な測定器を用いて測定する．

c) ひび割れ発生強度の試験値 f_{cr}（N/mm²）は次の式により算出する．

$$f_{cr} = \frac{F_{cr}}{A}$$

　　ここに，F_{cr}：ひび割れ発生時の荷重（N）

A：試験区間の供試体原断面積（mm²）

d) ひび割れ発生強度到達ひずみの試験値 ε_{cr}（%）を次の式で算出する．

$$\varepsilon_{cr} = \frac{l_{cr} - l_0}{l_0} \times 100$$

ここに，l_{cr}：ひび割れ発生時の標点間距離（mm）

l_0：原標点間距離（mm）

e) 繊維架橋強度の試験値 f_{ft}（N/mm²）は次の式にて算出した値とする．

$$f_{ft} = \frac{F_{ft}}{A}$$

ここに，F_{ft}：最大荷重（N）

f) 繊維架橋強度到達ひずみの試験値 ε_{ft}（%）を次の式で算出する．

$$\varepsilon_{ft} = \frac{l_{ft} - l_0}{l_0} \times 100$$

ここに，l_{ft}：最大荷重時の標点間距離（mm）

l_0：原標点間距離（mm）

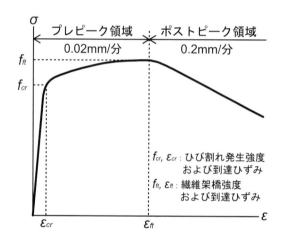

参 図2-4.2　ひび割れ発生強度および繊維架橋強度

3.7 報告

報告には，次の事項のうち必要なものを記載する．

a) 試験年月日
b) VFC の配合および使用材料
c) 供試体の材齢
d) 供試体の養生方法
e) 供試体の個数
f) 供試体の番号
g) 供試体の標点間の寸法（標点間の両端部および中央部における幅，厚さ）
h) 試験機の種類
i) 把持装置の種類と寸法

j) 原標点間距離

k) 測定器の仕様

l) 測定頻度

m) ひび割れ発生時の荷重（N）

n) ひび割れ発生強度の試験値（N/mm²）

o) ひび割れ発生強度到達ひずみの試験値（%）

p) 最大荷重（N）

q) 繊維架橋強度の試験値（N/mm²）

r) 繊維架橋強度到達ひずみの試験値（%）

s) 引張応力－ひずみ曲線

t) 供試体の破壊状況

　　ひび割れ発生強度，ひび割れ発生強度到達ひずみ，繊維架橋強度および繊維架橋強度到達ひずみの平均を求める場合，標点間で破壊しなかった供試体や明らかな二次曲げが認められる供試体の試験結果は除外する．

参考文献

1) Zhan, J., Denarié, E., and Brühwiler, E.: Elastic limit tensile stress of UHPFRC: Method of determination and effect of fiber orientation, Cement and Concrete Composites, Vol.140, 105122, 2023

参考資料 2-5　一軸引張試験による引張軟化曲線の推定

指針（案）5.3.2 項　参考資料

1.　引張軟化曲線の推定レベルに応じた評価方法 [1]

　コンクリートの引張軟化曲線の評価方法は，使用目的や推定精度等に着目すると大きく 3 つのレベルに分けられることが報告されており [1]，この分類は VFC についても適用可能であると考えられる．**参 表 2-5.1** に引張軟化曲線の推定レベルに応じた評価方法の枠組みを示す．

　レベル 1 は，簡単な強度試験結果から，あらかじめ統計分析により定められた経験則に基づいて，引張軟化曲線を規定するパラメータを決定する方法である．推定精度は経験則に依存し，精度が大きく低下する場合も予想されるが，モデルコードへの活用目的としては，ある程度の安全率を考慮することで意義のある評価方法となる．

　レベル 2 では，例えば，切欠きはりの 3 点曲げ試験により破壊エネルギー G_F を求め，引張強度 f_t と G_F の 2 つのパラメータと経験則の併用により，バイリニア・パラメータを決定する方法がある．引張軟化曲線を規定するパラメータのうち，これら 2 つを測定値から規定するため，レベル 1 よりも精度の高い推定が可能である．

　レベル 3 は，荷重－変位曲線を逆解析することによって引張軟化曲線を推定する方法で，例えば 2 直線モデルを対象とした方法や任意の引張軟化曲線を多直線で近似する方法が例として挙げられる．逆解析の計算は複雑であるが，一度プログラムを完成させればデータ入力により引張軟化曲線を求めることができ，推定精度も高い引張軟化曲線が評価できる．

　レベル 3 評価に相当する方法として一軸引張試験を実施する方法がある．一軸引張試験は供試体の偏心や安定性の制御が難しく難易度は高いという点はあるものの，引張軟化曲線を直接得ることができるため，適切に実施することができれば他の方法よりメリットがあると言える．本参考資料では，鋼繊維補強コンクリート（SFRC）の引張軟化曲線を求めるための一軸引張試験を紹介する．

参 表 2-5.1　引張軟化曲線の推定レベルに応じた評価方法の枠組み

推定レベル	レベル 1	レベル 2	レベル 3
主な評価手法	経験則	単純解析	逆解析
主な軟化形状	リニア型，バイリニア型	バイリニア型，関数型	バイリニア型，トリリニア型
主な使用目的	モデルコード	数値解析構成則	厳密形状による材料特性評価
評価概要	破壊靭性試験は行わず，強度物性試験から経験則により評価	破壊靭性試験を行い，経験則も併用する評価	レベル 2 よりも実験および数値解析の高度化による高精度評価
主な実例	*fib* モデルコード	J 積分法	JCI 逆解析
主な必要データ	圧縮強度 f_c 骨材最大寸法 d_{max}	引張強度 f_t 破壊エネルギー G_F	荷重変位曲線 逆解析プログラム

2. 一軸引張試験による引張軟化曲線の推定

　RILEM より，鋼繊維補強コンクリート（SFRC）の引張軟化曲線を求めるための一軸引張試験の方法が提案されている（RILEM TC 162-TDF 一軸引張試験法）[2]．本試験法は引張強度を求めることを意図したものではないとされており，引張強度は別の方法で求めることが推奨されている．以下において，RILEM TC 162-TDF 一軸引張試験法を説明する．

2.1 供試体

　標準とする供試体の形状は円柱で，直径 150mm，高さ 150mm とする．供試体の作製は，型枠を用いて作製する方法でも，構造物からコアを採取して作製する方法のいずれでもよい．円柱供試体の高さ方向中央に，深さ 15 ± 1mm，幅 2～5mm の切欠きを全周に入れる．切欠きはコンクリートカッターを用いて入れるものとするが，若材齢供試体を用いる場合等でそれが困難な場合は，型枠の形状により切欠きを入れる方法を採用してもよい．供試体の公称長さは 150mm とする（参 図 2-5.1）．この供試体は，骨材寸法が 32mm 以下，繊維長が 60mm 以下の材料に対してのみ使用することができる．

　材料が実際の構造物において使用される状況を考慮し，この標準供試体では適切に材料の特性を評価できないと考えられる場合は，異なる形状の切欠きを有する供試体を用いることが推奨される．供試体は，構造物における材料の特性を適切に評価できるように，繊維の配向・分散や構造物と供試体の寸法・形状の関連性に配慮したものとする必要がある．

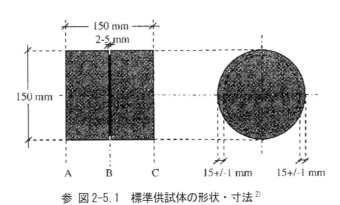

参 図 2-5.1　標準供試体の形状・寸法[2]

2.2 供試体の作製

　繊維の配向が，材料を使用する構造物における繊維の配向と同様なものとなるように留意する．供試体の作製過程は，養生や保管方法も含めて常に記録する．

　型枠を用いて供試体を作製する場合，型枠への材料の打込み方法や締固め方法等を事前に定めておく．型枠への材料の打込みに際しては，供試体の破壊想定面に打継面をつくらないように留意する．締固め方法は，材料の使用を想定する構造物における締固め方法と同じとしなければならない．供試体は脱型が可能となる強度が発現するまで適切な環境で保管する．

　構造物からコアを採取して供試体を作製する場合，対象の構造物や部材において想定されるひび割れ発生面に対して垂直となる方向からコアを採取する．

2.3 試験装置
2.3.1 基本事項

試験装置の例を**参 図 2-5.2**に示す．円柱供試体の上下面を，試験機にボルトで固定された金属製の部材に接着剤を用いて接合する．試験機への取付けボルトは，可能な限り堅固な接合とするために，プレストレスを与えて締め付けてもよい．

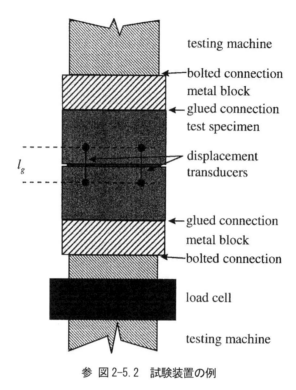

参 図 2-5.2 試験装置の例

2.3.2 測定

切欠きにおける開口変位は 3 器以上の変位計により測定し，変位計は切欠きをまたいで供試体の外周に沿って等間隔に配置する．変位計の測定長 l_g は 40mm 以下とする．変位計は，分解能として測定精度が 1μm 以下，測定誤差が 1%以下であるものを使用する．

供試体に作用する力は供試体と直列に接続されたロードセルにより測定する．ロードセルは，測定誤差が試験中の最大載荷力の 1%以下となるものを使用する．

2.4 試験方法

2.4.1 基本事項

供試体の把持によりプレストレスが導入されないように，試験装置に取り付けられた金属製の部材に接着剤または類似の方法で供試体を固定する方法を用いることとして，試験手順は概ね以下のとおりである（**参 図 2-5.3**）．

a) 試験装置に設置されたロードセルの位置を調整する．
b) 供試体の上側（または下側）を金属製の部材に接着剤で接合し，接着剤の硬化後に金属製の部材をボルトで試験装置に取り付ける．取付けボルトはプレストレスを与えて締め付ける．
c) 供試体のもう一方については，金属製の部材を先に試験装置に取り付けておき，金属製の部材に接着剤を塗布して供試体を取り付ける．
d) 供試体を取り付けるための接着剤が硬化した後に変位計を設置する．
e) 複数の変位計の測定値の平均値を制御値として参照し，所定の載荷速度で変位制御により試験を実施する．
f) 荷重と変位の経時変化を記録する．

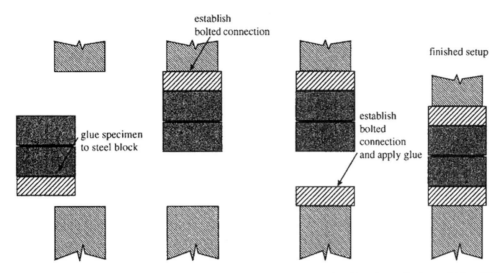

参 図2-5.3　試験装置に取り付けられた金属製の部材に接着剤で供試体を接合すると想定した場合の試験手順

2.4.2　試験の制御とデータの取得

載荷速度は，変位が 0.1mm に到達するまでは 5μm/min，その後，試験終了（変位が 2mm に到達時点）までは 100μm/min とする．データは，0.5Hz 以上の頻度で記録する．

2.4.3　全般的な要求事項

変位計の測定値にスナップバックが生じることなく安定した試験が実施できるよう，試験機や把持装置の軸剛性は十分に高いものとする．この剛性は，力学的な剛性，サーボバルブの性能および電子制御システムの性能の組合せにより実現されるものである．試験機や把持装置の曲げ剛性は，試験中に供試体に発生したひび割れ面の著しい回転を生じさせないように十分に高いものとする．所要の曲げ剛性を有しているとみなされるのは，試験終了時に各変位計の測定値と全変位計の測定値の平均値の違いの最大値が 10%未満の場合である．

2.5　試験結果の解釈

応力－ひび割れ幅関係は，各試験の測定データより以下の方法で求められる．

応力 σ_w は，荷重 P を切欠き箇所の断面積 A_n で除すことで得られる．

$$\sigma_w = \frac{P}{A_n} \tag{参 2-5.1}$$

ひび割れ幅 w は，全変位計の測定値の平均値から，弾性除荷を無視して最大応力到達時の全変位計の測定値の平均値を減ずることで得られる．したがって，n 個ある変位計の各測定値を δ_j（j=1, 2, …n）とすると，全変位計の測定値の平均値 $\bar{\delta}$ は下記により計算される．

$$\bar{\delta} = \frac{1}{n}\sum_{j=1}^{n} \delta_j \tag{参 2-5.2}$$

最大応力到達時の全変位計の測定値の平均値を $\bar{\delta_p}$ とすると，ひび割れ幅 w は下記により計算される（**参 図2-5.4**）．

$$w = \bar{\delta} - \bar{\delta_p} \tag{参 2-5.3}$$

応力－ひび割れ幅関係 $\sigma_w(w)$ は，$w>0$ の条件で σ_w と w の対応する値から求められる．

少なくとも 6 個の供試体を用いて実施した試験から応力－ひび割れ幅関係の平均曲線 $\overline{\sigma_w}(w)$ を求め，報告するも

のとする．さらに，以下の手順にしたがって，応力－ひび割れ幅関係の特性曲線 $\sigma_{w;k}(w)$ を求めることができる．

ひび割れ幅 w_i と w_m の間で発散されるエネルギーを各試験において下記により計算する．ここで，w_i はひび割れが破壊面を横断した時のひび割れ幅であり，w_m は材料の適用の仕方で定義が異なる最大ひび割れ幅である．

$$W_F = \int_{w_i}^{w_m} \sigma_w(w)dw \tag{参 2-5.4}$$

通常，$w_m = 2mm$ で，w_i は下記の制約条件の下で w の最小値として定められる（**参 図 2-5.5**）．

$$\text{すべての } j \text{ について，} \delta_j \geq 2\times10^{-4} \cdot l_g \tag{参 2-5.5}$$

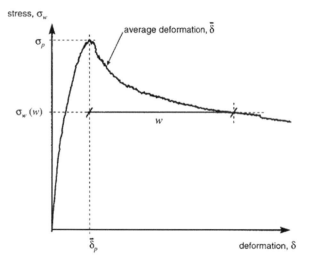

参 図 2-5.4 切欠き箇所で測定された変位の平均値から得られるひび割れ幅 w

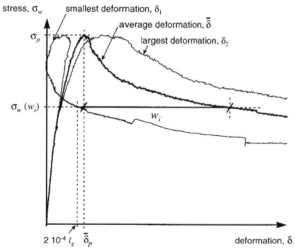

参 図 2-5.5 実際の試験データを用いた w_i の定め方の概要．簡単のため，2 つの変位計で測定されたデータのみを使用している．

統計分析により，発散エネルギーの平均値 $\overline{W}_{F,k}$ とともに特性値 $\overline{W}_F$ が計算される．そして，式(参 2-5.6)によりすべての試験から定められた応力－ひび割れ幅関係の平均曲線を用いて，応力－ひび割れ幅関係の特性曲線を求めることができる．

$$\sigma_{w,k}(w) = \bar{\sigma}_w(w)\frac{W_{F,k}}{\overline{W}_F} \tag{参 2-5.6}$$

発散エネルギーの特性値 $W_{F,k}$ を計算するための分位点（フラクタイル）や信頼水準は，安全性に関する国内規準または国際規準に従って定めるものとする．

さらに，w_i の平均値 $\bar{w}_i$ は式(参 2-5.7)で定義される．

$$\bar{w}_i = \frac{1}{t}\sum_{q=1}^{t}(w_i)_q \tag{参 2-5.7}$$

ここで，$(w_i)_q$ は試験 q の w_i，t は実施した試験数である．

2.6 試験結果の報告

試験結果の報告書には下記の項目を含むものとする．

a) 全供試体の形状・寸法

b) SFRC のモールドへの打込み方法および締固め方法（供試体を打込みにより作製した場合）

c) コアの採取手順と構造物または構造部材におけるコアの採取箇所と採取方向（コア供試体を使用した場合）

d) 試験までの供試体の養生状態や管理状況

e) 試験で得られたすべての $\sigma_w(w)$ 曲線（$w = 0 \sim w_m$）を 1 つの図にプロットしたもの．

f) $\overline{w}_i$ と w_m の値とともに，計算により求められた $\overline{\sigma_w}(w)$ 曲線と $\sigma_{w,k}(w)$ 曲線（$w = \overline{w}_i \sim w_m$）を 1 つの図にプロットしたもの．

g) 関連する国内規準で記載が求められている項目

さらに，下記について記録することが推奨される．

h) 各供試体の繊維の配向状態．供試体破壊面の写真

i) 試験に使用した装置や器具の種類

参考文献

1) 中村成春，橘高義典，三橋博三，内田裕市：コンクリートの引張軟化特性の標準試験方法に関する基礎的検討，コンクリート工学論文集，10 巻 1 号，pp.151-164，1999

2) Vandewalle, L., Nemegeer, D., Balazs, G. L., Barr, B., Bartos, P., Banthia, N., ... & Wubs, A.: Rilem TC 162-TDF: Test and design methods for steel fibre reinforced concrete: Uni-axial tension test for steel fibre reinforced concrete. Materials and Structures/Materiaux et Constructions, 34(235), 3-6, 2001

参考資料2-6　曲げ耐力の算定に用いる配向係数の設定方法（案）

試験方法（案）

1. 概要

VFC の引張特性は繊維の配向・分散の影響を受ける．部材の設計にあたり，繊維の配向・分散が引張特性に与える影響を配向係数により考慮する．配向係数は実験による検証結果をもとに定めることを基本としている．本資料では実験により配向係数 κ_f を設定する方法の一例を示す．

2. 配向係数の設定フロー

本指針案では，VFC 部材の設計に用いる配向係数は部材実験により検証して定めることを基本としている．これは，一定の方法で作製された供試体を用いた切欠き曲げ試験や一軸引張試験により得られた引張特性と実大部材における VFC の引張特性に乖離があるためである．海外では実大部材より供試体を切り出して試験を行う方法が提案されているが，局所的な繊維配向の検証であり，部材全体の性状が反映できているとは限らない．そこで，部材実験により配向係数を定めるフローの一例を**参 図 2-6.1** に示す．このフローに示す κ_f は配向係数と称しているが，強度試験に用いる供試体と実部材との繊維の配向・分散の違いだけでなく，強度の違いの影響なども含めた供試体と実部材における引張特性の違いを表す係数であり，引張応力－ひずみ曲線に乗じることによりその影響を反映するものとしている．また，配向係数の設定に用いる引張軟化曲線を過小にモデル化すると配向係数は過大になるため，**参考資料 2-3「切欠きはりを用いた VFC の荷重－変位曲線試験方法（案）と引張軟化曲線のモデル化方法（案）」**を参考に適切な引張軟化曲線をモデル化して用いる必要がある．

VFC 部材の耐力が VFC の引張に大きく寄与している場合，繊維の配向が大きく影響する．また，繊維の配向は製作方法，特に材料の打込み方法の影響が大きい．実大部材を想定した部材の載荷実験を数多く実施し，設計用値を決定することが望ましいが，コストの面などから現実的ではなく，VFC 利用の妨げとなりかねない．一方で，切欠き曲げ試験や一軸引張試験などの材料試験は，一般に試験値が特性値を下回る確率が 5% となる値を設定する上で，一定数の試験が必要である．

配向係数を用いた設計フローを**参 図 2-6.2, 3** に示す．設計に用いる引張応力－ひずみ曲線 $\sigma_{td}(\varepsilon)$ は引張応力－ひずみ曲線の特性値 $\sigma_{tk}(\varepsilon)$ に配向係数 κ_f を乗じ，さらに材料係数 γ_c で除して用いる．材料試験結果から非超過確率 95% となる特性値の算出する方法として，コンクリート標準示方書では正規分布の仮定した方法を例示している．十分な標本数が確保できている場合は正規分布でよいが，材料の開発時点において十分な標本数を確保することが難しく，少ない標本数で正規分布を仮定すると，危険側の設計用値を設定するおそれがある．そこで，十分な標本数が確保できない場合であっても危険側となることがなく，標本数が増えれば正規分布に近づいていく t 分布を仮定する方法により材料の特性値を設定することが望ましい．繊維架橋強度の特性値は**参考資料 2-3** に示した引張軟化曲線のモデル化の例を参考とするのがよい．

配向係数の設定方法（案）の作成にあたり，7 種類の VFC により設定フローを検証した．詳細は**参考資料 2-7「共通実験結果」**に示す．厚さ 100mm のスラブを対象とし，曲げ載荷実験により繊維配向の影響を検証した．繊維配向が部材耐力に対して不利になるケースでは κ_f=0.55 となり，同様の条件において実験を行わない場合の参考になる．

なお，せん断破壊に対する繊維配向の影響は検証していないため，別途検討が必要である．

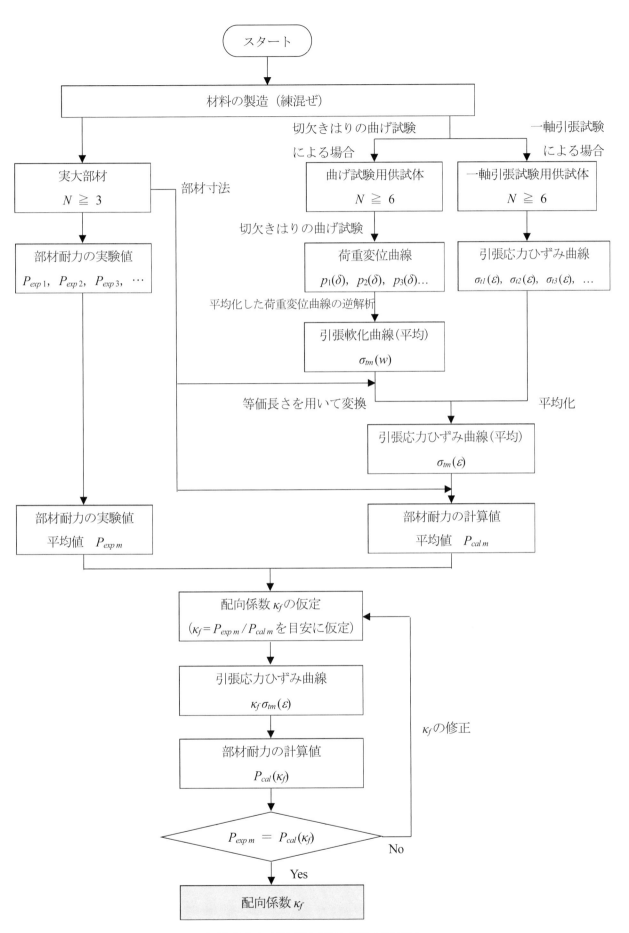

参 図 2-6.1　VFC部材の配向係数の設定フロー

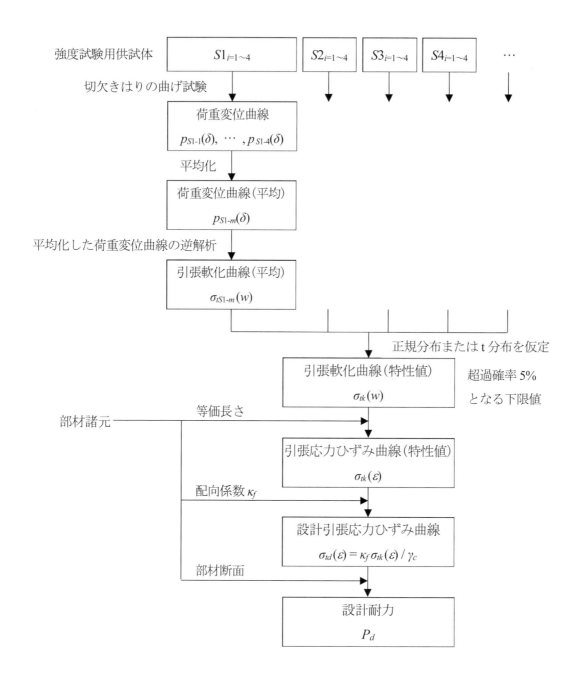

（切欠きはりの曲げ試験から得られる引張軟化曲線を用いる場合）
参 図 2-6.2　配向係数を用いた部材の設計耐力算定フロー

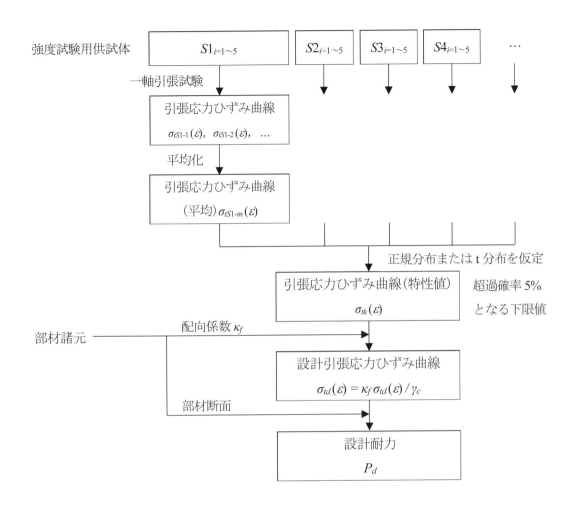

（一軸引張試験から得られる引張応力ひずみ曲線を用いる場合）
参 図 2-6.3　配向係数を用いた部材の設計耐力算定フロー

参考資料 2-7　　共通実験結果

試験方法（案）

1.　概要

参考資料 2-6「**曲げ耐力の算定に用いる配向係数の設定方法（案）**」に示す VFC の部材設計に用いる配向係数の設定方法を検証するため，**参 表 2-7.1** に示す 7 種類の VFC を用いた実験を実施した．各材料で部材の製作にあわせて強度試験用供試体を採取し，部材の載荷を実施するとともに，強度試験を実施して，得られた値を用いて部材の断面計算を実施した．配向係数の設定方法に従って各材料，各部材条件における配向係数 κ_f を算出した．

　実験に用いた部材は VFC の用途として多くの利用が想定される床版を模擬した形状とし，曲げ載荷により部材の曲げ耐力を求めた．

　試験体は各材料で想定される打込み方法で製作し，鉄筋の有無，載荷面の位置をパラメータとして，1 ケースにつき 3 体の部材を同じ条件で製作，載荷した．強度試験用供試体は，圧縮強度試験用 3 体，割裂ひび割れ発生強度試験用 4 体，切欠きはりを用いた荷重－変位曲線試験用 8 体をあわせて採取した．

　鉄筋を配置しない場合，部材に作用する引張には VFC 中の繊維のみが抵抗するため，繊維配向の影響が大きくなり，耐力のばらつきも大きくなる．一方，鉄筋を配置した場合は，鉄筋が抵抗するため，繊維配向の影響は小さくなり，耐力のばらつきも小さくなると考えられたことから，鉄筋の有無をパラメータとしている．

　繊維の配向には型枠面に沿う特性がある．部材製作時の型枠底面付近では配向が 2 次元になり，曲げ引張に対して効率よく抵抗できる配向となる一方，打込み面付近では打込み面に沿った配向にはならない．このような特性から載荷面の位置（打込み面から載荷した場合は底面が引張縁，底面から載荷した場合は打込み面が引張縁）をパラメータとした．

参 表 2-7.1　共通実験に使用した VFC

材料	A	B	C	D	E	F	G	H
会社名	大成建設	鹿島建設	鹿島建設	大林組	ピーエス・コンストラクション	エスイー	太平洋セメント	大成建設
材料名	－	－	－	スティフクリート	ダックスモルタル	ESCON	ダクタルFO	－
流動性の指標	22.0cm*1	227mm*2	120mm*2	250mm*2	800mm*3	347mm*4	270mm*5	163mm*6
圧縮強度 (N/mm²)	85.9	201	170	143	164	156	160	178
繊維の材質	鋼	鋼	鋼	鋼	鋼	PVA	PVA	鋼
径×長さ(mm)	0.75×60	0.2×15	0.2×10	0.16×13	0.16×13	0.2×12	0.3×15	0.2×15
繊維の形状	端部フック	直線	直線	直線	直線	直線	直線	直線
容積混入率(vol.%)	0.5	3.0	2.5	2.0	0.5	1.7	3.0	2.0

*1 JIS A 1101「コンクリートのスランプ試験方法」

*2 JIS R 5201「セメントの物理試験方法」に示されるフロー試験（落下なし）

*3 JIS A 1150「コンクリートのスランプフロー試験方法」（コーン引上げ後，90 秒後に測定）

*4 JIS R 5201「セメントの物理試験方法」に示されるフロー試験（落下なし，180 秒後に測定）

*5 JIS R 5201「セメントの物理試験方法」に示されるフロー試験（落下なし，90 秒後に測定）

*6 JIS R 5201「セメントの物理試験方法」に示されるフロー試験

参 表 2-7.2　実験ケース

材料			A	B	C	D	E	F	G	H
会社名			大成建設	鹿島建設	鹿島建設	大林組	ピーエス・コンストラクション	エスイー	太平洋セメント	大成建設
材料名			―	―	―	スティフクリート	ダックスモルタル	ESCON	ダクタルFO	―
実験ケース	鉄筋		載荷方向[*1]							
	なし	正	―	○	○	○	○	○	○	部材試験無[*2]
		負	―	○	―	○	―	○	―	
	あり	正	―	―	―	―	○	―	―	
		負	○	―	―	○	―	―	―	

[*1] 正：打込み面からの載荷，負：底面からの載荷を示す．
[*2] 材料Hのケースは補修用途のため部材試験未実施．試験結果の詳細は参考文献[1]参照．

2. 実験方法
2.1 試験体
2.1.1 使用したVFC
　実験に使用した材料の代表的な諸元は**参 表 2-7.1**のとおりである．詳細は後述する各材料による実験結果内に示す．部材製作時にフレッシュ性状の検査を実施し，強度試験用供試体を採取している．
2.1.2 形状
　試験体の寸法は1000×1600mm（材料BおよびCは800×1600mm），厚さ100mmを基本とした．鉄筋を配置した試験体は**参 図 2-7.1**の配筋とした．

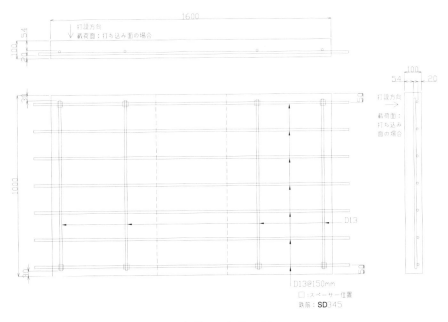

載荷面：打込み面

参 図 2-7.1(a)　試験体（配筋有）

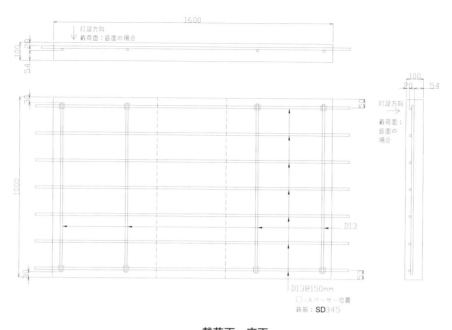

載荷面：底面

参 図 2-7.1(b)　試験体（配筋有）

2.2　載荷および計測

載荷条件を**参 図 2-7.2**に示す．支点スパン1400mm，載荷点スパンを400mmの曲げ載荷とし，載荷荷重と中央変位を計測した．

参 図 2-7.2　載荷条件

3. 実験結果

3.1 配向係数

各ケースの実験から得られた配向係数を**参 表 2-7.3** および**参 表 2-7.4** に示す.

参 表 2-7.3 無筋試験体における各材料の配向係数

載荷面	配向係数 κ_f	材料
打込み面	0.85	材料 B（鋼繊維，3.0 vol.%）
	1.02	材料 D（鋼繊維，2.0 vol.%）
	1.47	材料 E（鋼繊維，0.5 vol.%）
	1.24，1.07	材料 F（PVA，1.7 vol.%）
	1.57	材料 G（PVA，3.0 vol.%）
底面	0.55	材料 B（鋼繊維，3.0 vol.%）
	0.81	材料 C（鋼繊維，2.5 vol.%）（吹付施工）
	0.64	材料 D（鋼繊維，2.0 vol.%）
	1.16，0.89	材料 F（PVA，1.7 vol.%）

参 表 2-7.4 有筋試験体における各材料の配向係数

載荷面	配向係数 κ_f	材料
打込み面	1.51	材料 E（鋼繊維，0.5 vol.%）
底面	0.97	材料 A（鋼繊維，0.5 vol.%）
	0.83	材料 D（鋼繊維，2.0 vol.%）

3.2 実験結果一覧

参表 2-7.5 実験結果一覧

項目			材料名		A	B	C	D	E	F	G	H
材料試験結果	力学的特性		圧縮強度	(N/mm²)	85.9	201	170	143	164	156	160	178
			ひび割れ発生強度	(N/mm²)	4.34	12.5	5.54	6.38	8.46	6.88	8.24	5.05
			繊維架橋強度	(N/mm²)	2.70	13.0	8.30	12.7	2.67	2.00	3.42	9.38
			静弾性係数	(kN/mm²)	37.0	46.0	38.3	46.1	42.1	42.5	41.4	46.9
部材曲げ耐力	打込み面載荷	無筋	実験結果	(kN)	—	169	95.4	213	76.3	41.5	102	—
			断面計算	(kN)	—	199	118	210	52.0	38.9	65.0	—
			配向係数 κ_f		—	0.85	0.81	1.02	1.47	1.07	1.57	—
		有筋	実験結果	(kN)	—	—	—	—	181	—	—	—
			断面計算	(kN)	—	—	—	—	120	—	—	—
			配向係数 κ_f		—	—	—	—	1.51	—	—	—
	底面載荷	無筋	実験結果	(kN)	—	110	—	140	—	34.8	—	—
			断面計算	(kN)	—	199	—	210	—	38.9	—	—
			配向係数 κ_f		—	0.55	—	0.64	—	0.89	—	—
		有筋	実験結果	(kN)	134	—	—	226	—	—	—	—
			断面計算	(kN)	139	—	—	259	—	—	—	—
			配向係数 κ_f		0.97	—	—	0.83	—	—	—	—

参 表 2-7.6 力学的特性一覧

材料名 力学的特性	A	B	C	D
圧縮強度(N/mm²)	85.9	201	170	143
ひび割れ発生強度(N/mm²)	4.34	12.5	5.54	6.38
繊維架橋強度(N/mm²)	2.70	13.0	8.30	12.7
静弾性係数(kN/mm²)	37.0	46.0	38.3	46.1
引張軟化曲線				

材料名 力学的特性	E	F	G	H
圧縮強度(N/mm²)	164	156	160	178
ひび割れ発生強度(N/mm²)	8.46	6.88	8.24	5.05
繊維架橋強度(N/mm²)	2.67	2.00	3.42	9.38
静弾性係数(kN/mm²)	42.1	42.5	41.4	46.9
引張軟化曲線				

参 表 2-7.7　載荷実験結果一覧（打込み面から載荷）

項目		B（無筋）	C（無筋）	D（無筋）	E（無筋）
	実験結果				
曲げ耐力 (kN)	平均値 $P_{exp\,m}$	169	95.4	213	76.3
	計算値 $P_{cal\,m}$	199	118	210	52.0
	配向係数 K_f	0.85	0.81	1.02	1.47

項目		F（無筋）	G（無筋）	E（有筋）
	実験結果			
曲げ耐力 (kN)	平均値 $P_{exp\,m}$	41.5	102	181
	計算値 $P_{cal\,m}$	38.9	65.0	120
	配向係数 K_f	1.07	1.57	1.51

参表 2-7.8 載荷実験結果一覧（底面から載荷）

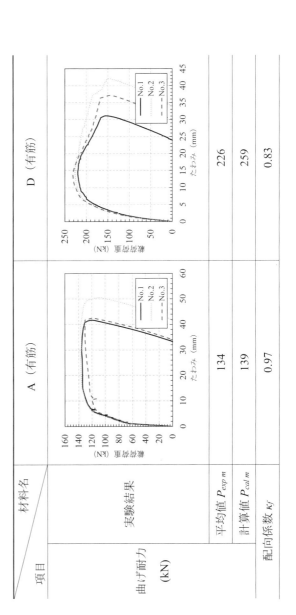

4. まとめ

厚さ100mmの平板を対象として7種類のVFCによる曲げ載荷実験を実施し，**参考資料2-6「曲げ耐力の算定に用いる配向係数の設定方法(案)」**を検証した．本検証の範囲において，VFCの種類や打込み方向の違いにより配向係数κ_fは0.55〜1.57となった．VFC部材の耐力を算定するには，**参考資料2-6**に従って設定した配向係数が必要であり，本検証と同様の条件の部材を実験によらず安全側に設計する場合には最も不利な値となったκ_f=0.55が参考になる．

なお，せん断破壊に対する繊維の配向・分散の影響は検証していないため，別途検討が必要である．

参考文献

1) 竹山忠臣，橋本理，武者浩透：UHPFRCの繊維の配向に関する基礎的検討，土木学会第78回年次学術講演会，V-495，2023

参考資料 3-1　壁高欄の補修への適用事例

指針（案）15章　参考資料

1. はじめに

通常のコンクリートよりも高い物質移動抵抗性を有する VFC は，コンクリート躯体の表面に配置されることで保護層としての機能も期待される．ここでは，ひずみ硬化性やひび割れ分散性に特化した繊維補強コンクリート（UHP-SHCC）による壁高欄の断面修復と表面被覆を兼ねた補修事例[1)2)]について紹介する．

2. 壁高欄の補修

2.1 概要

対象構造物は，竣工から 38 年が経過した高架橋の壁高欄である．車からの排ガスや鉄筋のかぶり不足が相まって，参 写真 3-1.1 に示すように中性化による鉄筋の腐食とかぶりの剥落が著しくなっていた．かぶりが剥落していない部分についても，同様に腐食が顕在化していくことが予想されたため，全面を鉄筋が露出するまでコンクリートを除去し，UHP-SHCC を用いて断面修復も兼ねた表面保護工を適用する方針となった．なお，比較のためにアクリル樹脂系のポリマーセメントモルタルによる断面修復工にエポキシ樹脂系の表面被覆工の施工も実施している．

UHP-SHCC は，水結合材比 22%のモルタルマトリクスに，高強度ポリエチレン繊維を 2.5vol.%混入しており，例えば参 表 3-1.1 に示すような優れた物質浸透抵抗性に加え，圧縮強度 80N/mm^2 程度，引張強度 8N/mm^2 程度の力学特性を有する．特に，引張強度時のひずみが 2.0%以上と大きく，ひび割れ幅を約 0.05mm 以下に抑制することが可能であるため，ひび割れ発生後においても耐久性の急激な低下が少ないことに特徴がある．

参 写真 3-1.1　壁高欄の劣化状況（補修前）[2)]

参 表 3-1.1　UHP-SHCC の物質移動抵抗性[1)]

	UHP-SHCC	普通コンクリート（W/C=0.56）
塩化物イオン実効拡散係数（cm^2/年）	0.05	2.4
トレント法透気係数（10^{-16} m^2）	0.005	5.4
単位時間透水量（ml/日）	0.03	8.2

2.2 施工

施工手順を**参 写真 3-1.2**に示す．UHP-SHCC は高速回転型パン型モルタルミキサーを用いて製造し，ポンプで圧送後に圧縮空気で吹付けする工法としている．UHP-SHCC の施工厚は 10mm とし，吹付け後は左官コテなどによる粗仕上げ，被膜養生剤を噴霧またはローラーにて散布したのちに再度コテ仕上げを行っている．

UHP-SHCC およびポリマーセメントモルタルによる断面修復工では，施工の工程・時間が同等であった．一方，ポリマーセメントモルタルによる断面修復後の表面被覆には，プライマーの塗布，下地調整，中塗り，上塗りの工程が加わる．そのため，UHP-SHCC を用いた表面保護工は施工時間短縮の観点から優位になると報告されている．

参 写真 3-1.2 壁高欄の断面修復施工手順[2]

参 表 3-1.2 透気係数測定結果（施工後）[1]

	透気係数（$\times 10^{-16}m^2$）	
	材齢 166 日	材齢 537 日
左	0.173	0.073
中	0.283	0.086
右	0.271	0.015

2.3 効果の検証

施工後には目視による表面ひび割れの確認およびトレント法による透気試験を行っている．材齢 166 日ではひび割れの発生は確認できなかったが，材齢 537 日では亀甲状の微細ひび割れが認められた．一方，透気試験の結果は，**参 表 3-1.2**に示すように材齢 537 日に計測された透気係数の方が 166 日に計測されたものよりも小さく，ひび割れ幅を約 0.05mm 以下に抑制できる UHP-SHCC については，表面保護効果に対して微細ひび割れの影響はほとんどないことが報告されている．

3. おわりに

ここでは，ひずみ硬化性やひび割れ分散性に特化した UHP-SHCC による補修事例を紹介した．VFC は，通常のコンクリートと比べて物質浸透抵抗性に優れるため，表面保護工としても機能する．また，断面修復を行う際には，従来工法による表面被覆（別工程）を省略することによる工程短縮効果も期待できる．

参考文献

1) 国枝稔，林承燦，上田尚史，中村光：超高強度ひずみ硬化型モルタルを用いた表面保護工の補修効果，コンクリート構造物の補修，補強，アップグレード論文報告集，第12巻，pp.31～38，2012
2) 国枝稔，中村光，田中一能，松本康弘，林承燦，寺本義彦：超高強度ひずみ硬化型モルタルを用いたハイブリッド表面保護工の開発，土木学会平成24年度研究発表会講演概要集，pp.407～408，2013

参考資料 3-2　護岸構造物再構築への適用事例

指針（案）15章　参考資料

1. はじめに

　劣化したコンクリート構造物の断面修復では，当初の要求性能まで回復させるだけでなく，将来の効率的な維持管理を鑑みて耐久性を向上させる方策も求められている．護岸構造物は，飛来塩分のみならず海水飛沫を直接受けるため，塩害に対して非常に厳しい環境条件化にさらされる．耐久性を向上させるためには，高強度コンクリートを用いてかぶりを大きくすることが一般的である．しかし，波返しがあるような薄肉の部材においては，自重が増加するため，合理的な設計にはならない場合がある．VFCは高強度で組織が緻密なマトリクスからなり，力学特性にも優れるため，既設構造物の軽量化，遮塩性，耐摩耗性といった課題を同時に解決できる可能性がある．ここでは，その参考として，護岸構造物にUFCを用いて改修を行った事例[1]を紹介する．

2. 護岸構造物の補修・補強

2.1 設計概要

　対象構造物は民間工場施設に設置された壁部や波返しを有する護岸構造物である．参写真 3-2.1 に示すように，かぶりが剥落し，露出した鉄筋が腐食している状態であり，かぶりのみを再構築してもコンクリート中に浸透している塩化物イオン量が多く，再劣化が懸念された．そのため，塩化物イオンが浸透している部分を除去したうえで，塩害照査の結果，かぶり20mmで100年の耐久性が期待でき，耐摩耗性にも優れるUFC（水結合材比15.5%）にて補修を行うこととしている．対象構造物の補修の概要を参図 3-2.1に示す．壁部および波返しをUFCで再構築することで張出長と部材厚さの合理化を図っている．

　設計には許容応力度法を用い，「自重＋上載荷重」を長期，「自重＋風荷重」を短期として考慮している．また，限界状態としてUFCのひび割れ発生強度 $8.0N/mm^2$ を設定し，ひび割れ発生強度の1/3を長期許容応力度，その1.5倍を短期許容応力度として設計した．UFC部は無筋とし，既設の壁部は型枠利用として，構造上考慮しないこととしている．既設底版とUFCの打継目は，あと施工アンカーにより既設底版に鉄筋を挿入することで鉄筋コンクリートとして設計し，アンカー鉄筋にはエポキシ樹脂塗装鉄筋を使用している．

参写真 3-2.1　護岸構造物の劣化状況[1]

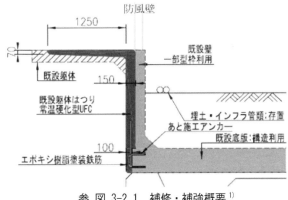

参図 3-2.1　補修・補強概要[1]

2.2 施工

既設構造物は波返しが海側に突出して作業足場が設置できないため、ブラケット足場としている。コンクリートカッターにより波返しを切断・撤去後、壁部コンクリートをブレーカーにてはつり取り、劣化した鉄筋を除去している。UFC は型枠への流込みによる打込みとしたが、流動性が高いため、型枠の設計は液圧で考慮するとともに、型枠同士の継目部や型枠と既設構造物の固定部から UFC が流出しないようシーリングを行っている。

UFC は市中のレディーミクストコンクリート工場にて製造・供給し、トラックアジテータを用いて現場まで運搬された（1 日の練混ぜ量は 7m³ 程度、1 回の打込み量は 0.5～1m³）。打込みの状況を**参 写真 3-2.2** に示す。打込み後は、表面が乾燥しないよう被膜養生剤を散布して養生マットを敷設し、材齢 7 日後に脱型している。施工完了後の状況を**参 写真 3-2.3** に示す。

参 写真 3-2.2 UFC の打込み状況 [1]

参 写真 3-2.3 施工完了状況 [1]

3. おわりに

ここでは、VFC を用いた断面修復工法の参考として、UFC による護岸補修の事例を紹介した。VFC は、通常のコンクリートと比べて力学特性や耐久性に優れるため、劣化の進む既設コンクリート構造物の補修・補強、将来的な維持管理の効率化が期待できる。

参考文献

1) 平田隆祥, 石関嘉一, 武田篤史, 小澤武史：常温硬化型 UFC の現場打設による護岸構造物のリニューアル, コンクリート工学年次論文集, Vol.36, No.2, pp.1249-1254, 2014.7

参考資料 3-3　床版増厚工法への適用事例

指針（案）15 章　参考資料

1. 概要

道路橋の RC 床版では，交通量の増加や車両の大型化に伴って疲労損傷が広がるとともに，凍結防止剤をはじめとした塩化物イオンによって劣化が進み，補修・補強を実施する事例が増加している．平成 5 年（1993 年）の上面増厚工法に関する最初の基準[1]，その後の設計活荷重の引き上げに対応し鉄筋補強も加えた平成 7 年（1995 年）の「上面増厚工法設計施工マニュアル」[2] が発刊されて以降，鋼繊維補強コンクリート（SFRC）を中心とした対策が行われてきた．一方，鉄筋の追加配置や増厚による上部工の重量増に対して，下部工の補強が余儀なくされる，舗装厚が薄くなる，または橋面の高さ補正が必要となっている．また，都市内高速において増厚を薄くするためには更なるひび割れ抑制が必要といった課題があった．ここでは，RC 床版の上面に VFC を薄層で打ち込み，補修・補強に加えて防水工としての機能によって維持管理性を向上させる技術について，国内外の実績および検討事例を示す．

2. 道路橋床版の増厚工法に関する国内外の動向

2.1 海外の動向

RC 床版の補修・補強に VFC を適用した先駆けは欧州である．海外では繊維の架橋効果に期待した高強度セメント系材料を UHPFRC（もしくは UHPC）と称しているが，この UHPFRC を現場打ちで初めて施工されたのは 2004 年のスイスの事例になる[3]．初適用の橋梁は延長 40m ほどの州道路であるが，旧基準により設計され，現在および将来の車両重量に対して十分な耐荷力を有しておらず，また凍結防止剤による鉄筋の腐食劣化が進んでいたため，鉄筋で補強した圧縮強度 120N/mm² 超の UHPFRC（鋼繊維の混入率 4.5vol.%）で置き換えられた．同橋梁では，床版一般部で補修・補強と防水を目的に厚さ 25mm，柱直上では曲げ，押し抜きせん断耐力および防水を目的に厚さ 65mm の UHPFRC が施工された．以降，参 写真 3-3.1 に示すように延長 2km の大規模な橋梁を含め 50 橋以上に適用され，スイスでの基準・マニュアル化[4]のほか，ドイツやアメリカでも実績が増えてきている[5]．

参 写真 3-3.1　海外での床版上面増厚での施工事例（UHPFRC，スイス）

2.2 国内の動向

我が国においても，VFC による道路橋床版の補修・補強について近年盛んに研究開発がなされている．大小さまざまな施工実験が進められているが [6)7)]，実大規模では**参 写真 3-3.2** に示すように主筋の下まではつり出し，最大 150mm まで打ち替える検討や [8)]，鋼床版の疲労亀裂の伸展抑制を目的とした増厚検討 [9)] がなされている．実工事では，**参 写真 3-3.3** に示すように鉄筋まではつり出さずにかぶり部を 20mm 程度の薄層で増厚または打替えし，防水性や耐久性の向上および耐荷力の回復を目的としたものが，新設工事の予防保全および補修工法として適用が始まっている [10)11)12)]．近年では，**参 図 3-3.1** に示すように更新工事における取替用のプレキャスト PC 床版にあらかじめ VFC など緻密な材料による保護層（防水層）を設けた複合床版も検討されている [13)]．

参 写真 3-3.2　鉄筋を含む打替えおよび鋼床版の増厚検討

参 写真 3-3.3　かぶり部の薄層増厚事例 [10) 11)]

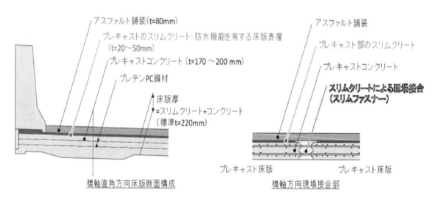

参 図 3-3.1　防水性能を有するプレキャスト PC 床版 [13)]

3. おわりに

　ここでは，道路橋床版の補修・補強工法として，床版の上面にVFCを薄層で打ち込む新たな工法について国内外の動向を紹介した．力学特性や物質浸透抵抗性に優れるVFCを活用することで，増厚量を合理化しながら補修・補強効果や防水性を高め，老朽化した既設床版の耐用年数や維持管理性を向上させる取組みは今後も盛んに行われると考えられる．

参考文献

1) 日本道路公団東京第一管理局：床版上面増厚工法設計施工マニュアル，1993年

2) 高速道路調査協会：上面増厚工法設計施工マニュアル，1995年

3) Brühwiler, E. : "Structural UHPFRC"；Welcome to the post-concrete era!，Proceedings of the First International Interactive Symposium on Ultra-High Performance Concrete，Des Moines，Iowa，July 18-20，2016

4) Swiss Standard SIA 2052 : UHPFRC Materials, Design and Application, 2016

5) Federal Highway Administration: Field Testing of an Ultra-High Performance Concrete Overlay, FHWA-HRT-17-096, 2017

6) 牧田通，北川寛和，渡邊有寿，青山達彦，柳井修司，一宮利通：道路橋床版の打替え・補強に対する超高強度繊維補強コンクリートの適用性の評価，土木学会第72回年次学術講演会，pp.1097-1098，2017

7) 島崎利孝，橋本理，小栗直幸，石田征男：既設RC床版上面増厚工法への現場打UFCの適用性の検討，コンクリート工学年次論文集，Vol.41，No.2，pp.1177-1182，2019

8) 渡邊有寿，柳井修司，牧田通，北川寛和：UHPFRCによる道路橋床版打替え・補強工法に向けた実大施工実験，プレストレストコンクリート工学会　第28回シンポジウム論文集，pp.619-622，2019

9) 服部雅史，舘石和雄，判治剛，清水優：鋼床版のUリブ溶接部からデッキプレートに進展した疲労き裂に対するUHPFRC敷設による対策効果，土木学会論文集A1，Vol.76，No.3，pp.542-559，2020

10) 青山達彦，国枝稔，柳井修司，鎌田修：超高強度ひずみ硬化型セメント系複合材料（UHP-SHCC）を用いたコンクリート床版増厚工法に関する実験的検討，コンクリート工学年次論文集，Vol.37，No.1，pp.1645-1650，2015

11) 富山裕司，相本正幸，富井孝喜，青木峻二：床版上面増厚工法用超速硬型超高性能繊維補強コンクリートの現場適用事例，土木学会第77回年次学術講演会，V-216，2022

12) 三田村浩，芹沢尚一，平栗一哉，矢島達郎，高橋邦輝，牧野大介：J-ティフコムを用いた床版上面補修による延命化対策　施工編，土木学会第75回年次学術講演会，CS8-22，2020

13) 安川義行，大場誠道：防水性能を有するプレキャストPC床版の実用化，道路，pp.46-47，2020

参考資料 3-4　柱部材の耐震性向上への適用事例

指針（案）10章，15章　参考資料

1. 概要

　既設の橋脚の耐震補強工法のひとつである鉄筋コンクリート巻立て工法は適用実績が多い．一方，橋脚の断面寸法や自重が大きくなることで，河川内橋脚の河積阻害率への影響や，既設基礎への負担に対する補強が必要になるといったことが制約となる場合がある．ここでは，VFCの活用で当初の断面寸法を極力変えない耐震補強技術に加え，新設時にVFCをプレキャスト型枠として用いて耐震性を向上させた事例について紹介する．

2. 巻立て工法による既設RC橋脚の耐震補強 [1), 2)]

　ここでは既設橋脚を場所打ちのVFCで巻き立てて耐震補強を行う技術について紹介する．この技術は，参 図3-4.1に示すように左官工法で塑性ヒンジ区間を構成することに特徴がある．本技術で使用されたVFCは，水結合材比15.2%のモルタルに長さ10mmの鋼繊維を2.5vol.%混入したものである．

　実橋脚の1/4スケールとした試験体の正負交番載荷実験では，かぶりを通常のコンクリートとした場合に比べて，VFCで巻き立てることで変形性能が約40%向上したと報告されている．

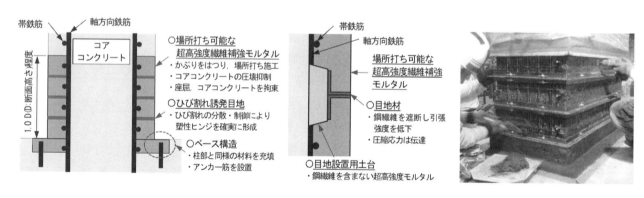

参 図3-4.1　VFCの左官工法による既設RC橋脚の耐震補強 [1)]

3. プレキャスト型枠を用いた高耐震性RC橋脚 [3), 4)]

　地震時に上部構造の慣性力がRC橋脚に作用すると，橋脚基部に形成された塑性ヒンジの性能が橋脚全体の挙動に対して支配的となる．そこで，RC橋脚を新設する際に，参 図3-4.2に示すように橋脚基部に複数のUFC製プレキャスト型枠を積層することで，塑性ヒンジ部の性能を改善する方法が提案されている．具体的には，UFCの優れた圧縮強度と曲げ靱性により，地震で橋脚が曲げ変形した際のかぶりコンクリートの圧壊や，座屈した鉄筋のはらみ出しを抑制することで，従来のRC橋脚と同規模の断面寸法であっても参 図3-4.3に示すような優れた変形性能を有することが報告されている．

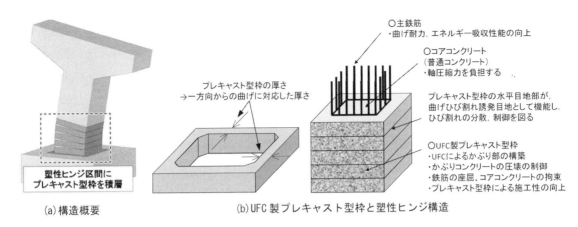

参 図 3-4.2　UFC製プレキャスト型枠による高耐震性RC橋脚 [4]

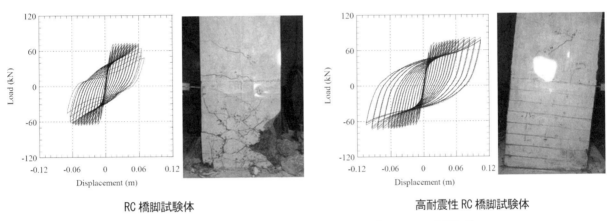

参 図 3-4.3　橋脚試験体の交番載荷実験結果（プレキャスト型枠）[3]

4. おわりに

ここでは，RC橋脚の耐震性能を向上させる技術として，橋脚基部にVFCを活用した事例を紹介した．VFCの優れた力学特性を活用することによって，当初の断面寸法を極力変えない補強が実現できるだけでなく，重量増による新たな補強，河積阻害率への影響および作業スペースの制約が考えられる場合の有効な手段となり得る．

参考文献

1) 岩本拓也，小林聖，曽我部直樹，山野辺慎一，大住道生：場所打ち可能な超高強度繊維補強モルタルで耐震補強されたRC橋脚の変形性能の評価手法，土木学会論文集，Vol.78，No.2，pp.243-253，2022

2) 小林聖，高木智子，渡邊有寿，曽我部直樹，柳井修司，山野辺慎一，白木浩，松本隆：超高強度繊維補強コンクリートの左官工法への展開に関する実験的検討，土木学会第73回年次学術講演会，pp.207-208，2018

3) 山野辺慎一，曽我部直樹，家村浩和，高橋良和：高性能塑性ヒンジ構造を適用した高耐震性RC橋脚の開発，土木学会論文集，Vol.64，No.2，pp.317-332，2008

4) 山野辺慎一，河野哲也，齋藤公生，桝本恵太，茂呂拓実，楯岡衛：超高強度繊維補強コンクリート製型枠を用いた高耐震性橋脚の適用－阪神高速大和川線三宝ジャンクション－，橋梁と基礎 Vol.46，No.5，pp.19-24，2012.5

参考資料 3-5　プレキャスト床版接合部への適用事例

指針（案）11.2 節，16.8 節　参考資料

1.　はじめに

　わが国では，建設から 40～50 年経過して劣化した道路橋の床版のリニューアルプロジェクトが進められており，工期短縮，品質向上などの観点からプレキャスト床版（以下，PCa 床版）による更新が行われている．PCa 床版の取替を行う場合，床版と床版の接合部が弱点となりやすく，鉄筋継手の構造が重要となる．鉄筋の継手長を通常の重ね継手とすると鉄筋径の 25 倍程度の重ね継手長が必要となるため，参 図 3-5.1 に示すように接合部の鉄筋を曲げ加工し，コンクリートの支圧による応力伝達を期待することにより重ね継手長を短くしたループ継手が一般的に用いられている．また，ループ継手では，鉄筋の曲げ半径を確保する必要があることから薄い床版厚に対応できないため，継手部の鉄筋先端に機械式定着を設けることにより重ね継手長を鉄筋径の 15 倍程度と短くし，薄い床版厚にも対応することができる工法も開発されている．

　一方で，VFC は，高い強度，じん性および物質の透過に対する抵抗性を有するため，床版の接合部に適用することで，品質や生産性を向上させることが期待される．ここでは，接合部に UFC を用いることで，重ね継手長を短くし，橋軸直角方向に配置する鉄筋を省略した接合工法を紹介する．

2.　床版接合部の概要

　佐々木[1]は，床版の接合部の間詰材に圧縮強度 180N/mm^2，引張強度 8.8N/mm^2 を有する UFC を用いることで，重ね継手長をループ継手よりも短い鉄筋径の 5 倍程度まで低減し，接合部の幅を従来工法の約 50%に低減した接合工法を開発している．この工法では，参 図 3-5.2 に示すような接合部の幅を 200mm 程度とし，橋軸直角方向の引張応力を鋼繊維に負担させることにより橋軸直角方向に配置される鉄筋を省略している．従来のループ継手では，曲げ加工鉄筋の中に現場にて橋軸直角方向の鉄筋を挿入する必要があるが，この接合工法では，現場での鉄筋の配置が不要となり，床版の架設が省力化できるとされている．

参 図 3-5.1　ループ継手[1]

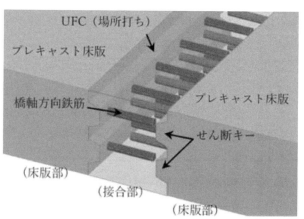
参 図 3-5.2　UFC を用いた床版接合構造[1]

3. 構造性能の検証事例

佐々木ら[2]は，UFC内に重ね継手を設けた試験体を作製し，一軸引張試験および疲労試験を実施している．試験体の概要を**参 図 3-5.3**に示す．一軸引張試験により得られた重ね継手長と最大荷重時の鉄筋応力の関係を**参 図 3-5.4**に示す．重ね継手長が短い方が最大荷重は小さくなるが，鉄筋径の5倍の重ね継手長があれば鉄筋の設計降伏強度の1.3倍以上の耐力が得られることが確認されている．また，鉄筋に作用する上限応力を240N/mm^{2}および300N/mm^{2}とした疲労試験においては，継手ではなく鉄筋母材が先に破断しており，継手には鉄筋母材と同等以上の耐疲労性を有することを確認している．

また，異なる5種類の接合部を有する長さ12m×幅2m×厚さ21cmの試験体を用いて輪荷重走行試験を行っている．試験体の概要を**参 図 3-5.5**に，接合部の諸元を**参 表 3-5.1**に示す．輪荷重130kNで3700万回に相当する載荷を行った結果，UFCを用いた接合部では，通常のコンクリートを用いた接合部と比較して発生するたわみが小さい結果が得られている．また，通常のコンクリートを用いた接合部にはひび割れが発生したが，UFCを用いた接合部にはひび割れが認められず，十分な力学的特性を有することが確認されている．

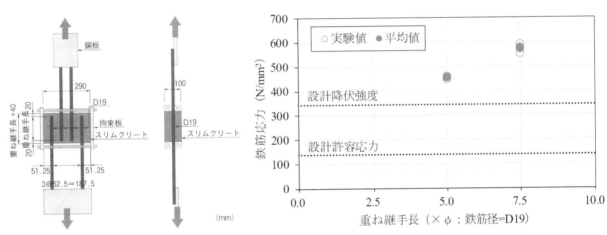

参 図 3-5.3 一軸引張および疲労試験体の概要[2] 　　　参 図 3-5.4 重ね継手長と最大荷重時の鉄筋応力の関係[2]

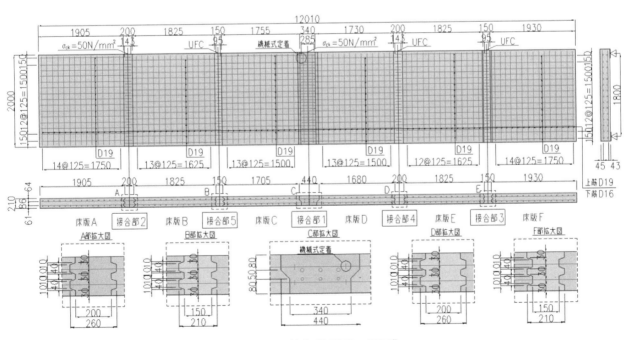

参 図 3-5.5 輪荷重試験体の概要[2]

参 表 3-5.1　接合部の諸元[2]

接合部	間詰材	重ね継手長(mm)（φ:鉄筋径）	床版間隔(mm)	接合面形状
1	コンクリート	15φ＋機械式	285	340	L形せん断キー
2	コンクリート	7.5φ	142.5	200	複数せん断キー(凹形)
3	スリムクリート	5φ	95	150	複数せん断キー(凸形)
4	スリムクリート	7.5φ	142.5	200	複数せん断キー(凹形)
5	スリムクリート	5φ	95	150	複数せん断キー(凹形)

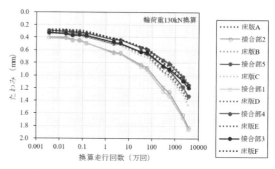

参 図 3-5.6　換算走行回数とたわみの関係[2]

4. UFCを用いた接合部の施工事例[1]

この接合工法は，現地での鉄筋の組み立てが不要であり，接合部の幅が小さいため型枠の組み立ても容易であるため，施工の省力化を可能としている．

UFCは，市中のレディーミクストコンクリート工場で製造し，トラックアジテータで運搬することも可能であるが，**参 写真 3-5.1**に示すように車載可能なモバイルミキサを用いた練混ぜ事例も報告されている．接合部に打ち込むUFCは自己充填性を高くしているため，基本的に締固めを不要としている．一方，セルフレベリング性を有するため，横断勾配がある場合には**参 写真 3-5.2**に示すような伏せ型枠が使用されている．

参 写真 3-5.1　モバイルミキサ[1]

参 写真 3-5.2　打込み状況および伏せ型枠[1]

5. おわりに

ここでは，プレキャスト床版の接合部にUFCを用いることで，重ね継手長を低減し，橋軸直角方向に配置する鉄筋を省略した接合工法について紹介した．高い強度，じん性および物質透過に対する抵抗性を有し，品質や生産性の向上が可能なVFCを床版の接合に適用することは，道路橋床版のリニューアル工事において有効な技術となる可能性がある．

参考文献

1) 佐々木一成：急速施工を可能にしながら高い耐久性を発揮するプレキャスト床版接合工法「スリムファスナー®」の開発，セメント・コンクリート，No.862, pp.26-31, 2018.12

2) 佐々木一成，野村敏雄，大場誠道，岩城孝之，富永高行：高耐久・短工期を実現するプレキャスト道路橋床版接合工法「スリムファスナー®」，大林組技術研究所報，No.82, pp.1-8, 2018.12

参考資料 4-1　VFC 構造によるバルブ T 桁単純桁橋の設計計算例

0. はじめに

本参考資料では，配向係数 κ_f や VFC の引張応力－ひずみ関係など，VFC 特有の設計計算方法について，その具体例を示すことを目的に，VFC 構造によるバルブ T 桁単純桁橋の設計計算例を示す．

1. 設計概要

1.1 対象構造物

構造は，参 図 4-1.1 に示すように，支間長 12(m)，全幅員 6.6(m) の R-VFC 構造である．

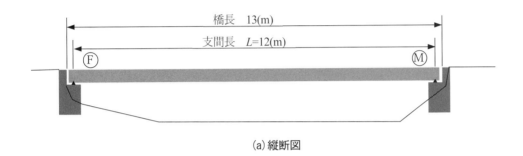

(a) 縦断図

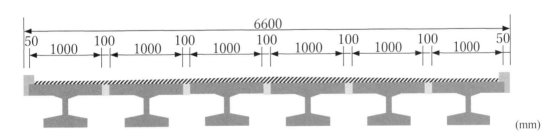

(b) 全体断面図

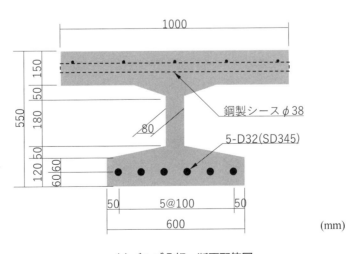

(c) バルブ T 桁　断面配筋図

参 図 4-1.1　対象構造物

1.2 設計フロー

設計フローを**参 図 4-1.2** に示す．本設計例における設計範囲は，橋軸方向における耐久性，安全性および使用性の照査とする．

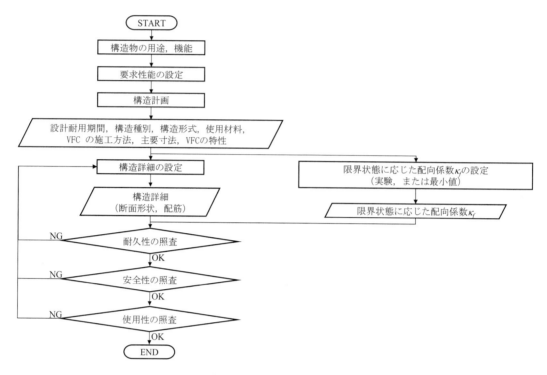

参 図 4-1.2　設計フロー

2. 設計条件

2.1 一般条件

(1) 構造形式　　　　R-VFC バルブ T 桁単純桁橋
(2) 施工方法　　　　プレキャスト桁のクレーン架設，間詰部場所打ちコンクリート，横締め
(3) 設計耐用期間　　100 年
(4) 橋長　　　　　　13.0(m)
(5) 支間長　　　　　12.0(m)
(6) 全幅員　　　　　6.6(m)　（有効幅員　車道部 6.0(m)）
(7) 活荷重　　　　　B 活荷重
(8) 衝撃係数　　　　$i = 7 / (20+L)$　（L 荷重）
(9) 準拠指針　　　　高強度繊維補強セメント系複合材料設計・施工指針（案）　【以降「指針（案）」と称す】
　　　　　　　　　　2017 年制定コンクリート標準示方書[設計編]
　　　　　　　　　　平成 29 年　道路橋示方書

2.2 使用材料および材料定数 【指針（案） 5章】
(1)VFC

VFC の材料定数は，材料試験により求めたものである．VFC の特性値は，練混ぜ時の温度・湿度や材料ロット等を考慮したうえで十分な試験体数を確保し，非超過確率が 5% となるように定めた．

等価長さは，「**参考資料 1-2 等価長さの算定例**」を参考に，引張応力－開口変位関係を直接用いた有限要素解析による曲げ耐力と，等価長さを用いて引張軟化特性を引張応力－ひずみ関係に変換して行った断面解析による曲げ耐力が整合するように求めた．この時，引張軟化特性には，材料係数や配向係数を考慮しない．

マトリクス	プレミックス粉体を用いたモルタル	
	W/P 16%	
繊維	鋼繊維 (径 0.16mm × 長さ 13mm)	
	混入率 2.0 (vol.%)	
フレッシュ性状	モルタルフロー 260±30 (mm)	
	空気量 3.5%以下	
特性値	圧縮強度	$f'_{ck} = 130$ (N/mm^2)
	圧縮応力－ひずみ関係	参 図-4.1.3 による
	引張軟化特性	参 図-4.1.4 による
		$f_{tk} = 10.0$ (N/mm^2)
		$w_{1k} = 0.2$ (mm)
		$w_{2k} = 3.0$ (mm)
	等価長さ	$L_{eq} = 0.000128h^2 + 0.575h - 18.7$ (mm)
		計算結果は，参 図-4.1.5 に示す
	ひび割れ発生強度	$f_{crk} = 5.0$ (N/mm^2)
材料定数	ヤング係数	$E_c = 45$ (kN/mm^2)

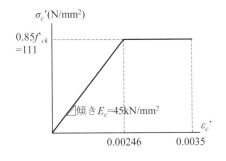 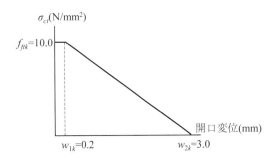

参 図 4-1.3 特性値に基づく VFC の圧縮応力－ひずみ関係　　参 図 4-1.4 特性値に基づく VFC の引張軟化曲線

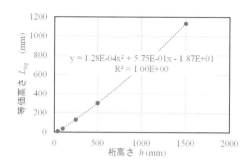

参 図4-1.5 等価長さ L_{eq} と桁高さ h の関係

(2)鉄筋

材質	SD345		
特性値	降伏強度		$f_{yk} = 345$ (N/mm²)
	応力－ひずみ関係		参 図-4.1.6による
材料定数	ヤング係数		$E_s = 200$ (kN/mm²)

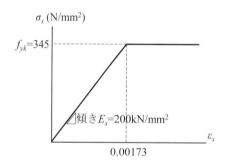

参 図4-1.6 特性値に基づく鉄筋の応力－ひずみ関係

2.3 荷重条件

(1)桁自重

桁自重による荷重は，R-VFCの単位体積重量を 25.0 (kN/m³)とする．

(2)橋面荷重

橋面荷重は，地覆，高欄，舗装等を考慮し，2.3 (kN/m²)とする．

(3)活荷重

活荷重は，平成29年道路橋示方書におけるB活荷重とし，L荷重を載荷する．活荷重載荷時には，衝撃係数 $i = 7/(20+L)$ を考慮するものとする．ここに，L は支間長．

(4)その他の荷重

本設計例において，温度変化の影響，地震の影響，雪荷重，地盤変動および支点移動の影響等については，構造条件または現場条件より照査不要とする．

(5)荷重の組み合わせ

コンクリート標準示方書［設計編］に従い，参 表4-1.1のとおりとする．

参 表 4-1.1　荷重の組み合わせ

要求性能	限界状態	作用	作用係数
耐久性	全ての限界状態	桁自重	1.0
		橋面荷重	1.0
		活荷重	1.0
安全性	断面破壊等	桁自重	1.1
		橋面荷重	1.2
		活荷重	1.2
	疲労	桁自重	1.0
		橋面荷重	1.0
		活荷重	1.0
使用性	全ての限界状態	桁自重	1.0
		橋面荷重	1.0
		活荷重	1.0

2.4　安全係数【指針（案）　4.5】

安全係数は，**参 表 4-1.2** に示すとおりとする.

参 表 4-1.2　安全係数

安全係数＼要求性能	材料係数 γ_m		部材係数 γ_b	構造解析係数 γ_a	作用係数 γ_f	構造物係数 γ_i
	コンクリート γ_c	鉄筋 γ_s				
安全性（断面破壊）	1.3	1.0	1.1～1.3	1.0	1.0～1.2	1.0
使用性	1.0	1.0	1.0	1.0	1.0	1.0

3.　配向係数　【指針（案）　4.6】

3.1　曲げ耐力算定に用いる配向係数

3.1.1　配向係数設定の方針

曲げ耐力算定に用いる配向係数 κ_{f_Mu} は，「**参考資料 2-6　　曲げ耐力の算定に用いる配向係数の設定方法（案）**」に従い，部材実験によって設定した.

3.1.2　試験体および試験方法

部材実験の試験体は，実物大として実物と同様の打設方法とすることを基本とする. したがって，試験体の断面および配筋は，概略計算により設計した実物と同様とした. 実物の T 桁の打設はスパン端部からの流込みとするため，試験体においてもスパン端部からの流込みとした. 支間長は，6m に縮小したが，曲げモーメントが最大となる中央部の配向性に影響はないと判断したものである. 載荷は，2 点載荷の曲げ試験とし，試験体数は 3 体とし，その平均値を試験結果とした. 試験体を**参 図 4-1.7** に示す.

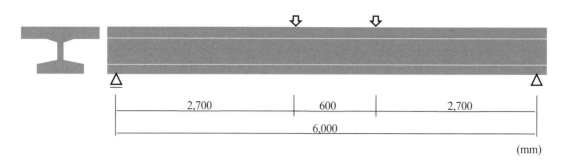

参 図 4-1.7 実大曲げ試験体

3.1.3 材料試験

部材実験に用いた材料を用いて，VFC の圧縮強度試験，切欠き梁の曲げ試験，および鉄筋の引張試験を行った．VFC 試験体は，「**参考資料 2-1 強度試験用供試体の作り方（案）**」に従って製作した．圧縮強度試験は，3 体実施してその平均を試験体の圧縮強度 f'_c，VFC のヤング係数 E_c とした．切欠き梁の曲げ試験は，「**参考資料 2-3 切欠きはりを用いた VFC の荷重－変位曲線試験方法（案）と引張軟化曲線のモデル化方法（案）**」に従い 6 体実施し平均値を求めた．VFC 材料試験結果を**参 表 4-1.3** に，鉄筋引張試験結果を**参 表 4-1.4** に，切欠き梁の曲げ試験により得られた引張軟化曲線を**参 図 4-1.8** に示す．

参 表 4-1.3 材料試験結果

平均圧縮強度 f'_c (N/mm²)	143
平均繊維架橋強度 f_{ft} (N/mm²)	12.7
ヤング係数 E_c (kN/mm²)	46.1

参 表 4-1.4 鉄筋引張試験結果

降伏強度 f_{sy} (N/mm²)	376
ヤング係数 E_s (kN/mm²)	196

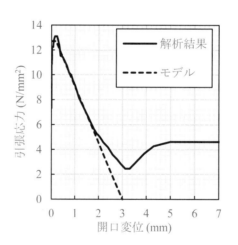

参 図 4-1.8 切欠き梁の曲げ試験による引張軟化曲線

3.1.4 部材実験結果と断面計算結果

(1)部材実験結果

部材実験より，最大耐力時の曲げモーメントは，$M_{u,exp}=1200$ (kN・m) であった．

(2)断面計算結果

以下の条件で，曲げ耐力の算定を行った．

・VFC の材料定数として，**3.1.3 項**に示す圧縮強度，ヤング係数および引張軟化曲線を用いる．

- 「指針（案）8.2.4.1 設計断面耐力」に示す方法により曲げ耐力を求める．
- 安全係数 γ_c, γ_s, γ_a, γ_b は，すべて 1.0 とする．
- 配向係数 κ_f は 1.0 とする．

VFC の等価長さ L_{eq} は，3.1.3 項に示す引張軟化曲線を用いて，「**参考資料 1-2 等価長さの算定例**」に示す方法より**参 図 4-1.9** のとおり，桁高さ h との関係の回帰曲線を算定し，桁高さ h=550(mm) を代入して求めた．

$$L_{eq} = 0.000103h^2 + 0.647h - 20.9 \quad (\text{mm})$$
$$= 366 \quad (\text{mm})$$

VFC の引張応力－ひずみ関係は，等価長さ L_{eq} を用いて「**指針（案）5.3.4.2 引張応力－ひずみ曲線**」により算定した．引張応力－ひずみ曲線における折れ点は，以下のとおり．

$$f_{ft} = \kappa_f \cdot f_t / \gamma_{ct}$$
$$= 1.0 \times 12.7 / 1.0$$
$$= 12.7$$
$$\varepsilon_{cr} = f_{ft} / E_c$$
$$= 12.7 / 46,100$$
$$= 275 \, (\mu)$$
$$\varepsilon_1 = \varepsilon_{cr} + w_{1k} / L_{eq}$$
$$= 275 \times 10^{-6} + 0.2 / 366$$
$$= 822 \, (\mu)$$
$$\varepsilon_2 = w_{2k} / L_{eq}$$
$$= 3.0 / 366$$
$$= 8190 \, (\mu)$$

VFC の引張応力－ひずみ関係を**参 図 4-1.10** に示す．

曲げ最大耐力の計算値は，$M_{u,cal}(\kappa_f=1.0) = 1190 \, (\text{kN/m})$ であった．

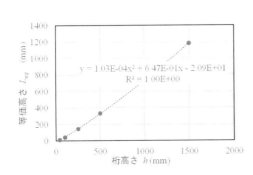

参 図 4-1.9　部材実験評価に用いる等価長さ L_{eq} と桁高さ h の関係

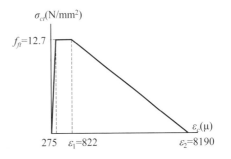

参 図 4-1.10　VFC の引張応力—ひずみ関係（κ_f=1.0）

3.1.5 配向係数の設定

$M_{u,cal}(\kappa_{f\_Mu}) = M_{u,exp}$ となる κ_{f_Mu} を繰返し計算にて求めた．配向係数 κ_f=1.05 の時に，$M_{u,cal}(\kappa_f) = M_{u,exp}$ となることから，曲げ耐力算定に用いる配向係数 κ_{f_Mu}=1.05 と設定した．

3.2 せん断耐力算定に用いる配向係数
3.2.1 配向係数設定の方針

せん断耐力は、「指針（案）8.2.5.1 棒部材の設計せん断耐力」【解説】に示されるように、マトリクス分担分 V_c と繊維分担分 V_f の和で表されるものと仮定した．せん断補強筋やプレストレスは用いていないため、軸方向緊張材の有効緊張力の鉛直成分 V_{pe} およびせん断補強鉄筋の分担分 V_s は考慮しない．

繊維分担分の実験値 $V_{f,exp}$ は、せん断耐力の実験値 $V_{u,exp}$ からマトリクス分担分の計算値 $V_{c,cal}$ を減じることで算定した．算定された繊維分担分の実験値 $V_{f,exp}$ と次式より算定した繊維分担分の計算値が整合するように、せん断耐力算定に用いる配向係数 κ_{f_Vu} を求める．なお、w_{lim} は、「指針（案）8.2.5.1 棒部材の設計せん断耐力」【解説】と異なる 0.2(mm) とした．これは $w_{lim} = w_{1k}$ とすることで、斜めひび割れ直角方向の平均引張強度 f_v が繊維架橋強度 f_{ft} となるように配慮したものである．w_{lim} を変更した影響は配向係数 κ_{f_Vu} に現れるため、設計照査においても $w_{lim}=0.2$(mm) を用いることで、耐力の計算値へは影響しない．

$$V_f = (f_v / \tan \theta) \cdot b_w \cdot z$$

$$f_v = \kappa_f \cdot \frac{1}{w_{lim}} \int_0^{w_{lim}} \sigma_{tk}(w) \cdot dw$$

ここに，f_v ：斜めひび割れ直角方向の平均引張強度で，$f_v = \kappa_f \cdot f_{ft}$
   θ ：軸方向と斜めひび割れ面のなす角度の実験値
   b_w ：ウェブ幅
   z ：圧縮応力の合力の作用位置から引張鋼材の図心までの距離で，$d/1.15$
   d ：有効高さ
   w_{lim} ：ここでは 0.2(mm) とした
   $\sigma_t(w)$ ：引張軟化曲線

3.2.2 試験体および試験方法

部材実験の試験体は、実物大として実物と同様の打設方法とすることを基本とした．したがって、試験体の断面は実物と同様とした．実物の T 桁の打設はスパン端部からの流込みとするため、試験体においてもスパン端部からの流し込みとした．せん断力がクリティカルとなる部材端付近については、支間長の影響がないものと判断し、支間長は 4(m) とした．配筋は、曲げ破壊を避けるため、軸方向鉄筋量を増加させた．本数の増加は配向性に影響を与える可能性があるため、鉄筋径および鉄筋強度を増加させた．載荷は、2 点載荷の曲げせん断試験とした．試験体数は 3 体とし、その平均値を試験結果とした．試験体を**参 図 4-1.11** に示す．

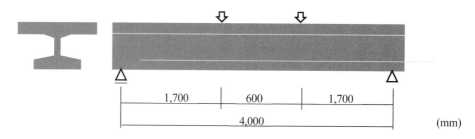

参 図 4-1.11　実大曲げせん断試験体

3.2.3 材料試験

部材実験に用いた材料を用いて、VFC 圧縮強度試験、VFC 切欠き梁の曲げ試験、および鉄筋引張試験を行った．圧縮強度試験は、3 体を実施してその平均を試験体の圧縮強度 f_c、VFC のヤング係数 E_c とした．切欠き梁の曲げ

試験は，6体実施して平均値を求めた．圧縮試験および切欠き梁の曲げ試験は，**3.1.3項**に示す結果と同様である．

3.2.4 部材実験結果とせん断耐力の繊維分担分

(1)部材実験結果

部材実験より，せん断耐力 $V_{u,exp}$ =768(kN)であった．また，せん断破壊につながったせん断ひび割れの角度 θ_{exp} は，32°であった．

(2)せん断耐力の繊維分担分 $V_{f,exp}$ の計算

繊維分担分の実験値 $V_{f,exp}$ は，せん断耐力の実験値 $V_{u,exp}$ からマトリクス分担分の計算値 $V_{c,cal}$ を減じることで算定した．

マトリクスの分担分 $V_{c,cal}$ は以下の式により算定した．

$$V_{c,cal}=0.18 \cdot f_c'^{1/2} \cdot b_w \cdot d \cdot \eta$$

ここに，f_c' ：VFC の圧縮強度で，**3.2.3項**により 143(N/mm²)

η ：$V_{c,cal}$ を過小評価しないための係数で 1.3 を用いた．マトリクス分担分 $V_{c,cal}$ を小さめに評価した場合，繊維分担分の実験値 $V_{f,exp}$ を過大評価することにつながるため，η を用いて $V_{c,cal}$ を過小評価しないようにした．

せん断耐力の繊維分担分 $V_{f,exp}$ の計算結果を，**参 表4-1.5** に示す．

参 表4-1.5 せん断耐力実験値の繊維分担分の計算

せん断耐力	マトリクスの分担分	繊維分担分の実験値
$V_{u,exp}$ (kN)	$V_{c,cal}$ (kN)	$V_{f,exp} = V_{u,exp} - V_{c,cal}$ (kN)
768	110	658

3.2.5 配向係数の設定

せん断耐力の算定に用いる配向係数 κ_{f_Vu} は，**3.2.1項**に示す V_f および f_{ti} について示す2式を κ_{f_Vu} について解いた以下の式により算定した．

$$\kappa_{f\_Vu} = V_{f,exp} \cdot \tan \theta_{exp} / (f_{ft} \cdot b_w \cdot z)$$

ここに，θ_{exp} ：軸方向と斜めひび割れ面のなす角度の実験値で32°

f_{ft} ：繊維架橋強度で**3.2.3項**により，12.7(N/mm²)

以上より，せん断耐力の算定に用いる配向係数は，κ_{f_Vu} =0.95 と設定した．

3.3 ひび割れ幅および応力度の算定に用いる配向係数

3.1節における実験において，弾性状態では，曲げ耐力算定に用いる配向係数 κ_{f_Mu} を用いて算定した荷重と軸方向鉄筋ひずみの関係が，実験値とおおむね整合することを確認した．そこで，ひび割れ幅および応力度の算定に用いる配向係数 $\kappa_{f\_\sigma s}$ として，曲げ耐力算定に用いる配向係数 1.05 を用いた．

4. 耐久性の検討 【指針(案) 7章】
4.1 応答値の算定
4.1.1 断面力の算定

耐久性の検討に用いる作用を**参 表4-1.6**にまとめる．

耐久性の検討における計算モデルを**参 図4-1.12**に，耐久性の検討に用いる断面力を**参 表4-1.7**に示す．

計算は，T桁1本（幅B=1.1m）あたりで実施した．B活荷重のうち等分布荷重p_1の載荷長は10(m)と規定されているが，支間長がL=12(m)であり，その影響は小さいため，全長に載荷することとした．

参 表4-1.6 耐久性の検討に用いる作用

作用		特性値 (kN/m)	作用係数 γ_f	衝撃係数 i	設計荷重 (kN/m)	作用位置
桁自重		25kN/m³×0.2799m²=7.00	1.0	-	7.00	全長等分布
橋面荷重		2.3kN/m²×1.1m=2.53	1.0	-	2.53	全長等分布
活荷重	p_1	10kN/m²×1.1m=11.0	1.0	7/(20+L) =0.219	13.4	全長等分布
	p_2	3.5kN/m²×1.1m=3.85			4.69	全長等分布

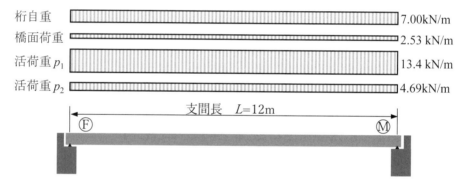

参 図4-1.12 耐久性の検討における計算モデル

参 表4-1.7 耐久性の検討に用いる断面力

作用	曲げモーメント（中央断面）		
	M_k (kN・m)	γ_a	$M_d=M_k \cdot \gamma_a$ (kN・m)
桁自重	126	1.0	126
橋面荷重	45.5	1.0	45.5
活荷重 p_1	241	1.0	241
活荷重 p_{12}	84.5	1.0	84.5
合計			497

4.1.2 引張鉄筋応力度の応答値の算定
(1)計算条件

引張鉄筋応力度の応答値は，「**指針(案) 9.2.3.5 応力度の算定**」に基づき，以下の仮定により算定した．

（ⅰ）繊ひずみは，部材断面の中立軸からの距離に比例する．

（ⅱ）VFCおよび鋼材は，線形弾性体とする．

（ⅲ）VFCの引張応力は，「**指針(案) 5.3.4.2 引張応力－ひずみ曲線**」に示される引張応力－ひずみ

曲線を用いる．配向係数には，**3.3節**より $\kappa_{f\_\sigma s}=1.05$ を用いる．

なお，ひび割れによる鋼繊維の腐食を考慮し，かぶり部においては VFC の引張応力を無視した．

(2) VFC の引張応力－ひずみ曲線（かぶり部を除く）

設計引張強度 f_{ftd} は以下のとおり．

$$f_{ftd} = \kappa_{f\_\sigma s} \cdot f_{tk} / \gamma_c$$
$$= 1.05 \times 10.0 / 1.0$$
$$= 10.5 \, (\text{N/mm}^2)$$

等価長さ L_{eq} は，**2.2節**に示す式に，桁高さ $h=550$ (mm)を代入して，

$$L_{eq} = 0.000128h^2 + 0.575h - 18.7$$
$$= 336 \, (\text{mm})$$

引張応力－ひずみ曲線における折れ点のひずみは，以下のとおり．

$$\varepsilon_{cr} = f_{tk} / \gamma_{ct} / E_c$$
$$= 10.0 / 1.0 / 45{,}000$$
$$= 222 \, (\mu)$$

$$\varepsilon_1 = \varepsilon_{cr} + w_{1k} / L_{eq}$$
$$= 222 \times 10^{-6} + 0.2 / 336$$
$$= 817 \, (\mu)$$

$$\varepsilon_2 = w_{2k} / L_{eq}$$
$$= 3.0 / 336$$
$$= 8920 \, (\mu)$$

耐久性照査に用いる引張鉄筋ひずみを求めるための引張応力－ひずみ曲線を**参 図 4-1.13** に示す．

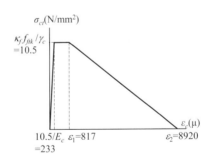

参 図 4-1.13　設計曲げ耐力を求めるための VFC の引張応力－ひずみ曲線

(3) 引張鉄筋応力度の応答値

断面計算により得られた設計曲げモーメント時のひずみ分布および応力度分布を**参 図 4-1.14** に示す．引張鉄筋応力度の応答値は，143 (N/mm^2) であった．

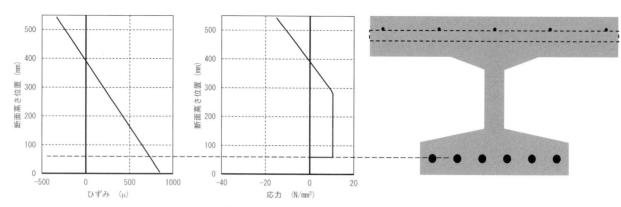

参 図4-1.14 耐久性の検討におけるVFCのひずみ分布・応力度分布

4.2 VFCの劣化に対する照査

4.2.1 凍害に対する照査

VFCが凍結する恐れがないため、照査不要である.

4.2.2 化学的侵食に対する照査

使用するVFCは、25(mm)のかぶりを有する場合、100年の耐久性があることが確認されているため、照査不要である.

4.2.3 アルカリシリカ反応に関する照査

対象とするVFCの配合により作製した供試体を用いて、JIS A 1146「骨材のアルカリシリカ反応性試験方法（モルタルバー法）」により、アルカリシリカ反応により有害な膨張を生じないことを確認した.

4.3 鋼材腐食に対する照査

4.3.1 中性化と水の浸透に伴う鋼材腐食に対する照査

コンクリート標準示方書に準じて照査したため、記載を省略する.

4.3.2 塩害環境下における鋼材腐食に対する照査

コンクリート標準示方書に準じて照査したため、記載を省略する. なお、照査において、鋼材位置のコンクリートの応力度が0の状態からの鉄筋応力度の増加量σ_{se}には、4.1節において計算した引張鉄筋応力度の応答値を用いた.

5. 安全性の照査 【指針（案） 8章】
5.1 応答値の算定

安全性の照査に用いる作用を**参 表4-1.8**にまとめる．

安全性の照査における計算モデルを**参 図4-1.15**に，安全性の照査に用いる断面力を**参 表4-1.9**に示す．

計算は，T桁1本（幅B=1.1m）あたりで実施した．B活荷重のうち等分布荷重p_1の載荷長は10 (m)と規定されているが，支間長がL=12 (m)であり，その影響は小さいため，全長に載荷することとした．

参 表4-1.8 安全性の照査に用いる作用

作用		特性値 (kN/m)	作用係数 γ_f	衝撃係数 i	設計荷重 (kN/m)	作用位置
桁自重		25kN/m³×0.2799m²=7.00	1.1	-	7.70	全長等分布
橋面荷重		2.3kN/m²×1.1m=2.53	1.2	-	3.04	全長等分布
活荷重	p_1	10kN/m²×1.1m=11.0	1.2	7/(20+L) =0.219	16.1	全長等分布
	p_2	3.5kN/m²×1.1m=3.85			5.63	全長等分布

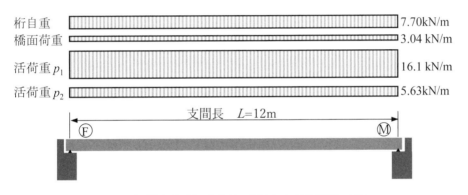

参 図4-1.15 安全性の照査における計算モデル

参 表4-1.9 安全性の照査に用いる断面力

作用	曲げモーメント（中央断面）			せん断力（桁端断面）		
	M_k (kN・m)	γ_a	$M_d=M_k \cdot \gamma_a$ (kN・m)	V_k (kN)	γ_a	$V_d=V_k \cdot \gamma_a$ (kN)
桁自重	139	1.0	139	46.2	1.0	46.2
橋面荷重	54.7	1.0	54.7	18.2	1.0	18.2
活荷重 p_1	290	1.0	290	96.5	1.0	96.5
活荷重 p_2	101	1.0	101	33.8	1.0	33.8
合計	-	-	584	-	-	195

5.2 曲げモーメントに対する照査
5.2.1 R-VFCの設計曲げ耐力
(1)計算条件

設計曲げ耐力は，「指針（案）8.2.4.1 設計断面耐力」に基づき，以下の仮定により算定した．

（ⅰ）繊ひずみは，部材断面の中立軸からの距離に比例する．

（ⅱ）VFC の応力－ひずみ曲線は，「指針（案）5.3.4 応力－ひずみ曲線」による．配向係数には，3.1 節より $\kappa_{f\_Mu}=1.05$ を用いる．

（ⅲ）鋼材の応力－ひずみ曲線は，コンクリート標準示方書による．

なお，ひび割れにより鋼繊維の腐食を考慮し，かぶり部においてはVFCの引張応力を無視することとした．

(2)VFC の圧縮応力－ひずみ曲線

設計圧縮強度は以下のとおり．

$$f'_{cd} = f'_{ck} / \gamma_c$$
$$= 130 / 1.3$$
$$= 100 \,(N/mm^2)$$

設計曲げ耐力を求めるための圧縮応力－ひずみ曲線を参 図4-1.16 に示す．

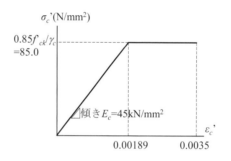

参 図4-1.16 設計曲げ耐力を求めるための VFC の圧縮応力－ひずみ曲線

(3)VFC の引張応力－ひずみ曲線

設計引張強度 f_{ftd} は以下のとおり．

$$f_{ftd} = \kappa_{f\_Mu} \cdot f_{tk} / \gamma_c$$
$$= 1.05 \times 10.0 / 1.3$$
$$= 8.08 \,(N/mm^2)$$

等価長さ L_{eq} は，2.2 節に示す式に，桁高さ $h=550$ (mm)を代入して，

$$L_{eq} = 0.000128 h^2 + 0.575 h - 18.7$$
$$= 336 \,(mm)$$

引張応力－ひずみ曲線における折れ点におけるひずみは，以下のとおり．

$$\varepsilon_{cr} = f_{tk} / \gamma_{ct} / E_c$$
$$= 10.0 / 1.3 / 45{,}000$$
$$= 171 \,(\mu)$$
$$\varepsilon_1 = \varepsilon_{cr} + w_{1k} / L_{eq}$$
$$= 171 \times 10^{-6} + 0.2 / 336$$

$$= 766 \ (\mu)$$
$$\varepsilon_2 = w_{2k} / L_{eq}$$
$$= 3.0 / 336$$
$$= 8920 \ (\mu)$$

設計曲げ耐力を求めるための引張応力－ひずみ曲線を**参 図 4-1.17** に示す．

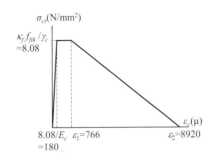

参 図 4-1.17　設計曲げ耐力を求めるための VFC の引張応力－ひずみ曲線

(4)鉄筋の応力－ひずみ曲線

鉄筋の設計降伏強度 f_{syd} は以下のとおり．
$$f_{syd} = f_{syk} / \gamma_s$$
$$= 345 / 1.0$$
$$= 345 \ (N/mm^2)$$

設計曲げ耐力を求めるための鉄筋の応力－ひずみ曲線を**参 図 4-1.18** に示す．

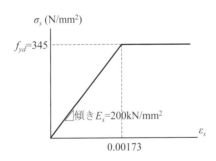

参 図 4-1.18　設計曲げ耐力を求めるための鉄筋の応力－ひずみ曲線

(5)設計曲げ耐力

断面計算により設計曲げ耐力を計算した．設計曲げ耐力時のひずみ分布および応力度分布を**参 図 4-1.19**に示す．

設計曲げ耐力 M_{ud} は以下のとおりである．
$$M_{uk} = 891 \ (kN \cdot m)$$
$$M_{ud} = M_{uk} / \gamma_b$$
$$= 891 / 1.1$$
$$= 810 \ (kN \cdot m)$$

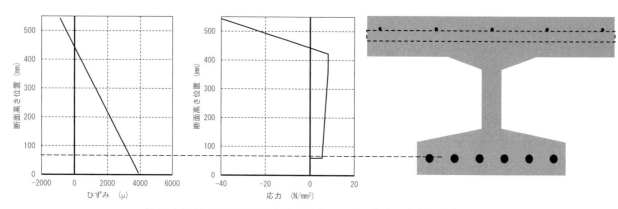

参 図4-1.19 設計曲げ耐力時のVFCのひずみ分布・応力度分布

5.2.2 曲げモーメントに対する照査

以下の式により照査した．

$$\gamma_i \cdot M_d / M_{ud} < 1.0$$

照査結果を，参 表4-1.10に示す．

参 表4-1.10 曲げモーメントに対する安全性の照査

設計曲げモーメント M_d(kN・m)	設計曲げ耐力 M_{ud}(kN・m)	構造物係数 γ_i	$\gamma_i \cdot M_d / M_{ud}$	判定
584	810	1.0	0.72	OK

5.3 せん断力に対する照査

5.3.1 R-VFCの設計せん断耐力

(1) 計算条件

設計せん断耐力 V_{yd} は，「**指針（案）8.2.5.1 棒部材の設計せん断耐力**」【解説】に基づき，以下の式により算定した．

$$V_{yd} = V_{cd} + V_{fd}$$
$$V_{cd} = 0.18 \cdot f_{cd}^{1/2} \cdot b_w \cdot d / \gamma_b$$
$$V_{fd} = (f_{vd} / \tan \theta_d) \cdot b_w \cdot z / \gamma_b$$
$$f_{vd} = \kappa_{f\_Vu} \cdot f_{ftd} / \gamma_c$$

ここに，V_{yd} ：棒部材の設計せん断耐力

V_{cd} ：マトリクスが分担する設計せん断耐力

V_{fd} ：繊維が分担する設計せん断耐力

f'_{cd} ：VFCの設計圧縮強度で，$f'_{ck} / \gamma_c = 100$ (N/mm²)

b_w ：ウェブ幅で80(mm)

d ：有効高さで490(mm)

f_{vd} ：斜めひび割れ直角方向の平均引張強度の設計値で，**3.2節**と整合を取るため，$w_{lim}=0.2$ (mm)として算定

θ_d : 軸方向と斜めひび割れ面のなす角度の設計値で 45° とする

z : 圧縮応力の合力の作用位置から引張鋼材の図心までの距離で，$d/1.15=426\,(\text{mm})$

γ_b : 部材係数で 1.3

κ_{f_Vu} : せん断耐力算定に用いる配向係数で，3.2節より 0.95

f_{ftk} : 繊維架橋強度の特性値で，$10.0\,(\text{N/mm}^2)$

γ_c : コンクリートの材料係数で 1.3

(2)設計せん断耐力

マトリクスが分担する設計せん断耐力 V_{cd} は，以下のとおり．

$$V_{cd} = 0.18 \cdot f_{cd}^{1/2} \cdot b_w \cdot d / \gamma_b$$
$$= 0.18 \times 100^{1/2} \times 80 \times 490 / 1.3$$
$$= 54.3\,(\text{kN})$$

繊維が分担する設計せん断耐力 V_{fd} は，以下のとおり．

$$f_v = \kappa_{f\_Vu} \cdot f_{ftd} / \gamma_c$$
$$= 0.95 \times 10.0 / 1.3$$
$$= 7.31 (\text{N/mm}^2)$$

$$V_{fd} = (f_{vd} / \tan \theta_d) \cdot b_w \cdot z / \gamma_b$$
$$= (7.31 / \tan 45°\ ) \times 80 \times 426 / 1.3$$
$$= 192\,(\text{kN})$$

設計せん断耐力 V_{yd} は，以下のとおり．

$$V_{yd} = V_{cd} + V_{fd}$$
$$= 54.3 + 192$$
$$= 246\,(\text{kN})$$

5.3.2 せん断力に対する照査

以下の式により照査した．

$$\gamma_i \cdot V_d / V_{yd} < 1.0$$

照査結果を，参 表 4-1.11 に示す．

参 表 4-1.11 せん断力に対する安全性の照査

設計せん断力	設計せん断耐力	構造物係数	$\gamma_i \cdot V_d / V_{yd}$	判定
$V_d\,(\text{kN})$	$V_{yd}\,(\text{kN})$	γ_i		
195	246	1.0	0.79	OK

5.4 疲労破壊に対する照査

疲労破壊については，コンクリート標準示方書に準じて実施したため，省略する．

6. 使用性の照査 【指針 (案) 9章】

6.1 応答値の算定

6.1.1 断面力の算定

断面力は，4.1.1項のとおり．

6.1.2 応力度および曲げひび割れ幅の応答値の算定

(1)計算条件

VFCおよび鉄筋の応力度の応答値は，4.1.2項と同様にして算定した．

(2)応力度の応答値

VFCおよび鉄筋の応力度を，参 表4-1.12に示す．

参 表4-1.12 使用性の照査に用いるVFCおよび鉄筋の応力度

VFCの圧縮応力度 (N/mm²)	15.0
VFCの引張応力度 (N/mm²)	10.5
引張鉄筋の応力度 (N/mm²)	143

(3)曲げひび割れ幅の設計応答値

曲げひび割れ幅の設計応答値 w_d は，「**指針 (案) 9.2.3.4 曲げひび割れ幅の設計応答値の算定**」に記載のとおり，コンクリート標準示方書 [設計編] に従って以下のとおり算定した．なお，算定にあたって，引張鉄筋応力度はVFCが負担する引張応力を考慮した本項(2)の値を用いる．

$$w_d = 1.1k_1k_2k_3\{4c+0.7(c_s-\phi)\}[\sigma_{se}/E_s+\varepsilon'_{csd}] \cdot \gamma_a$$

$$= 1.1 \times 1.0 \times 0.800 \times 1.00 \times \{4 \times 44 + 0.7(100 - 32) \times [143/200000 + 300 \times 10^{-6}] \times 1.0$$

$$= 0.200 \text{ (mm)}$$

ここに，w_d ： 曲げひび割れ幅の設計応答値

k_1 ： 鋼材の表面形状がひび割れ幅に及ぼす影響を表す係数で，1.0

k_2 ： VFCの品質がひび割れ幅に及ぼす影響を表す係数で $15/(f'_{cd}+20) +0.7 = 0.800$

f'_{cd} ： VFCの設計圧縮強度で，$f'_{ck}/\gamma_c = 130$ (N/mm²)

k_3 ： 引張鋼材の段数の影響を表す係数で，$5(n+2)/(7n+8) = 1.00$

n ： 引張鋼材の段数で1

c ： かぶりで，44(mm)

c_s ： 鋼材の中心間隔で，100(mm)

ϕ ： 鋼材径で，32(mm)

σ_{se} ： 鋼材位置のコンクリートの応力度が0の状態からの鉄筋応力度の増加量で，143(N/mm²)

E_s ： 鉄筋のヤング係数で，200(kN/mm²)

ε'_{csd} ： VFCの収縮およびクリープ等によるひび割れ幅の増加を考慮するための数値で，常時乾燥環境にあり，永続作用時にひび割れが発生しないことから300(μ)

γ_a ： 構造解析係数で1.0

6.2 ひび割れによる外観に対する照査

ひび割れ幅の設計限界値 w_a は，「**指針 (案) 9.2.4 設計限界値の設定**」に基づき，設計計算においてかぶり範囲

の鋼繊維の腐食は許容しているものの，鋼繊維の腐食に伴う美観の低下は軽微であることが確認できているため，コンクリート標準示方書［設計編］に従って0.3mmとした．

ひび割れによる外観に対する照査は，「**指針（案）9.2.1 一般**」に基づき，以下の式により行った．

$$\gamma_i \cdot w_d / w_a < 1.0$$

照査結果を，**参 表 4-1.13**に示す．

参 表 4-1.13　ひび割れによる外観に対する使用性の照査

曲げひび割れ幅の設計応答値 w_d (mm)	ひび割れ幅の設計限界値 w_a (mm)	構造物係数 γ_i	$\gamma_i \cdot w_d / w_a$	判定
0.200	0.3	1.0	0.66	OK

6.3　応力度の制限の照査

応力度の制限の照査は，「**指針（案）9.3 応力度の制限**」に基づき，VFC圧縮応力度，VFC引張応力度および鉄筋引張応力度に対して行った．

VFC圧縮応力度の制限値は，材料の弾性限界および，クリープひずみと弾性ひずみの比例関係について実験により確認していないため，コンクリート標準示方書［設計編］に従い $0.4f'_{ck} = 0.4 \times 130 = 52$ (N/mm²)とした．

VFC引張応力度は，ひび割れが発生しているため，設計架橋強度 f_{ftd} を維持していることを確認した．

鉄筋引張応力度の制限値は，弾性限界として鉄筋降伏強度の特性値 $f_{syk} = 345$ (N/mm²)とした．

照査結果を，**参 表 4-1.14**に示す．

参 表 4-1.14　応力度の制限の照査

	応答値 (N/mm²)	制限値 (N/mm²)	判定
VFC圧縮応力度	15.0	52	OK
VFC引張応力度※	10.5	10.5	OK
鉄筋引張応力度	143	345	OK

※VFC引張応力度は，応答値＝制限値であることを確認した．

6.4　変位・変形および振動に対する照査

変位・変形および振動が問題とならないため，照査不要である．

参考資料 4-2 VFC を用いた構造物の補強設計例

指針（案）15.3節　参考資料

1. 設計概要
1.1 対象構造物

本参考資料では，VFC による道路橋の補強設計例を示す．道路橋の構造形式は，参 図 4-2.1 に示すように 5 径間連続 RC 中空床版橋で，橋長 89.7m，支間割 17.6+3@18.0+17.6 m，総幅員 12.5m である．本補強設計例は，主桁および床版片持部の耐荷性向上を目的として，橋梁の床版厚さを変えないという制約条件の下で，床版上面の劣化したコンクリートを VFC に打ち替えるものである．

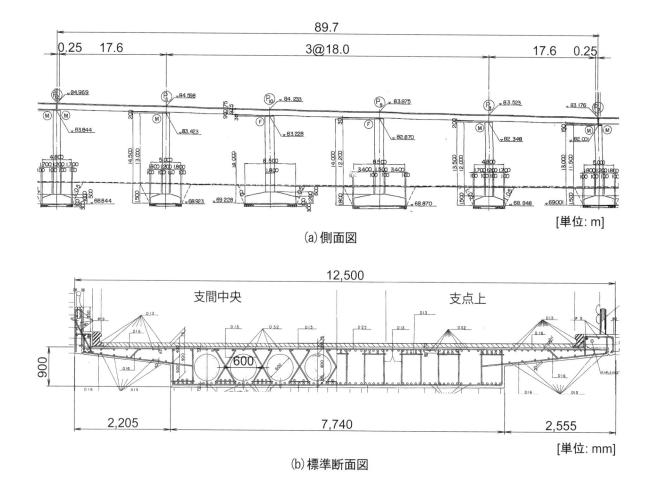

参 図 4-2.1　対象構造物の道路橋

1.2 補強設計フロー

補強設計フローを**参 図 4-2.2**に示す．本補強設計例における設計範囲は，橋軸方向および床版片持部における耐久性，安全性および使用性の照査とする．

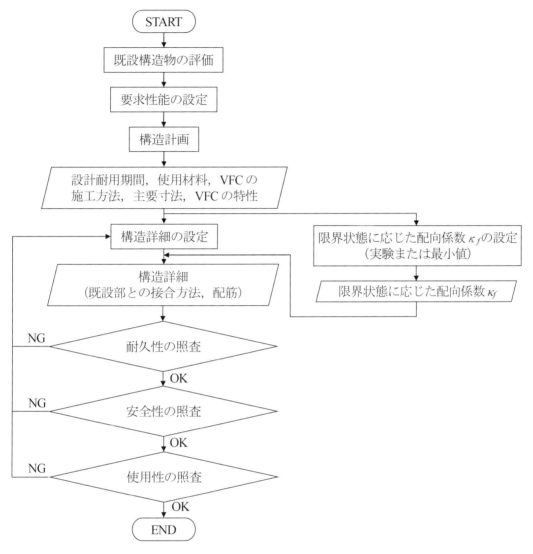

参 図 4-2.2 補強設計フロー

2. 設計条件
2.1 一般条件
- (1) 構造形式　　5径間連続RC中空床版橋
- (2) 橋　　長　　89.7 m
- (3) 支 間 割　　17.6+3@18.0+17.6 m
- (4) 総 幅 員　　12.5m
- (5) 活荷重　　　B活荷重
- (6) 準拠規準　　高強度繊維補強セメント系複合材料の設計・施工指針（案）
  道路橋示方書　I共通編，IIIコンクリート橋編　平成24年3月
  2017年制定　コンクリート標準示方書［設計編］
  スイス連邦道路局ASTRA82022道路構造物の保全および建設に使用するUHPFRCに関するガイドライン[1]

2.2 使用材料および材料定数

- (1) VFC
    - 1) 圧縮強度の特性値　　　　　　150N/mm²
    - 2) ひび割れ発生強度の特性値　　10N/mm²
    - 3) 繊維架橋強度の特性値　　　　12N/mm²
    - 4) 繊維架橋強度到達ひずみ　　　2000×10⁻⁶
    - 5) ヤング係数　　　　　　　　　45kN/mm²
    - 6) 単位体積重量　　　　　　　　25.5kN/m³
- (2) コンクリート
    - 1) 圧縮強度の特性値　　　　　　24N/mm²
    - 2) ヤング係数　　　　　　　　　25kN/mm²
    - 3) 単位体積重量　　　　　　　　24.5kN/m³（鉄筋コンクリート（RC）として設定）
- (3) 鉄筋
    - 1) 種類　　　　　　　　　　　　SD295
    - 2) 降伏強度の特性値　　　　　　295N/mm²
    - 3) ヤング係数　　　　　　　　　200kN/mm²

2.3 荷重条件

2.3.1 主桁自重

主桁自重による荷重は，VFC の単位体積重量を 25.5kN/m³，RC の単位体積重量を 24.5kN/m³ として算定した．

2.3.2 橋面荷重

橋面荷重はアスファルト舗装（厚さ 80mm），コンクリート製のフロリダ型剛性防護柵，遮音壁（路面からの高さ 3m）を考慮した．

2.3.3 活荷重

道路橋示方書Ⅰ共通編に準拠し，活荷重は以下のとおりとした．

- (1) 主桁の照査では，照査断面に対して最も不利となるように L 荷重を載荷した．
- (2) 床版片持部の照査では，載荷面の中心が車道部分の端部から 250mm となるように T 荷重を載荷した．

2.3.4 その他の荷重

床版片持部の疲労破壊に対する照査は，風荷重および衝突荷重が作用する状況も想定し，実施した．

- (1) 風荷重としては，剛性防護柵上に路面からの高さが 3m の遮音壁が設置されていると想定し，そこに風下側部材に対する 0.75kN/m² の荷重が作用するとして算定したモーメント荷重を床版に載荷した．
- (2) 衝突荷重としては，車両用防護柵標準仕様 [2) に準拠して，剛性防護柵の最上点に 58kN の荷重が作用するとして算定したモーメント荷重を床版に載荷した．

2.3.5 クリープおよび自己収縮・乾燥収縮の影響

既設部材により VFC の自己収縮・乾燥収縮が拘束されることで引張応力が発生する．その際に，VFC の引張クリープにより自己収縮・乾燥収縮が低減され引張応力は緩和される．この一連の挙動は VFC の若材齢時に生じるもので，構造解析において考慮する方法が確立されていないことから，本補強設計例では簡略化のため考慮しなかった．

2.4 施工方法

支保工により橋梁全体を支えた状態で，コンクリート床版の上面で劣化している範囲を深さ方向に 100mm 斫り，VFC で打ち替えると設定した．すなわち，VFC と RC の死活荷重合成構造が構築されると設定した．

2.5 断面形状

主桁の断面形状を参 図 4-2.3 に，床版片持部の断面形状を参 図 4-2.4 に示す．

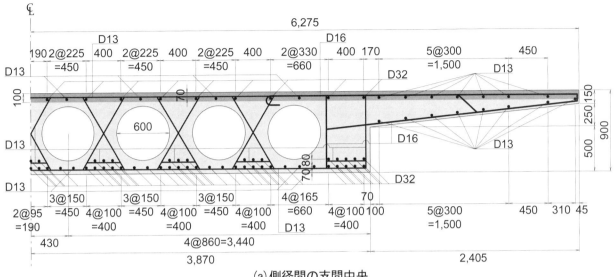

(a) 側径間の支間中央

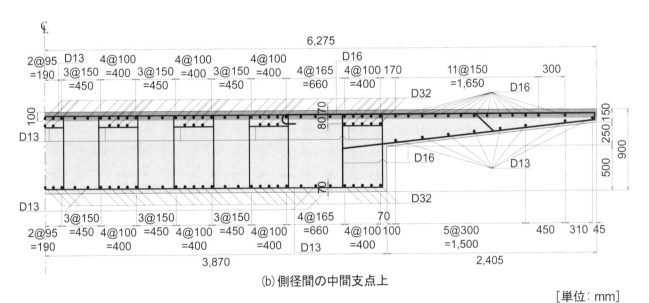

(b) 側径間の中間支点上

[単位：mm]

参 図 4-2.3 主桁の断面図

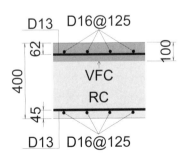

[単位：mm]

参 図 4-2.4 床版片持部の支点における断面図

2.6 安全係数

安全係数は，参 表 4-2.1 および参 表 4-2.2 に示すとおりとする．ただし，引張強度に関する安全係数は次章による．なお，安全係数は道路橋示方書に準拠して設定した．

参 表 4-2.1　安全係数

	VFC γ_v	材料係数 γ_m コンクリート γ_c	鉄筋 γ_s	部材係数 γ_b	構造解析係数 γ_a	作用係数 γ_f	構造物係数 γ_i
耐久性	1.0	1.0	1.0	1.0	1.0	1.0	1.0
安全性（断面破壊）	1.0	1.0	1.0	1.0	1.0	1.3〜2.5	1.0
安全性（疲労破壊）	1.0	1.0	1.0	1.0	1.0	1.0	1.0
使用性	1.0	1.0	1.0	1.0	1.0	1.0	1.0

参 表 4-2.2　断面破壊に対する照査における作用係数

部位	断面力	作用	作用係数
主桁	曲げモーメント	主桁自重	1.3
		橋面荷重	1.3
		活荷重	2.5
	せん断力	主桁自重	1.7
		橋面荷重	1.7
		活荷重	1.7
床版片持部	曲げモーメント	床版片持部自重	1.3
		橋面荷重	1.3
		活荷重	2.5

2.7　照査断面

主桁の曲げモーメントに対する照査は，正曲げモーメントが最大となる側径間の支間中央の断面および負曲げモーメントが最大となる側径間の中間支点上の断面について実施した．主桁のせん断力に対する照査は，側径間の中間支点近傍のボイドと充実部の境界断面について実施した．参 図 4-2.5(a)〜(c)に各断面の照査におけるL荷重の載荷位置を示す．等分布荷重p_1およびp_2の値は道路橋示方書Ⅰ共通編に準拠して設定した．

床版片持部の照査は，側径間の支間中央の断面について実施した．参 図 4-2.6にT荷重の載荷状態を示す．

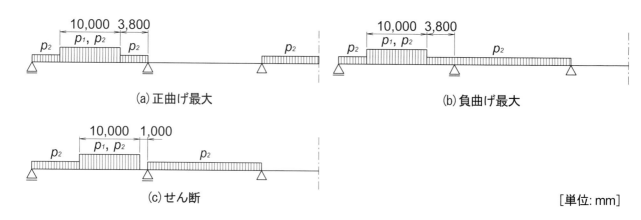

参 図 4-2.5　主桁の照査におけるL荷重の載荷位置

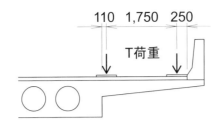

参 図 4-2.6　床版片持部の照査におけるT荷重の載荷位置

3. 配向係数

曲げ耐力算定に用いるVFCの配向係数κ_fは，「**本指針（案）　参考資料2-6 曲げ耐力の算定に用いる配向係数の設定方法（案）**」に準拠し，「**参考資料2-7 共通実験結果**」に記載されるものと同様な部材実験により1.0と設定した．

せん断耐力算定に用いるVFCの配向係数κ_fは，せん断破壊型の供試体を用いた部材実験により1.0と設定した．

4. 耐久性に関する照査

4.1 応答値の算定

4.1.1 設計断面力の算定

部材を線形として，線材モデルを用いて算定した．各照査断面における永続作用（主桁自重および橋面荷重）による設計断面力を**参 表 4-2.3**および**参 表 4-2.4**に示す．作用係数γ_fはすべての作用に関して$\gamma_f = 1.0$とした．なお，耐久性に関する照査では変動作用を考慮することとされているが，本設計の対象橋梁においては比較的しばしば生じる大きさの変動作用が耐久性に及ぼす影響が永続作用と比べて非常に小さいため，考慮しなかった．

参 表 4-2.3　耐久性に関する照査における設計曲げモーメント

照査断面	曲げモーメントの特性値 M_k (kNm)	構造解析係数 γ_a	設計曲げモーメント $M_d = \gamma_a \cdot M_k$ (kNm)
主桁支間中央	4,441	1.0	4,441
主桁中間支点上	-6,128	1.0	-6,128
床版片持部（単位長さあたり）	-63	1.0	-63

参 表 4-2.4　耐久性に関する照査における設計せん断力

照査断面	せん断力の特性値 V_k (kNm)	構造解析係数 γ_a	設計せん断力 $V_d = \gamma_a \cdot V_k$ (kNm)
主桁ボイドと充実部の境界	1,788	1.0	1,788

4.1.2 設計応力度の算定

(1) 計算条件

VFCおよび鉄筋の設計応力度の算定は，「**本指針（案）　9.2.3.5 応力度の算定**」に基づき，以下の(i)〜(iv)の仮定に基づいて実施した．

(i) 維ひずみは，部材断面の中立軸からの距離に比例する．

(ii) VFC，コンクリートおよび鋼材は，弾性体とする．

(iii) VFCの引張応力は考慮する．

(iv) コンクリートの引張応力は無視する．

VFCとコンクリートの界面は実験により非常に高い付着強度を有することが確認されており[3]，また界面にはスターラップが貫通して（**参 図 4-2.3**参照），ずれ止め筋として十分なせん断力の伝達が期待できることから完全付着として取り扱った．

せん断力によるコンクリートおよびせん断補強鉄筋の設計応力度は，道路橋示方書Ⅲコンクリート橋編に準拠して算定した．耐久性に関する照査に用いた作用時（永続作用時）には VFC は弾性域にとどまっていることから，トラス理論でいう引張弦材とみなし，有効高を部材高と同じとした．VFC が負担できる平均せん断応力度は，合成断面を構成するコンクリートと同じとし，道路橋示方書Ⅲコンクリート橋編に示される設計基準強度 $24N/mm^2$ のコンクリートが負担できる平均せん断応力度である $0.39N/mm^2$ とした．

(2) VFCの応力－ひずみ曲線

VFC の設計圧縮強度および設計ひび割れ発生強度は以下のとおりである．耐久性に関する照査に用いる設計応力度を求めるための VFC の圧縮応力－ひずみ曲線および引張応力－ひずみ曲線を**参 図 4-2.7** に示す．VFC の引張応力－ひずみ曲線は，「**参考資料 2-1 強度試験用供試体の作り方**」にしたがって作製した供試体を用いて，「**参考資料 2-4 一軸引張試験方法（案）**」に示されている一軸引張試験を実施して設定した．

・設計圧縮強度

$$f'_{cd} = \frac{f'_{cd}}{\gamma_v} = \frac{150}{1.0} = 150 N/mm^2$$

・設計ひび割れ発生強度

$$f_{crd} = \frac{f_{crk}}{\gamma_v} = \frac{10}{1.0} = 10 N/mm^2$$

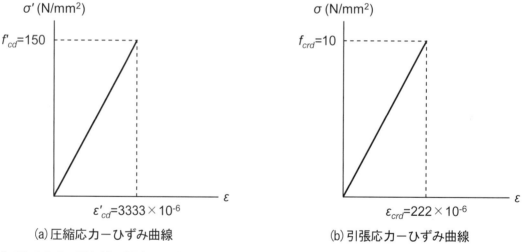

(a) 圧縮応力－ひずみ曲線　　(b) 引張応力－ひずみ曲線

参 図 4-2.7　耐久性に関する照査に用いる設計応力度を求めるためのVFCの応力－ひずみ曲線

(3) 設計応力度

参 表 4-2.5 に各照査断面における設計断面力による設計応力度を示す．永続作用時ではVFCおよびコンクリートのせん断応力度が負担できる平均せん断応力度より小さかったため，せん断補強鉄筋の応力度は $0 N/mm^2$ となった．

参 表 4-2.5　耐久性に関する照査における設計応力度

照査断面	断面力	VFC σ_{vt} (N/mm²)	軸方向鉄筋 σ_{sp} (N/mm²)	せん断補強鉄筋 σ_{ss} (N/mm²)
主桁支間中央	曲げモーメント	-	90.6	-
主桁中間支点上	曲げモーメント	7.3	-	-
主桁ボイドと充実部の境界	せん断力	-	-	0
床版片持部	曲げモーメント	2.7	-	-

4.2　VFC の劣化に対する照査

4.2.1　凍害に対する照査

VFC が凍結する恐れがないため，照査を不要とした．

4.2.2　化学的侵食に対する照査

化学的侵食を抑制することが可能な床版防水工を施工するため，照査不要とした．

4.2.3　アルカリ骨材反応に関する照査

JIS A 5308 附属書 A の区分 A（無害）と判定される骨材を使用するものとしたため，照査不要とした．

4.2.4　繊維の変質・劣化に対する検討

本補強設計例では鋼繊維を混入した VFC を適用することとしており，かぶり部分の鋼繊維に安全性への寄与を期待することから，鋼繊維の腐食を発生させないものとした．床版防水工を施工するが，水や塩化物イオンの遮断効果は考慮しないものとして検討した．

4.2.4.1　鋼繊維の腐食に対する照査

(1)　応力度の限界値

VFC の引張応力度の限界値は，材料のばらつきを考慮して設計ひび割れ発生強度を基に $10/1.3 ≒ 7.7$ N/mm² とした．

1)　VFC

・引張応力度の限界値

$f_{vta} = 7.7$ N/mm²

(2)　照査

参 表 4-2.6 に曲げモーメントによる鋼繊維の腐食に対する照査の結果を示す．

参 表 4-2.6　曲げモーメントによる鋼繊維の腐食に対する照査

照査断面	VFC 設計応力度 σ_{vt} (N/mm²)	限界値 f_{vta} (N/mm²)	構造物係数 γ_i	$\gamma_i \sigma_{vt} / f_{vta}$	判定
主桁中間支点上	7.3	7.7	1.0	0.95	OK
床版片持部	2.7	7.7	1.0	0.35	OK

4.3　鋼材腐食に対する照査

4.3.1　応力度の照査

(1)　応力度の限界値

RC の鉄筋の応力度の限界値は，土木学会コンクリート標準示方書［設計編］に準拠した．

1)　鉄筋

$f_{sa} = 120$ N/mm²

(2) 照査

参 表 4-2.7 に鋼材腐食に対する照査の結果を示す．主桁中間支点上と床版片持部では VFC にひび割れが発生しないことから，照査は省略した．

参 表 4-2.7　鋼材腐食に対する照査

照査断面	鉄筋設計応力度 σ_{sp}, σ_{ss} （N/mm²）	限界値 f_{sa} （N/mm²）	構造物係数 γ_i	$\gamma_i \sigma_s / f_{vta}$	$\gamma_i \sigma_{vt} / f_{vta}$
主桁支間中央	90.6	120	1.0	0.76	OK
主桁ボイドと充実部の境界	0	120	1.0	0	OK

4.3.2　中性化と水の浸透に伴う鋼材腐食に対する照査

永続作用時に VFC にはひび割れは発生せず，物質移動抵抗性が十分に高いため，中性化深さは鋼材腐食発生限界深さに達することはない．

4.3.3　塩害環境下における鋼材腐食に対する照査

永続作用時に VFC にはひび割れは発生せず，物質移動抵抗性が十分に高いため，塩化物イオン濃度は鋼材腐食発生限界濃度に達することはない．

5.　安全性に関する照査

5.1　断面破壊に対する照査

5.1.1　設計断面力の算定

部材を線形として，線材モデルを用いて算定した．各照査断面における永続作用（主桁自重および橋面荷重）＋変動作用（活荷重）による設計断面力を**参 表** 4-2.8 および**参 表** 4-2.9 に示す．作用係数 γ_f は，各作用に関して**参 表** 4-2.2 に示すもので設定した．

参 表 4-2.8　断面破壊に対する照査における設計曲げモーメント

照査断面	曲げモーメントの特性値 M_k （kNm）	構造解析係数 γ_a	設計曲げモーメント $M_d = \gamma_a \cdot M_k$ （kNm）
主桁支間中央	14,983	1.0	14,983
主桁中間支点上	-15,580	1.0	-15,580
床版片持部（単位長さあたり）	-376	1.0	-376

参 表 4-2.9　断面破壊に対する照査における設計せん断力

照査断面	せん断力の特性値 V_k （kNm）	構造解析係数 γ_a	設計せん断力 $V_d = \gamma_a \cdot V_k$ （kNm）
主桁ボイドと充実部の境界	5,253	1.0	5,253

5.1.2　曲げモーメントに対する照査

(1)　曲げ耐力の計算条件

曲げ耐力の算定は，「**本指針（案）　8.2.4.1　設計断面耐力**」に基づき，以下の（ⅰ）～（ⅲ）の仮定に基づいて実施した．

（ⅰ）　維ひずみは，部材断面の中立軸からの距離に比例する．

（ⅱ）　VFC の応力－ひずみ曲線は，**参 図** 4-2.8 に示される応力－ひずみ曲線を用いる．

（ⅲ）　コンクリートおよび鉄筋の応力－ひずみ曲線は，コンクリート標準示方書［設計編］による．

鉄筋で補強されたひずみ硬化特性を有する VFC が引張荷重下にある場合，VFC のひずみが設計繊維架橋強度到達ひずみの 3 倍（$3\varepsilon_{ftd}$）に達するまで VFC の設計繊維架橋強度を 90%（$0.9f_{ftd}$）だけ考慮してもよい，という「ASTRA82022 道路構造物の保全及び建設に使用する UHPFRC に関するガイドライン」[1]（以下，ASTRA82022 UHPFRC ガイドライン）の規定に準拠して引張縁の VFC が $3\varepsilon_{ftd}$ に達した時を終局状態として，設計曲げ耐力を算定した．

(2) VFC の応力－ひずみ曲線

VFC の設計圧縮強度，設計ひび割れ発生強度および設計繊維架橋強度は以下のとおりである．設計曲げ耐力を求めるための VFC の圧縮応力－ひずみ曲線および引張応力－ひずみ曲線を**参 図 4-2.8** に示す．VFC の引張応力－ひずみ曲線は，「**参考資料 2-1 強度試験用供試体の作り方（案）**」にしたがって作製した供試体を用いて，「**参考資料 2-4 一軸引張試験方法（案）**」に示される一軸引張試験を実施して設定した．なお，曲げ耐力の算定では繊維架橋強度までしか引張応力を考慮しないため，引張軟化曲線は設定しなかった．

- 設計圧縮強度

$$f'_{cd} = \frac{f'_{cd}}{\gamma_c} = \frac{150}{1.0} = 150 \text{N/mm}^2$$

- 設計ひび割れ発生強度

$$f_{crd} = \frac{f_{crk}}{\gamma_c} = \frac{10}{1.0} = 10 \text{N/mm}^2$$

- 設計繊維架橋強度

$$f_{ftd} = \kappa_{f'} \frac{f_{ftk}}{\gamma_c} = 1.0 \cdot \frac{12}{1.0} = 12 \text{N/mm}^2$$

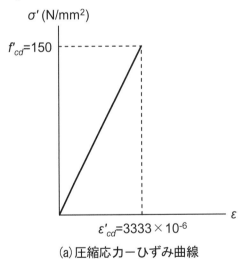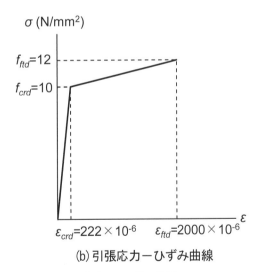

(a) 圧縮応力－ひずみ曲線　　(b) 引張応力－ひずみ曲線

参 図 4-2.8　設計曲げ耐力を求めるための VFC の応力－ひずみ曲線

(3) 照査

参 表 4-2.10 に各照査断面における曲げモーメントに対する照査の結果を示す．

参 表 4-2.10　曲げモーメントによる断面破壊に対する照査

照査断面	設計曲げモーメント M_d (kNm)	設計曲げ耐力 M_{ud} (kNm)	構造物係数 γ_i	$\gamma_i M_d/M_{ud}$	判定
主桁支間中央	14,983	16,494	1.0	0.91	OK
主桁中間支点上	-15,580	-20,023	1.0	0.78	OK
床版片持部	-376	-484	1.0	0.78	OK

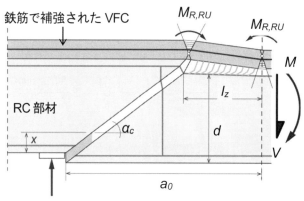

参 図 4-2.9 鉄筋で補強された VFC と RC との合成部材のせん断抵抗モデル
(ASTRA82022 UHPFRC ガイドラインに記載の図を基に作成)

5.1.3 せん断力に対する照査

(1) せん断耐力の計算条件

ASTRA82022 UHPFRC ガイドラインに鉄筋で補強された VFC (R-VFC) と RC との合成構造の斜め引張破壊に対するせん断抵抗モデルと斜め引張破壊に対するせん断耐力の評価式が示されており (**参 図 4-2.9**), それに従って算定した. 斜め引張破壊に対する設計せん断耐力 V_{Vcd} は以下の式によって求められる.

$$V_{Vcd} = V_{RC,cd} + V_{RC,sd} + V_{Vd} \tag{参 4-2.1}$$

ここで,

$V_{RC,cd}$: RC のせん断補強鋼材以外の部材により受け持たれる設計せん断耐力 (せん断補強鋼材を用いない棒部材の設計せん断耐力)

$V_{RC,sd}$: RC のせん断補強鋼材により受け持たれる設計せん断耐力

V_{Vd} : R-VFC により受け持たれる設計せん断耐力

RC のせん断補強鋼材以外の部材により受け持たれる設計せん断耐力 $V_{RC,cd}$ と RC のせん断補強鋼材により受け持たれる設計せん断耐力 $V_{RC,sd}$ は, 土木学会コンクリート標準示方書 [設計編] に準拠し算定した.

$$V_{Vd} = \frac{M_{R,s,RU} + M_{R,h,RU}}{l_z} \tag{参 4-2.2}$$

ここで,

$M_{R,s,RU}$: R-VFC の正曲げ耐力

$M_{R,h,RU}$: R-VFC の負曲げ耐力

$l_z = a_0 - \dfrac{d}{\tan \alpha_c}$

a_0 : 支点と R-VFC の部分が正曲げ破壊する断面との間の距離

α_c : RC の部分で発生する斜めひび割れの水平方向に対する傾斜角度

d : 有効高さ

$M_{R,s,RU}$ および $M_{R,h,RU}$ は, ひずみ硬化特性を有する UHPFRC に関する ASTRA82022 UHPFRC ガイドラインの規定に準拠して, 引張縁の VFC が $3\varepsilon_{fld}$ に達した時を終局状態として VFC の設計繊維架橋強度を 90% ($0.9f_{ftd}$) に低減し, 算定した. a_0 および α_c の値は実験により定めるのがよいが, 本補強設計例では次のとおり設定した. 支点と R-VFC の部分が正曲げ破壊する断面との間の距離 a_0 は, 既往の研究[4]において観察された R-VFC と RC の合成構造のはり供試体のせん断試験における破壊形態に基づき, せん断支間長 (2,966mm) から道路橋示方書 I 共通編に示される輪荷重載荷幅の半分 (250mm) を除いた値 (2,716mm) を使用した. ここで, せん断支間長は断面破壊

に対する照査に用いた作用による着目断面における曲げモーメントをせん断力により除して算定した．RCの部分で発生する斜めひび割れの水平方向に対する傾斜角度 α_c は ASTRA82022UHPFRC ガイドラインでは実験により定めるのがよいとされているが，既往の研究[4]での結果に基づき 30° とした．

(2) VFC の応力－ひずみ曲線

VFC の設計ひび割れ発生強度および設計繊維架橋強度は以下のとおりである．VFC の引張応力－ひずみ曲線は，設計曲げ耐力を求めるための VFC の引張応力－ひずみ曲線（**参 図 4-2.8**）と同じとした．

・設計ひび割れ発生強度

$$f_{crd}=\frac{f_{crk}}{\gamma_c}=\frac{10}{1.0}=10\mathrm{N/mm}^2$$

・設計繊維架橋強度

$$f_{ftd}=\kappa_f\frac{f_{ftk}}{\gamma_c}=1.0\cdot\frac{12}{1.0}=12\mathrm{N/mm}^2$$

(3) 照査

参 表 4-2.11 にせん断力に対する照査の結果を示す．

参 表 4-2.11　せん断力による断面破壊に対する照査

照査断面	設計せん断力 V_d (kN)	設計せん断耐力 V_{Vcd} (kN)	構造物係数 γ_i	$\gamma_i V_d/V_{cd}$	判定
主桁ボイドと充実部の境界	5,253	5,670	1.0	0.93	OK

5.2　疲労破壊に対する照査

5.2.1　設計断面力の算定

部材を線形として，線材モデルを用いて算定した．各照査断面における永続作用（主桁自重および橋面荷重）および変動作用（活荷重，風荷重，衝突荷重）による設計断面力を**参 表 4-2.12** および**参 表 4-2.13** に示す．作用係数 γ_f はすべての作用に関して $\gamma_f=1.0$ とした．

参 表 4-2.12　疲労破壊に対する照査における設計曲げモーメント

照査断面	作用	曲げモーメントの特性値 (kNm)	構造解析係数 γ_a	設計曲げモーメント $M_d=\gamma_a\cdot M_k$ (kNm)
主桁支間中央	永続＋変動（活荷重）	8,125	1.0	8,125
主桁中間支点上	永続＋変動（活荷重）	-9,174	1.0	-9,174
床版片持部	永続＋変動（活荷重）	-181	1.0	-181
床版片持部	永続＋変動（活荷重＋風荷重）	-184	1.0	-184
床版片持部	永続＋変動（活荷重＋衝突荷重）	-187	1.0	-187

参 表 4-2.13　疲労破壊に対する照査における設計せん断力

照査断面	作用	せん断力の特性値 (kNm)	構造解析係数 γ_a	設計せん断力 $V_d=\gamma_a\cdot V_k$ (kNm)
主桁ボイドと充実部の境界	永続＋変動（活荷重）	3,090	1.0	3,090

5.2.2 曲げモーメントに対する照査

(1) 設計応力度および設計ひずみの計算条件

VFC，コンクリートおよび鉄筋の設計応力度および設計ひずみの算定は，「**本指針（案）　9.2.3.5 応力度の算定**」に基づき，以下の（ⅰ）〜（ⅴ）の仮定に基づいて実施した．

　（ⅰ）　維ひずみは，部材断面の中立軸からの距離に比例する．
　（ⅱ）　VFC の応力－ひずみ曲線は，**参 図 4-2.8** に示される応力－ひずみ曲線を用いる．
　（ⅲ）　コンクリートおよび鋼材は，弾性体とする．
　（ⅳ）　VFC の引張応力は考慮する．
　（ⅴ）　コンクリートの引張応力は無視する．

VFC とコンクリートの界面は実験により非常に高い付着強度を有することが確認されており [3]，また界面にはスターラップが貫通して（**参 図 4-2.3 参照**）ずれ止め筋として十分なせん断力の伝達が期待できることから完全付着として取り扱った．

(2) VFC の応力－ひずみ曲線

設計曲げ耐力を求めるための VFC の応力－ひずみ曲線（**参 図 4-2.8**）と同じとした．

(3) 応力度およびひずみの限界値

VFC の引張ひずみの限界値は，道路橋示方書Ⅲコンクリート橋編の鉄筋の許容応力度の値の設定に倣い，荷重の繰返し載荷により VFC が疲労破壊しない限界として，既往の研究 [5] に基づき以下のとおり定めた．すなわち，引張ひずみが 500×10^{-6} に至るまで静的に荷重を載荷した VFC の引張疲労強度は無載荷の場合と同じであったことから，材料のばらつきを考慮し引張ひずみの限界値を $500\times10^{-6}/1.3 \fallingdotseq 380\times10^{-6}$ とした．

コンクリートおよび RC の鉄筋の応力度の限界値は道路橋示方書Ⅲコンクリート橋編に準拠した．

1) VFC

・曲げ圧縮応力度の限界値

　$0.6f'_{ck} = 0.6\times150 = 90\text{N/mm}^2$

・引張ひずみ

　380×10^{-6}

2) コンクリート

・曲げ圧縮応力度の限界値

　8N/mm^2

3) 鉄筋

・主桁の照査

　180N/mm^2

・床版片持部の照査

　120N/mm^2

　風荷重作用時　　　150N/mm^2

　衝突荷重作用時　180N/mm^2

(4) 照査

参 表 4-2.14〜参 表 4-2.18 に各照査断面における曲げモーメントによる疲労破壊に対する照査の結果を示す．

参 表 4-2.14　主桁支間中央における曲げモーメントによる疲労破壊に対する照査

材料	設計応力度 σ (N/mm²)	応力度の限界値 f_a (N/mm²)	構造物係数 γ_i	$\gamma_i \sigma / f_a$	判定
VFC	-11.7	-90	1.0	0.13	OK
下面鉄筋	165.8	180	1.0	0.92	OK

参 表 4-2.15　主桁中間支点上における曲げモーメントによる疲労破壊に対する照査

材料	設計応力度 σ (N/mm²)	設計ひずみ ε	応力度の限界値 f_a (N/mm²)	ひずみの限界値 ε	構造物係数 γ_i	$\gamma_i \sigma / f_a$	判定
VFC	-	377×10^{-6}	-	380×10^{-6}	1.0	0.99	OK
コンクリート	-5.2	-	-8	-	1.0	0.65	OK
上面鉄筋	63.4	-	180	-	1.0	0.35	OK

参 表 4-2.16　床版片持部における曲げモーメントによる疲労破壊に対する照査

材料	設計応力度 σ (N/mm²)	設計ひずみ ε	応力度の限界値 f_a (N/mm²)	ひずみの限界値 ε	構造物係数 γ_i	$\gamma_i \sigma / f_a$	判定
VFC	-	175×10^{-6}	-	380×10^{-6}	1.0	0.46	OK
コンクリート	-5.4	-	-8	-	1.0	0.68	OK
上面鉄筋	48.3	-	120	-	1.0	0.40	OK

参 表 4-2.17　風荷重作用時の床版片持部における曲げモーメントによる疲労破壊に対する照査

材料	設計応力度 σ (N/mm²)	設計ひずみ ε	応力度の限界値 f_a (N/mm²)	ひずみの限界値 ε	構造物係数 γ_i	$\gamma_i \sigma / f_a$	判定
VFC	-	178×10^{-6}	-	380×10^{-6}	1.0	0.47	OK
コンクリート	-5.5	-	-8	-	1.0	0.69	OK
上面鉄筋	49.0	-	150	-	1.0	0.33	OK

参 表 4-2.18　衝突荷重作用時の床版片持部における曲げモーメントによる疲労破壊に対する照査

材料	設計応力度 σ (N/mm²)	設計ひずみ ε	応力度の限界値 f_a (N/mm²)	ひずみの限界値 ε	構造物係数 γ_i	$\gamma_i \sigma / f_a$	判定
VFC	-	181×10^{-6}	-	380×10^{-6}	1.0	0.48	OK
コンクリート	-5.5	-	-8	-	1.0	0.69	OK
上面鉄筋	49.9	-	180	-	1.0	0.28	OK

5.2.3　せん断力に対する照査

(1)　設計応力度の計算条件

　VFC とコンクリートの界面は実験により非常に高い付着強度を有することが確認されており [3]，また界面にはスターラップが貫通して（**参 図 4-2.3** 参照），ずれ止め筋として十分なせん断力の伝達が期待できることから完全付着として取り扱った．

　疲労破壊に対する照査に用いた作用時（永続＋変動作用時）には VFC はひずみ硬化域にとどまっていることから，トラス理論でいう引張弦材とみなし，有効高を部材高と同じとした．VFC が負担できる平均せん断応力度は，合成断面を構成するコンクリートと同じとし，道路橋示方書Ⅲコンクリート橋編に準拠して 0.39N/mm² とした．

(2)　VFC の応力－ひずみ曲線

　設計曲げ耐力を求めるための VFC の応力－ひずみ曲線（**参 図 4-2.8**）と同じとした．

(3)　応力度の限界値

　RC の鉄筋の応力度の限界値は，道路橋示方書Ⅲコンクリート橋編に準拠した．

1)　鉄筋

　180N/mm²

(4) 照査

参 表 4-2.19 にせん断力による疲労破壊に対する照査の結果を示す.

参 表 4-2.19　せん断力による疲労破壊に対する照査

照査断面	鉄筋設計応力度 σ_s (N/mm²)	限界値 f_a (N/mm²)	構造物係数 γ_i	$\gamma_i \sigma / f_a$	判定
主桁ボイドと充実部の境界	175.8	180	1.0	0.98	OK

6. 使用性に関する照査

6.1 応答値の算定

6.1.1 設計断面力の算定

耐久性に関する照査における設計断面力の算定 (**4.1.1項**) と同様にして算定した. 各照査断面における設計断面力を**参 表 4-2.20** に示す.

参 表 4-2.20　使用性に関する照査における設計断面力

照査断面	曲げモーメント (kNm)	せん断力 (kN)
主桁支間中央	4,441	-
主桁中間支点上	-6,128	-
主桁ボイドと充実部の境界	-	1,788
床版片持部 (単位長さあたり)	-63	-

6.1.2 設計応力度の算定

耐久性に関する照査における設計応力度の算定 (**4.1.2項**) と同様にして算定した. **参 表 4-2.21** に各照査断面における設計断面力による設計応力度を示す.

参 表 4-2.21　使用性に関する照査における設計応力度

照査断面	断面力	VFC σ_{vt} (N/mm²)	軸方向鉄筋 σ_{sp} (N/mm²)
主桁支間中央	曲げモーメント	-	90.6
主桁中間支点上	曲げモーメント	7.3	-
主桁ボイドと充実部の境界	せん断力	-	-
床版片持部	曲げモーメント	2.7	-

6.2 ひび割れによる外観に対する照査

VFC の上面にはアスファルト舗装を施工し, VFC の外観を確認することができなくなるため, 照査不要とした.

6.3 応力度の制限

応力度の制限の照査は, VFC 引張応力度および軸方向鉄筋引張応力度に対して実施した.

ASTRA82022 UHPFRC ガイドラインでは, VFC の引張クリープひずみは, 持続的な荷重下における引張応力度 σ_{vt} が繊維架橋強度 f_{fl} の 50%以下である場合, 応力に対して線形とみなしてよいとされている. また, 引張応力度が 50%より大きくなる場合には, クリープひずみの非線形性について検討を実施することとなっている. 本補強設計例では, 永続荷重による VFC の設計引張応力度 σ_{vt} が主桁中間支点上で 7.3 N/mm² であり, 繊維架橋強度の特性値 $f_{flk} = 12$ N/mm² に対して 61%であるため, 引張クリープひずみが応力に対して非線形となることが考えられた.

実験により，本補強設計例の VFC の引張クリープひずみが応力に対して線形とみなせる引張応力度の限界値を検討したところ，繊維架橋強度 f_{ft} の 74%であったため，それに基づき VFC の引張応力度の制限値を繊維架橋強度 f_{ft} の 70%と設定し，$0.70 \times f_{ft} = 0.70 \times 12 = 8.4$ N/mm^2 とした．なお，本補強設計例で設定した制限値が規準の規定を超えるものであったため，実際の構造物の挙動が設計で想定したとおりの挙動となっているかについて追跡調査することとした．

鉄筋引張応力度の制限値は，弾性限界として鉄筋降伏強度の特性値 $f_{syk} = 345$ N/mm^2 とした．

参 表 4-2.22 応力度の制限に関する照査

応力度	設計応力度 σ (N/mm^2)	制限値 f_a (N/mm^2)	判定
主桁中間支点上 VFC 引張応力度	7.3	8.4	OK
床版片持部 VFC 引張応力度	2.7	8.4	OK
軸方向鉄筋引張応力度	90.6	345	OK

6.3 変位・変形に対する照査

VFC の変位・変形や VFC と RC の合成構造の変位・変形が構造物の機能性や快適性に影響を及ぼすほど問題となることは一般的にないことから，照査不要とした．

6.4 振動に対する照査

一般に，コンクリート構造物で振動が問題となることは稀であることから，照査不要とした．

6.5 水密性に対する照査

VFC の上面に床版防水工を施工することで水密性を確保することから，VFC の水密性に対する照査は不要とした．

6.6 耐火性に対する照査

道路橋床版の上面は，橋面上で車両火災が発生した場合でも火炎が上昇する特性を有するために，高温の影響を受ける程度が小さいことから，照査不要とした．

参考文献

1) Office Fédéral des Routes: Documentation ASTRA 82022 CFUP pour la maintenance et la construction d'ouvrages d'art de l'infrastructure routière, 2023

2) （公社）日本道路協会：車両用防護柵標準仕様・同解説，2004.

3) 渡邊有寿，高木智子，柳井修司，一宮利通，牧田通，北川寛和，鎌田修，横田慎也，佐藤文洋：道路橋床版の打替え・補強工法における UFC 界面の付着特性に関する検討，第 73 回土木学会年次学術講演会講演概要集，V-139，pp.277-278，2018.

4) Noshiravani T, Brühwiler E.: Experimental investigation on reinforced ultra-high performance fiber-reinforced concrete composite beams subjected to combined bending and shear. ACI Struct. J. 2013; 110(2): 251–261.

5) Makita, T.: Fatigue behaviour of UHPFRC and R-UHPFRC - RC composite members, Doctoral thesis No. 6068, École polytechnique fédérale de Lausanne, 2014.

●コンクリートライブラリー一覧●

号数：標題／発行年月／判型・ページ数／本体価格

第 1 号：コンクリートの話－吉田徳次郎先生御遺稿より－／昭.37.5 ／ B 5・48 p.

第 2 号：第 1 回異形鉄筋シンポジウム／昭.37.12 ／ B 5・97 p.

第 3 号：異形鉄筋を用いた鉄筋コンクリート構造物の設計例／昭.38.2 ／ B 5・92 p.

第 4 号：ペーストによるフライアッシュの使用に関する研究／昭.38.3 ／ B 5・22 p.

第 5 号：小丸川 PC 鉄道橋の架替え工事ならびにこれに関連して行った実験研究の報告／昭.38.3 ／ B 5・62 p.

第 6 号：鉄道橋としてのプレストレストコンクリート桁の設計方法に関する研究／昭.38.3 ／ B 5・62 p.

第 7 号：コンクリートの水密性の研究／昭.38.6 ／ B 5・35 p.

第 8 号：鉱物質微粉末がコンクリートのウォーカビリチーおよび強度におよぼす効果に関する基礎研究／昭.38.7 ／ B 5・56 p.

第 9 号：添えばりを用いるアンダーピンニング工法の研究／昭.38.7 ／ B 5・17 p.

第 10 号：構造用軽量骨材シンポジウム／昭.39.5 ／ B 5・96 p.

第 11 号：微細な空げきてん充のためのセメント注入における混和材料に関する研究／昭.39.12 ／ B 5・28 p.

第 12 号：コンクリート舗装の構造設計に関する実験的研究／昭.40.1 ／ B 5・33 p.

第 13 号：プレパックドコンクリート施工例集／昭.40.3 ／ B 5・330 p.

第 14 号：第 2 回異形鉄筋シンポジウム／昭.40.12 ／ B 5・236 p.

第 15 号：デイビダーク工法設計施工指針（案）／昭.41.7 ／ B 5・88 p.

第 16 号：単純曲げをうける鉄筋コンクリート桁およびプレストレストコンクリート桁の極限強さ設計法に関する研究／昭.42.5 ／ B 5・34 p.

第 17 号：MDC 工法設計施工指針（案）／昭.42.7 ／ B 5・93 p.

第 18 号：現場コンクリートの品質管理と品質検査／昭.43.3 ／ B 5・111 p.

第 19 号：港湾工事におけるプレパックドコンクリートの施工管理に関する基礎研究／昭.43.3 ／ B 5・38 p.

第 20 号：フライアッシュを混和したコンクリートの中性化と鉄筋の発錆に関する長期研究／昭.43.10 ／ B 5・55 p.

第 21 号：バウル・レオンハルト工法設計施工指針（案）／昭.43.12 ／ B 5・100 p.

第 22 号：レオバ工法設計施工指針（案）／昭.43.12 ／ B 5・85 p.

第 23 号：BBRV 工法設計施工指針（案）／昭.44.9 ／ B 5・134 p.

第 24 号：第 2 回構造用軽量骨材シンポジウム／昭.44.10 ／ B 5・132 p.

第 25 号：高炉セメントコンクリートの研究／昭.45.4 ／ B 5・73 p.

第 26 号：鉄道橋としての鉄筋コンクリート斜角げたの設計に関する研究／昭.45.5 ／ B 5・28 p.

第 27 号：高張力異形鉄筋の使用に関する基礎研究／昭.45.5 ／ B 5・24 p.

第 28 号：コンクリートの品質管理に関する基礎研究／昭.45.12 ／ B 5・28 p.

第 29 号：フレシネー工法設計施工指針（案）／昭.45.12 ／ B 5・123 p.

第 30 号：フープコーン工法設計施工指針（案）／昭.46.10 ／ B 5・75 p.

第 31 号：OSPA 工法設計施工指針（案）／昭.47.5 ／ B 5・107 p.

第 32 号：OBC 工法設計施工指針（案）／昭.47.5 ／ B 5・93 p.

第 33 号：VSL 工法設計施工指針（案）／昭.47.5 ／ B 5・88 p.

第 34 号：鉄筋コンクリート終局強度理論の参考／昭.47.8 ／ B 5・158 p.

第 35 号：アルミナセメントコンクリートに関するシンポジウム；付：アルミナセメントコンクリート施工指針（案）／ 昭.47.12 ／ B 5・123 p.

第 36 号：SEEE 工法設計施工指針（案）／昭.49.3 ／ B 5・100 p.

第 37 号：コンクリート標準示方書（昭和 49 年度版）改訂資料／昭.49.9 ／ B 5・117 p.

第 38 号：コンクリートの品質管理試験方法／昭.49.9 ／ B 5・96 p.

第 39 号：膨張性セメント混和材を用いたコンクリートに関するシンポジウム／昭.49.10 ／ B 5・143 p.

第 40 号：太径鉄筋 D 51 を用いる鉄筋コンクリート構造物の設計指針（案）／昭.50.6 ／ B 5・156 p.

第 41 号：鉄筋コンクリート設計法の最近の動向／昭.50.11 ／ B 5・186 p.

第 42 号：海洋コンクリート構造物設計施工指針（案）／昭和.51.12 ／ B 5・118 p.

第 43 号：太径鉄筋 D 51 を用いる鉄筋コンクリート構造物の設計指針／昭.52.8 ／ B 5・182 p.

第 44 号：プレストレストコンクリート標準示方書解説資料／昭.54.7 ／ B 5・84 p.

第 45 号：膨張コンクリート設計施工指針（案）／昭.54.12 ／ B 5・113 p.

第 46 号：無筋および鉄筋コンクリート標準示方書（昭和 55 年版）改訂資料【付・最近におけるコンクリート工学の諸問題に関する講習会テキスト】／昭.55.4 ／ B 5・83 p.

第 47 号：高強度コンクリート設計施工指針（案）／昭.55.4 ／ B 5・56 p.

第 48 号：コンクリート構造の限界状態設計法試案／昭.56.4 ／ B 5・136 p.

第 49 号：鉄筋継手指針／昭.57.2 ／ B 5・208 p.／ 3689 円

第 50 号：鋼繊維補強コンクリート設計施工指針（案）／昭.58.3 ／ B 5・183 p.

第 51 号：流動化コンクリート施工指針（案）／昭.58.10 ／ B 5・218 p.

第 52 号：コンクリート構造の限界状態設計法指針（案）／昭.58.11 ／ B 5・369 p.

第 53 号：フライアッシュを混和したコンクリートの中性化と鉄筋の発錆に関する長期研究（第二次）／昭.59.3 ／ B 5・68 p.

第 54 号：鉄筋コンクリート構造物の設計例／昭.59.4 ／ B 5・118 p.

第 55 号：鉄筋継手指針（その 2）―鉄筋のエンクローズ溶接継手―／昭.59.10 ／ B 5・124 p.／ 2136 円

●コンクリートライブラリー一覧●

号数：標題／発行年月／判型・ページ数／本体価格

第 56 号：人工軽量骨材コンクリート設計施工マニュアル／昭.60.5 ／ B 5・104 p.

第 57 号：コンクリートのポンプ施工指針（案）／昭.60.11 ／ B 5・195 p.

第 58 号：エポキシ樹脂塗装鉄筋を用いる鉄筋コンクリートの設計施工指針（案）／昭.61.2 ／ B 5・173 p.

第 59 号：連続ミキサによる現場練りコンクリート施工指針（案）／昭.61.6 ／ B 5・109 p.

第 60 号：アンダーソン工法設計施工要領（案）／昭.61.9 ／ B 5・90 p.

第 61 号：コンクリート標準示方書（昭和 61 年制定）改訂資料／昭.61.10 ／ B 5・271 p.

第 62 号：PC 合成床版工法設計施工指針（案）／昭.62.3 ／ B 5・116 p.

第 63 号：高炉スラグ微粉末を用いたコンクリートの設計施工指針（案）／昭.63.1 ／ B 5・158 p.

第 64 号：フライアッシュを混和したコンクリートの中性化と鉄筋の発錆に関する長期研究（最終報告）／昭 63.3 ／ B 5・124 p.

第 65 号：コンクリート構造物の耐久設計指針（試案）／平.元.8 ／ B 5・73 p.

※第 66 号：プレストレストコンクリート工法設計施工指針／平.3.3 ／ B 5・568 p. ／ 5825 円

※第 67 号：水中不分離性コンクリート設計施工指針（案）／平.3.5 ／ B 5・192 p. ／ 2913 円

第 68 号：コンクリートの現状と将来／平.3.3 ／ B 5・65 p.

第 69 号：コンクリートの力学特性に関する調査研究報告／平.3.7 ／ B 5・128 p.

第 70 号：コンクリート標準示方書（平成 3 年版）改訂資料およびコンクリート技術の今後の動向／平 3.9 ／ B 5・316 p.

第 71 号：太径ねじふし鉄筋 D 57 および D 64 を用いる鉄筋コンクリート構造物の設計施工指針（案）／平 4.1 ／ B 5・113 p.

第 72 号：連続繊維補強材のコンクリート構造物への適用／平.4.4 ／ B 5・145 p.

第 73 号：鋼コンクリートサンドイッチ構造設計指針（案）／平.4.7 ／ B 5・100 p.

第 74 号：高性能 AE 減水剤を用いたコンクリートの施工指針（案）付・流動化コンクリート施工指針（改訂版）／平.5.7 ／ B 5・142 p. ／ 2427 円

第 75 号：膨張コンクリート設計施工指針／平.5.7 ／ B 5・219 p. ／ 3981 円

第 76 号：高炉スラグ骨材コンクリート施工指針／平.5.7 ／ B 5・66 p.

第 77 号：鉄筋のアモルファス接合継手設計施工指針（案）／平.6.2 ／ B 5・115 p.

第 78 号：フェロニッケルスラグ細骨材コンクリート施工指針（案）／平.6.1 ／ B 5・100 p.

第 79 号：コンクリート技術の現状と示方書改訂の動向／平.6.7 ／ B 5・318 p.

第 80 号：シリカフュームを用いたコンクリートの設計・施工指針（案）／平.7.10 ／ B 5・233 p.

第 81 号：コンクリート構造物の維持管理指針（案）／平.7.10 ／ B 5・137 p.

第 82 号：コンクリート構造物の耐久設計指針（案）／平.7.11 ／ B 5・98 p.

第 83 号：コンクリート構造のエステティックス／平.7.11 ／ B 5・68 p.

第 84 号：ISO 9000 s とコンクリート工事に関する報告書／平 7.2 ／ B 5・82 p.

第 85 号：平成 8 年制定コンクリート標準示方書改訂資料／平 8.2 ／ B 5・112 p.

第 86 号：高炉スラグ微粉末を用いたコンクリートの施工指針／平 8.6 ／ B 5・186 p.

第 87 号：平成 8 年制定コンクリート標準示方書（耐震設計編）改訂資料／平 8.7 ／ B 5・104 p.

第 88 号：連続繊維補強材を用いたコンクリート構造物の設計・施工指針（案）／平 8.9 ／ B 5・361 p.

第 89 号：鉄筋の自動エンクローズ溶接継手設計施工指針（案）／平 9.8 ／ B 5・120 p.

第 90 号：複合構造物設計・施工指針（案）／平 9.10 ／ B 5・230 p. ／ 4200 円

第 91 号：フェロニッケルスラグ細骨材を用いたコンクリートの施工指針／平 10.2 ／ B 5・124 p.

第 92 号：銅スラグ細骨材を用いたコンクリートの施工指針／平 10.2 ／ B 5・100 p. ／ 2800 円

第 93 号：高流動コンクリート施工指針／平 10.7 ／ B 5・246 p. ／ 4700 円

第 94 号：フライアッシュを用いたコンクリートの施工指針（案）／平 11.4 ／ A 4・214 p. ／ 4000 円

第 95 号：コンクリート構造物の補強指針（案）／平 11.9 ／ A 4・121 p. ／ 2800 円

第 96 号：資源有効利用の現状と課題／平 11.10 ／ A 4・160 p.

第 97 号：鋼繊維補強鉄筋コンクリート柱部材の設計指針（案）／平 11.11 ／ A 4・79 p.

第 98 号：LNG 地下タンク躯体の構造性能照査指針／平 11.12 ／ A 4・197 p. ／ 5500 円

第 99 号：平成 11 年版　コンクリート標準示方書［施工編］－耐久性照査型－　改訂資料／平 12.1 ／ A 4・97 p.

第100号：コンクリートのポンプ施工指針［平成 12 年版］／平 12.2 ／ A 4・226 p.

※第101号：連続繊維シートを用いたコンクリート構造物の補修補強指針／平 12.7 ／ A 4・313 p. ／ 5000 円

第102号：トンネルコンクリート施工指針（案）／平 12.7 ／ A 4・160 p. ／ 3000 円

※第103号：コンクリート構造物におけるコールドジョイント問題と対策／平 12.7 ／ A 4・156 p. ／ 2000 円

第104号：2001 年制定　コンクリート標準示方書［維持管理編］制定資料／平 13.1 ／ A 4・143 p.

第105号：自己充てん型高強度高耐久コンクリート構造物設計・施工指針（案）／平 13.6 ／ A 4・601 p.

第106号：高強度フライアッシュ人工骨材を用いたコンクリートの設計・施工指針（案）／平 13.7 ／ A 4・184 p.

第107号：電気化学的防食工法　設計施工指針（案）／平 13.11 ／ A 4・249 p. ／ 2800 円

第108号：2002 年版　コンクリート標準示方書　改訂資料／平 14.3 ／ A 4・214 p.

第109号：コンクリートの耐久性に関する研究の現状とデータベース構築のためのフォーマットの提案／平 14.12 ／ A 4・177 p.

第110号：電気炉酸化スラグ骨材を用いたコンクリートの設計・施工指針（案）／平 15.3 ／ A 4・110 p.

※第111号：コンクリートからの微量成分溶出に関する現状と課題／平 15.5 ／ A 4・92 p. ／ 1600 円

※第112号：エポキシ樹脂塗装鉄筋を用いる鉄筋コンクリートの設計施工指針［改訂版］／平 15.11 ／ A 4・216 p. ／ 3400 円

●コンクリートライブラリー一覧●

号数：標題／発行年月／判型・ページ数／本体価格

第113号：超高強度繊維補強コンクリートの設計・施工指針（案）／平 16.9 ／ A4・167 p. ／ 2000 円

第114号：2003 年に発生した地震によるコンクリート構造物の被害分析／平 16.11 ／ A4・267 p. ／ 3400 円

第115号：（CD-ROM 写真集）2003 年，2004 年に発生した地震によるコンクリート構造物の被害／平 17.6 ／ A4・CD-ROM

第116号：土木学会コンクリート標準示方書に基づく設計計算例［桟橋上部工編］／ 2001 年制定コンクリート標準示方書［維持管理編］に基づくコンクリート構造物の維持管理事例集（案）／平 17.3 ／ A4・192 p.

第117号：土木学会コンクリート標準示方書に基づく設計計算例［道路橋編］／平 17.3 ／ A4・321 p. ／ 2600 円

第118号：土木学会コンクリート標準示方書に基づく設計計算例［鉄道構造物編］／平 17.3 ／ A4・248 p.

※第119号：表面保護工法　設計施工指針（案）／平 17.4 ／ A4・531 p. ／ 4000 円

第120号：電力施設解体コンクリートを用いた再生骨材コンクリートの設計施工指針（案）／平 17.6 ／ A4・248 p.

第121号：吹付けコンクリート指針（案）　トンネル編／平 17.7 ／ A4・235 p. ／ 2000 円

※第122号：吹付けコンクリート指針（案）　のり面編／平 17.7 ／ A4・215 p. ／ 2000 円

※第123号：吹付けコンクリート指針（案）　補修・補強編／平 17.7 ／ A4・273 p. ／ 2200 円

※第124号：アルカリ骨材反応対策小委員会報告書－鉄筋破断と新たなる対応－／平 17.8 ／ A4・316 p. ／ 3400 円

第125号：コンクリート構造物の環境性能照査指針（試案）／平 17.11 ／ A4・180 p.

第126号：施工性能にもとづくコンクリートの配合設計・施工指針（案）／平 19.3 ／ A4・278 p. ／ 4800 円

第127号：複数微細ひび割れ型繊維補強セメント複合材料設計・施工指針（案）／平 19.3 ／ A4・316 p. ／ 2500 円

第128号：鉄筋定着・継手指針［2007 年版］／平 19.8 ／ A4・286 p. ／ 4800 円

第129号：2007 年版　コンクリート標準示方書　改訂資料／平 20.3 ／ A4・207 p.

第130号：ステンレス鉄筋を用いるコンクリート構造物の設計施工指針（案）／平 20.9 ／ A4・79 p. ／ 1700 円

※第131号：古代ローマコンクリート－ソンマ・ヴェスヴィアーナ遺跡から発掘されたコンクリートの調査と分析－／平 21.4 ／ A4・148 p. ／ 3600 円

第132号：循環型社会に適合したフライアッシュコンクリートの最新利用技術－利用拡大に向けた設計施工指針試案－／平 21.12 ／ A4・383 p. ／ 4000 円

第133号：エポキシ樹脂を用いた高機能 PC 鋼材を使用するプレストレストコンクリート設計施工指針（案）／平 22.8 ／ A4・272 p. ／ 3000 円

第134号：コンクリート構造物の補修・解体・再利用における CO_2 削減を目指して－補修における環境配慮および解体コンクリートの CO_2 固定化－／平 24.5 ／ A4・115 p. ／ 2500 円

※第135号：コンクリートのポンプ施工指針　2012 年版／平 24.6 ／ A4・247 p. ／ 3400 円

※第136号：高流動コンクリートの配合設計・施工指針　2012 年版／平 24.6 ／ A4・275 p. ／ 4600 円

※第137号：けい酸塩系表面含浸工法の設計施工指針（案）／平 24.7 ／ A4・220 p. ／ 3800 円

第138号：2012 年制定　コンクリート標準示方書改訂資料－基本原則編・設計編・施工編－／平 25.3 ／ A4・573 p. ／ 5000 円

第139号：2013 年制定　コンクリート標準示方書改訂資料－維持管理編・ダムコンクリート編－／平 25.10 ／ A4・132 p. ／ 3000 円

第140号：津波による橋梁構造物に及ぼす波力の評価に関する調査研究委員会報告書／平 25.11 ／ A4・293 p. ＋ CD-ROM ／ 3400 円

第141号：コンクリートのあと施工アンカー工法の設計・施工指針（案）／平 26.3 ／ A4・135 p. ／ 2800 円

第142号：災害廃棄物の処分と有効利用－東日本大震災の記録と教訓－／平 26.5 ／ A4・232 p. ／ 3000 円

第143号：トンネル構造物のコンクリートに対する耐火工設計施工指針（案）／平 26.6 ／ A4・108 p. ／ 2800 円

※第144号：汚染水貯蔵用 PC タンクの適用を目指して／平 28.5 ／ A4・228 p. ／ 4500 円

※第145号：施工性能にもとづくコンクリートの配合設計・施工指針［2016 年版］／平 28.6 ／ A4・338 p.＋DVD-ROM ／ 5000 円

第146号：フェロニッケルスラグ骨材を用いたコンクリートの設計施工指針／平 28.7 ／ A4・216 p. ／ 2000 円

第147号：銅スラグ細骨材を用いたコンクリートの設計施工指針／平 28.7 ／ A4・188 p. ／ 1900 円

※第148号：コンクリート構造物における品質を確保した生産性向上に関する提案／平 28.12 ／ A4・436 p. ／ 3400 円

※第149号：2017 年制定　コンクリート標準示方書改訂資料－設計編・施工編－／平 30.3 ／ A4・336 p. ／ 3400 円

※第150号：セメント系材料を用いたコンクリート構造物の補修・補強指針／平 30.6 ／ A4・288 p. ／ 2600 円

※第151号：高炉スラグ微粉末を用いたコンクリートの設計・施工指針／平 30.9 ／ A4・236 p. ／ 3000 円

※第152号：混和材を大量に使用したコンクリート構造物の設計・施工指針（案）／平 30.9 ／ A4・160 p. ／ 2700 円

※第153号：2018 年制定　コンクリート標準示方書改訂資料－維持管理編・規準編－／平 30.10 ／ A4・250 p. ／ 3000 円

第154号：亜鉛めっき鉄筋を用いるコンクリート構造物の設計・施工指針（案）／平 31.3 ／ A4・167 p. ／ 5000 円

※第155号：高炉スラグ細骨材を用いたプレキャストコンクリート製品の設計・製造・施工指針（案）／平 31.3 ／ A4・310 p. ／ 2200 円

※第156号：鉄筋定着・継手指針〔2020 年版〕／令 2.3 ／ A4・283 p. ／ 3200 円

※第157号：電気化学的防食工法指針／令 2.9 ／ A4・223 p. ／ 3600 円

※第158号：プレキャストコンクリートを用いた構造物の構造計画・設計・製造・施工・維持管理指針（案）／令 3.3 ／ A4・271 p. ／ 5400 円

※第159号：石炭灰混合材料を地盤・土構造物に利用するための技術指針（案）／令 3.3 ／ A4・131 p. ／ 2700 円

※第160号：コンクリートのあと施工アンカー工法の設計・施工・維持管理指針（案）／令 4.1 ／ A4・234 p. ／ 4500 円

●コンクリートライブラリー一覧●

号数：標題／発行年月／判型・ページ数／本体価格

※第161号 ：締固めを必要とする高流動コンクリートの配合設計・施工指針（案）／令5.2／A4・239p.／3300円

※第162号 ：2022年制定 コンクリート標準示方書改訂資料－基本原則編・設計編・維持管理編－／令5.3／A4・256p.／3000円

※第163号 ：石炭ガス化スラグ細骨材を用いたコンクリート設計・施工指針／令5.6／A4・150p.／2900円

※第164号 ：2023年制定 コンクリート標準示方書改訂資料－施工編・ダムコンクリート編・規準編－／令5.9／A4・432p.／3000円

※第165号 ：コンクリート技術を活用したカーボンニュートラルの実現に向けて／令5.9／A4・244p.／4800円

※第166号 ：高強度繊維補強セメント系複合材料の設計・施工指針（案）／令6.9／A4・418p.／3000円

※は土木学会にて販売中です．価格には別途消費税が加算されます．

定価 3,300 円（本体 3,000 円＋税 10%）

コンクリートライブラリー166
高強度繊維補強セメント系複合材料の設計・施工指針（案）

令和 6 年 9 月 10 日　第 1 版・第 1 刷発行

編集者……公益社団法人　土木学会　コンクリート委員会
　　　　　高強度繊維補強セメント系複合材料の構造利用研究小委員会
　　　　　委員長　内田　裕市
発行者……公益社団法人　土木学会　専務理事　三輪　準二

発行所……公益社団法人　土木学会
　　　　　〒160-0004　東京都新宿区四谷一丁目無番地
　　　　　TEL　03-3355-3444　FAX　03-5379-2769
　　　　　https://www.jsce.or.jp/
発売所……丸善出版株式会社
　　　　　〒101-0051　東京都千代田区神田神保町 2-17　神田神保町ビル
　　　　　TEL　03-3512-3256　FAX　03-3512-3270

©JSCE2024／Concrete Committee
ISBN978-4-8106-1090-1
印刷・製本：昭和情報プロセス（株）　用紙：京橋紙業（株）

・本書の内容を複写または転載する場合には、必ず土木学会の許可を得てください。
・本書の内容に関するご質問は、E-mail（pub@jsce.or.jp）にてご連絡ください。